VORLESUNGEN ÜBER THEORETISCHE PHYSIK

VON

ARNOLD SOMMERFELD †

BAND I
MECHANIK

1977

VERLAG HARRI DEUTSCH · THUN · FRANKFURT/M.

MECHANIK

VON

ARNOLD SOMMERFELD†

BEARBEITET VON

ERWIN FUES
PROFESSOR EMERITUS FÜR THEORETISCHE PHYSIK
DER TECHNISCHEN HOCHSCHULE STUTTGART

MIT 59 FIGUREN

NACHDRUCK DER 8., DURCHGESEHENEN AUFLAGE

1977

VERLAG HARRI DEUTSCH · THUN · FRANKFURT/M.

ISBN 3 87144 374 3

Mit Lizenz der Akademischen Verlagsgesellschaft Geest & Portig K.-G.,
701 Leipzig, Sternwartenstraße 8, Deutsche Demokratische Republik
Verlag Harri Deutsch, Thun 1977

Herstellung Fuldaer Verlagsanstalt GmbH

Vorwort zur ersten Auflage, September 1942

Wenn ich mich entschlossen habe, meine allgemeinen Vorlesungen über theoretische Physik herauszugeben, die ich während einer 32jährigen Lehrtätigkeit an der Münchener Universität in regelmäßigem Turnus gehalten habe, so geschah dies teils auf Anregung ehemaliger Schüler, teils auf wiederholtes Drängen des Verlegers.

Es handelt sich hier um einführende Vorlesungen, die außer von den eigentlichen Physik-Studenten der Universität und Technischen Hochschule von den zahlreichen Lehramtskandidaten mathematisch-physikalischer Fachrichtung etwa im vierten bis achten Semester sowie von Astronomen und einzelnen Physiko-Chemikern gehört wurden. Die Vorlesungen wurden viermal in der Woche gehalten und durch zweistündige Übungen unterstützt. Spezialvorlesungen über moderne Physik, die mit diesen Kursusvorlesungen parallel liefen, haben ihren Niederschlag in meinen Abhandlungen und sonstigen Büchern gefunden und werden hier nicht berücksichtigt. Die Quantentheorie, auf die öfter angespielt wird, steht zwar im Hintergrunde dieser Vorlesungen, aber deren eigentlicher Gegenstand ist durchaus die klassische Physik.

Die Reihenfolge der Vorlesungen, die auch in dieser Publikation eingehalten werden soll, war

1. Mechanik,
2. Mechanik der deformierbaren Medien,
3. Elektrodynamik,
4. Optik,
5. Thermodynamik und Statistik,
6. Partielle Differentialgleichungen der Physik.

Mechanik wurde in regelmäßigem Wechsel mit mir auch von meinen mathematischen Kollegen gelesen. Parallelvorlesungen über Hydrodynamik, Elektrodynamik, Thermodynamik wurden von jüngeren Dozenten abgehalten. Für Vektorrechnung war ein besonderer Lehrauftrag vorgesehen, so daß sie in meinen Vorlesungen nicht systematisch entwickelt zu werden brauchte.

Entsprechend werde ich mich auch in den gedruckten Vorlesungen nicht mit mathematischen Anfangsgründen aufhalten, sondern möglichst schnell zu den eigentlichen physikalischen Problemen hinstreben. Ich möchte dem Leser gern ein lebendiges Bild von dem reich gegliederten Stoff verschaffen, den die Theorie von geeigneter mathematisch-physikalischer Warte aus zu umfassen gestattet.

Mögen dabei immerhin in der systematischen Begründung und der axiomatischen Folgerichtigkeit einige Lücken bleiben. Jedenfalls wollte ich in meinen mündlichen Vorträgen den Hörer nicht durch langwierige Untersuchungen mathematischer oder logischer Art abschrecken und von dem physikalisch Interessanten ablenken. Dies Vorgehen hat sich, wie ich glaube, im Unterricht bewährt und ist auch in den gedruckten Vorlesungen beibehalten worden. Gegenüber den Vorlesungen von PLANCK, die im systematischen Aufbau einwandfrei sind, glaube ich zugunsten meiner Vorlesungen eine größere Reichhaltigkeit an Stoff und eine freiere Handhabung des mathematischen Apparates anführen zu können. Ich verweise aber gern, insbesondere was Thermodynamik und Statistik betrifft, auf die vollständigere und vielfach gründlichere Darstellung von PLANCK.

Die am Ende jedes Bandes zusammengestellten Übungsaufgaben sind hauptsächlich als Ergänzung der Vorlesung gedacht. Sie wurden auf Grund der eingelieferten Ausarbeitungen von den Studierenden in den Übungsstunden vorgetragen. Elementare Rechenaufgaben, wie man sie ja zahlreich in Lehrbüchern und Aufgabensammlungen findet, sind im allgemeinen nicht aufgenommen. Die Aufgaben sind innerhalb jedes Kapitels durchnumeriert.

Um eine andere Äußerlichkeit zu nennen: Die Paragraphen werden in jedem Band und die Gleichungen in jedem Paragraphen durchnumeriert. Die Rückverweisung auf frühere Gleichungen können daher innerhalb jedes Bandes einfach durch Angabe der Paragraphenzahl und der Gleichungsnummer erfolgen. Das Auffinden der gesuchten Gleichung wird dadurch erleichtert, daß in der inneren oberen Ecke jeder Seite links die erste, rechts die letzte Gleichungsnummer nebst Paragraphenzahl der betreffenden Seite vermerkt ist.

Zweier Namen möchte ich im Rückblick auf meine Vorlesungstätigkeit dankbar gedenken, der Namen: RÖNTGEN und FELIX KLEIN. RÖNTGEN hat nicht nur, durch Berufung in einen bevorzugten Wirkungskreis, die äußeren Bedingungen für meine Lehrtätigkeit geschaffen, sondern er hat deren wachsende Auswirkung durch lange Jahre hindurch mit stets förderndem Wohlwollen verfolgt. Viel früher noch hat FELIX KLEIN meiner mathematischen Auffassung diejenige Richtung gegeben, die den Anwendungen am besten angepaßt ist; durch seine Meisterschaft im Vortrage hat er indirekt auch meine Lehrtätigkeit aufs stärkste beeinflußt. Insbesondere erwähne ich, daß ich die letzte Vorlesung der angegebenen Reihe unter dem Einfluß der Göttinger Tradition RIEMANN—DIRICHLET—KLEIN schon als Göttinger Privatdozent im Jahre 1897 angezeigt und, wenn auch in dem damals engeren Problemkreise, mit reger Teilnahme meiner Zuhörer durchgeführt habe. Bei den späteren Wiederholungen dieser Vorlesung ist mir oft von Studierenden versichert worden, daß sie die eigentliche Verwendung der mathematischen Lehren z. B. über FOURIER-Reihen, über Funktionentheorie und Randwertaufgaben erst aus dieser Vorlesung gelernt haben.

Was speziell den hier folgenden ersten Band betrifft, so lag mir eine sorgfältige Ausarbeitung von HEINRICH und ELLY HEESCH aus dem Jahre 1926/27 vor. Es ist aber selbstverständlich, daß diese Ausarbeitung für die Zwecke des Druckes vielfach ergänzt, vertieft und im ganzen fast neu geschrieben werden mußte.

Besonderen Dank schulde ich Dr. H. PFRANG, mit dem ich in regelmäßigen Zusammenkünften den ganzen Plan der Vorlesung durchsprechen konnte. Er hat das Manuskript kritisch durchgearbeitet und den Übungsaufgaben der Hauptsache nach selbständig ihre endgültige Fassung gegeben. Mein Kollege C. CARATHÉODORY hat die große Freundlichkeit gehabt, die Kapitel VI und VIII über allgemeine Mechanik durchzusehen und mir wertvolle Bemerkungen dazu zu geben. Mein Assistent Dr. FR. RENNER hat mich bei der Anfertigung der Figuren unterstützt und bei sorgfältiger Lesung der Korrekturen auf manches Versehen aufmerksam gemacht. Schließlich hat der Verleger an der Herausgabe dieses Bandes nicht nur ein buchhändlerisches, sondern auch ein persönliches und wissenschaftliches Interesse betätigt und — ein gewiß seltener Fall in der Geschichte des deutschen Verlages — die ganzen Korrekturen des Buches mitgelesen, wobei er mir wertvolle Verbesserungsvorschläge machen konnte.

Als Wunsch gebe ich diesen Bänden mit auf den Weg: Mögen sie den Lesern so viel Interesse für unsere schöne Wissenschaft erwecken und so viel Freude bereiten, wie den Hörern der gesprochenen Vorlesungen und wie sie mir selbst in meiner langjährigen Lehrtätigkeit Freude gemacht haben!

Vorwort zur vierten Auflage

Gegenüber den früheren Auflagen sind einige Umstellungen vorgenommen. Zum Beispiel wurde der Begriff der potentiellen Energie schon an das KEPLER-Problem angeschlossen, nicht, wie früher, an das sphärische Pendel. Außerdem sind zwei Zusätze eingefügt worden: Der eine betrifft den von einer horizontalen Unterlage gestützten starren Körper, der, um seine Vertikalachse in Rotation versetzt, nur bei einer der beiden Drehrichtungen stabil ausläuft, während er bei der anderen in zunehmendes Wackeln gerät, um schließlich in die entgegengesetzte, stabile Drehrichtung überzugehen. Der zweite Zusatz dient zur Erklärung der besonderen Form der EULERschen Gleichungen des starren Körpers, im Gegensatz zur Form der allgemeinen LAGRANGEschen Gleichungen; jene hat ihren Grund in der Benutzung nichtholonomer Geschwindigkeitskoordinaten.

München, im Juli 1948

ARNOLD SOMMERFELD

Vorwort zur sechsten Auflage

Beim Beginnen, im nachgelassenen Auftrag meines hochverehrten Lehrers SOMMERFELD diesen ersten Band „Mechanik" neu herauszugeben, war ich wieder stark beeindruckt von der Reichhaltigkeit der historischen und sachlichen Bezüge des Texts, der Fülle der Anwendungen, vor allem aber von der meisterhaften, immer lebendigen Sprache des Verfassers, in der er diese alte, so vielfach durchformulierte Theorie dargestellt hat. Die Lebendigkeit, die den Leser immer neu interessiert und erwärmt, galt es vor allem zu bewahren, den SOMMERFELDschen Stil zu erhalten, auch gegen alle gelegentlichen Wünsche, z. B. nach strafferer Systematik.

Der Text der vorliegenden sechsten Auflage schließt sich daher eng an die von SOMMERFELD selbst noch besorgte vierte (und fünfte) Auflage an. Eine Reihe kleinerer Abänderungen hat er noch vornotiert, einige Einwände von Kollegen zu einzelnen Stellen zur späteren Berücksichtigung bereitgelegt. Darüber hinaus ist im ganzen Buch die neue Vektorbezeichnung eingeführt und sind die neuen internationalen Maßeinheiten und Bezeichnungen benützt. Ergänzungen finden sich bei der Definition der Inertialsysteme, beim Flächensatz, den Führungskräften, Erhaltungssätzen, dem Trägheitstensor und bei der Bezugnahme auf das Schwerpunktsystem. Einige Abbildungen sind verändert, die jetzige Fig. 44 ist hinzugekommen. Die Anleitung zur Aufgabe III, 1 wurde im Anschluß an Überlegungen von H. MAYER, München, neu formuliert.

Der Verlag hat der Neuauflage große Sorgfalt zugewendet, wofür ihm besonders gedankt sei.

Stuttgart, Mai 1961 E. FUES

Vorwort zur achten Auflage

Gegenüber der sechsten und siebenten Auflage sind nur geringe Änderungen vorgenommen worden, um dem Verständnis des Lesers entgegenzukommen. Noch immer ist es bei der alten SOMMERFELDschen Auswahl und Anordnung geblieben. Eifrige Leser der siebenten Auflage haben geholfen, eine Reihe kleiner Druckfehler und Unstimmigkeiten auszumerzen. Besonders haben sich die Herren CERPINSKY, Greifswald, WALDMANN, Tübingen, BIERSTEDT, Mainz-Kastel, RIETZEL, Berlin, und KOERNER, Wülfrath, verdient gemacht. Letzterer hat recht mühsam einen Vorzeichenfehler in der Herleitung der KEPLERschen Beziehung für die exzentrische Anomalie beim Planetenumlauf gefunden, der darauf zurückging, daß SOMMERFELD abweichend vom Brauch der Astronomen die Winkelkoordinaten vom Aphel aus zählte. Ich bin daher in Übereinstimmung mit jenem Brauch zum Perihel als Nullpunkt übergegangen.

Stuttgart, im Juli 1967 E. FUES

Vorwort zur Lizenzausgabe

Nachdem nahezu alle Bände dieses sechsbändigen Lehrbuches der Theoretischen Physik über längere Zeit vergriffen waren, haben wir uns entschlossen, eine Taschenbuchausgabe in Lizenz herauszugeben. Damit wird das hervorragende Lehrbuch, das für Physiker-Generationen bestimmend war, wieder für jeden Studenten zu einem erschwinglichen Preis zugänglich.

Thun, im Oktober 1977 Verlag Harri Deutsch

Inhaltsverzeichnis

Vorbemerkung 1

Erstes Kapitel. Punktmechanik 3
§ 1. Die NEWTONschen Axiome 3
§ 2. Raum, Zeit und Bezugssystem 8
§ 3. Geradlinige Bewegung eines Massenpunktes 15

Beispiele: 1. Freier Fall in Erdnähe 17
          2. Freier Fall aus großer Entfernung 18
          3. Freier Fall mit Luftwiderstand 20
          4. Harmonische Schwingungen 21
          5. Eindimensionaler Zusammenstoß zweier Massenpunkte 23
§ 4. Veränderliche Massen 26
§ 5. Kinematik und Statik in Ebene und Raum beim einzelnen Massenpunkt 29
    1. Ebene Kinematik 30
    2. Der Begriff des Momentes in der ebenen Statik und Kinematik 32
    3. Kinematik im Raum 33
    4. Statik im Raum. Kraftmoment um einen Punkt und um eine Achse . . 33
§ 6. Dynamik (Kinetik) des frei beweglichen Massenpunktes. KEPLER-Problem. Begriff der potentiellen Energie 34
    1. Ruhende Sonne 34
    2. Mitbewegung der Sonne 39
    3. Wann kann man bei einem Kraftfeld von einer potentiellen Energie sprechen? 40

Zweites Kapitel. Mechanik der Systeme, Prinzip der virtuellen Arbeit und D'ALEMBERTsches Prinzip 41
§ 7. Freiheitsgrade und ihre Beschränkung durch Führungen. Virtuelle Verrückungen eines mechanischen Systems, holonome und nichtholonome Bedingungen 41
§ 8. Das Prinzip der virtuellen Arbeit 44
§ 9. Beispiele zum Prinzip der virtuellen Arbeit 47
    1. Der Hebel 47
    2. Umkehrung des Hebels: Radfahrer, Brücke 48
    3. Der Flaschenzug 49
    4. Der Kurbelmechanismus 50
    5. Das Moment einer Kraft um eine Achse und die Arbeit einer virtuellen Drehung 51
§ 10. Das D'ALEMBERTsche Prinzip. Einführung der Trägheitswiderstände . . 51
§ 11. Einfachste Beispiele zum D'ALEMBERTschen Prinzip 54
    1. Drehung eines starren Körpers um eine fest gelagerte Achse 54
    2. Koppelung von Rotations- und Translationsbewegung 55
    3. Abrollen einer Kugel auf der schiefen Ebene 56
    4. Führung einer Masse auf vorgeschriebener Bahn 57

Inhaltsverzeichnis

§ 12. LAGRANGEsche Gleichungen erster Art 58
§ 13. Impuls- und Drehimpulssatz (Schwerpunkts- und Flächensatz). 61
    1. Impulssatz 61
    2. Drehimpulssatz 62
    3. Beweis nach der Koordinatenmethode 64
    4. Beispiele 65
    5. Massenausgleich bei Schiffsmaschinen 67
    6. Lehrsatz, betreffend die Zahl der in einem abgeschlossenen System allgemein ausführbaren Integrationen 69
§ 14. Über die Reibungsgesetze 71
    1. Reibung der Ruhe 72
    2. Reibung der Bewegung 74

Drittes Kapitel. Schwingungsprobleme 76

§ 15. Das mathematische Pendel 76
§ 16. Das physikalische Pendel 80
    Nachtrag: Ein Satz über das Trägheitsmoment 81
§ 17. Das Zykloidenpendel 82
§ 18. Das sphärische Pendel 85
§ 19. Verschiedene Schwingungstypen. Freie und erzwungene, gedämpfte und ungedämpfte Schwingungen 88
§ 20. Sympathische Pendel 93
§ 21. Doppelpendel 98

Viertes Kapitel. Der starre Körper 103

§ 22. Kinematik des starren Körpers 103
§ 23. Statik des starren Körpers 109
    1. Die Gleichgewichtsbedingungen 109
    2. Das Äquivalenzproblem, die Reduktion des Kraftsystems 110
    3. Wechsel des Bezugspunktes 111
    4. Vergleich von Kinematik und Statik 111
    Anhang über Kraftschrauben und Bewegungsschrauben 112

§ 24. Impuls und Impulsmoment des starren Körpers. Ihr Zusammenhang mit Translations- und Rotationsgeschwindigkeit 113

§ 25. Dynamik des starren Körpers. Übersicht über seine Bewegungsformen . . 116
    1. Der kräftefreie Kugelkreisel 118
    2. Der kräftefreie symmetrische Kreisel 118
    3. Der kräftefreie unsymmetrische Kreisel 119
    4. Der schwere symmetrische Kreisel 120
    5. Der schwere Kreisel mit dreiachsigem Trägheitsellipsoid 121

§ 26. Die EULERschen Gleichungen. Quantitative Behandlung des kräftefreien Kreisels 122
    1. Die EULERschen Differentialgleichungen der Rotation 122
    2. Die reguläre Präzession des kräftefreien symmetrischen Kreisels und die EULERsche Theorie der Polschwankungen 125
    3. Die Bewegung des dreiachsigen Kreisels. Untersuchung seiner permanenten Rotationen auf ihre Stabilität 129

§ 27. Demonstrationsversuche zur Kreiseltheorie und technische Anwendungen derselben 132
    a) Der Schiffskreisel und Verwandtes 135
    b) Der Kreiselkompaß 136
    c) Kreiselwirkung bei Eisenbahnrädern und beim Fahrrad 138

Inhaltsverzeichnis XI

Anhang: Die Mechanik des Billardspiels 139
1. Hohe und tiefe Stöße 139
2. Nachläufer und Zurückzieher 140
3. Bahnen mit Effet bei horizontaler Stoßrichtung 141
4. Parabolische Bahn bei Stößen mit vertikaler Komponente 142

Fünftes Kapitel. Relativbewegung 142
§ 28. Eine spezielle Ableitung der CORIOLISschen Kraft. 142
§ 29. Die allgemeinen Differentialgleichungen der Relativbewegung 145
§ 30. Der freie Fall auf der rotierenden Erde, die Eigenart der gyroskopischen Terme 147
§ 31. Das FOUCAULTsche Pendel 150
§ 32. Der LAGRANGEsche Spezialfall des Dreikörperproblems 153

Sechstes Kapitel. Die Integralprinzipien der Mechanik und die allgemeinen LAGRANGEschen Gleichungen 159
§ 33. Das HAMILTONsche Prinzip der kleinsten Wirkung (Aktion) 159
§ 34. Die allgemeinen LAGRANGEschen Gleichungen 163
§ 35. Beispiele zu den allgemeinen LAGRANGEschen Gleichungen 169
1. Das Zykloidenpendel. 169
2. Das sphärische Pendel 170
3. Das Doppelpendel. 171
4. Der schwere symmetrische Kreisel 172
§ 36. Andere Ableitung der LAGRANGEschen Gleichungen 177
§ 37. Das Prinzip der kleinsten Wirkung (Aktion) von MAUPERTUIS 180

Siebentes Kapitel. Die Differentialprinzipien der Mechanik 185
§ 38. Das GAUSSsche Prinzip des kleinsten Zwanges 185
§ 39. Das HERTZsche Prinzip der geradesten Bahn. 187
§ 40. Exkurs über geodätische Linien 189

Achtes Kapitel. Die HAMILTONsche Theorie 191
§ 41. Die HAMILTONschen kanonischen Differentialgleichungen 191
a) Ableitung der HAMILTONschen aus den LAGRANGEschen Gleichungen . . 192
b) Ableitung der HAMILTONschen Gleichungen aus dem HAMILTONschen Prinzip. 193
§ 42. Die ROUTHschen Gleichungen und die zyklischen Systeme. 197
§ 43. Die Differentialgleichungen für nichtholonome Geschwindigkeitsparameter 200
§ 44. Die HAMILTONsche partielle Differentialgleichung. 202
a) Konservatives System 203
b) Nichtkonservatives System 205
§ 45. Der JACOBIsche Satz über die Integration der HAMILTONschen partiellen Differentialgleichung 206
§ 46. Das KEPLER-Problem in klassischer und quantentheoretischer Behandlung 208

Übungsaufgaben

Zu Kapitel I 213
I. 1. I. 2. I. 3. Elastischer Stoß 213
I. 4. Unelastischer Stoß zwischen einem Elektron und einem Atom 213
I. 5. Rakete 214
I. 6. Fallender Wassertropfen in gesättigter Atmosphäre 214
I. 7. Fallende Kette 214
I. 8. Fallendes Seil 214
I. 9. Beschleunigung des Mondes durch die Erdanziehung 214

XII Inhaltsverzeichnis

I. 10. Das Kraftmoment als Vektorgröße 214
I. 11. Der Hodograph der Planetenbewegung 215
I. 12. Parallel einfallende Elektronenbahnen im Felde eines Ions und ihre Enveloppe 215
I. 13. Ellipsenbahn unter dem Einfluß einer der Entfernung direkt proportionalen Zentralkraft 215
I. 14. Atomzertrümmerung des Lithiums 215
I. 15. Zentraler Stoß zwischen Neutronen und Atomkernen, Wirkung des Paraffinblockes 216
I. 16. Die KEPLERsche Gleichung 216

Zu Kapitel II 217
II. 1. Nichtholonome Bedingungen beim rollenden Rad 217
II. 2. Angenäherte Schwungradberechnung einer doppeltwirkenden einzylindrigen Kolbendampfmaschine 218
II. 3. Zentrifugalkraft bei vergrößerter Erdrotation 218
II. 4. POGGENDORFFscher Versuch mit der Waage 219
II. 5. Beschleunigt bewegte schiefe Ebene 219
II. 6. Zentrifugalmomente bei der gleichförmigen Rotation eines unsymmetrischen Körpers um eine Achse 219
II. 7. Theorie des Jo-Jo-Spielzeugs 219
II. 8. Abspringen eines Massenpunktes bei der Bewegung auf der Kugeloberfläche 219

Zu Kapitel III 220
III. 1. Das sphärische Pendel bei kleinem Ausschlag 220
III. 2. Lage des Resonanzmaximums bei der erzwungenen gedämpften Schwingung 220
III. 3. Einschaltvorgang beim Galvanometer 220
III. 4. Das Pendel bei zwangweiser Bewegung seines Aufhängepunktes . . . 220
III. 5. Eine leicht herstellbare Realisierung von sympathischen Pendeln . . 221
III. 6. Der Schwingungstilger 222

Zu Kapitel IV 222
IV. 1. Trägheitsmomente einer ebenen Massenverteilung 222
IV. 2. Cartesische Komponenten der Winkelgeschwindigkeit aus der zeitlichen Änderung $\dot\vartheta, \dot\psi, \dot\varphi$ der EULERschen Winkel 222
IV. 3. Die Rotation des Kreisels um seine Hauptachsen 222
IV. 4. Hohe und tiefe Stöße beim Billard. Nachläufer und Zurückzieher . . 223
IV. 5. Parabolische Bewegung des Billardballes 223

Zu Kapitel V 223
V. 1. Relativbewegung in der Ebene 223
V. 2. Bewegung eines Massenpunktes auf einer rotierenden Geraden . . . 223
V. 3. Der Schlitten als einfachstes Beispiel eines nichtholonomen Systems 223

Zu Kapitel VI 224
VI. 1. Beispiel zum HAMILTONschen Prinzip 224
VI. 2. Nochmals die Relativbewegung in der Ebene und die rotierende Geradführung 224
VI. 3. Nochmals der freie Fall auf der rotierenden Erde und das FOUCAULTsche Pendel 225
VI. 4. Rollpendelung eines Zylinders auf ebener Unterlage 226
VI. 5. Ausgleichsgetriebe des Automobils 226

Anleitung zur Lösung der Übungsaufgaben 228

Namen- und Sachregister 250

Vorbemerkung

Die Mechanik ist das Rückgrat der mathematischen Physik. Obwohl wir nicht mehr, wie es im vorigen Jahrhundert üblich war, die Aufgabe der Physik in der Zurückführung aller Erscheinungen auf mechanische Modelle sehen, sind wir doch überzeugt, daß die Prinzipien der Mechanik — der Satz von Impuls und Energie, das Prinzip der kleinsten Wirkung — in alle Gebiete der Physik hinübergreifen.

Wir nennen unsere Vorlesung ,,Mechanik", nicht wie es die Mathematiker gern tun, ,,analytische Mechanik". Dieser Name rührt von dem großen Werk von LAGRANGE 1788 her, welcher das ganze System der Mechanik in eine einheitliche Formelsprache zu kleiden wünschte und stolz darauf war, daß ,,man keine einzige Figur in seinem Werke finden werde". Wir wollen im Gegensatz dazu möglichst viel auf die Anschauung zurückgreifen und nicht nur die astronomischen, sondern auch die physikalischen und bis zu einem gewissen Grade auch die technischen Anwendungen berücksichtigen.

Der genaue Titel der Vorlesung wäre: ,,Mechanik der Systeme von endlich vielen Freiheitsgraden"; der des zweiten Bandes würde entsprechend lauten: ,,Mechanik der Systeme von unendlich vielen Freiheitsgraden". Da aber der Begriff der Freiheitsgrade nicht allgemein bekannt ist und hier erst am Anfang des zweiten Kapitels erklärt werden kann, muß es wohl mit dem althergebrachten, übrigens kaum mißverständlichen Titel ,,Mechanik" sein Bewenden haben.

Wir beginnen mit der NEWTONschen Grundlegung:
Philosophiae Naturalis Principia Mathematica (London 1687).

Nicht als ob es nicht gewichtige Vorgänger NEWTONS gegeben hätte: ARCHIMEDES, GALILEI, KEPLER, HUYGENS, um nur einige Namen zu nennen. Aber ein tragfähiges Fundament der allgemeinen Mechanik hat doch erst NEWTON gelegt; bei einigen Abwandlungen und Untermauerungen dieses Fundamentes verschafft uns NEWTON auch heute noch den naturgemäßesten und didaktisch einfachsten Zugang zur allgemeinen Mechanik.

Zunächst handelt es sich um die Mechanik des einzelnen Massenpunktes.

Erstes Kapitel

Punktmechanik

§ 1. Die Newtonschen Axiome

Die Bewegungsgesetze werden in axiomatischer Form eingeführt, als Zusammenfassung und Verschärfung des gesamten Erfahrungsmaterials:

Lex prima: Jeder Körper beharrt in seinem Zustand der Ruhe oder gleichförmigen geradlinigen Bewegung, wenn er nicht durch einwirkende Kräfte gezwungen wird, seinen Zustand zu ändern.[1])

Indem wir von der Erläuterung des hier vorweggenommenen Kraftbegriffes zunächst absehen, stellen wir fest, daß in diesem Gesetz die *Zustände der Ruhe* und der *gleichförmigen (geradlinigen) Bewegung* einander gleichgeordnet und als natürliche Zustände des Körpers betrachtet werden. Das Gesetz postuliert ein *Beharrungsvermögen* der Körper in diesem natürlichen Zustande. Dieses Beharrungsvermögen nennen wir auch die *Trägheit des Körpers*. Statt ,,NEWTONS lex prima" sagt man auch ,,*Galileis Trägheitsgesetz*", wobei zu bemerken ist, daß GALILEI zwar viel früher als NEWTON zu diesem Gesetz gekommen ist, aber erst als Schluß- und Grenzresultat seiner Fallversuche auf der schiefen Ebene bei verschwindender Neigung derselben, während es bei NEWTON charakteristischerweise an die Spitze seines Systems gestellt ist. Das NEWTONsche Wort ,,Körper" werden wir weiterhin durch ,,punktförmiger Körper" oder durch ,,Massenpunkt" ersetzen.

Um das Gesetz mathematisch zu formulieren, stützen wir uns auf die ihm vorangestellten NEWTONschen Definitionen 1 und 2. Die Definition 2 lautet:

Die Größe der Bewegung wird durch die Geschwindigkeit und die Menge der Materie vereint gemessen.

Die ,,*Bewegungsgröße*" ist also das Produkt zweier Faktoren, nämlich der Geschwindigkeit, die geometrisch evident[2]) ist, und der ,,Menge der Materie",

---

[1]) Wir zitieren hier und im folgenden nach ERNST MACH: Die Mechanik in ihrer Entwicklung (8. Aufl., Leipzig: F. A. Brockhaus, 1921). Jedem Studenten wird das Studium dieser musterhaften, historisch-kritischen Darstellung empfohlen, zumal als Ergänzung unserer Vorlesung, die nur die gebrauchsfertigen Begriffe der Mechanik bringen kann und auf deren Ursprung und allmähliche Klärung einzugehen verzichten muß. Wir möchten aber nicht dahin mißverstanden werden, als ob wir uns die ,,positivistisch"-philosophische Einstellung MACHS zu eigen machten, wie sie in Kap. IV. 4 seines Buches zum Ausdruck kommt (Überspannung des Ökonomie-Prinzips, Ablehnung der Atomtheorie, Bevorzugung formaler Kontinuitäts-Theorien).

[2]) Sofern nämlich das Bezugssystem festgelegt ist, in dem die Geschwindigkeit gemessen werden soll, vgl. § 2.

die physikalisch zu erklären ist. NEWTON versucht dies in seiner Definition 1, indem er sagt: Die Menge der Materie wird durch ihre Dichte und ihr Volumen vereint gemessen. Dies ist aber ersichtlich nur eine Scheindefinition, insofern ja die Dichte nicht anders definiert werden kann als durch die Menge der Materie in der Volumeneinheit. In derselben Definition 1 sagt NEWTON, daß er statt *Menge der Materie* im folgenden das Wort *Masse* gebrauchen werde. Wir schließen uns dem an, erklären aber gleichzeitig, daß wir die physikalische Definition der Masse (ebenso wie diejenige der Kraft) zurückstellen müssen.

Die Bewegungsgröße wird hiernach das Produkt aus Masse und Geschwindigkeit. Sie ist ebenso wie die letztere eine gerichtete Größe, ein ,,Vektor". Wir schreiben[1]:

(1) $$\mathfrak{G} = m\mathfrak{v}$$

und formulieren das erste Bewegungsgesetz endgültig dahin, daß

(2) $$\mathfrak{G} = \text{konst.} \quad \text{,,bei Abwesenheit von Kräften"}.$$

Das so präzisierte Trägheitsgesetz, das wir an den Anfang unserer Mechanik stellen, ist in Wirklichkeit das Ergebnis einer jahrhundertelangen Entwicklung. Wie wenig trivial es ist, mag daraus hervorgehen, daß der junge KANT in seiner Schrift ,,Über die wahre Schätzung der lebendigen Kräfte" vom Jahre 1747, also lange nach NEWTON, sagt: ,,Es gibt zweierlei Bewegungen, solche, die nach einiger Zeit aufgehört haben, und solche, welche andauern." Solche Bewegungen, die nach KANTs Meinung von selbst aufhören, sind nach unserer heutigen (und nach NEWTONs) Auffassung Bewegungen, die durch Reibungskräfte verzögert und schließlich zerstört werden.

Das Wort ,,Bewegungsgröße" ist insofern nicht glücklich gewählt, als es dem Vektorcharakter von $m\mathfrak{v}$ keinen Ausdruck verleiht. Diesem entspricht besser das in den letzten Jahrzehnten mehr und mehr in Aufnahme gekommene Wort *Impuls*. Ihm liegt die Vorstellung zugrunde, daß $m\mathfrak{v}$ nach Richtung und Größe denjenigen *Stoß* bedeutet, der die jeweilig vorhandene Bewegung von der Ruhe aus zu erzeugen imstande ist. Wir werden daher in der Regel (in den letzten Kapiteln dieser Vorlesung sogar ausschließlich) vom ,,Impuls" statt von der ,,Bewegungsgröße" reden, aber unter Beibehaltung des Buchstabens $\mathfrak{G}$. Dementsprechend werden wir auch statt Trägheitsgesetz oder erstem NEWTONschen Bewegungsgesetz sagen können: *Satz von der Erhaltung des Impulses.*

---

[1] Wir setzen die elementare Vektorrechnung hier als bekannt voraus. Da aber die Vektor-Operationen im engsten Anschluß an die Mechanik (einschließlich die der Flüssigkeiten) entstanden sind, so werden wir oft Gelegenheit haben, die Vektorbegriffe zugleich mit den mechanischen Begriffen zu erläutern.
Was die Bezeichnung der Vektoren betrifft, so benutzen wir, wo es bequem ist, dafür Frakturbuchstaben. Wir folgen darin dem Vorbilde von MAXWELL, der in den letzten Kapiteln seines klassischen Lehrbuches die elektromagnetischen Feldvektoren durchweg in Fraktur schreibt. Daneben werden wir aber auch, als völlig gleichbedeutend mit der Frakturbezeichnung, die besonders im Auslande übliche Schreibweise mit einem Pfeil benutzen, z. B. $\vec{\omega}$ für die Winkelgeschwindigkeit, sofern sie als (axialer) Vektor angesehen werden soll.

§ 1. 3a   Die Newtonschen Axiome

Wir kommen zur

Lex secunda, dem eigentlichen Bewegungsgesetz NEWTONS:

Die Änderung der Bewegung ist der Einwirkung der bewegenden Kraft proportional und geschieht nach der Richtung derjenigen geraden Linie, nach welcher jene Kraft wirkt.

Unter „Änderung der Bewegung" ist hier zweifelsohne die Änderung der vorher definierten Bewegungsgröße $\mathfrak{G}$ verstanden, also $\dot{\mathfrak{G}}$ (der Punkt ist die NEWTONsche Bezeichnung der „Fluxion" $\dot{\mathfrak{G}} = d\mathfrak{G}/dt$). Unser zweites Gesetz heißt also, wenn wir die Kraft mit $\mathfrak{F}$ (nach dem lateinischen Stamm fors) bezeichnen,

(3) $$\dot{\mathfrak{G}} = \mathfrak{F} .$$

Da wir $\mathfrak{G}$ Impuls nannten, handelt es sich hier um den Satz von der Änderung des Impulses oder kürzer um den *Impulssatz* schlechtweg.

Leider ist die besonders in der mathematischen Literatur übliche Benennung statt dessen: *Newtonsches Beschleunigungs-Gesetz*. Gewiß ist, wenn wir m als Konstante behandeln, (3) einschließlich (1) identisch mit

(3a) $$m \dot{\mathfrak{v}} = \mathfrak{F}: \text{„Masse mal Beschleunigung} = \text{Kraft"} .$$

Aber die Masse ist nicht immer konstant, z. B. in der Relativitätstheorie nicht, wo sich die NEWTONsche Formulierung (3) mit geradezu prophetischer Sicherheit bewährt hat. Wir werden in § 4 eine Reihe von Beispielen mit veränderlicher Masse behandeln und dabei das Verhältnis der Formulierungen (3) und (3a) unter die Lupe nehmen. Aber auch das nach dem einzelnen Massenpunkte einfachste mechanische System, der rotierende starre Körper, zwingt uns dazu, seine Bewegungsgleichung im Sinne von (3) auszusprechen, nämlich in der Form: „Änderung des Impulsmomentes = Kraftmoment", während eine Beschreibung durch Drehbeschleunigungen im Sinne von (3a) zu nichts führen würde. Der Grund hierfür ist wie in der Relativitätstheorie die Veränderlichkeit des an die Stelle der Masse tretenden Trägheitsmomentes bei wechselnder Lage der Drehachse im Körper.

Wir müssen uns nun über den so oft diskutierten *Kraftbegriff* Klarheit zu schaffen suchen. KIRCHHOFF[1]) wollte ihn zu einer durch Masse × Beschleunigung gegebenen Definitionsgröße degradieren. Auch HERTZ[2]) suchte ihn in seinem posthumen Werk zu eliminieren und durch Koppelung zwischen dem betrachteten System und anderen, mit ihm in Wechselwirkung stehenden, im allgemeinen verborgenen Systemen zu ersetzen. HERTZ hat dies Programm mit meisterhafter Konsequenz durchgeführt. Aber zu fruchtbaren Folgerungen ist seine Methode kaum gelangt; insbesondere für den Anfänger ist sie völlig ungeeignet.

Wir meinen, daß wir in unserem Muskelgefühl eine unmittelbare, wenigstens *qualitative* Vorstellung des Kraftbegriffs besitzen. Darüber hinaus steht uns

---

[1]) GUSTAV KIRCHHOFF, Bd. I seiner Vorlesungen über mathematische Physik, S. 22.
[2]) HEINRICH HERTZ, Bd. III seiner gesammelten Werke, Prinzipien der Mechanik.

überall auf der Erde als Vergleichsstandard die Schwere zur Verfügung, durch die wir alle anderen Kräfte *quantitativ* messen können. Wir brauchen ja nur die Wirkung einer gegebenen Kraft durch ein geeignetes Gewicht zu kompensieren. (Mittels Rolle und Faden können wir ja die vertikale Schwererichtung in die der gegebenen Kraft entgegengesetzte Richtung überführen.) Indem wir uns überdies eine Anzahl gleicher Körper, einen „Gewichtssatz", verschaffen, erhalten wir eine provisorische Skala als quantitatives Kräftemaß.

Von dem Kraftbegriff gilt dasselbe wie von allen physikalischen Begriffen und Benennungen: *Wortdefinitionen* sind inhaltsleer; *Realdefinitionen* erhalten wir durch eine Meßvorschrift, die wie in unserem Falle zunächst nur theoretisch, nicht unbedingt praktisch durchführbar zu sein braucht.

Nachdem wir auf diese Weise der rechten Seite unseres Impulssatzes (3) einen konkreten Inhalt gegeben haben, ist dieser Satz zu einer wirklichen physikalischen Aussage geworden. Allerdings enthält er auf der linken Seite noch die bisher undefinierte Masse m. Es ist aber nicht so, daß deren Definition der einzige Inhalt des Gesetzes ist. Sondern das Gesetz betont, daß es eben $\dot{\mathfrak{G}}$ ist, nicht etwa $\mathfrak{G}$ selbst oder $\ddot{\mathfrak{G}}$, was durch die Kraft bestimmt wird. Wie sich die Massendefinition bei veränderlicher Masse gestaltet, werden wir in § 4 am Beispiel der relativistischen Masse sehen.

Lex tertia: *Die Wirkung ist stets der Gegenwirkung gleich, oder die Wirkungen zweier Körper aufeinander sind stets gleich und von entgegengesetzter Richtung.*

Es handelt sich hier um das *Reaktionsprinzip*, das oft mit dem Schlagwort *actio = reactio* zitiert wird.

Zu jedem Druck gibt es einen Gegendruck. Kräfte treten in der Natur immer paarweise auf. Der fallende Stein zieht die Erde genau ebenso stark an wie die Erde den Stein.

Dieses Gesetz ermöglicht den Übergang von der Mechanik des einzelnen Massenpunktes zu der der zusammengesetzten Systeme; es liegt daher z. B. der gesamten Statik der Baukonstruktionen zugrunde.

Als **Lex quarta**, welche bei NEWTON allerdings nur als Zusatz zu den Bewegungsgesetzen, als *Corollarium*, auftritt, wollen wir die Regel vom *Parallelogramm der Kräfte* ansehen. Sie besagt, daß zwei Kräfte, die am gleichen Massenpunkt angreifen, sich zur Diagonalen des von ihnen gebildeten Parallelogramms zusammensetzen. *Kräfte addieren sich wie Vektoren.*

Dies scheint selbstverständlich, nachdem wir durch das zweite Gesetz die Kraft $\mathfrak{F}$ mit dem Vektor $\dot{\mathfrak{G}}$ identifiziert haben. Aber es enthält tatsächlich, wie MACH hervorhebt, das Axiom, daß jede Kraft an dem Massenpunkt die ihr zukommende Bewegungsänderung hervorbringt, unabhängig davon, ob andere Kräfte gleichzeitig einwirken. Diese *Unabhängigkeit der Kraftwirkungen voneinander*, allgemeiner gefaßt, das *Superpositions-Prinzip der Kraftwirkungen*, wird also durch das Kräfteparallelogramm axiomatisch festgelegt. Natürlich sehen wir hierin wie in den vorangehenden Bewegungsgesetzen eine Idealisierung und Verschärfung des gesamten Erfahrungsmaterials.

§ 1.6 Die Newtonschen Axiome

Wir wollen schon hier neben dem *Kraft-* den *Arbeitsbegriff* einführen durch die Definition

(4) $$dA = (\vec{F} \cdot \vec{ds}) = F\, ds \cdot \cos(\vec{F}, \vec{ds}),$$

also nicht, wie man oft sagt, „Kraft mal Weg", sondern „Kraftkomponente mal Weg" oder „Kraft mal Wegkomponente".

Aus dem Satz „Kräfte addieren sich vektoriell" folgt dann unmittelbar der ergänzende Satz: „Arbeiten addieren sich algebraisch". In der Tat schließt man aus

$$\vec{F_1} + \vec{F_2} + \cdots = \vec{F}$$

($\vec{F}$ = resultierende Kraft) durch skalare Multiplikation mit dem Weg $\vec{ds}$ auf:

(5) $$\vec{F_1} \cdot \vec{ds} + \vec{F_2} \cdot \vec{ds} + \cdots = \vec{F} \cdot \vec{ds}.$$

Hier sorgt die in (4) enthaltene Definition der skalaren Multiplikation von selbst dafür, daß z. B. in dem ersten Produkte nur der in Richtung von $\vec{F_1}$ zurückgelegte Weg ds_1 auftritt. Wir können also statt (5) auch schreiben

(6) $$dA_1 + dA_2 + \cdots = dA.$$ w. z. b. w.

An den Begriff der Arbeit schließt der der *Leistung* an: Leistung ist die Arbeit pro Zeiteinheit.

Um diese einführenden Erörterungen abzuschließen, wollen wir uns über die genaue *Messung* der mechanischen Größen verständigen. Zwei Maßsysteme stehen sich hier gegenüber, das (Giorgische) *physikalische* und das *technische System*. Der Unterschied besteht darin, daß im physikalischen System das kg (oder g) als *Masseneinheit* dient, dagegen im technischen das kp (Kilopond, früher als Kilogrammgewicht bezeichnet) die *Krafteinheit* bedeutet. Dementsprechend ist, wenn g die Beschleunigung der Schwerkraft auf der Erdoberfläche ausdrückt,

$$1\,\text{kp} = g\,\frac{\text{m kg}}{\text{s}^2} = g\,\text{N} = g\,\text{„Newton"}.$$

Weil aber die Schwerebeschleunigung g vom Ort auf der Erde abhängt (sie ist z. B. am Pol größer als am Äquator wegen geringerem Abstand vom Erdmittelpunkt und geringerer Zentrifugalwirkung), ist das Kilopond ortsabhängig und nicht transportierbar. Das technische Maßsystem ist daher für Präzisionsmessungen ungeeignet; das physikalische wird im Gegensatz dazu mit dem Ehrentitel „absolutes Maßsystem" ausgezeichnet. Wie tief uns aber das technische Maßsystem im Blut liegt, geht daraus hervor, daß in vielen Fällen, wo wir Masse sagen sollten, das Wort „Gewicht" unausrottbar in unsere wissenschaftliche Sprache eingebürgert ist. Wir sprechen von *spezifischem Gewicht*, wo wir spezifische Masse oder Dichte sagen sollten, von *Atom-* oder *Molekulargewichten*, die doch gewiß nichts mit der Erdbeschleunigung zu tun haben.

Gauss, der Vater der absoluten Messungen, entschloß sich nach einigem Schwanken für das „physikalische" Maßsystem. Anfangs war auch er geneigt, die Kraft als Grundeinheit einzuführen, da sie in seinen Messungen des Erdmagnetismus eine direktere Rolle spielte als die Masse. Weil aber andererseits die magnetischen Messungen die ganze Erde umspannen sollten, sah er sich zur Annahme einer ortsunabhängigen Einheit gezwungen.

Wir stellen die beiden Systeme gegeneinander und führen dabei die abgeleiteten Einheiten Newton, Joule, Watt, PS ein:

Physikalisches Maßsystem		*Technisches Maßsystem*
(Altes cgs-System)	Neues mkgs-System	kpms-System
Längen 1 cm	1 m = 10^2 cm	1 m (g Schwerebeschleunigung in m s^{-2},
Zeiten 1 s	1 s	1 s also annähernd gleich der Zahl 9,81)
Massen 1 g	1 kg = 10^3 g	$1/g$ kp s^{2}m^{-1}
Kräfte 1 dyn	1 N (Newton) = 1 mkgs^{-2}	1 kp = g N
Arbeit 1 erg	1 mN = 1 J (Joule)	1 mkp = g J
Leistung 1 ergs^{-1}	1 J s^{-1} = 1 W (Watt)	1 mkps^{-1} = g W
	1 kW = 10^3 W	1 PS = 75 m kp s^{-1}

Entsprechend dem Beschluß der zuständigen internationalen Kommissionen haben wir unsere Schreibweise umgestellt auf das mkgs-System, in dem an Stelle des Zentimeters das Meter, an Stelle des Gramms das Kilogramm (Masse) eingeführt ist. Das entspricht auch dem Vorschlag von GIORGI, der sich allerdings erst bei Hinzunahme einer vierten unabhängigen, elektrischen Einheit, des Ampere (A), voll auswirkt. Für die Mechanik hat diese Änderung den Vorteil, daß die lästigen Zehnerpotenzen in der Definition des Joule und Watt fortfallen. Auch wird dadurch die neue Krafteinheit 1 Newton der technischen Krafteinheit Kilopond genähert, während die alte Krafteinheit 1 dyn = 10^{-5}N meist unbequem klein war.

§ 2. Raum, Zeit und Bezugssystem[1])

Die Ansichten NEWTONS über Raum und Zeit scheinen uns heutzutage reichlich scholastisch und im Widerspruch mit seinem sonst vertretenen Standpunkt, daß er sich nur auf Tatsachen stützen wolle. Er sagt:

„Der absolute Raum bleibt vermöge seiner Natur und ohne Beziehung auf einen äußeren Gegenstand stets gleich und unbeweglich."

„Die absolute, wahre und mathematische Zeit verfließt an sich und vermöge ihrer Natur gleichförmig und ohne Beziehung auf irgendeinen äußeren Gegenstand. Sie wird auch mit dem Namen Dauer belegt."

Hiernach scheint es so, als ob sich NEWTON keine Gedanken darüber gemacht hätte, woher er seine absolute Zeit nimmt und wie er seinen „unbeweglichen" absoluten Raum von einem dagegen gleichförmig bewegten Raum unterscheiden könne. Das ist um so verwunderlicher, als er ja in seiner Lex prima den „Zustand der Ruhe" dem „der gleichförmigen Bewegung" gleichordnet. Andererseits ver-

---

[1]) Der Anfänger, dem die folgenden etwas abstrakten Betrachtungen fremdartig scheinen, möge das Studium von diesem und von Teilen des übernächsten Paragraphen auf später verschieben.

§ 2.1 Raum, Zeit und Bezugssystem

sucht NEWTON, den Gegensatz zwischen absoluter und relativer Bewegung durch seinen berühmten ,,Eimerversuch" zu klären[1]: Wasser wird in einen Eimer gefüllt, der an einem tordierten Faden hängt und durch diesen plötzlich in Rotation um seine Achse versetzt wird. Die Oberfläche des Wassers bleibt vorerst eben, obwohl die Relativgeschwindigkeit zwischen Eimer und Wasser groß ist. Erst in dem Maße, wie das Wasser durch Reibung in Bewegung gesetzt wird, steigt es an der Wand in die Höhe und bildet die bekannte paraboloidische Hohlform. Die Relativbewegung zwischen Eimer und Wasser ist jetzt Null, aber die ,,absolute Bewegung" des Wassers im Raum hat sich ausgebildet, kenntlich an der Wölbung der Oberfläche infolge der Wirkung der Zentrifugalkräfte.

Freilich zeigt der Versuch nur, daß der rotierende Eimer nicht das geeignete Bezugssystem liefert, um die Bewegung des Wassers und seine Oberflächengestalt in einfacher Weise zu verstehen. Ist die Erde ein solches Bezugssystem? Auch sie rotiert und läuft überdies um die Sonne. Welche Forderung haben wir allgemein an das *ideale Bezugssystem der Mechanik* zu stellen? Wir verstehen darunter ein raum-zeitliches Gebilde, nach dem wir die Lage der Massenpunkte und den Ablauf der Zeit bestimmen können, also etwa ein rechtwinkliges Koordinatensystem x, y, z und eine Zeitskala t.

Praktisch verlassen wir uns hierbei auf die Astronomen, die uns im Fixstern-Himmel hinreichend feste Achsenrichtungen und im mittleren Sonnentag eine hinreichend konstante Zeiteinheit liefern. Theoretisch aber sind wir leider zunächst zu einer unerfreulichen Tautologie gezwungen: Dasjenige Bezugssystem ist das richtige, in dem für einen hinreichend kräftefreien Körper das GALILEIsche Trägheitsgesetz hinreichend genau gilt. Für drei erste Massenpunkte, die sich auf drei nicht zueinander parallelen Geraden bewegen, wird das Trägheitsgesetz dadurch zur formalen Identität degradiert; für jede weitere kräftefreie Bewegung bleibt aber seine Behauptung als nicht formaler Inhalt bestehen.

Es gibt also Bezugssysteme der geforderten Eigenschaft; ein solches wird, nach all unserer Erfahrung, approximiert durch astronomische Orts- und Zeitbestimmung. Genau dasselbe meint man, wenn man der Mechanik ein *Inertial-System* zugrunde legt, d. h. ein von Trägheitsbahnen gebildetes Gedankending.

Nun erhebt sich die Frage: Wie weit ist dieses ideale Bezugssystem bestimmt? Gibt es *ein* solches System x, y, z, t, oder gibt es deren etwa *unendlich viele*? Das Trägheitsgesetz, welches nicht zwischen Ruhe und gleichförmiger Bewegung unterscheidet, zeigt sofort, daß mit x, y, z, t jedes System x', y', z', t' gleichberechtigt ist, das sich von jenem nur durch eine gleichförmige Translation unterscheidet. In Formeln heißt das:

(1)
$$\begin{aligned} x' &= x + \alpha_0 t, \\ y' &= y + \beta_0 t, \\ z' &= z + \gamma_0 t, \\ t' &= t. \end{aligned}$$

---

[1] ,,Diesen Versuch habe ich selbst gemacht", sagt NEWTON, wohl im Hinblick auf die Naturphilosophen, etwa seinen Landsmann FRANCIS BACON, der gern das Ergebnis von Versuchen beschreibt, ohne sie ausgeführt zu haben.

Wir können die Transformation (1) verallgemeinern, indem wir das räumliche System der x, y, z in sich drehen, was darauf hinauskommt, daß wir in (1) x, y, z durch neue Raumkoordinaten ξ, η, ζ ersetzen, für die gilt

(2) $$\xi^2 + \eta^2 + \zeta^2 = x^2 + y^2 + z^2 \,.$$

Diese Bedingung definiert eine beliebige *orthogonale Transformation* und ergibt, wenn unter α_{ik} Richtungskosinus verstanden werden:

(3)

	x	y	z
ξ	α_{11}	α_{12}	α_{13}
η	α_{21}	α_{22}	α_{23}
ζ	α_{31}	α_{32}	α_{33}

Dieses Schema kann sowohl von links nach rechts als von oben nach unten gelesen werden. Die α_{ik} genügen dabei wegen (2) der bekannten Bedingung

(4) $$\sum_k \alpha_{ik}^2 = \sum_i \alpha_{ik}^2 = 1\,, \quad \sum_k \alpha_{ik}\alpha_{jk} = \sum_i \alpha_{ij}\alpha_{ik} = 0\,.$$

Setzt man die ξ, η, ζ aus (3) auf den rechten Seiten von (1) statt der x, y, z ein, so erhält man das verallgemeinerte Transformations-Schema

(5)

	x	y	z	t
x'	α_{11}	α_{12}	α_{13}	α_0
y'	α_{21}	α_{22}	α_{23}	β_0
z'	α_{31}	α_{32}	α_{33}	γ_0
t'	0	0	0	1

Die Tatsache, daß das gestrichene System x', y', z', t' ebensogut als Bezugssystem der klassischen Mechanik dienen kann wie das ungestrichene x, y, z, t, nennen wir das *Relativitätsprinzip der klassischen Mechanik*. Die Transformation (5) soll im folgenden eine *Galilei-Transformation* heißen. Sie ist linear in den vier Koordinaten, orthogonal in den ersten drei und läßt die Zeit-Koordinate invariant ($t' = t$). Letzteres bedeutet, daß das Relativitätsprinzip der klassischen Mechanik den von Newton postulierten absoluten Charakter der Zeit unberührt läßt.

Eine neue Situation aber eröffnet sich im Gebiete der Elektrodynamik und ihrem Spezialfalle der Optik. Die Maxwellschen Gleichungen, welche dieses Gebiet beherrschen, erweisen, wenn man sie in jedem zulässigen Bezugssysten gelten läßt, den Vorgang der Lichtausbreitung im Vakuum mit der Lichtgeschwindigkeit c als einen vom Bezugssystem unabhängigen Vorgang. Die Front einer vom Koordinaten-Anfangspunkt ausgehenden Kugelwelle wird, je nachdem, ob wir im ungestrichenen oder im gestrichenen System rechnen, gegeben durch die Gleichung

(6) $$x^2 + y^2 + z^2 = c^2 t^2 \quad \text{bzw.} \quad x'^2 + y'^2 + z'^2 = c^2 t'^2\,.$$

Es ist an dieser Stelle bequem, die Bezeichnung der Koordinaten in folgender Weise abzuändern

(7) $$x = x_1,\; y = x_2,\; z = x_3,\; ict = x_4,$$

§ 2. 11b   Raum, Zeit und Bezugssystem

unter i die imaginäre Einheit verstanden; entsprechend für die gestrichenen Koordinaten. Die Gln. (6) schreiben sich dann

$$(8) \qquad \sum_{1}^{4} x_k^2 = 0, \qquad \sum_{1}^{4} x_k'^2 = 0$$

und die Unabhängigkeit der Lichtausbreitung vom Bezugssystem verlangt[1]):

$$(9) \qquad \sum_{1}^{4} x_k'^2 = \sum_{1}^{4} x_k^2.$$

Während Gl. (2) eine orthogonale Transformation im *dreidimensionalen* Raum definierte, haben wir es bei (9) mit einer orthogonalen Transformation im *Vierdimensionalen* zu tun, allerdings bei imaginärer vierter Koordinate, was aber dem Bestehen der zu (3), (4), (5) analogen Gleichungen keinen Abbruch tut. Die statt (5) entstehende Beziehung zwischen den x_k und x_k' nennt man allgemein eine *Lorentz-Transformation* (nach dem großen holländischen theoretischen Physiker HENDRIK ANTON LORENTZ). Wir schreiben sie in das allgemeine Schema:

$$(10) \quad \begin{array}{c|cccc} & x_1 & x_2 & x_3 & x_4 \\ \hline x_1' & \alpha_{11} & \alpha_{12} & \alpha_{13} & \alpha_{14} \\ x_2' & \alpha_{21} & \alpha_{22} & \alpha_{23} & \alpha_{24} \\ x_3' & \alpha_{31} & \alpha_{32} & \alpha_{33} & \alpha_{34} \\ x_4' & \alpha_{41} & \alpha_{42} & \alpha_{43} & \alpha_{44} \end{array}$$

Dieses Schema zeigt unmittelbar, daß die Zeit-Koordinate (in der imaginären Form x_4) jetzt bei Änderung des Bezugssystems ebenso in Mitleidenschaft gezogen wird wie die Raum-Koordinaten. *Die Absolutheit der Zeit ist*, als notwendige Folge der Invarianz-Forderung (9), *aufgehoben*.

Lehrreicher als die allgemeine ist die besondere LORENTZ-Transformation, die wir erhalten, wenn wir zwei Raum-Koordinaten, etwa x_1 und x_2, ungeändert lassen und nur x_3 und x_4 transformieren.

Dann müssen in (10) alle α der ersten und zweiten Horizontal- und Vertikalreihe verschwinden bis auf

$$\alpha_{11} = \alpha_{22} = 1$$

wegen $x_1' = x_1$, $x_2' = x_2$ (von links nach rechts sowie von oben nach unten gelesen). Ferner haben wir wegen der zu (4) analogen Bedingungen

$$(11) \qquad \alpha_{33}^2 + \alpha_{34}^2 = \alpha_{33}^2 + \alpha_{43}^2 = \alpha_{43}^2 + \alpha_{44}^2 = \alpha_{34}^2 + \alpha_{44}^2 = 1,$$

also

$$\alpha_{33}^2 = \alpha_{44}^2, \qquad \alpha_{34}^2 = \alpha_{43}^2.$$

Wir könnten also mit $\delta = \pm 1$

$$(11\text{a}) \qquad \alpha_{34} = \delta\, \alpha_{43}$$

setzen und müssen dann

$$(11\text{b}) \qquad \alpha_{44} = -\,\delta\, \alpha_{33}$$

---

[1]) Von den Gln. (8) muß nämlich die eine Folge der anderen sein. Wegen der Linearität des Zusammenhanges muß also der eine Ausdruck (8) proportional zu dem anderen sein, und zwar mit dem Proportionalitätsfaktor 1 wegen der Wechselseitigkeit der Beziehung.

schreiben, wegen der weiteren Orthogonalitätsbedingung $\alpha_{33}\alpha_{34} + \alpha_{43}\alpha_{44} = 0$. Unter Benutzung von (11a, b) erhalten wir aus (10), wenn wir nach (7) zu den ursprünglichen Koordinaten z, t, z', t' übergehen

(12)
$$z' = \alpha_{33}\left(z + i\,\delta\,c\,\frac{\alpha_{43}}{\alpha_{33}}t\right),$$
$$t' = -\delta\,\alpha_{33}\left(t + i\,\frac{\delta}{c}\,\frac{\alpha_{43}}{\alpha_{33}}z\right).$$

Aus der ersten dieser Gleichungen folgt, daß

(12a)
$$-i\,\delta\,c\,\frac{\alpha_{43}}{\alpha_{33}} = v$$

die Geschwindigkeit bedeutet, mit der vom ungestrichenen System aus die z-Achse parallel zur z'-Achse in deren positiver Richtung verschoben wird. Wegen (12a) schreiben sich dann die Gln. (12)

(13)
$$z' = \alpha_{33}(z - v\,t),$$
$$t' = -\delta\,\alpha_{33}\left(t - \frac{v}{c^2}z\right).$$

Um nun noch α_{33} zu bestimmen, benutzen wir die Gl. (9), die sich in den ursprünglichen Koordinaten zu $z'^2 - c^2 t'^2 = z^2 - c^2 t^2$ vereinfacht. Setzen wir hier die Werte von z' und t' aus (13) ein, so verschwindet der Faktor von $2\,v\,z\,t$ auf der linken Seite und die Vergleichung der Faktoren von z^2 und t^2 rechts und links liefert

$$\alpha_{33}^2 = \frac{1}{1 - v^2/c^2}.$$

Im Limes $c \to \infty$ muß jedenfalls aus (13) die GALILEI-Transformation (1) mit $\alpha_0 = \beta_0 = 0$ und $\gamma_0 = -v$ hervorgehen. Dazu muß $\delta = -1$ gesetzt und das Vorzeichen von α_{33} positiv gewählt werden, so daß schließlich als charakteristische, zweidimensionale LORENTZ-Transformation

(14) $\qquad z' = \dfrac{z - v\,t}{\sqrt{1 - \beta^2}}\,, \quad t' = \dfrac{t - v\,z/c^2}{\sqrt{1 - \beta^2}}\,, \quad \beta = \dfrac{v}{c}\,, \quad \sqrt{1 - \beta^2} > 0$

entsteht.

Die Relativierung der Zeit in (14) und die Maßstabsänderung der Raum-Koordinate z, dargestellt durch den Nenner $\sqrt{1 - v^2/c^2}$, ist, wie wir sehen, bedingt durch die Endlichkeit der Lichtgeschwindigkeit c, mit der das Relativitätsprinzip der klassischen Mechanik unverträglich ist.

Wir nennen die Tatsache, daß bei endlicher Ausbreitungs-Geschwindigkeit c aller elektrodynamischen Wirkungen an die Stelle der GALILEI-Transformationen die LORENTZ-Transformationen in der allgemeinen Form (10) oder der spezialisierten Form (14) zu treten haben, das *Relativitäts-Prinzip der Elektrodynamik*. Blieben beide Relativitätsprinzipe nebeneinander bestehen, so würde zur Darstellung mechanisch-elektrischer Versuche nur ein einziges Bezugssystem zulässig

§ 2. 18   Raum, Zeit und Bezugssystem   13

sein. Die Physiker haben (z. B. im MICHELSON-Versuch) danach gesucht, aber stets die Erfahrung gemacht, daß auch für solche Versuche das LORENTZsche Relativitätsprinzip gilt. Man muß daraus schließen, daß auch die Mechanik sich der Tatsache der endlichen Lichtausbreitung anzupassen hat. Nur deshalb, weil alle in der gewöhnlichen Mechanik vorkommenden Geschwindigkeiten sehr klein gegen c sind, können wir für die Zwecke der Mechanik fast immer von den durch (14) gegebenen Maßstabs-Änderungen der Raum- und Zeit-Koordinaten absehen.

Die Fülle der physikalischen Tatsachen, welche in der LORENTZ-Transformation enthalten sind, werden wir erst im dritten Band dieser Vorlesungen besprechen. Hier wollen wir nun noch untersuchen, welche Änderungen an der Auffassung der *Fundamentalgröße* $\mathfrak{G}$ (*Bewegungsgröße* oder *Impuls*) aus unserem jetzigen Relativitätsprinzip fließen.

Wir nannten $\mathfrak{G}$ einen *Vektor*. Damit ist nichts anderes gemeint, als daß sich die drei Komponenten von $\mathfrak{G}$ bei einer Änderung des Koordinaten-Systems ebenso ändern wie die Koordinaten selbst (d. i. die Komponenten des *Radiusvektors* $\mathfrak{r} = x, y, z$). Wir sagen dementsprechend: $\mathfrak{G}$ *verhält sich kovariant zu* $\mathfrak{r}$.

Das gilt aber nur vom Standpunkt der GALILEI-Transformationen, also bei als absolut angesehener Zeit. Vom Standpunkt der LORENTZ-Transformationen ist der *Radiusvektor* eine vierkomponentige Größe, ein *Vierervektor*

$$\vec{x} = x_1, x_2, x_3, x_4 \,. \tag{15}$$

Auch unser Impuls — wir nennen ihn weiterhin $\vec{G}$ — muß als Vierervektor erklärt werden, d. h. zu $\vec{x}$ kovariant sein, wenn anders er in der Relativitätstheorie Heimatsrecht haben soll. Wir kommen zu diesem Vierervektor auf folgendem Wege:

a) Ebenso wie (15) ist ein *Vierervektor* sicherlich der Koordinatenabstand zweier benachbarter Punkte

$$\vec{dx} = dx_1, dx_2, dx_3, i c \, dt \,. \tag{16}$$

b) Der Betrag dieses Abstandes ist sicherlich eine bei LORENTZ-Transformationen *invariante* Größe. Er ist, von einem Faktor $i c$ abgesehen, gegeben durch

$$d\tau = \sqrt{dt^2 - \frac{1}{c^2}(dx_1^2 + dx_2^2 + dx_3^2)} \,. \tag{17}$$

$d\tau$ heißt nach MINKOWSKI das Element der *Eigenzeit*; dieses ist im Gegensatz zu dt relativistisch invariant. Indem wir in (17) dt ausklammern und die gewöhnliche, im Dreidimensionalen gemessene Geschwindigkeit v einführen, erhalten wir

$$d\tau = dt \sqrt{1 - \frac{v^2}{c^2}} = dt \sqrt{1 - \beta^2} \qquad \text{vgl. (14).} \tag{17a}$$

c) Durch Division des Vierervektors (16) mit der Invariante (17a) entsteht sicher wieder ein Vierervektor; wir nennen ihn *Vierervektor der Geschwindigkeit*:

$$\frac{1}{\sqrt{1-\beta^2}} \left(\frac{dx_1}{dt}, \frac{dx_2}{dt}, \frac{dx_3}{dt}, i c \right) \tag{18}$$

d) So wie aus dem Dreiervektor der Geschwindigkeit durch Multiplikation mit der vom Bezugssystem unabhängigen Masse m der frühere Impulsvektor $\mathfrak{G}$ entstand, leiten wir aus dem Vierervektor (18) durch Multiplikation mit einem vom Bezugssystem unabhängigen Massenfaktor den Vierervektor $\vec{G}$ des Impulses ab. Wir nennen diesen Massenfaktor *Ruhmasse* m_0 und erhalten

$$(19) \qquad \vec{G} = \frac{m_0}{\sqrt{1-\beta^2}} \left(\frac{dx_1}{dt}, \frac{dx_2}{dt}, \frac{dx_3}{dt}, ic \right).$$

Es ist sinngemäß, die Größe vor der Klammer als *bewegte Masse* zu bezeichnen, da sie für $\beta = 0$ in die Ruhmasse übergeht, oder auch als *Masse schlechtweg*. Wir behaupten also:

$$(20) \qquad m = \frac{m_0}{\sqrt{1-\beta^2}}.$$

Dieses Gesetz ist zuerst von LORENTZ 1904 unter sehr speziellen Annahmen (deformierbares Elektron) abgeleitet worden; die vorstehend gegebene Ableitung aus dem Relativitätsprinzip macht solche besonderen Annahmen überflüssig. Gl. (20) wurde durch vielfache Präzisionsversuche an schnellen Elektronen gesichert und bildet zusammen mit optischen Versuchen, insbesondere dem von MICHELSON, das Fundament, auf dem sich die Relativitätstheorie aufbaut. Wenn wir hier, die Reihenfolge umkehrend, von dem Relativitätsprinzip aus auf scheinbar sehr formalem Wege zu Gl. (20) gelangten, so ist das logisch zulässig und der Kürze dieser einführenden Erörterungen dienlich. Welche Änderungen sich aus der geschwindigkeitsabhängigen Masse für die weitere Anwendung der NEWTONschen Bewegungsgesetze ergeben, werden wir in § 4 besprechen.

An dieser Stelle liegt es uns ob, wenigstens andeutungsweise die Frage nach den zulässigen Bezugssystemen zu Ende zu führen, indem wir von der bisher behandelten *speziellen Relativitätstheorie* übergehen zu der *allgemeinen Relativitätstheorie* (EINSTEIN 1915). In der speziellen Relativitätstheorie gibt es berechtigte Bezugssysteme, die auseinander durch LORENTZ-Transformationen hervorgehen, und unberechtigte, z. B. solche, die gegen jene beschleunigt sind. In der allgemeinen Relativitätstheorie werden alle möglichen Bezugssysteme zugelassen; die Transformationen zwischen ihnen brauchen nicht mehr wie in (10) linear und orthogonal zu sein, sondern können durch irgendwelche Funktionen $x'_k = f_k(x_1, x_2, x_3, x_4)$ gegeben sein. Es handelt sich also um beliebig bewegte und beliebig gegeneinander deformierte Bezugssysteme. Raum und Zeit verlieren dabei jeden Rest ihres absoluten Charakters, den sie bei der NEWTONschen Grundlegung hatten, und werden bloße Einordnungsschemata für die physikalischen Ereignisse. Selbst die euklidische Geometrie reicht für diese Einordnung nicht mehr aus und muß durch die viel allgemeinere, von RIEMANN vorbereitete Metrik ersetzt werden. Hierbei entsteht nun die Aufgabe, den physikalischen Gesetzen eine solche Form zu geben, daß sie für alle hier zu betrachtenden Bezugssysteme Gültigkeit haben, also eine Form, die invariant ist gegenüber beliebigen „Punkt-Transformationen"

$x'_k = f_k(x_1, \ldots, x_4)$ des vierdimensionalen Raumes. Daß dieses möglich ist, bildet den positiven Inhalt der allgemeinen Relativitätstheorie. Wir können uns in dieser Vorlesung nicht mit der mathematisch sehr komplizierten Gestalt beschäftigen, die die Gesetze der Mechanik dabei annehmen. Wir erwähnen nur, daß sich auf diesem Wege eine zwangsläufige Ableitung und zugleich eine Verschärfung der NEWTONschen Gravitation ergibt.

Wir schließen mit einer Bemerkung über die Benennung „Relativitätstheorie". Nicht die vollständige Relativierung von Raum und Zeit ist die positive Leistung der Theorie, sondern der Nachweis der Unabhängigkeit der Naturgesetze von der Wahl des Bezugssystems, der Invarianz des Naturgeschehens gegenüber jedem Wechsel im Standpunkt des Beobachters. Infolgedessen wäre der Name *Invarianten-Theorie des Naturgeschehens* oder, wie gelegentlich vorgeschlagen wurde, *Standpunktslehre* bezeichnender als der gebräuchliche Name „allgemeine Relativitätstheorie".

§ 3. Geradlinige Bewegung eines Massenpunktes

Die Bewegung finde in der x-Achse statt. Von allen Vektoren kommen nur die Komponenten in Richtung der x-Achse zur Wirkung. Die betreffende Komponentensumme der Kräfte nennen wir X.

Es ist $v = \dfrac{\mathrm{d}x}{\mathrm{d}t}$ und $G_x = m\dfrac{\mathrm{d}x}{\mathrm{d}t}$. Dann gilt

(1) $$\dot{G}_x = X$$

und bei konstantem m

(2) $$m\frac{\mathrm{d}^2 x}{\mathrm{d}t^2} = X .$$

Wir wollen die Integration dieser Bewegungsgleichung in den Fällen studieren, wo X als reine Funktion der Zeit [$X = X(t)$], des Ortes [$X = X(x)$] oder der Geschwindigkeit [$X = X(v)$] gegeben ist.

a) $X = X(t)$.

Die unmittelbare Integration liefert:

(3) $$v - v_0 = \frac{1}{m} \cdot \int_{t_0}^{t} X(t)\,\mathrm{d}t = \frac{1}{m} Z(t) .$$

Dabei ist also $Z(t)$ das Zeitintegral der Kraft und ist gleich der *Impulsänderung* während der Zeit von t_0 bis t.

Nochmalige Integration führt zu der Weggleichung:

(4) $$x - x_0 = v_0 (t - t_0) + \frac{1}{m} \cdot \int_{t_0}^{t} Z(t)\,\mathrm{d}t .$$

b) $X = X(x)$.

Dies ist der typische Fall des räumlich gegebenen *Kraftfeldes*. Die Integration wird durch den Energiesatz geleistet. Wir multiplizieren (2) beiderseits mit dx/dt:

(5) $$m \cdot \frac{dx}{dt} \cdot \frac{d^2x}{dt^2} = X \cdot \frac{dx}{dt}.$$

Jetzt steht links ein vollständiges Differential:

$$\frac{d}{dt}\left\{\frac{m}{2}\left(\frac{dx}{dt}\right)^2\right\}$$

Rechter Hand schreiben wir in Übereinstimmung mit der allgemeinen Definition in (1.4) $dA = X\, dx$ und nennen dA die auf dem Wege dx von X geleistete *Arbeit*. Die so entstehende Gleichung besagt: *Die Änderung der kinetischen Energie des Massenpunkts ist gleich der Arbeitsleistung der Systemkraft X an ihm.*

Wir definieren nämlich

(6) $$T = E_{\text{kin}} = \frac{m}{2} v^2$$

als *kinetische Energie* oder Energie der Bewegung; die ältere Bezeichnung „lebendige Kraft" (LEIBNIZ) spiegelt die Mehrdeutigkeit des Wortes „Kraft" wider (vis viva gegen vis motrix; noch HELMHOLTZ nannte seine Abhandlung vom Jahre 1847 „Über die Erhaltung der Kraft").

Neben der kinetischen Energie definieren wir die *potentielle Energie* V durch

(7) $$dV = -dA = -X\, dx, \quad V = E_{\text{pot}} = -\int^x X\, dx.$$

In der eindimensionalen Punktmechanik ist diese Definition ausreichend, solange keine Reibung im Spiel ist; bei zwei- oder dreidimensionalen Kraftfeldern wird die Existenz von V außerdem durch die Natur der Kraftfelder eingeschränkt (vgl. § 6 unter 3). Nach (7) ist V nur bis auf eine additive Konstante bestimmt.

Auf Grund dieser Verabredungen entsteht aus der integrierten Gl. (5) der Energiesatz:

(8) $$T + V = \text{konst.} = W.$$

W ist die Energiekonstante, die „Gesamtenergie".

Der Energiesatz besitzt außer seiner überragenden physikalischen Bedeutung auch eine bemerkenswerte mathematische Kraft. Er leistet nämlich, wie wir sahen, nicht nur die erste Integration, sondern gestattet auch, wenigstens im vorliegenden Falle b), unmittelbar die zweite. Schreiben wir nämlich (8) in der Form

$$\left(\frac{dx}{dt}\right)^2 = \frac{2}{m} \cdot [W - V(x)],$$

so erhält man durch Umkehrung:

$$dt = \sqrt{\frac{m}{2(W - V)}}\, dx$$

§ 3.12 Geradlinige Bewegung eines Massenpunktes

und daraus

$$(9) \qquad t - t_0 = \sqrt{\frac{m}{2}} \cdot \int_{x_0}^{x} \frac{dx}{\sqrt{W - V}} \, .$$

t ist also als Funktion von x bekannt, somit auch x als Funktion von t. Wir haben demnach in (9) die vollständig integrierte Bewegungsgleichung vor uns.

c) $X = X(v)$.

Die Bewegungsgleichung lautet jetzt:

$$m \cdot \frac{dv}{dt} = X(v) \, .$$

Wir schreiben sie

$$dt = \frac{m \, dv}{X}$$

und erhalten sofort

$$(10) \qquad t - t_0 = m \cdot \int_{v_0}^{v} \frac{dv}{X} = F(v) \, .$$

Damit ist auch v als Funktion von t erklärt: $v = f(t)$. Wir haben also

$$\frac{dx}{dt} = f(t)$$

und folgern daraus

$$x - x_0 = \int_{t_0}^{t} f(t) \, dt \, .$$

Beispiele

1. Freier Fall in Erdnähe (Stein)

Die x-Achse zähle positiv nach oben. Die Kraft ist konstant

$$(11) \qquad X = - m g \, ,$$

d. h. von t, x und v unabhängig. Dann sind alle drei Integrationsmethoden a), b), c) anwendbar.

Wir führen a) und b) durch und setzen dabei ausdrücklich voraus, daß die „schwere" und die „träge" Masse einander gleich sind:

$$(12) \qquad m_{\text{schwer}} = m_{\text{träg}} \, .$$

$m_{\text{träg}}$ ist die durch die Lex secunda definierte Masse, m_{schwer} die im Gravitationsgesetz und daher auch in unserem Kraftansatz (11) vorkommende Masse.

Schon BESSEL hat die Notwendigkeit erkannt, die Gl. (12) experimentell, durch Pendelversuche[1]), zu prüfen. Einen viel genaueren experimentellen Beweis

---

[1]) Es sei übrigens darauf hingewiesen, daß schon bei NEWTON am Anfange seiner Mechanik, nämlich in der Definition 1, der interessante Satz vorkommt:„,Daß die Masse dem Gewicht proportional ist, habe ich durch sehr genau angestellte Pendelversuche bewiesen."

lieferte EÖTVÖS mit seiner Drehwaage. Später gab (12) den ersten Anstoß zur EINSTEINschen Gravitationstheorie.

a) $\ddot{x} = -g$. Bei geeigneter Wahl der Integrationskonstanten (für $t = 0$ sei $v = 0$ und $x = h$) wird:

$$x = -gt, \quad x = h - \frac{g}{2} t^2.$$

b) Wegen $dA = -mg\,dx$, $V = mgx$, wird $T + mgx = W$.

Ist $v = 0$ für $x = h$, so wird $W = mgh$; also

$$\frac{m}{2} v^2 + mgx = mgh.$$

Speziell für $x = 0$ folgt $v^2 = 2gh$,

(13) $$v = -\sqrt{2gh}.$$

Kehren wir die Gleichung um, so erhalten wir in

(13a) $$h = \frac{v^2}{2g}$$

die sogenannte Geschwindigkeitshöhe, zu der eine (beliebige) Masse erhoben werden muß, damit sie im Schwerefeld beim Durchfallen dieser Strecke eine vorgegebene Geschwindigkeit v erhält. Die Einführung dieser Geschwindigkeitshöhe h an Stelle der Geschwindigkeit v ist besonders bei gewissen technischen Fragen bequem, z. B. Steighöhe des Wassers in einer PITOTschen Röhre, Druckhöhe in einer Zentrifuge usw. Auch die Höhendifferenz der Wasseroberfläche im NEWTONschen Eimerversuch wird durch (13a) gegeben.

2. Freier Fall aus großer Entfernung (Meteor)

Jetzt ist die anziehende Kraft keine Konstante mehr. Es gilt vielmehr das Gravitationsgesetz (m Meteormasse, M Erdmasse, G Gravitationskonstante[1]):

(14) $$m \frac{d^2 r}{dt^2} = -\frac{mMG}{r^2}.$$

Hier haben wir statt der Koordinate x die vom Erdmittelpunkt aus gezählte Entfernung r geschrieben. Da die Kraft von r abhängt, kommt jetzt nur die Integrationsmethode b) in Frage.

Speziell für die Erdoberfläche ergibt sich aus (14) mit a als Erdradius

$$mg = \frac{mMG}{a^2}.$$

mMG kann daraufhin aus (14) eliminiert werden:

$$\frac{d^2 r}{dt^2} = -g \frac{a^2}{r^2}.$$

---

[1] Der Leser wird die auch später, beim Problem der Planetenbewegung, auftretende Gravitationskonstante G nicht mit dem Betrag $|\mathfrak{G}|$ eines Impulses verwechseln.

§ 3. 16a   Geradlinige Bewegung eines Massenpunktes

Aus (7) berechnet sich in diesen Bezeichnungen:

$$dV = -dA = m\,g\,a^2 \frac{dr}{r^2},$$

also als potentielle Energie, wenn man deren Nullniveau ins Unendliche legt,

(15) $$V(r) = -m\,g\,\frac{a^2}{r}.$$

Aus (8) folgt daher

$$\frac{m}{2}\left(\frac{dr}{dt}\right)^2 - \frac{m\,g\,a^2}{r} = W = -\frac{m\,g\,a^2}{R},$$

wo R eine hypothetische Anfangsentfernung vom Erdmittelpunkte ist, in der sich die fallende Masse in Ruhe befand. Wir haben also

(16) $$\frac{dr}{dt} = a\sqrt{2g}\sqrt{\frac{1}{r} - \frac{1}{R}}$$

und, entsprechend Gl. (9):

(16a) $$t = \frac{1}{a\sqrt{2g}} \int \frac{dr}{\sqrt{\dfrac{1}{r} - \dfrac{1}{R}}}.$$

Wir brauchen die in (16a) geleistete Integration nicht weiter auszuführen, da uns nur zwei Spezialfälle von Gl. (16) interessieren:

a) $$R = \infty, \quad r = a.$$

Der Meteorstein erreicht die Erde mit der Geschwindigkeit

$$\frac{dr}{dt} = \sqrt{2g\,a}.$$

D. h.: Der freie Fall aus unendlicher Höhe im Gravitationsfelde würde an der Erdoberfläche dieselbe Geschwindigkeit ergeben wie der freie Fall aus der Höhe $h = a$ bei konstanter Schwerebeschleunigung g [s. Gl. (13)].

b) $$R = a + h. \quad h \ll a. \quad r = a.$$

Hier handelt es sich um eine erste Korrektion der Fallgeschwindigkeit (13) wegen abnehmender Schwerebeschleunigung bei nicht zu großer Fallhöhe. Aus (16) folgt

$$\frac{dr}{dt} = \sqrt{2g\,a} \cdot \sqrt{1 - \frac{1}{1 + \dfrac{h}{a}}} = \sqrt{2g\,a} \cdot \left(\frac{h}{a} - \frac{h^2}{a^2} + - \cdots\right)^{1/2}$$

$$= \sqrt{2g\,a} \cdot \sqrt{\frac{h}{a}} \cdot \left(1 - \frac{1}{2}\frac{h}{a} + \cdots\right) = \sqrt{2g\,h} \cdot \left(1 - \frac{1}{2}\frac{h}{a} + \cdots\right).$$

3. Freier Fall mit Luftwiderstand

Wir wollen annehmen, der Luftwiderstand sei proportional dem Quadrat der Geschwindigkeit zu setzen. Diese schon von NEWTON herrührende Annahme stimmt mit der Erfahrung hinreichend überein, wenn der fallende Körper nicht zu klein und seine Geschwindigkeit weder vergleichbar mit der Schallgeschwindigkeit noch verschwindend klein ist. Die im ganzen wirkende Kraft ist dann (wegen der Vorzeichen beachte man, daß der Luftwiderstand der Schwere entgegenarbeitet):

$$X(v) = -mg + a v^2,$$

vgl. oben unter c), und die Bewegungsgleichung wird

(17) $$\frac{dv}{dt} = -g + \frac{a}{m} v^2.$$

Setzen wir $\frac{a}{mg} = b^2$, so geht sie über in

$$\frac{dv}{dt} = -g(1 - b^2 v^2).$$

Daraus folgt, ähnlich wie in (10) mit $t_0 = 0$:

$$-g\, dt = \frac{dv}{2}\left(\frac{1}{1-bv} + \frac{1}{1+bv}\right), \quad -gt = \frac{1}{2b} \cdot \lg \frac{1+bv}{1-bv}.$$

Also wird

$$\frac{1+bv}{1-bv} = e^{-2bgt},$$

(18) $$bv = \frac{e^{-2bgt}-1}{e^{-2bgt}+1} = -\frac{\sinh bgt}{\cosh bgt} = -\tanh bgt.$$

Hier bedeuten sinh, cosh, tanh die hyperbolischen Funktionen. $|bv|$ wächst also von 0 aus beständig an und nähert sich für $t = \infty$ dem Werte 1. Der Grenzwert, dem v selbst zustrebt, wird

$$|v| = \frac{1}{b} = \sqrt{\frac{mg}{a}}.$$

Dies ist auch unmittelbar aus Gl. (17) abzulesen, weil für den vorstehenden Grenzwert dv/dt gleich Null wird.

Wir benutzen Gl. (18), um eine erste Korrektur der für den luftleeren Raum abgeleiteten Formel mit Rücksicht auf den Luftwiderstand zu gewinnen. Aus der Reihenentwicklung

$$\tanh \alpha = \frac{\sinh \alpha}{\cosh \alpha} \cong \frac{\alpha + \frac{\alpha^3}{6}}{1 + \frac{\alpha^2}{2}} \cong \alpha \cdot \left(1 - \frac{\alpha^2}{3}\right)$$

erhalten wir mit $\alpha = bgt$ nach (18)

$$v = -gt \cdot \left(1 - \frac{(bgt)^2}{3}\right).$$

4. Harmonische Schwingungen

Diese entstehen, wenn auf unseren Massenpunkt m eine der Ausschwingung x proportionale rücktreibende Kraft X wirkt. Nennen wir den Proportionalitätsfaktor k, so haben wir

$$X = -kx$$

und als Bewegungsgleichung bei konstantem m

(19) $$m \frac{d^2 x}{dt^2} = -kx .$$

Da die Kraft als Funktion der Koordinate gegeben ist, Fall b) von S. 17, wenden wir nach der dortigen allgemeinen Vorschrift zur Integration den Energiesatz an. Dazu müssen wir zunächst die potentielle Energie der harmonischen Bindung bestimmen. Wir haben

$$dA = X\, dx = -\frac{k}{2} d(x^2)$$

und daher nach (7) bei passender Wahl des Nullniveaus von V

$$V = -\int_0^x dA = \frac{k}{2} x^2 .$$

Der Energiesatz lautet daher:

$$m v^2 + k x^2 = 2W .$$

Als Anfangsbedingungen setzen wir etwa fest:

(19a) $$\text{für } t = 0: \begin{cases} x = a \\ v = \dot{x} = 0 . \end{cases}$$

Dann erhält $2W$ den Wert $k a^2$, und es wird

$$\left(\frac{dx}{dt}\right)^2 = \frac{k}{m} \cdot (a^2 - x^2)$$

$$\sqrt{\frac{k}{m}}\, dt = \frac{dx}{\sqrt{a^2 - x^2}} ,$$

also unter Berücksichtigung der Anfangsbedingungen (19a):

(20) $$\omega t = \arcsin \frac{x}{a} - \frac{\pi}{2} \text{ mit } \omega = \sqrt{\frac{k}{m}} .$$

Durch Umkehrung entsteht

(21) $$x = a \cdot \sin\left(\omega t + \frac{\pi}{2}\right) = a \cdot \cos \omega t .$$

Hiernach ist der physikalische Sinn der eingeführten Abkürzung ω klar. Sie bedeutet die *„Kreisfrequenz"*, nämlich die Anzahl Schwingungen in 2π Zeiteinheiten, und es gilt, wenn τ die Schwingungsdauer und ν die Schwingungszahl[1])

---

[1]) Im Gegensatz zu ω bedeutet ν die Anzahl der Schwingungen in *einer Zeiteinheit* (Sekunde). Statt Schwingungszahl sagt man auch häufig „Frequenz" schlechtweg.

bezeichnet:

(22) $$\omega = \frac{2\pi}{\tau} = 2\pi\nu$$

Mit dieser Abkürzung können wir statt (19) auch schreiben:

(23) $$\ddot{x} + \omega^2 x = 0 \,.$$

Der Energiesatz hat den Vorteil, daß er stets zum Ziele führt, wie auch die Kraft X von x abhängen möge. In unserem Falle aber, wo X linear in x ist, gibt es einen anderen, viel eleganteren Weg. Er beruht auf dem unmittelbar einleuchtenden Satz, daß eine *homogene lineare* Differentialgleichung beliebiger Ordnung mit *konstanten* Koeffizienten (x = abhängige, t = unabhängige Variable) stets durch den Ansatz gelöst werden kann:

(24) $$x = C\, \mathrm{e}^{\lambda t},$$

sofern λ als Wurzel einer aus der Differentialgleichung entstehenden algebraischen Gleichung gewählt wird. Dieser Ansatz liefert eine *partikuläre* Lösung; die *allgemeine* Lösung entsteht durch Superposition aller solcher partikulären Lösungen in der Form

(24a) $$x = \sum C_j\, \mathrm{e}^{\lambda_j t} \,.$$

Die algebraische Gleichung für λ wird bei unserer Gl. (23) eine quadratische:

$$\lambda^2 + \omega^2 = 0 \text{ mit den Wurzeln } \lambda = \pm\, \mathrm{i}\, \omega \,.$$

Die allgemeine Lösung lautet daher:

(24b) $$x = C_1\, \mathrm{e}^{i\omega t} + C_2\, \mathrm{e}^{-i\omega t} \,.$$

Die Konstanten C_1, C_2 werden durch die Anfangsbedingungen (19a) festgelegt:

$$\dot{x} = 0 \text{ liefert:} \quad C_1\, \mathrm{i}\, \omega - C_2\, \omega\, \mathrm{i} = 0: \quad C_1 = C_2 \,.$$

$$x = a \text{ liefert:} \quad a = C_1 + C_2 = 2\, C_1: \quad C_1 = \frac{a}{2} \,.$$

Also lautet die definitive Lösung des Problems in Übereinstimmung mit (21)

$$x = a \cos \omega\, t \,.$$

Wir werden später (Kap. III, § 19) von dieser Methode einen ausgiebigen Gebrauch machen für gedämpfte, erzwungene, gekoppelte usw. Schwingungen, sofern diese durch lineare Differentialgleichungen beschrieben werden können. Die Überschrift „harmonische Schwingungen", die wir diesem Abschnitt vorangestellt haben, weist auf den linearen Ansatz der rücktreibenden Kraft und die daraus folgende Darstellung der Bewegung durch eine einheitliche Frequenz ω hin. Bei „anharmonischer", d. h. nichtlinearer Bindung versagt die Methode; dann ist man auf die weniger elegante Methode des Energiesatzes angewiesen.

5. Eindimensionaler Zusammenstoß zweier Massenpunkte

Vor dem Stoß (vgl. Fig. 1) habe m bzw. M die Geschwindigkeit v_0 bzw. V_0; die Geschwindigkeiten nach dem Stoß seien v und V.

Wie auch der Stoß im einzelnen verlaufen möge, ob elastisch oder unelastisch, jedenfalls gilt für die zwischen m und M übertragenen Kräfte, also auch für das

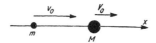

Fig. 1. Zusammenstoß zweier Massen M und m; Geschwindigkeiten vor dem Stoß V_0 und v_0, nach dem Stoß V, v

Zeitintegral Z dieser Kräfte, das NEWTONsche Axiom actio = reactio. Es ist daher nach Gl. (3)

(25) $$m(v - v_0) = Z = - M(V - V_0)$$

und daher auch

(25a) $$m v + M V = m v_0 + M V_0.$$

Diese Gleichung besagt, daß der gesamte Impuls des Systems erhalten bleibt.

Führen wir den *Schwerpunkt*

(25b) $$\xi = \frac{m x + M X}{m + M}$$

ein, so kann Gl. (25a) geschrieben werden: $\dot{\xi} = \dot{\xi}_0$.

Dieser *Schwerpunktssatz* sagt also aus, daß der Stoß keinen Einfluß auf die Schwerpunktsgeschwindigkeit hat.

So beschreibt der Schwerpunkt einer abgefeuerten Granate (im luftleeren Raum) seine Wurfparabel ungestört weiter, auch wenn sich an einem beliebigen Bahnpunkt die Granate in Splitter aufgelöst hat, die scheinbar selbständige Bahnen beschreiben.

Zur vollständigen Lösung des Stoßproblems ist noch ein zweiter Schritt nötig, da wir zwei Unbekannte, v und V, und erst die eine Gleichung (25a) haben. Als *„elastischen Stoß"* definieren wir eine Wechselwirkung, bei der außer dem Impuls auch die kinetische Energie des Systems erhalten bleibt. Wir verlangen also

(26) $$\frac{m}{2} v^2 + \frac{M}{2} V^2 = \frac{m}{2} v_0^2 + \frac{M}{2} V_0^2.$$

Daher gilt auch:

$$m(v^2 - v_0^2) = M(V_0^2 - V^2).$$

Nach (25) war aber

$$m(v - v_0) = M(V_0 - V).$$

Durch Division der vorstehenden Gleichungen, rechts und links, ergibt sich:

$$v + v_0 = V_0 + V,$$

also auch

(26a) $$V - v = -(V_0 - v_0).$$

Diese Gleichung besagt, daß die *Relativgeschwindigkeit* beider Massen nach dem Stoß entgegengesetzt gleich ihrer Relativgeschwindigkeit vor dem Stoße ist.

Aus der Kombination der Gln. (25a) und (26a)

$$m v + M V = m v_0 + M V_0,$$
$$v - V = - v_0 + V_0$$

berechnen sich jetzt die Geschwindigkeiten nach dem Stoße eindeutig zu

(27)
$$v = \frac{m-M}{m+M} v_0 + \frac{2M}{m+M} V_0,$$
$$V = \frac{M-m}{m+M} V_0 + \frac{2m}{m+M} v_0.$$

Man bemerke, daß die Determinante Δ dieser „Transformation" zwischen den Anfangswerten v_0, V_0 und den Endwerten v, V den Betrag 1 hat. Es ist nämlich

$$\Delta = \begin{vmatrix} \dfrac{m-M}{m+M} & \dfrac{2M}{m+M} \\ \dfrac{2m}{m+M} & \dfrac{M-m}{m+M} \end{vmatrix} = -\left(\frac{M-m}{m+M}\right)^2 - \frac{4mM}{(m+M)^2} = -1.$$

D. h., wenn wir mit einem gewissen Spielraum der Geschwindigkeiten rechnen: Das transformierte Flächenelement ist *inhaltsgleich* dem anfänglichen; die Transformation ist „flächentreu" (vgl. Fig. 2a). Dieser Satz ist wichtig für die Stoß-

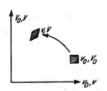 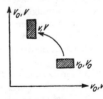

Fig. 2a. Geschwindigkeitsbereiche vor und nach dem Stoße. Die Abbildung ist flächentreu

Fig. 2b. Bei gleichen Massen $m = M$ ist die Abbildung nicht nur flächentreu, sondern auch winkeltreu

prozesse der kinetischen Gastheorie und hängt mit dem LIOUVILLEschen Satz (vgl. Bd. V dieser Vorlesungen) zusammen.

Bei zwei gleichen Massen $m = M$, z. B. Billardbällen, gehen die Gln. (27) über in

(27a) $$v = V_0 \ ; \quad V = v_0 .$$

Die Transformation ist nicht nur flächen-, sondern auch winkeltreu; vgl. Fig. 2b, in der das transformierte Rechteck aus dem anfänglichen durch Vertauschung der Rechteckseiten entsteht. Ist insbesondere beim Billardspiel der eine der Bälle in Ruhe, so überträgt der andere bei zentralem Stoß seine ganze Geschwindigkeit auf diesen und kommt selbst zur Ruhe, vgl. (27a) mit $V_0 = 0$.

Ist andererseits die eine Masse sehr groß gegen die andere, $M \gg m$, so behält die große Masse nach dem Zusammenstoß ihre ursprüngliche Geschwindigkeit merklich bei, während die kleine Masse der großen mit deren um die ursprüngliche Relativgeschwindigkeit verminderten Geschwindigkeit folgt. Die Gln. (27) vereinfachen sich nämlich wegen $m \ll M$ zu

(27b) $\qquad v = -v_0 + 2V_0 = V_0 - (v_0 - V_0), \quad V = V_0$.

Als Ergänzung zum elastischen Stoß sprechen wir noch kurz von *unelastischen Stößen*. In der Atomphysik untersucht man unelastische Stöße, *,,Stöße zweiter Art``*, bei denen das stoßende Teilchen (z. B. ein Elektron) einen Teil seiner Energie dazu verwendet, um das gestoßene Atom *anzuregen*, d. h. aus seinem Grundzustande in ein höheres Energieniveau zu heben. Da hierbei ein Teil der Anfangsenergie für die Bewegung nach dem Stoß verlorengeht, kann letztere nicht mehr nach den Formeln des elastischen Stoßes berechnet werden. (Vgl. hierzu Übungs-Aufgaben I. 1 bis I. 4.)

Hier beschränken wir uns auf den ,,völlig unelastischen Stoß``, wie er oft bei technischen Problemen betrachtet wird. Dieser ist dadurch definiert, daß nach dem Stoß beide Massen m und M gemeinsam weiterlaufen, daß also

$$v = V$$

ist. Der Impulssatz (25a), der, wie oben betont, seine Gültigkeit in jedem Falle behält, lautet dann:

(28) $\qquad (m + M)v = m v_0 + M V_0$

und genügt, um die nunmehr einzige Unbekannte v zu bestimmen. Wir fragen nach dem mit diesem Stoß verbundenen Energieverlust:

$$\frac{m}{2} v_0^2 + \frac{M}{2} V_0^2 - \frac{m+M}{2} v^2.$$

Dieser ergibt sich wegen (28) nach leichter Rechnung zu

(28a) $\qquad \dfrac{\mu}{2}(v_0 - V_0)^2$.

Er ist demnach gleich der *kinetischen Energie einer gewissen ,,reduzierten`` Masse μ, die mit der ursprünglichen Relativgeschwindigkeit bewegt wird.* Dabei ist μ definiert durch

(28b) $\qquad \dfrac{1}{\mu} = \dfrac{1}{m} + \dfrac{1}{M}, \quad \text{also} \quad \mu = \dfrac{mM}{m+M}.$

Der in den Gln. (28a, b) enthaltene Satz rührt von dem General LAZARUS CARNOT her (Mathematiker und Organisator der allgemeinen Wehrpflicht in der Französischen Revolution, Vater von SADI CARNOT, dessen Name in der Thermodynamik unsterblich ist).

§ 4. Veränderliche Massen

In den folgenden Beispielen handelt es sich um die kritische Ausdeutung der Lex secunda. Wir sprachen sie in der Form (1.3) aus: ,,Änderung des Impulses gleich Kraft" und lehnten im allgemeinen die Form (1.3a) ab: ,,Masse × Beschleunigung = Kraft". Wir wollen nun lernen, wie die Änderung des Impulses zu verstehen ist. Dabei wird sich zeigen, daß auch bei veränderlicher Masse unter gewissen Umständen die allgemein gültige Form (1.3) sich auf (1.3a) reduziert.

Wir betrachten ein naheliegendes Beispiel: Auf dem sommerlichen Asphalt der Straße fährt ein Sprengwagen. Die Motorstärke ist gerade ausreichend, um die Reibung am Boden, in der Luft und in den Achsenlagern zu überwinden. Der Wagen verhält sich also kräftefrei. m sei die jeweils im Behälter enthaltene Wassermasse + der konstanten Masse des Wagengestelles. Die pro Zeiteinheit ausgespritzte Wassermenge sei $\mu = -\dot{m}$, ihre Austrittsgeschwindigkeit nach hinten, vom Wagen aus gesehen, sei q, gegenüber der Straße also $v - q$.

Wenden wir die Formel (1.3) schematisch an, so würde sie ergeben

(1) $$\dot{\mathfrak{G}} = \dot{G} = \frac{d}{dt}(m\,v) = 0\,,$$

woraus folgen würde

(1a) $$m\,\dot{v} = \mu\,v\,.$$

Die Beschleunigung des Wagens wäre also unabhängig von der Austritts-Geschwindigkeit q. Das ist paradox, weil doch der vom Austritt herrührende Rückstoß (vgl. Kanone) sich irgendwie geltend machen muß.

In der Tat haben wir die in der Gl. (1.3) gemeinte Impulsänderung nicht richtig angesetzt. Sie besteht nicht nur aus dem in (1) berücksichtigten Gliede, sondern es kommt dazu der in den Wasserstrahlen enthaltene Impuls, der pro Zeiteinheit gerechnet $\mu\,(v - q)$ ist. Ausführlich geschrieben haben wir:

$$G_t = m\,v\,, \quad G_{t+dt} = (m + dm)\,(v + dv) + \mu\,dt\,(v - q)\,.$$

Daher wird die berichtigte Impulsänderung:

(2) $$\dot{G} = \frac{d}{dt}(m\,v) + \mu\,(v - q) = 0\,.$$

Ziehen wir dies zusammen, so können wir wegen $\mu = -\dot{m}$ auch schreiben

(3) $$m\,\dot{v} = \mu\,q\,.$$

§ 4.5 Veränderliche Massen

Im Sinne von (1.3a) aufgefaßt, wirkt also der Rückstoß μq der austretenden Wasserstrahlen als beschleunigende Kraft, wie beim SEGNERschen Wasserrad. Statt von dem Sprengwagen hätten wir auch auf die Weltraum-Rakete exemplifizieren können. Die Verbrennungsgase treiben sie vorwärts. Vgl. Aufgabe I.5. Wir verallgemeinern dies Ergebnis in zwei Aussagen, die den Gln. (2) bzw. (3) unseres Beispiels entsprechen:

Entweder wir stellen uns auf den Standpunkt von (1.3), fügen aber der im Versuchskörper enthaltenen Impulsänderung den pro Zeiteinheit konvektiv abgegebenen oder aufgenommenen Impuls hinzu. Letzterer ist in demselben Bezugssystem zu rechnen wie der Impuls des Versuchskörpers; für das richtige Vorzeichen sorgt dabei das Vorzeichen von $\dot m$. Die Bewegungsgleichung heißt dann:

(4) $$\frac{d}{dt}(m\mathfrak{v}) - \dot m\,\mathfrak{v}' = \mathfrak{F},$$

wo $\mathfrak{v}'$ die Konvektivgeschwindigkeit der Gase ist. In unserem Falle war $-\dot m = \mu$ und $\mathfrak{v}' = \mathfrak{v} - \mathfrak{q}$.

Oder wir stellen uns auf den Standpunkt von (1.3a), müssen dann aber den Rückstoß des pro Zeiteinheit ab- oder zugeführten Impulses gewissermaßen als äußere Kraft hinzufügen. Wir erhalten dadurch die Bewegungsgleichung in der zu (3) analogen Form

(5) $$m\dot{\mathfrak{v}} = \mathfrak{F} + \dot m\,\mathfrak{v}_{rel}.$$

$\mathfrak{v}_{rel}$ ist die im gleichen Sinne wie $\mathfrak{v}$ gemessene Relativgeschwindigkeit des konvektiven Gasimpulses gegen den Versuchskörper. In unserem Beispiel war $\mathfrak{v}_{rel} = -\mathfrak{q}$ und wieder $-\dot m = \mu$.

Zwei Spezialfälle sind beachtenswert:

a) $\mathfrak{v}' = 0$. Die austretenden oder hinzutretenden Massenelemente haben die Geschwindigkeit Null und führen daher keinen Impuls mit sich. Dann hat die Bewegungsgleichung die NEWTONsche Form $\dot{\mathfrak{G}} = \mathfrak{F}$. Beispiel: Wassertropfen, Kette, Übungsaufgaben I.6 und I.7.

b) $\mathfrak{v}' = \mathfrak{v}$ oder, was dasselbe ist, $\mathfrak{v}_{rel} = 0$. Die Bewegungsgleichung hat, trotz veränderlicher Masse, die Form „Masse × Beschleunigung = Kraft". Beispiel: Das von einer Unterlage herunterhängende Seil, Übungsaufgabe I.8.

Im Falle b) ist der CARNOTsche Energieverlust, Gl. (3.28a), gleich Null; daher gilt der Energiesatz in der gewöhnlichen Form. Im Falle a) muß die gültige Form des Energiesatzes je nach der gestellten Aufgabe untersucht werden.

Wir beschließen diese lehrreichen Andeutungen mit dem Problem der relativistischen Massenveränderlichkeit. Wir sprechen dabei speziell von dem Elektron, obwohl die Massenformel (2.20) nicht bloß für dieses, sondern für jede beliebige Masse gilt. Hier ist die Massenveränderlichkeit eine innere Angelegenheit des Elektrons; vom zugeführten oder abgeführten Impuls ist nicht die Rede. Wie im Falle a) lautet daher die Bewegungsgleichung $\dot{\mathfrak{G}} = \mathfrak{F}$, d. h. wegen (2.20)

(6) $$\frac{d}{dt}\left(\frac{m_0 \mathfrak{v}}{\sqrt{1-\beta^2}}\right) = \mathfrak{F}.$$

Es handle sich zunächst um die geradlinige Bewegung des Elektrons; $\mathfrak{F}$ wirke also „longitudinal", d. h. in Richtung von $\mathfrak{v}$, also $\mathfrak{F}$ und $\dot{\mathfrak{v}} \| \mathfrak{v}$.

Wir wollen Gl. (6), wie man es früher (um 1900) unzweckmäßigerweise getan hat, auf die Form „Masse × Beschleunigung = Kraft" bringen. Dazu führen wir die Differentiation links aus und erhalten:

(6a) $$\frac{m_0 \dot{v}}{\sqrt{1-\beta^2}} + m_0 v \frac{d}{dt}\frac{1}{\sqrt{1-\beta^2}} = \frac{m_0}{\sqrt{1-\beta^2}}\left(\dot{v} + \frac{v \beta \dot{\beta}}{1-\beta^2}\right)$$

Wegen $\beta = v/c$ ist aber

$$\dot{\beta} = \frac{\dot{v}}{c} \quad \text{und daher} \quad v \beta \dot{\beta} = \beta^2 \dot{v}.$$

Mithin setzt sich Gl. (6a) folgendermaßen fort:

(6b) $$\frac{m_0 \dot{v}}{\sqrt{1-\beta^2}}\left(1 + \frac{\beta^2}{1-\beta^2}\right) = \frac{m_0}{(1-\beta^2)^{3/2}} \dot{v} = \mathfrak{F}_{\text{long}}.$$

Die mit der Beschleunigung $\dot{v}$ multiplizierte „longitudinale" Masse wäre also

(7) $$m_{\text{long}} = \frac{m_0}{(1-\beta^2)^{3/2}}.$$

Wirkt aber $\mathfrak{F}$ „transversal", d. h. normal zur Bahn, so wird die Geschwindigkeit nicht der Größe, sondern nur der Richtung nach abgeändert. $\dot{\beta}$ ist dann gleich Null; aus (6) folgt einfach

$$\frac{m_0}{\sqrt{1-\beta^2}} \dot{\mathfrak{v}} = \mathfrak{F}_{\text{trans}}.$$

Deshalb hatte man eine von der longitudinalen verschiedene „transversale" Masse eingeführt

(8) $$m_{\text{trans}} = \frac{m_0}{\sqrt{1-\beta^2}}.$$

Demgegenüber betonen wir, daß diese Unterscheidung hinfällig wird, sofern wir nur das Bewegungsgesetz in der rationellen Form (6) benutzen.

Daneben wollen wir die Form des Energiesatzes in der Relativitätstheorie kennenlernen. Zu dem Ende multiplizieren wir (6) skalar mit $d\mathfrak{r}/dt = \mathfrak{v} = \vec{\beta} c$. Auf der rechten Seite erhalten wir

(9) $$\frac{\mathfrak{F} \cdot d\mathfrak{r}}{dt} = \frac{dA}{dt} = \text{geleistete Arbeit}.$$

§ 5 Kinematik und Statik in Ebene und Raum beim einzelnen Massenpunkt 29

Auf der linken Seite entsteht

$$m_0 c^2 \vec{\beta} \cdot \frac{d}{dt}\left(\frac{\vec{\beta}}{\sqrt{1-\beta^2}}\right) = m_0 c^2 \vec{\beta} \cdot \dot{\vec{\beta}} (1-\beta^2)^{-3/2}.$$

Dies ist aber, wie man sich sofort überzeugt, ein vollständiger Differentialquotient nach t, nämlich

(10) $$m_0 c^2 \frac{d}{dt} \frac{1}{\sqrt{1-\beta^2}}.$$

Wegen des Zusammenhanges mit der geleisteten Arbeit, Gl. (9), bedeutet (10) die Änderungsgeschwindigkeit der kinetischen Energie T. Wir haben also

$$T = m_0 c^2 \left(\frac{1}{\sqrt{1-\beta^2}} + \text{konst.}\right).$$

Hier ist konst. gleich -1 zu setzen, da ja T sinngemäß mit β verschwinden muß. *In der Relativitätstheorie wird also die kinetische Energie gegeben durch*

(11) $$T = m_0 c^2 \left(\frac{1}{\sqrt{1-\beta^2}} - 1\right).$$

Mit Rücksicht auf (2. 20) können wir hierfür auch schreiben

(12) $$T = c^2 (m - m_0).$$

Der *Energieunterschied zwischen bewegtem und ruhendem Elektron* (das ist ja die kinetische Energie oder „lebendige Kraft") ist gleich dem *Massenunterschied zwischen bewegtem und ruhendem Elektron*, multipliziert mit c^2. Damit haben wir das allgemeine *Gesetz von der Trägheit der Energie* in unserem einfachsten Falle verifiziert, welches das ganze Gebiet der Atomgewichtsbestimmungen, der Kernphysik und in deren Verfolg der Kosmologie beherrscht.

Der Vollständigkeit wegen weisen wir darauf hin, daß bei kleinem β aus (11) durch Reihenentwicklung der elementare Ausdruck von T entsteht, wie es sein muß, nämlich

$$T = m_0 c^2 \left(\frac{1}{2}\beta^2 + \frac{3}{8}\beta^4 + \cdots\right) = \frac{m_0}{2} c^2 \beta^2 \left(1 + \frac{3}{4}\beta^2 + \cdots\right) \to \frac{m_0}{2} v^2.$$

§ 5. Kinematik und Statik in Ebene und Raum beim einzelnen Massenpunkt

Die Kinematik behandelt die Geometrie der Bewegungen ohne Rücksicht auf deren physikalische Realisierung. Die Statik[1]) ist die Lehre von den Kräften, ihrer Zusammensetzung und Äquivalenz, ohne Rücksicht auf die durch sie hervorgerufenen Bewegungen.

---

[1]) Der Name „Statik" ist eigentlich ungeeignet, weil er einseitig auf Gleichgewicht hinweist, während die Lehren der Statik ebenso auf Bewegungs- wie auf Gleichgewichtsprobleme Bezug haben. Der richtige Name wäre „Dynamik", der aber historisch festgelegt ist für die durch Kräfte hervorgerufenen Bewegungen und daher für die eigentliche Wortbedeutung „Kräftelehre" nicht verfügbar ist.

1. Ebene Kinematik

Wir notieren zunächst die Formeln für Zerlegung und Zusammensetzung von Geschwindigkeit und Beschleunigung in rechtwinkligen Koordinaten

Geschwindigkeit:

(1) $$\mathfrak{v} = \mathfrak{v}_x + \mathfrak{v}_y = (v_x, v_y) = \left(\frac{dx}{dt}, \frac{dy}{dt}\right) = (\dot{x}, \dot{y}),$$

(2) $$|\mathfrak{v}| = \sqrt{\dot{x}^2 + \dot{y}^2} = v.$$

Beschleunigung:

(3) $$\dot{\mathfrak{v}} = \dot{\mathfrak{v}}_x + \dot{\mathfrak{v}}_y = (\dot{v}_x, \dot{v}_y) = \left(\frac{d^2 x}{dt^2}, \frac{d^2 y}{dt^2}\right) = (\ddot{x}, \ddot{y}),$$

(4) $$|\dot{\mathfrak{v}}| = \sqrt{\ddot{x}^2 + \ddot{y}^2}.$$

Anstatt nach rechtwinkligen können wir Geschwindigkeit und Beschleunigung auch nach den „natürlichen Koordinaten" der von unserem Massenpunkt beschriebenen Kurve zerlegen. s sei die Bogenlänge, der Index s bezeichnet die längs der Kurve wechselnde Bahnrichtung, der Index n ihre jeweilige Normale. Dann haben wir

(5) $$\mathfrak{v}_s = \mathfrak{v}, \quad v_s = \pm v,$$
$$\mathfrak{v}_n = 0, \quad v_n = 0.$$

Dies ist trivial. Bedeutsam aber ist die Zerlegung von $\dot{\mathfrak{v}}$ in $\dot{\mathfrak{v}}_s$ und $\dot{\mathfrak{v}}_n$.

Wenn α der Winkel zwischen der Bahntangente und der x-Richtung ist, so hat man zunächst

(6) $$\dot{v}_s = \dot{v}_x \cos \alpha + \dot{v}_y \sin \alpha$$

als Ausdruck für die **Tangentialbeschleunigung** und

(7) $$\dot{v}_n = -\dot{v}_x \sin \alpha + \dot{v}_y \cos \alpha$$

als Ausdruck für die **Normalbeschleunigung**.

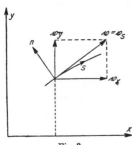

Fig. 3
Zerlegung und Zusammensetzung der Geschwindigkeit in der Ebene; natürliche Koordinaten s und n

Nun ist

$$\cos \alpha = \frac{dx}{ds} = \frac{\dot{x}}{\dot{s}} = \frac{v_x}{v}, \quad \sin \alpha = \frac{dy}{ds} = \frac{\dot{y}}{\dot{s}} = \frac{v_y}{v}.$$

Mithin:

(8) $$\frac{d}{dt}|v_s| = \frac{1}{v}(v_x \dot{v}_x + v_y \dot{v}_y) = \frac{1}{2v}\frac{d}{dt}(v_x^2 + v_y^2) = \frac{1}{2v}\frac{d}{dt}v^2 = \frac{dv}{dt} = \dot{v}.$$

Die Formel sagt aus: Die Tangentialbeschleunigung ist die Größenänderung der Geschwindigkeit, die Richtungsänderung ist für sie belanglos.

Andererseits wird nach (7):

(9) $$\dot{v}_n = \frac{1}{v} \cdot (v_x \dot{v}_y - v_y \dot{v}_x) = \frac{1}{v}(\dot{x}\ddot{y} - \dot{y}\ddot{x}) = v^2 \cdot \frac{\dot{x}\ddot{y} - \dot{y}\ddot{x}}{(\dot{x}^2 + \dot{y}^2)^{3/2}} = \frac{v^2}{\varrho},$$

wo $\dfrac{1}{\varrho}$ die Krümmung der Bahnkurve ist.

§ 5. 10 Kinematik und Statik in Ebene und Raum beim einzelnen Massenpunkt 31

Die Normalbeschleunigung hängt also nicht von der Änderung des Geschwindigkeitsbetrags, sondern lediglich von der *Geschwindigkeit selber* und von der *Gestalt der Bahn* ab.

Ist speziell $\frac{dv}{dt} = 0$, so steht die Beschleunigung senkrecht auf der Geschwindigkeit und damit auf der Bahn.

An Hand des von HAMILTON eingeführten *Hodographen*[1]) geben wir noch eine direkte differential-geometrische Herleitung derselben Zusammenhänge.

Was man unter *Hodograph* versteht, ersieht man aus dem Vergleich von Fig. 4a mit Fig. 4b. Fig. 4a zeigt die Bahnkurve in der xy-Ebene. In zwei benachbarten

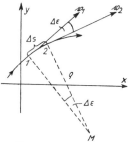 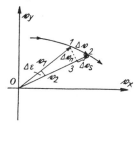

Fig. 4a. Bahnkurve und Krümmungsradius einer ebenen Bewegung

Fig. 4b. Hodograph derselben Bewegung. Die Geschwindigkeiten $\mathfrak{v}_1$ und $\mathfrak{v}_2$ werden vom Pol O aus im Polardiagramm aufgetragen

Punkten derselben, Abstand Δs, sind die Geschwindigkeiten als Tangenten der Bahnkurve gezeichnet; der Winkel zwischen ihnen ist $\Delta \varepsilon$. $\Delta \varepsilon$ tritt in Fig. 4a auch am Krümmungsmittelpunkt M auf, und es ist, wenn man unter ϱ den Krümmungsradius versteht,

(10) $$\Delta s = \varrho \, \Delta \varepsilon.$$

Andererseits werden dieselben beiden Geschwindigkeiten nach Fig. 4b von dem Pol O aus parallel übertragen. Wir fassen die zwei benachbarten Vektoren $O\,1$ und $O\,2$ ins Auge, sie bilden miteinander den Winkel $\Delta \varepsilon$. Durch Lotfällen von 1 auf $O\,2$ erhalten wir Punkt 3. $\Delta \mathfrak{v} = \overrightarrow{12}$ zerlegt sich in $\Delta \mathfrak{v}_s = \overrightarrow{32}$ und $\Delta \mathfrak{v}_n = \overrightarrow{13}$. Daraufhin erhält man als Bestätigung von (8) und (9):

$$\dot{v}_s = \frac{\overrightarrow{32}}{\Delta t} = \frac{v_2 - v_1}{\Delta t} = \frac{\Delta v}{\Delta t} = \frac{dv}{dt},$$

$$\dot{v}_n = \frac{\overrightarrow{13}}{\Delta t} = \frac{\Delta \varepsilon \cdot v}{\Delta t} = \frac{\Delta \varepsilon}{\Delta s} v^2 = \frac{v^2}{\varrho},$$

letzteres mit Rücksicht auf (10). Hierzu Übungsaufgabe I. 9.

---
[1]) Der Name „Hodograph" = Wegschreiber ist irreführend, es sollte eigentlich Geschwindigkeitsschreiber oder besser „Polardiagramm der Geschwindigkeit" heißen.

2. Der Begriff des Momentes in der ebenen Statik und Kinematik

Das Moment einer Vektorgröße $\mathfrak{V}$ für einen gegebenen Bezugspunkt O wird erklärt als *Vektorprodukt* aus dem Radiusvektor $\mathfrak{r}$ von O nach dem Angriffspunkt P des Vektors und dem Vektor selbst:

$$(11) \qquad \mathfrak{M} = \mathfrak{r} \times \mathfrak{V}.$$

$\mathfrak{M}$ bedeutet hiernach die Fläche des von $\mathfrak{r}$ und $\mathfrak{V}$ gebildeten Parallelogramms, versehen mit dem in Fig. 5 eingetragenen Pfeil, der dem Sinn der Überdrehung von $\mathfrak{r}$ in $\mathfrak{V}$ entspricht. Der Größe nach ist, mit l als „Hebelarm",

$$(11\text{a}) \qquad |\mathfrak{M}| = l\,|\mathfrak{V}| = r\,|\mathfrak{V}|\sin\alpha = r\,|\mathfrak{V}|\sin(\mathfrak{r}, \mathfrak{V}).$$

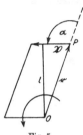

Fig. 5
Das Moment einer beliebigen Vektorgröße $\mathfrak{V}$ in bezug auf einen beliebigen Punkt O

Nehmen wir $\mathfrak{V}$ gleich einer Kraft $\mathfrak{F}$, so gewinnen wir in dem „*Kraftmoment*"

$$(12) \qquad \mathfrak{M} = \mathfrak{r} \times \mathfrak{F}$$

einen *Grundbegriff der Statik*, dessen Entdeckung auf keinen Geringeren als ARCHIMEDES zurückgeht. Bezeichnen wir die rechtwinkligen Komponenten von $\mathfrak{F}$ mit X und Y, so haben wir nach der elementaren Vektorrechnung

$$(12\text{a}) \qquad \mathfrak{M}_z = xY - yX.$$

Aber auch für die Kinematik und die Kinetik ist der Begriff des Momentes bedeutsam. Wir bilden, indem wir zunächst an der Beschränkung auf ebene Probleme festhalten,

das Moment der Geschwindigkeit $= \mathfrak{r} \times \mathfrak{v}$,
das Moment der Beschleunigung $= \mathfrak{r} \times \dot{\mathfrak{v}}$,
das Moment der Bewegungsgröße $=$ Impulsmoment $= \mathfrak{r} \times \mathfrak{G} = m\,[\mathfrak{r} \times \mathfrak{v}]$.

In rechtwinkligen Koordinaten hat man nach dem Vorbilde von (12a)

$$(13) \qquad |\mathfrak{r} \times \mathfrak{v}| = [\mathfrak{r} \times \mathfrak{v}]_z = x\dot{y} - y\dot{x}, \qquad [\mathfrak{r} \times \dot{\mathfrak{v}}]_z = x\ddot{y} - y\ddot{x}.$$

Zwischen dem Moment von Geschwindigkeit und Beschleunigung besteht folgende Beziehung:

$$(14) \qquad \mathfrak{r} \times \dot{\mathfrak{v}} = \frac{d}{dt}[\mathfrak{r} \times \mathfrak{v}].$$

Sie beweist sich mit Rücksicht darauf, daß $d\mathfrak{r}/dt = \mathfrak{v}$ und $\mathfrak{v} \times \mathfrak{v} = 0$ ist, unmittelbar aus der folgenden kleinen Rechnung

$$(14\text{a}) \qquad \frac{d}{dt}[\mathfrak{r} \times \mathfrak{v}] = \mathfrak{r} \times \frac{d\mathfrak{v}}{dt} + \mathfrak{v} \times \mathfrak{v} = \mathfrak{r} \times \dot{\mathfrak{v}}.$$

Der übliche Beweis durch Koordinaten-Rechnung läuft Gl. (14a) genau parallel:

$$(14\text{b}) \qquad \frac{d}{dt}(x\dot{y} - y\dot{x}) = x\ddot{y} + \dot{x}\dot{y} - y\ddot{x} - \dot{y}\dot{x} = x\ddot{y} - y\ddot{x}.$$

§ 5. 16 Kinematik und Statik in Ebene und Raum beim einzelnen Massenpunkt

Wenn man in Fig. 5 den beliebigen Vektor $\mathfrak{B}$ speziell ersetzt denkt durch die Geschwindigkeit $\mathfrak{v}$ des Punktes P, der eine beliebige Bahnkurve beschreiben möge, so liest man eine weitere einfache Beziehung ab zwischen dem Impulsmoment und der sogenannten *Flächengeschwindigkeit*. Es ist nämlich das von dem Radiusvektor aus O überstrichene infinitesimale Flächenelement $d F$ gleich der Hälfte des Parallelogramms $[\mathfrak{r} \times \vec{d s}]$, also die Flächengeschwindigkeit

$$\frac{d\vec{F}}{dt} = \frac{1}{2}\mathfrak{r} \times \mathfrak{v}.$$

Daraus folgt für das *Impulsmoment* die Beziehung

(15) $$\mathfrak{r} \times \mathfrak{G} = 2m\frac{d\vec{F}}{dt}.$$

3. Kinematik im Raum

Nach den Richtungen s (Tangente), n (Hauptnormale) und b (Binormale) der räumlichen Bahnkurve zerlegt, ergeben sich folgende Komponenten:

$$\mathfrak{v} = (v,\ 0,\ 0),$$
$$\dot{\mathfrak{v}} = \left(\dot{v},\ \frac{v^2}{\varrho},\ 0\right),$$

wo ϱ der in (9) oder (10) eingeführte Krümmungsradius ist, der jetzt in der Schmiegungsebene der Bahnkurve zu konstruieren ist.

Indem wir zum Momente der Geschwindigkeit und Beschleunigung übergehen, behalten wir die Definition durch die Vektorprodukte $\mathfrak{r} \times \mathfrak{v}$, $\mathfrak{r} \times \dot{\mathfrak{v}}$ bei, bemerken aber, daß jetzt die Fig. 5 räumlich aufzufassen ist: das dort gezeichnete Parallelogramm hat außer Größe und Drehsinn auch seine *Stellung im Raum*. Um der Anschauung entgegenzukommen, pflegt man die letztere durch die auf der Ebene des Parallelogramms errichtete Normale zu kennzeichnen, und zwar wählt man nach allgemeiner Übereinkunft diejenige Seite der Normalen aus, die mit dem Drehsinn des Momentes eine *Rechtsschraube* bildet. Das vektorielle Bild des Momentes wird dann der nach dieser Normalen weisende *Pfeil*, dessen Länge gleich der Größe des Momentes ist. In Fig. 5 ist dieser Pfeil senkrecht zur Zeichenebene nach vorn gerichtet zu denken. Eine grundsätzliche Betrachtung über dieses Verfahren und über den Unterschied von axialen und polaren Vektoren verschieben wir auf Kapitel IV, § 23.

Was wir hier beschrieben haben, ist das Moment um den (an sich willkürlich zu wählenden) Bezugspunkt O. Wir werden im folgenden Abschnitt auseinandersetzen, was wir unter dem Moment um eine gegebene Achse verstehen wollen.

4. Statik im Raum. Kraftmoment um einen Punkt und um eine Achse

Das Moment einer Kraft $\mathfrak{F}$ um einen Bezugspunkt O ist vollgültig definiert durch

(16) $$\mathfrak{M} = \mathfrak{r} \times \mathfrak{F},$$

wo $\mathfrak{r}$ der Radiusvektor von O nach dem Angriffspunkt P von $\mathfrak{F}$ ist, also

(16a) $$\mathfrak{r} = (x, y, z),$$

wenn wir O speziell zum Koordinaten-Anfang machen. $\mathfrak{M}$ kann nach der soeben genannten Vorschrift (Rechtsschrauben-Regel, Pfeillänge gleich $|\mathfrak{M}|$) durch einen Momentenpfeil veranschaulicht werden. Wir fragen nach den *Komponenten von $\mathfrak{M}$ in bezug auf die Koordinaten-Achsen*. Wir können sie definieren als die Projektionen des Momentenpfeiles auf diese Achsen, z. B.

(17) $$\mathfrak{M}_z = |\mathfrak{M}| \cos (\mathfrak{M}, z).$$

Da aber $|\mathfrak{M}|$ die Fläche des Parallelogramms aus $\mathfrak{r}$ und $\mathfrak{M}$ ist, bedeutet die rechte Seite von (17) zugleich die in die xy-Ebene projizierte Fläche des Parallelogramms. Letztere hat die Seiten

$$\mathfrak{r}_{\text{proj}} = x, y \, ; \quad \mathfrak{F}_{\text{proj}} = X, Y.$$

Wir erhalten daher aus (17) wie in (12a)

(17a) $$\mathfrak{M}_z = x Y - y X,$$

ebenso natürlich

(17b) $$\mathfrak{M}_x = y Z - z Y, \quad \mathfrak{M}_y = z X - x Z.$$

Diese Komponenten $\mathfrak{M}_x, \mathfrak{M}_y, \mathfrak{M}_z$ nennen wir auch die Momente der Kraft $\mathfrak{F}$ *um die Achsen x, y, z*. Hierzu Übungsaufgabe I. 10.

Was hier von den Koordinatenachsen gesagt wurde, übertragen wir auf jede beliebige Achse a. *Das Moment einer Kraft $\mathfrak{F}$ um eine gerichtete Achse a* wird also, wie in (17), dadurch definiert, daß man das Moment um einen auf a gelegenen Punkt O bildet und den zugehörigen Momentenpfeil auf die Richtung von a projiziert. Oder es wird wie in (17a, b) gebildet, indem man die Fläche des Momentes um O auf eine zur Richtung a senkrechte Ebene projiziert. Eine dritte Methode besteht in folgendem: Wir bestimmen den kürzesten Abstand des Angriffspunktes der Kraft von a, den wir den Hebelarm l nennen, und zerlegen $\mathfrak{F}$ in 3 Komponenten $\mathfrak{F}_a$ parallel a, $\mathfrak{F}_l$ in Richtung von l und $\mathfrak{F}_n$ in der zu a und l senkrechten Richtung. Dann ist

(18) $$\mathfrak{M}_a(\mathfrak{F}) = \mathfrak{M}_a(\mathfrak{F}_a) + \mathfrak{M}_a(\mathfrak{F}_l) + \mathfrak{M}_a(\mathfrak{F}_n).$$

Die beiden ersten Terme rechts verschwinden: *Eine zur Achse a parallele oder eine sie schneidende Kraft liefert kein Moment um die Achse a.*

Es bleibt also nur der dritte Term, der herrührt von einer zu a senkrechten, mit dem Hebelarm l wirkenden Kraft. Wir haben also statt (18)

(18a) $$\mathfrak{M}_a(\mathfrak{F}) = \mathfrak{M}_a(\mathfrak{F}_n) = \mathfrak{F}_n \cdot l.$$

§ 6. Dynamik (Kinetik) des frei beweglichen Massenpunktes. Kepler-Problem. Begriff der potentiellen Energie

1. Ruhende Sonne

Das hier sich darbietende einfachste Beispiel ist zugleich das für unser Weltbild wichtigste: die Planetenbewegung. Es ist ein ebenes Problem, das sich in der

§ 6.4 Dynamik (Kinetik) des frei beweglichen Massenpunktes. Kepler-Problem

Ekliptik abspielt, wenn der Planet die Erde ist. Wir nehmen die Sonne als fest an und begründen das mit ihrer überwiegenden Masse:

Sonne 330000, Jupiter 320, Erde 1, Mond $\frac{1}{81}$.

Von der mitbewegten Sonne handeln wir am Ende dieses Paragraphen. M sei die Masse der Sonne, m die des Planeten. Die NEWTONsche Anziehung ist

$$|\mathfrak{F}| = G \frac{mM}{r^2}, \quad G = \text{Gravitationskonstante}\,^1),$$

oder vektoriell geschrieben

(1) $$\mathfrak{F} = -G \frac{mM}{r^2} \frac{\mathfrak{r}}{r}.$$

Sie geht durch den festen Punkt O, den Mittelpunkt der Sonne, von dem aus der Radiusvektor $\mathfrak{r}$ gezählt wird.

Infolgedessen ist $\mathfrak{r} \times \mathfrak{F} = 0$ und daher auch nach der Lex secunda

(2) $$\mathfrak{r} \times \dot{\mathfrak{G}} = 0 \text{ und wegen (5.14)} \; \mathfrak{r} \times \mathfrak{G} = \mathfrak{M} = \text{konst}.$$

Das Impulsmoment $\mathfrak{M}$ um die Sonne ist konstant, daher auch die Flächengeschwindigkeit nach Gl. (5.15). Darin liegen zwei Aussagen: Erstens das *zweite Keplersche Gesetz:*

„Der Radiusvektor von der Sonne nach dem Planeten beschreibt in gleichen Zeiten gleiche Flächen."

Dieser „Flächensatz" bzw. der ihm äquivalente Satz von der Konstanz des Impulsmoments ist, wie wir gesehen haben, die Folge der „Zentralkraft" (1) mit $\mathfrak{F} \parallel \mathfrak{r}$. Zweitens die Aussage, daß die Bahn eben ist, nämlich daß $\mathfrak{r}$ in der Ebene senkrecht $\mathfrak{M}$ bleibt.

Wir führen in der Bahnebene, vgl. Fig. 6, den Polarwinkel φ ein, die zentrische oder wahre Anomalie der Astronomen, und haben für die überstrichene Fläche

(2′) $$dF = \frac{1}{2} r^2 d\varphi, \quad 2 \frac{dF}{dt} = r^2 \dot{\varphi} = C$$

und daher

(3) $$\dot{\varphi} = \frac{C}{r^2}.$$

Fig. 6. Polarkoordinaten beim KEPLER-Problem mit Sonne als Anfangspunkt; die vom Radiusvektor überstrichene Fläche

C nennen wir die „Flächenkonstante" vom Betrag der doppelten Flächengeschwindigkeit.

Um zum *ersten* KEPLERschen Gesetz, der Bahngleichung, zu kommen, zerlegen wir in Koordinaten. Die Bewegungsgleichung wird dann nach Kürzung durch m:

(4) $$\frac{d\dot{x}}{dt} = -\frac{GM}{r^2} \cdot \cos\varphi, \quad \frac{d\dot{y}}{dt} = -\frac{GM}{r^2} \cdot \sin\varphi.$$

Multiplikation mit $1/\dot{\varphi}$ und Berücksichtigung von (3) liefert:

$$\frac{d\dot{x}}{d\varphi} = -\frac{GM}{C} \cos\varphi, \quad \frac{d\dot{y}}{d\varphi} = -\frac{GM}{C} \sin\varphi.$$

---
[1]) Siehe Anmerkung ¹) S. 18.

Dies läßt sich integrieren und gibt, mit A und B als Integrationskonstanten:

(5) $$\dot x = -\frac{GM}{C}\sin\varphi + A, \qquad \dot y = \frac{GM}{C}\cos\varphi + B.$$

In Worten heißt dies: *Der Hodograph der Planetenbewegung ist ein Kreis*:

(5a) $$(\dot x - A)^2 + (\dot y - B)^2 = \left(\frac{GM}{C}\right)^2.$$

Wir kommen hierauf in der Übungsaufgabe I. 11 zurück. Jetzt rechnen wir die linken Seiten von (5) in Polarkoordinaten um. Wegen

$$x = r\cos\varphi, \quad y = r\sin\varphi$$

erhalten wir

$$\dot x = \dot r \cos\varphi - r\dot\varphi\sin\varphi = -\frac{GM}{C}\sin\varphi + A,$$

$$\dot y = \dot r \sin\varphi + r\dot\varphi\cos\varphi = \frac{GM}{C}\cos\varphi + B.$$

Hier eliminieren wir $\dot r$ durch Multiplikation der ersten Gleichung mit $-\sin\varphi$, der zweiten mit $\cos\varphi$ und nachfolgender Addition. Es ergibt sich zunächst

$$r\dot\varphi = \frac{GM}{C} - A\sin\varphi + B\cos\varphi$$

oder auch mit Rücksicht auf (3):

(6) $$\frac{1}{r} = \frac{GM}{C^2} - \frac{A}{C}\sin\varphi + \frac{B}{C}\cos\varphi.$$

Dies ist die Gleichung eines Kegelschnittes in Polarkoordinaten, deren Pol mit einem Brennpunkt des Kegelschnittes zusammenfällt. Wir haben also das *erste Keplersche Gesetz:* „Der Planet beschreibt eine Ellipse, in deren einem Brennpunkt die Sonne steht." Dazu bemerken wir, daß die ebenfalls möglichen Bahntypen von Hyperbel und Parabel offenbar nicht für die Planeten, sondern nur für die Kometen in Frage kommen, so daß wir von ihnen hier absehen können; vgl. aber Übungsaufgabe I. 12.

Die hier gegebene Ableitung des ersten KEPLERschen Gesetzes ist von der in den Lehrbüchern gewöhnlich gebrachten verschieden. Letztere geht von dem Energiesatze aus. Um diesen für unseren Fall abzuleiten, gehen wir auf die Gln. (4) zurück, nachdem wir dort rechter Hand $\cos\varphi$ durch x/r, $\sin\varphi$ durch y/r ersetzt haben. Wir multiplizieren die erste Gl. (4) mit $\dot x$, die zweite mit $\dot y$ und addieren. Wir erhalten

$$\frac{d}{dt}\frac{1}{2}(\dot x^2 + \dot y^2) = -\frac{1}{2}\frac{GM}{r^3}\frac{d}{dt}(x^2+y^2) = -\frac{GM}{r^2}\frac{dr}{dt}.$$

Integration nach t liefert

(7) $$\frac{1}{2}(\dot x^2 + \dot y^2) = \frac{GM}{r} + W.$$

§ 6 Dynamik (Kinetik) des frei beweglichen Massenpunktes. Kepler-Problem

Links steht die durch m dividierte kinetische Energie, das erste Glied rechts ist bis auf das Vorzeichen die durch m dividierte potentielle Energie, vgl. unter 3. dieses Paragraphen; W bedeutet daher die ebenfalls durch m dividierte Energiekonstante. Unsere Gl. (7) hat dieselbe Form wie der Energiesatz bei der eindimensionalen Bewegung, Gl. (3. 8).

Um nun von Gl. (7) möglichst einfach zur Bahngleichung (6) zu gelangen, erinnern wir daran, daß sich das Quadrat des Linienelements in Polarkoordinaten folgendermaßen ausdrückt:

$$dx^2 + dy^2 = dr^2 + r^2\, d\varphi^2 \, .$$

Daher wird auch

$$\dot{x}^2 + \dot{y}^2 = \left(\frac{dr}{dt}\right)^2 + r^2\left(\frac{d\varphi}{dt}\right)^2 = \left(\frac{d\varphi}{dt}\right)^2\left\{\left(\frac{dr}{d\varphi}\right)^2 + r^2\right\}.$$

Dafür schreiben wir mit Rücksicht auf (3)

$$C^2\left\{\left(\frac{1}{r^2}\frac{dr}{d\varphi}\right)^2 + \frac{1}{r^2}\right\}$$

oder auch, mit $s = 1/r$

$$C^2\left\{\left(\frac{ds}{d\varphi}\right)^2 + s^2\right\}.$$

Daraufhin geht unser Energiesatz (7) über in

$$\frac{1}{2}C^2\left\{\left(\frac{ds}{d\varphi}\right)^2 + s^2\right\} - G\,M\,s = W.$$

Durch Ableitung nach φ entsteht daraus:

$$\frac{ds}{d\varphi}\left\{C^2\left(\frac{d^2s}{d\varphi^2} + s\right) - G\,M\right\} = 0 \, .$$

Da $\dfrac{ds}{d\varphi} \neq 0$, muß die Klammer verschwinden. Das liefert eine lineare inhomogene Differentialgleichung zweiter Ordnung für s mit konstanten Koeffizienten:

$$\frac{d^2s}{d\varphi^2} + s = \frac{G\,M}{C^2} \, .$$

Das allgemeine Integral einer solchen Gleichung setzt sich aus einem partikulären Integral der ,,inhomogenen" und dem allgemeinen Integral der ,,homogenen" Gleichung zusammen. Ein partikuläres Integral der inhomogenen Gleichung ist ersichtlich:

$$s = \text{konst.} = \frac{G\,M}{C^2} \, .$$

Das allgemeine Integral der homogenen Gleichung setzt sich additiv aus $\sin \varphi$ und $\cos \varphi$ zusammen. Wir können daher, mit A/C und B/C als Integrationskonstanten, schreiben

$$s = \frac{G\,M}{C^2} - \frac{A}{C}\sin \varphi + \frac{B}{C}\cos \varphi \, .$$

Das ist aber genau unsere frühere Gl. (6).

Wir wollen diese Gleichung jetzt dahin spezialisieren, daß der Strahl $\varphi = 0$, der ja ohnehin von dem einen Brennpunkt ausgeht, auch durch den anderen hindurchgehe, oder anders ausgedrückt, daß er, zusammen mit dem Strahl $\varphi = \pi$, die große Hauptachse der Ellipse bilde, vgl. Fig. 7. Auf dieser Achse liegen die Punkte P „Perihel" (Sonnennähe) und A „Aphel" (Sonnenferne), in denen r ein Minimum bzw. Maximum sein muß. Daher die Bedingung $\dfrac{dr}{d\varphi} = 0$ für $\varphi = \begin{Bmatrix} 0 \\ \pi \end{Bmatrix}$. Sie verlangt nach (6) $A = 0$.

Aus Fig. 7 folgt überdies, wenn wir mit ε die numerische Exzentrizität bezeichnen:

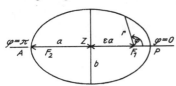

Fig. 7. Die KEPLER-Ellipse mit großer und kleiner Achse; Perihel, Aphel, numerische Exzentrizität ε

am Perihel:
$$r = F_1 P = a(1 - \varepsilon), \quad \varphi = 0,$$
am Aphel:
$$r = F_1 A = a(1 + \varepsilon), \quad \varphi = \pi.$$
Also nach (6)

am Perihel: $\dfrac{1}{a(1 - \varepsilon)} = \dfrac{GM}{C^2} + \dfrac{B}{C}$,

am Aphel: $\dfrac{1}{a(1 + \varepsilon)} = \dfrac{GM}{C^2} - \dfrac{B}{C}$.

Daraus ergeben sich durch Addition bzw. Subtraktion ε und B:

(8) $$\frac{GM}{C^2} = \frac{1}{a(1 - \varepsilon^2)}, \quad \frac{B}{C} = +\frac{\varepsilon}{a(1 - \varepsilon^2)}.$$

Aus (6) folgt hiermit die Ellipsengleichung

(8′) $$r = \frac{a(1 - \varepsilon^2)}{1 + \varepsilon \cos \varphi} = \frac{p}{1 + \varepsilon \cos \varphi}.$$

Wir drücken noch die Flächenkonstante C durch die Umlaufzeit T aus. Aus (2′) erhält man unmittelbar durch Zeitintegration über einen Umlauf

(8″) $$C = \frac{2F}{T} \text{ mit } F = \pi ab = \pi a^2 \sqrt{1 - \varepsilon^2}$$

als der vom Radiusvektor überstrichenen Gesamtfläche. Also ist

(9) $$C^2 = \frac{4\pi^2 a^4 (1 - \varepsilon^2)}{T^2}.$$

Setzen wir dies in die erste Gl. (8) ein, so haben wir

(10) $$\frac{T^2}{a^3} = \frac{4\pi^2}{GM}.$$

Da G und M für alle Planetenbahnen dieselben sind, haben wir in (10) den Ausdruck des *dritten Keplerschen Gesetzes*: „Die Quadrate der Umlaufszeiten verhalten sich wie die Kuben der großen Achsen."

Die Entdeckung dieses Gesetzes begrüßte KEPLER mit dem enthusiastischen Ausspruch[1]: „Endlich habe ich ans Licht gebracht und über all mein Hoffen und Erwarten als wahr befunden, daß die ganze Natur der Harmonien in ihrem ganzen

---

[1] In der „Harmonice mundi" 1619. Die beiden ersten KEPLERschen Gesetze waren in der „Astronomia nova" 1609 veröffentlicht worden.

§ 6. 14 Dynamik (Kinetik) des frei beweglichen Massenpunktes. Kepler-Problem

Umfange und in allen ihren Einzelheiten in den himmlischen Bewegungen vorhanden ist, nicht zwar auf die Weise, wie ich mir's früher gedacht, sondern auf eine ganz andere, durchaus vollkommene Weise."

Aber das dritte KEPLERsche Gesetz ist in der Form (10) noch nicht ganz exakt. Es gilt nur, insoweit man die Planetenmasse m gegen die Sonnenmasse M vernachlässigen kann. Indem wir diese Vernachlässigung fallen lassen, wenden wir uns zum eigentlichen *Zweikörperproblem* der Astronomie, welches nicht wesentlich schwieriger ist als das bisher betrachtete Einkörperproblem.

2. Mitbewegung der Sonne

x_1, y_1 seien die Koordinaten der Sonne, x_2, y_2 die des Planeten.

Dann lauten die vollständigen Bewegungsgleichungen, da nach NEWTONS Lex III die Kraft in S der in P entgegengesetzt ist,

für die Sonne:

$$M \frac{d^2 x_1}{dt^2} = \frac{m M G}{r^2} \cos \varphi \, ;$$

$$M \frac{d^2 y_1}{dt^2} = \frac{m M G}{r^2} \sin \varphi \, ;$$

für den Planeten:

$$m \frac{d^2 x_2}{dt^2} = -\frac{m M G}{r^2} \cos \varphi \, ;$$

$$m \frac{d^2 y_2}{dt^2} = -\frac{m M G}{r^2} \sin \varphi \, .$$

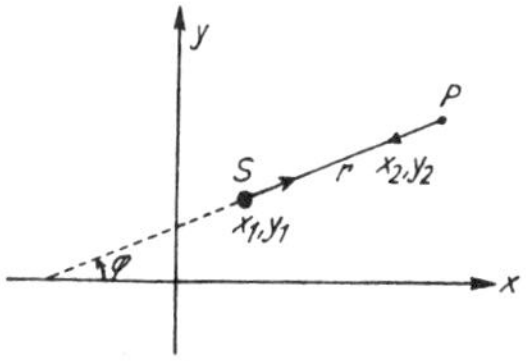

Fig. 8. Mitbewegung der Sonne beim KEPLER-Problem

Führen wir die relativen Koordinaten ein

(11a) $$x_2 - x_1 = x \, , \quad y_2 - y_1 = y \, ,$$

ferner die Schwerpunktskoordinaten

(11b) $$\frac{m x_2 + M x_1}{m + M} = \xi \, , \quad \frac{m y_2 + M y_1}{m + M} = \eta \, ,$$

so ergibt die Subtraktion der Bewegungsgleichungen

(12) $$\frac{d^2 x}{dt^2} = -\frac{(M+m) G}{r^2} \cos \varphi \, , \quad \frac{d^2 y}{dt^2} = -\frac{(M+m) G}{r^2} \sin \varphi \, .$$

Die Addition liefert andererseits:

(13) $$\frac{d^2 \xi}{dt^2} = 0 \, , \quad \frac{d^2 \eta}{dt^2} = 0 \, .$$

Der Vergleich von (12) mit den früheren Gln. (4) lehrt unmittelbar, daß die beiden ersten KEPLER-Gesetze bis auf den Massenfaktor ungeändert bleiben, d. h. auch für die Relativbewegung gelten, während das dritte die Form annimmt

(14) $$\frac{T^2}{a^3} = \frac{4 \pi^2}{G (M + m)} \, .$$

Die Unterschiede sind wegen des Überwiegens der Sonnenmasse äußerst gering. Aber das Verhältnis T^2/a^3 ist strenggenommen keine universelle Konstante mehr, sondern für jeden Planeten etwas verschieden.

Weiter lehren die Gln. (13), daß der Schwerpunkt von Sonne und Planet sich mit konstanter Geschwindigkeit bewegt. Wenn wir mit einem im Schwerpunkt festen Koordinatensystem rechnen, ist diese Geschwindigkeit gleich Null zu setzen, ebenso wie die Schwerpunktskoordinaten ξ, η selbst.

Aus den dementsprechend vereinfachten Gln. (11b) zusammen mit (11a) kann man dann auch die Sonnenkoordinaten x_1, y_1 sowie die Planetenkoordinaten x_2, y_2 einzeln durch die Relativkoordinaten x, y ausdrücken:

$$x_1, y_1 = -\frac{m}{M+m}(x, y), \qquad x_2, y_2 = \frac{M}{M+m}(x, y).$$

Daraus folgt, daß auch die Bahnen von Sonne und Planet im Schwerpunktssystem Ellipsen sind, die des Planeten eine mit der bisher betrachteten fast identische, die der Sonne eine außerordentlich verkleinerte und antipodisch durchlaufene Ellipse.

Ändert man das Gravitationsgesetz unter Erhaltung des Zentralkraftcharakters ab in

(15) $$\mathfrak{F} = k\, r^n \cdot \frac{\mathfrak{r}}{r}, \qquad n \text{ beliebig},$$

so bleibt zwar das zweite KEPLERsche Gesetz ungeändert, aber die Bahnen werden transzendente Kurven, die sich im allgemeinen nicht schließen. Nur im Falle $n = +1$ entstehen ebenso wie im Gravitationsfalle $n = -2$ Ellipsen, vgl. Übungsaufgabe I.13.

3. Wann kann man bei einem Kraftfeld von einer potentiellen Energie sprechen?

Während wir bei der eindimensionalen Bewegung in Gl. (3.7) ohne weiteres aus der Kraft X eine potentielle Energie V definieren konnten, ist dies, wie schon dort hervorgehoben, bei der zwei- und dreidimensionalen Bewegung nur unter gewissen Bedingungen möglich. Die zu (3.7) analoge Definition wäre im dreidimensionalen Falle, wenn X, Y, Z die rechtwinkligen Komponenten der Kraft $\mathfrak{F}$ sind,

(16) $$V = -\int^{xyz} (X\,dx + Y\,dy + Z\,dz) = -\int^x \vec{\mathfrak{F}} \cdot \vec{ds} = -\int dA.$$

Soll diese Formel eine *vom Wege unabhängige*, nur von dem Endpunkte der Integration abhängige Größe liefern (die Wahl des Anfangspunktes äußert sich nur in einer additiven Konstanten, die ohnehin willkürlich bleibt), so muß der Arbeitsausdruck

$$dA = X\,dx + Y\,dy + Z\,dz = \vec{\mathfrak{F}} \cdot \vec{ds}$$

ein *vollständiges Differential* sein, d. h., es müssen X, Y, Z die Ableitungen nach x, y, z einer Ortsfunktion (in unserem Fall eben die Ableitungen von $-V$) sein.

Die Bedingung hierfür lautet bekanntlich

(17) $$\frac{\partial Y}{\partial x} = \frac{\partial X}{\partial y}, \quad \frac{\partial Z}{\partial y} = \frac{\partial Y}{\partial z}, \quad \frac{\partial X}{\partial z} = \frac{\partial Z}{\partial x}.$$

Nur wenn diese Bedingungen erfüllt sind, kann man den Punkten x, y, z eine Ortsfunktion $V(x, y, z)$ zuordnen und sie *potentielle Energie* oder auch *Potential* nennen.

Im zweidimensionalen Falle, wo $Z = 0$ und X, Y von z unabhängig sind, reduzieren sich die drei Gln. (17) natürlich auf die erste derselben.

Die „Vektoranalysis", auf die wir erst im zweiten Bande dieser Vorlesungen eingehen werden (in dem vorliegenden Bande können wir uns auf die „Vektoralgebra" beschränken), lehrt, daß die Bedingungen (17) einen invarianten, von der Koordinatenwahl unabhängigen Sinn haben — sie werden dort in die Vektorgleichung rot $\mathfrak{F} = 0$ zusammengefaßt.

Man kann nun offenbar ohne weiteres für X, Y, Z Ausdrücke in x, y, z hinschreiben, die den Bedingungen (17) widersprechen. Anderseits sehen wir, daß diese Bedingungen im Schwerefeld

$$X = Y = 0, \quad Z = -mg$$

erfüllt sind und zu

(18) $$V = mgz$$

führen. Dasselbe gilt von den allgemeinen Gravitationsfeldern des Newtonschen Gesetzes und den ihnen nachgebildeten Feldern der Elektro- und Magnetostatik. Überhaupt sind die rotationsfreien Felder, auch *Potentialfelder* genannt, besonders wenn sie zeitlich unveränderlich sind, in der Natur ausgezeichnet. Sie werden bei den allgemeinen Entwicklungen in Kap. VI und VIII eine besondere Rolle spielen.

Ein mechanisches System, in dem nur Potentialkräfte wirken, nennt man ein *konservatives System*, weil in ihm der Satz von der Erhaltung (conservatio) der Energie gilt. Im Gegensatz sprechen wir auch von *nichtkonservativen bzw. dissipativen Systemen*, letzteres besonders dann, wenn geordnete mechanische Energie nicht bloß dem betrachteten System verlorengeht, sondern gleichzeitig in ungeordnete, thermodynamisch verteilte Wärmeenergie oder in Strahlung übergeht.

Zweites Kapitel
Mechanik der Systeme, Prinzip der virtuellen Arbeit und d'Alembertsches Prinzip

§ 7. Freiheitsgrade und ihre Beschränkung durch Führungen. Virtuelle Verrückungen eines mechanischen Systems, holonome und nichtholonome Bedingungen

Der einzelne Massenpunkt hat *einen* Freiheitsgrad, wenn er an eine Gerade oder eine Kurve gebunden ist, *zwei* Freiheitsgrade, wenn er gezwungen ist, in einer Ebene oder einer Fläche zu bleiben; der im Raum frei bewegliche Massenpunkt hat *drei* Freiheitsgrade.

Zwei Massenpunkte, die durch eine massenlose, starre Stange verbunden sind, haben *fünf* Freiheitsgrade, weil der erste als frei beweglich angesehen werden kann, während der zweite dann an die um den ersten mit der Stange als Radius beschriebene Kugelfläche gebunden ist.

Bei n Massenpunkten, die durch r Bedingungen zwischen ihren Koordinaten gekoppelt sind, ist die Zahl der Freiheitsgrade

(1) $$f = 3n - r.$$

Bei unendlich vielen Massenpunkten, die durch unendlich viele Bedingungen verknüpft sind, ist diese Abzählung natürlich nicht ausführbar. Wie man dann zu verfahren hat, zeigen wir am Beispiel des starren Körpers.

a) *Der frei bewegliche starre Körper*

Wir greifen einen Punkt des starren Körpers heraus. Dieser hat drei Freiheitsgrade. Ein zweiter Punkt kann sich wegen der konstanten Entfernung vom ersten nur noch auf einer Kugel um diesen bewegen, was weitere zwei Freiheitsgrade liefert. Um die Achse durch diese beiden Punkte schließlich kann ein dritter eine Kreisbahn beschreiben, d. i. 1 Freiheitsgrad. Damit sind alle weiteren Massenpunkte in ihren Bahnen eindeutig bestimmt. Also

$$f = 3 + 2 + 1 = 6.$$

b) *Der Spielkreisel auf der Ebene*

Indem wir annehmen, daß der Kreisel unten in eine Spitze auslaufe, wählen wir diese als ersten Punkt unserer Abzählung; er hat zwei Freiheitsgrade. Ein zweiter Punkt kann sich in einer Halbkugel über diesem bewegen, ein dritter auf einem Kreise, um die Verbindungslinie beider; im ganzen

$$f = 2 + 2 + 1 = 5.$$

c) *Kreisel mit festem Punkt*

Jetzt gehen die beiden Freiheitsgrade des ersten Punktes verloren, so daß

$$f = 2 + 1 = 3.$$

d) *Starrer Körper mit fester Achse und Pendel*

Hier ist

$$f = 1.$$

Wenn der Schwerpunkt des Körpers nicht auf der Achse liegt, sprechen wir von einem *physikalischen Pendel*. Ein *mathematisches Pendel* entsteht daraus, wenn der Körper sich auf einen Punkt reduziert. Das *sphärische Pendel* (punktförmiger Körper, der an eine Kugel gebunden ist) hat

$$f = 2.$$

e) *Unendlich viele Freiheitsgrade*

Bei einem deformierbaren festen Körper oder einer Flüssigkeit ist

$$f = \infty \, .$$

Die Bewegungsgleichungen werden dann *partielle Differentialgleichungen*. Dagegen wird ein System von endlich vielen Freiheitsgraden durch ebenso viele *gewöhnliche Differentialgleichungen zweiter Ordnung* bestimmt.

f) *Der Kurbelmechanismus als Beispiel einer zwangsläufigen Maschine*

Eine zwangsläufige Maschine hat *einen* Freiheitsgrad. Sie besteht aus einer Reihe annähernd starrer Körper, die gelenkig oder durch irgendwelche Führungen miteinander verbunden sind. Das klassische Beispiel einer zwangsläufigen Maschine ist der *Kurbelmechanismus* (Fig. 9). Ist die Maschine aber mit einem (schon von WATT vorgesehenen) Zentrifugalregulator versehen, so fügt dieser einen *zweiten* Freiheitsgrad hinzu.

In den vorstehend genannten Beispielen ist die Zahl der Freiheitsgrade gleich der Zahl der unabhängigen Koordinaten, die wir zur Bestimmung der Lage des Systems benötigen. Diese Koordinaten brauchen durchaus nicht rechtwinklig zu sein. Beim Kurbelmechanismus können wir z. B. ebensogut wie die Koordinate x, die die Lage des Kolbens spezialisiert, auch den Winkel φ wählen, der die Lage der Kurbel bestimmt. Allgemein werden wir die noch weitgehend willkürlich zu wählenden Koordinaten bei f Freiheitsgraden

(2) $$q_1, q_2 \ldots q_f$$

nennen. Die in Gl. (1) gemeinten r „Bedingungen zwischen den Koordinaten" lassen sich durch Wahl der q identisch erfüllen, so daß sie aus der weiteren Behandlung des Systems herausfallen.

Es ist ein wesentliches Verdienst der S. 5 genannten Mechanik von HERTZ, die Aufmerksamkeit auf *Bedingungen differentieller Form* gelenkt zu haben, bei denen das nicht der Fall ist. Eine solche Bedingung kann etwa so formuliert werden:

(3) $$\sum_{k=1}^{f} F_k (q_1 \ldots q_f) \, dq_k = 0 \, .$$

Dabei wird vorausgesetzt, daß die F_k nicht sämtlich die Form $\partial \Phi / \partial q_k$ haben, daß also (3) *kein* vollständiges Differential einer Funktion $\Phi (q_1 \ldots q_f)$ sei und auch nicht durch einen geeignet gewählten Multiplikator dazu gemacht werden könne.

Bedingungen der Form $\Phi (q_1 \ldots q_f) =$ konst. heißen nach HERTZ *holonom* (das griechische holos = dem lateinischen integer = ganz = integrabel), Bedingungen der Form (3), die nicht formal integrierbar sind, heißen *nichtholonom*[1]). Das einfachste Beispiel einer nichtholonomen Bedingung ist ein scharfkantiges Rad auf ebener Unterlage, vgl. Übungsaufgabe II. 1 (dahin gehört auch ein Schlitten und der Gelenkmechanismus des Fahrrades). Ein solches Rad ist auf die Fortbewegung

---

[1]) Viel früher als HERTZ, nämlich schon 1884, hat A. VOSS solche Bedingungen allgemein untersucht, vgl. Math. Ann., Bd. 25.

in seiner jeweiligen Richtung beschränkt. Trotzdem kann es alle Stellen der ebenen Unterlage erreichen, wenn auch eventuell nur durch Umkehrbewegungen mit einer scharfen Spitze. Es besitzt also im *Endlichen mehr Freiheitsgrade* als im *Unendlichkleinen*. Allgemein gesprochen: *Ein System, das r nichtholonomen Bedingungen unterworfen ist, hat bei f Freiheitsgraden im Endlichen nur f — r Freiheitsgrade im Unendlichkleinen*. Näheres hierüber in Übungsaufgabe II.1.

Diese Unterscheidung ist wichtig für den *Begriff der virtuellen Verrückung*. Darunter verstehen wir *eine willkürliche, mit den Bedingungen verträgliche unendlich kleine Ortsveränderung des Systems*. Während wir die *wirkliche* Verrückung, wie sie bei gegebenen Kräften unter gegebenen Umständen stattfindet, durch

$$dq_1, dq_2 \ldots dq_f$$

bezeichnen, symbolisieren wir die *virtuelle* Verrückung durch

$$\delta q_1, \delta q_2 \ldots \delta q_f.$$

Die δq haben nichts mit dem Ablauf der Bewegung zu tun, sondern werden *probeweise* eingeleitet, um das System zu veranlassen, etwas über seine Zusammenhänge und die an ihm wirkenden Kräfte zu verraten.

Während aber bei rein holonomen Bindungen die δq voneinander unabhängig sind (jedem Freiheitsgrad entspricht *ein* δq), müssen bei nichtholonomen Bindungen *überzählige* δq eingeführt werden, die durch Differentialbedingungen der Form (3) miteinander gekoppelt sind. Sie lauten, im Anschluß an (3) geschrieben:

$$(4) \qquad \sum_{k=1}^{f} F_k(q_1 \ldots q_f)\, \delta q_k = 0.$$

Dabei bedeutet f die Anzahl der Freiheitsgrade im Endlichen, welche Anzahl, wie betont, größer ist als die Freiheit im Unendlichkleinen.

§ 8. Das Prinzip der virtuellen Arbeit

Wir betrachten ein mechanisches System, das sich trotz des Einflusses äußerer Kräfte im Gleichgewicht befindet. Die Kräfte können an verschiedenen Gliedern des Systems und in beliebigen Richtungen angreifen und brauchen durchaus nicht solche Lagen zu haben, wie sie etwa an einem einheitlichen starren Körper zum Gleichgewicht desselben erforderlich wären. Ob die Kräfte an dem betrachteten System im Gleichgewicht stehen, hängt ebensosehr von dem System als von den Kräften ab.

Im Sinne der elementaren Punktmechanik würden wir nach den von den äußeren Kräften wachgerufenen *Reaktionen* fragen, die von einem Teil des Systems auf einen anderen wirken. So geht man z. B. in der technischen Mechanik bei der Behandlung des Kurbelmechanismus (Fig. 9) vor. Der Dampfdruck, der auf den Kolben wirkt, wird durch die Kolbenstange auf den Kreuzkopf K übertragen und hier durch einen von der Gleitbahn ausgehenden Normaldruck auf die Schubstange (Pleuelstange) geleitet. Die Schubstange wirkt auf den Kurbelzapfen Z mit einer Schubkraft, die die Richtung der Stange hat. Aber nur derjenige Teil U

§ 8.1 Das Prinzip der virtuellen Arbeit 45

dieser Kraft, der senkrecht zur Kurbel, also tangential zum Kurbelkreise steht, muß im Gleichgewichtsfalle durch eine äußere Gegenkraft aufgehoben werden. Die Komponente in Richtung der Kurbel wird durch die Festigkeit des Kurbellagers O aufgenommen; sie beansprucht nur das Kurbellager, ist aber für die Gleichgewichtsfrage belanglos.

Es sind also die Reaktionen innerhalb des Systems, welche das Gleichgewicht herstellen. Diesen im einzelnen nachzugehen, ist in einfachen Fällen möglich, aber im allgemeinen mühsam. Ohne sie im einzelnen zu kennen, können wir von ihnen aussagen: *Sie leisten am System keine Arbeit.* In unserem Falle steht der Führungsdruck an den Gleitschienen senkrecht auf der Bewegung des Kreuzkopfes, und

Fig. 9. Schematische Darstellung des Kurbelmechanismus

die auf den Kurbelzapfen übertragene Kraft in der Kurbel geht durch den festen Punkt O des Kurbellagers. *Allgemein stellen wir das fest, indem wir probeweise eine virtuelle Verrückung des Systems aus seiner Gleichgewichtslage vornehmen. Die dabei aufzuwendende „virtuelle Arbeit" der Reaktionen ist Null.*

Wir wollen dies im einzelnen am einheitlichen starren Körper verifizieren, bei dem wir uns vorstellen müssen, daß jeder Punkt i mit jedem Punkt k durch die in i bzw. k angreifenden Reaktionen R_{ik} bzw. R_{ki} verknüpft ist. Indem wir zwei solche Punkte gesondert betrachten, haben wir das am Anfang von § 7 genannte System zweier Massenpunkte, die durch eine masselose, starre Stange verbunden sind. Die in dieser Stange wirkenden Reaktionen genügen der NEWTONschen Lex tertia

(1) $$\vec{R}_{ik} = -\vec{R}_{ki}.$$

Ähnlich wie in § 7 bei der Abzählung der Freiheitsgrade zerlegen wir die virtuelle Verrückung in eine beiden Punkten gemeinsame Translation $\vec{\delta s_i}$ und eine Rotation des Punktes k um den bereits verschobenen Punkt i, die normal zur Verbindungsstange erfolgt und $\vec{\delta s_n}$ heißen möge, indem wir setzen

$$\vec{\delta s_k} = \vec{\delta s_i} + \vec{\delta s_n}.$$

Für die virtuelle Arbeit der Translation erhalten wir dann wegen (1)

$$\delta A_{Tr} = \vec{R}_{ik} \cdot \vec{\delta s_i} + \vec{R}_{ki} \cdot \vec{\delta s_i} = 0;$$

für die der Rotation, bei der i festliegt und k senkrecht zur Stange verschoben

wird, ist
$$\delta A_{Ro} = \vec{R}_{ki} \cdot \vec{\delta s}_n = 0.$$

Man entnehme aus diesem Beispiel, daß das NEWTONsche Wechselwirkungsgesetz der springende Punkt ist beim Übergange von der Punktmechanik zur Mechanik der geführten Systeme.

Wir erweitern jetzt das, was wir an den vorangehenden Beispielen gelernt haben, zu einem allgemeinen Postulat: *Bei jedem glatt geführten mechanischen System ist die virtuelle Arbeit der Reaktionen gleich Null.* Es liegt uns fern, dieses Postulat allgemein beweisen zu wollen[1]). Wir sehen es vielmehr geradezu als *Definition des Begriffs „glatt geführtes mechanisches System"* an, indem wir nur Führungen (durch Schienen, Lager, Gelenke, Führungsflächen usf.) zulassen, welche entweder praktisch reibungslos funktionieren und daher nur zu Reaktionen senkrecht zur virtuellen Bewegung Anlaß geben, oder nur von ruhender Reibung Gebrauch machen.

Von da aus ist aber nur ein kleiner Schritt zur allgemeinen Formulierung des Prinzips der virtuellen Arbeit. Wir argumentieren so: Jede physikalisch gegebene, dem System eingeprägte Kraft steht an ihrem Angriffspunkt mit den in diesem wachgerufenen Reaktionen im Gleichgewicht; die Arbeit jener Kraft und dieser Reaktionen ist daher bei jeder virtuellen Verrückung des Angriffspunktes Null. Dasselbe gilt von der Summe der wirkenden Kräfte und der Summe aller von ihnen hervorgerufenen Reaktionen. Die Reaktionen leisten aber für sich genommen keine virtuelle Arbeit. *Daher ist auch die virtuelle Arbeit der von außen eingeprägten Kräfte für sich genommen gleich Null, wenn sie am System im Gleichgewicht stehen.* Die mühsame Ermittlung der Reaktionen wird durch dieses Prinzip überflüssig gemacht.

Die in der deutschen Literatur übliche Bezeichnung ist „Prinzip der virtuellen Verrückungen" oder „Verschiebungen". Wir haben die italienische Bezeichnung „principio dei lavori virtuali" übernommen, weil sie uns das Wesen der Sache am besten auszudrücken scheint. Der in der mathematischen Literatur oft gebrauchte, ursprünglich von JOHANN BERNOULLI eingeführte Name „Prinzip der virtuellen Geschwindigkeiten" scheint uns ungeeignet.

Historisch ist das Prinzip schon bei GALILEI angedeutet, von STEVIN, JAKOB und JOHANN BERNOULLI sowie von D'ALEMBERT weiter entwickelt. Seine dominierende Stellung als allgemeinstes Gleichgewichtsprinzip gewinnt es aber erst in der Mécanique analytique von LAGRANGE.

Ob die im System herrschenden Bedingungen holonomer oder nichtholonomer Art sind, macht für die Anwendung des Prinzips der virtuellen Arbeit nicht viel aus. Eine Bedingung von der Form (7.3) läßt sich ja durch Elimination eines δq aus dem Ausdruck der virtuellen Arbeit berücksichtigen, gleichgültig, ob diese Bedingung integrabel ist oder nicht.

Statt *Reaktionskräfte* oder *Führungskräfte* können wir auch sagen *Kräfte geometrischen Typs.* Sie sind durch die geometrischen Bindungen bestimmt, die

---
[1]) LAGRANGE versucht das in der Einleitung zu seiner Mécanique analytique, vgl. S. 1, durch gewisse Flaschenzugkonstruktionen.

infolge der Konstruktion des Mechanismus zwischen den verschiedenen Teilen des Systems oder, wie beim starren Körper, zwischen den einzelnen Massenpunkten desselben bestehen.

Als Gegensatz dazu wird gewöhnlich das Wort *äußere Kräfte* gebraucht. Wir wollen statt dessen deutlicher sagen *mechanismusfremde Kräfte* oder auch *von außen her eingeprägte Kräfte*. Sie haben ihre Ursache in physikalischen Wirkungen von außerhalb des Systems wie Schwere, Dampfdruck, am System angreifende Seilspannungen usw. Ihren nicht nur geometrischen, sondern auch physikalischen Ursprung verraten sie dadurch, daß in ihrem mathematischen Ausdruck spezielle, nur durch das Experiment zu bestimmende Konstanten (Gravitationskonstante, abzulesende Skalenteile eines Hilfsapparates usf.) vorkommen.

Die Reibung, von der wir in § 14 handeln werden, ist teils den Reaktionskräften, teils den eingeprägten Kräften zuzurechnen, den ersteren, wenn sie als *Reibung der Ruhe* (Haftreibung) auftritt; den letzteren, wenn sie als *Reibung der Bewegung* (gleitende Reibung) wirkt. Die Haftreibung wird durch das Prinzip der virtuellen Arbeit automatisch eliminiert, die gleitende Reibung ist den eingeprägten Kräften zuzurechnen. Äußerlich wird dies schon dadurch angezeigt, daß in dem Gesetz der gleitenden Reibung Gl. (14.4) die experimentell zu ermittelnde Reibungskonstante f vorkommt.

§ 9. Beispiele zum Prinzip der virtuellen Arbeit

1. Der Hebel (Archimedes)

Er besitzt einen Freiheitsgrad $f = 1$ und daher auch nur eine Verrückung δq, die der virtuellen Winkeländerung $\delta \varphi$ entspricht.

Gleichgewicht herrscht dann und nur dann, wenn die virtuelle Arbeit bei der Drehung des Hebels um $\delta \varphi$ gleich Null ist. Bedeuten also δs_A, δs_B die virtuellen Verrückungen der Angriffspunkte der Kräfte A und B, so lautet die Bedingung:

$$A\, \delta s_A + B\, \delta s_B = 0 \,.$$

Es ist aber nach Fig. 10a $\delta s_A = a \cdot \delta \varphi$, $\delta s_B = - b \cdot \delta \varphi$. Mithin

$$(A a - B b)\, \delta \varphi = 0$$

und daher:

$$A a = B b \,.$$

In Worten: Die Momente der Kräfte in bezug auf den Drehpunkt O sind gleich, oder: Die algebraische Momentensumme ist Null.

Wirkt, wie in Fig. 10b, A nicht senkrecht zum Arm, so ist von den beiden Komponenten A_1 (in Richtung des Armes) und A_2 (senkrecht dazu) A_1 wirkungslos, und es gilt:

$$A_2 a = B b \,.$$

Um die Belastung von O zu ermitteln, haben wir im Falle von Fig. 10a in O eine lotrecht nach oben gerichtete Gegenkraft der Größe $Q = A + B$ angreifen zu lassen; die Belastung von O ist dieser Kraft Q entgegengesetzt gleich. Im

Falle von Fig. 10b gilt die Vektorgleichung $\mathfrak{Q} + \mathfrak{A} + \mathfrak{B} = 0$; auch hier ist die Beanspruchung von O der Kraft Q entgegengesetzt. Allerdings gehen wir mit dieser Fragestellung eigentlich über die Grenzen des Prinzips der virtuellen Arbeit hinaus. Für das vorgelegte mechanische System des Hebels ist die feste Lage des Drehpunktes O charakteristisch. Seine virtuelle Verrückung und die an ihm geleistete virtuelle Arbeit ist daher Null. Um Q bzw. $\mathfrak{Q}$ nach unserem Prinzip zu ermitteln, müßten wir vielmehr ein ganz anderes mechanisches System betrachten:

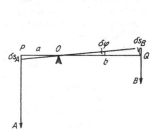 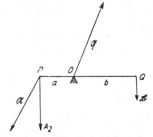

Fig. 10a. Der Hebel mit den Armen a und b bei senkrechten Belastungen A und B

Fig. 10b. Der Hebel bei schiefer Belastung. Die Reaktion im Unterstützungspunkt

Wir müßten nämlich O mit zwei Freiheitsgraden begaben und nach der Bedingung des Gleichgewichts bei einer zu der bisher betrachteten Drehung hinzukommenden Parallelverschiebung des ganzen Hebels fragen.

2. Umkehrung des Hebels: Radfahrer, Brücke

Beim Fahrrad wirkt die Erde der Belastung in den zwei Punkten H (Hinterrad) und V (Vorderrad) entgegen (Fig. 11a). Das Hinterrad ist dabei dem größeren Drucke ausgesetzt, da das Gewicht Q von Rad + Fahrer näher bei H als bei V

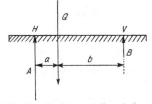 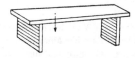

Fig. 11a. Gewichtsverteilung beim Radfahren auf Vorderrad und Hinterrad

Fig. 11b. Gewichtsverteilung auf die beiden Auflager einer schematisierten Brücke

liegt. Der Radfahrer pumpt daher sein Hinterrad stärker auf als sein Vorderrad. Die Belastung des Hinterrades ist $A = \dfrac{b}{a+b} Q$, die des Vorderrades $B = \dfrac{a}{a+b} Q$. Dieselben Verhältnisse liegen bei einer einseitig belasteten Brücke (Fig. 11b) vor.

§ 9.2 Beispiele zum Prinzip der virtuellen Arbeit

3. Der Flaschenzug (Ebenfalls schon den Griechen bekannt)

Die Anzahl der Rollen am oberen und unteren Ende des Flaschenzuges sei n. Q sei die zu hebende Last, P die am Seilende aufzuwendende Kraft. Bei einer virtuellen Betätigung des Flaschenzuges lege

P den Weg: δp

Q den Weg: δq

zurück mit der in Fig. 12 angedeuteten Wahl des positiven Richtungssinnes. Gleichgewicht herrscht, wenn

(1) $\qquad + P \, \delta p - Q \, \delta q = 0 \, .$

Nun verkürzen sich aber, wenn Q um δq gehoben wird, die $2n$ Seillängen zwischen den oberen und unteren Rollen je um δq, im ganzen also um $2 n \, \delta q$. Um ebensoviel verlängert sich das herabhängende Seil bei P. Es ist daher

$$\delta p = 2 n \, \delta q$$

und wegen (1)

$$(Q - 2 n \, P) \, \delta q = 0 \, .$$

Somit wird:

(2) $\qquad P = \dfrac{Q}{2n} \, .$

Wir haben dabei den Flaschenzug als „ideales" mechanisches System behandelt, d. h., wir haben von der Seilreibung an den Rollen und von der Achsenreibung der Rollen abgesehen.

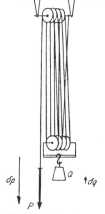

Fig. 12. Flaschenzug. Virtuelle Verrückungen von Last und Kraft

Natürlich läßt sich dieses einfache Beispiel auch nach der elementaren Methode der Seilspannungen behandeln, die hier vielleicht sogar einen lebendigeren Einblick in das Spiel der Kräfte gewährt.

S sei die Spannung des Seiles (über den ganzen Querschnitt genommen). Bei Absehung von allen Reibungswirkungen ist die Spannung im Seil überall dieselbe, d. h., wo man das Seil auch durchschneidet, begegnet man der gleichen Spannung von der Größe S, die beiderseitig auf die Schnittstelle nach außen hin wirkt. Man schneide das Seil einmal auf der linken Seite oberhalb P durch. Das abgetrennte Stück desselben, an dem P nach unten und S nach oben wirkt, ergibt

$$P = S \, .$$

Sodann lege man einen Schnitt durch den rechten Teil der Figur oberhalb Q, wobei $2n$ Seilquerschnitte freigelegt werden. Das Gleichgewicht der Kräfte an diesem rechts abgetrennten unteren Teil verlangt

$$Q = 2 n S \, .$$

Mithin gilt wieder

$$P = \frac{Q}{2\,n}$$

Die Betrachtung des oberen Teils des Flaschenzuges ergibt gleichzeitig die Beanspruchung des Balkens, an dem der Flaschenzug aufgehängt ist. Sie beträgt offenbar $P + Q$.

4. Der Kurbelmechanismus

Im Anschluß an Fig. 9 sei P der gesamte Dampfdruck auf den Kolben, also $P\,\delta x$ die virtuelle Arbeit am Kolben. Q sei die der Umfangskraft U an der Kurbel entgegengesetzte Kraft, die P ins Gleichgewicht setzt. Ihre virtuelle Arbeit ist $-Q\,r\,\delta\varphi$. Unser Prinzip verlangt

(3) $$Q\,r\,\delta\varphi = P\,\delta x, \quad Q = P\frac{\delta x}{r\,\delta\varphi}.$$

Die Berechnung von Q reduziert sich also auf die rein kinematische Aufgabe, das Verhältnis von δx und $\delta\varphi$ zu bestimmen.

Nun ist nach Fig. 9 (Projektion auf die x-Richtung):

(4) $$r\cos\varphi + l\cos\psi = \text{konst.} - x,$$

(4a) $$r\sin\varphi\,\delta\varphi + l\sin\psi\,\delta\psi = \delta x.$$

Aus dem Dreieck OZK folgt

(4b) $$\sin\psi = \frac{r}{l}\sin\varphi, \quad \delta\psi = \frac{r}{l}\frac{\cos\varphi}{\cos\psi}\delta\varphi = \frac{r}{l}\frac{\cos\varphi}{\sqrt{1-\left(\frac{r}{l}\right)^2\sin^2\varphi}}\delta\varphi.$$

Setzt man dies in (4a) ein, so entsteht

(4c) $$r\sin\varphi\,\delta\varphi\left(1 + \frac{r}{l}\frac{\cos\varphi}{\sqrt{1-\left(\frac{r}{l}\right)^2\sin^2\varphi}}\right) = \delta x.$$

Hieraus ist die gesuchte kinematische Größe $\delta x/r\,\delta\varphi$ zu entnehmen. Nach (3) hat man dann zugleich

(5) $$Q = P\sin\varphi\left(1 + \frac{r}{l}\frac{\cos\varphi}{\sqrt{1-\left(\frac{r}{l}\right)^2\sin^2\varphi}}\right).$$

Hierdurch ist auch die am Zapfen Z übertragene Umfangskraft $U = Q$ für jede Kurbelstellung φ bestimmt. Ihre genaue Kenntnis ist für die Beurteilung des Ungleichförmigkeitsgrades der Maschine und für die Bestimmung des erforderlichen Schwungrades wichtig. Da r/l ein kleiner echter Bruch ist, läßt sich (5) in eine gut konvergente Reihe nach r/l entwickeln. Vgl. auch Übungsaufgabe II. 2.

Wegen einer späteren Anwendung berechnen wir noch den Kolbenweg x als Potenzreihe nach r/l, indem wir nach (4) und (4b) schreiben:

(6) $$x + r\left(\cos\varphi - \frac{1}{2}\frac{r}{l}\sin^2\varphi + \cdots\right) = \text{konst.}$$

5. Das Moment einer Kraft um eine Achse und die Arbeit einer virtuellen Drehung

Ein Punkt P habe den senkrechten Abstand l von einer Achse a. In P wirke eine Kraft $\mathfrak{F}$ beliebiger Richtung. Bei einer virtuellen Drehung $\delta\varphi$ um die Achse a wird P um

$$\delta s_p = l\, \delta\varphi$$

verschoben. Welches ist die dabei geleistete Arbeit δA von $\mathfrak{F}$?

Man zerlege $\mathfrak{F}$ wie bei Gl. (5.18) in die zueinander senkrechten Komponenten $\mathfrak{F}_a, \mathfrak{F}_l, \mathfrak{F}_n$. Bei der Arbeitsleistung kommt es nur auf $\mathfrak{F}_n$ an. Es ist nämlich

$$\delta A = \mathfrak{F}_n\, \delta s_P = \mathfrak{F}_n\, l\, \delta\varphi,$$

Durch Vergleich mit (5.18a) entnehmen wir daraus den Satz:

Das Moment einer Kraft um eine Achse kann erklärt werden als virtuelle Arbeit der Kraft bei der Drehung $\delta\varphi$ ihres Angriffspunktes um die Achse, geteilt durch $\delta\varphi$,

$$(7) \qquad \mathfrak{M}_a(\mathfrak{F}) = \frac{\delta A}{\delta \varphi} = l\, \mathfrak{F}_n\,.$$

Der fundamentale statische Begriff „Moment" wird so in Zusammenhang gebracht mit dem für alle Gleichgewichtsfragen fundamentalen Begriff „virtuelle Arbeit".

Man bemerke bei dieser Gelegenheit, daß die Dimension des Momentes (Kraft × Hebelarm) dieselbe ist wie die der Arbeit (Kraft × Weg); dies steht in Einklang mit (7), falls man, wie üblich, den in Bogenmaß gemessenen Winkel als dimensionslos ansieht.

§ 10. Das d'Alembertsche Prinzip. Einführung der Trägheitswiderstände

Das Beharrungsvermögen der Körper können wir als Widerstand gegen Bewegungsänderungen, kurz gesagt als *Trägheitswiderstand* auffassen. Die Definition des Trägheitswiderstandes beim einzelnen Massenpunkt ist hiernach

$$(1) \qquad \mathfrak{F}^* = -\dot{\mathfrak{G}},$$

und das Grundgesetz $\dot{\mathfrak{G}} = \mathfrak{F}$ nimmt die Form an:

$$(2) \qquad \mathfrak{F}^* + \mathfrak{F} = 0,$$

in Worten: *Der Trägheitswiderstand steht mit der äußeren Kraft vektoriell im Gleichgewicht.*

Während $\mathfrak{F}$ eine durch die physikalischen Umstände gegebene Kraft bedeutet, ist $\mathfrak{F}^*$ eine *fiktive Kraft*. Wir führen sie ein, um, was oft sehr bequem ist, Bewegungsfragen auf Gleichgewichtsfragen zurückzuführen.

Trägheitswiderstände sind uns aus dem gewöhnlichen Leben wohlbekannt. Wenn wir die schwere Drehtür eines Hotels in Bewegung setzen, ist es nicht die Schwere oder die Reibung, die wir zu überwinden haben, sondern die Trägheit der Tür. Ähnlich bei den Schiebetüren der Straßenbahn. Auf der vorderen Plattform verschiebt sich die Tür beim Öffnen in der Fahrtrichtung. Sie strebt daher beim Bremsen des Wagens nach vorn und läßt sich leicht öffnen. Beim Anfahren des Wagens sucht die geöffnete Tür ihre Ruhelage beizubehalten; sie strebt daher nach hinten und läßt sich leicht schließen. Man steigt bequemer auf der vorderen Plattform aus und ein als auf der hinteren, wo die Anordnung die umgekehrte ist.

Die bekannteste Form des Trägheitswiderstandes ist die *Zentrifugalkraft* (Fliehkraft oder Schwungkraft), die bei jeder Bewegung in einer Kurve spürbar wird. Auch sie ist eine *fiktive* Kraft. Sie entspricht der Normalbeschleunigung $\dot{v}_n$ in der Kurve, die *zentripetal* (nach dem Krümmungsmittelpunkte hin) gerichtet ist. Die Zentrifugalkraft wird nach (5. 9) gegeben durch

$$(3) \qquad \mathfrak{Z} = - m\,\dot{v}_n = - m\,\frac{v^2}{\varrho}\,\mathfrak{n}\,,$$

wobei das Minuszeichen die Richtung nach außen hin bedeutet.

Zu den Trägheitskräften gehören auch die *Coriolis sche* oder *zusammengesetzte Zentrifugalkraft* (vgl. § 28) und die Kreiselwirkungen (vgl. § 27).

Daß übrigens die „fiktive" Zentrifugalkraft eine sehr reale Existenz besitzt, zeigt sich z. B. im Eisenbahnbetriebe. Die Überhöhung der äußeren Schiene in einer Kurve wird immer so bemessen, daß für eine mittlere Geschwindigkeit des fahrenden Zuges die Resultierende aus Schwere und Zentrifugalkraft senkrecht auf der Ebene durch die beiden Schienen steht. Dadurch wird nicht nur die Gefahr des Umkippens um die äußere Schiene, sondern auch eine schädliche einseitige Belastung einer der beiden Schienen vermieden.

Merkwürdigerweise nimmt kein Geringerer als HEINRICH HERTZ an der Einführung der Zentrifugalkraft Anstoß, in der außerordentlich schönen und schön geschriebenen Einleitung zu seiner Mechanik (Ges. Werke, Bd. III, S. 6):

„Wir schwingen einen Stein an einer Schnur im Kreise herum; wir üben dabei bewußtermaßen eine Kraft auf den Stein aus; diese Kraft lenkt den Stein beständig von der geraden Bahn ab, und wenn wir diese Kraft, die Masse des Steines und die Länge der Schnur verändern, so finden wir, daß die Bewegung des Steines in der Tat stets in Übereinstimmung mit dem zweiten NEWTONschen Gesetze erfolgt. Nun aber verlangt das dritte Gesetz eine Gegenkraft zu der Kraft, welche von unserer Hand auf den Stein ausgeübt wird. Auf die Frage nach dieser Gegenkraft lautet die jedem geläufige Antwort: es wirke der Stein auf die Hand zurück infolge der Schwungkraft, und diese Schwungkraft sei der von uns ausgeübten Kraft in der Tat genau entgegengesetzt gleich. Ist nun diese Ausdrucksweise zulässig? Ist das, was wir jetzt Schwungkraft oder Zentrifugalkraft nennen, etwas anderes als die Trägheit des Steines?"

Hierauf müssen wir mit einem glatten Nein antworten: die Zentrifugalkraft ist in der Tat nach unserer Definition (3) dasselbe wie die Trägheit des Steines. Aber die Gegenkraft zu der Kraft, die wir auf den Stein, d. h. eigentlich auf die Schnur ausüben, ist der Zug, den die Schnur auf unsere Hand ausübt. Zu der weiteren Bemerkung von HERTZ, „es bleibt uns nichts anderes übrig als zu erläutern: Die Bezeichnung der Schwungkraft als einer Kraft sei eine uneigentliche, ihr

§ 10. 6 Das d'Alembertsche Prinzip. Einführung der Trägheitswiderstände

Name sei wie der Name der lebendigen Kraft als eine historische Überlieferung hinzunehmen und die Beibehaltung dieses Namens sei aus Nützlichkeitsgründen mehr zu entschuldigen als zu rechtfertigen", möchten wir sagen: Der Name Zentrifugalkraft bedarf keiner Rechtfertigung, weil er wie der allgemeinere der Trägheitswiderstände auf einer klaren Definition beruht.

Übrigens hat gerade diese angebliche Unklarheit des Kraftbegriffes HERTZ bestimmt, seine vom Kraftbegriff losgelöste Mechanik zu ersinnen (vgl. § 1, S. 5), die zwar sehr interessant, aber wenig fruchtbar ist.

Wir kommen nun zu der Leistung D'ALEMBERTs (Mathematiker, Philosoph, Astronom, Physiker, Enzyklopädist. Sein Traité de dynamique von 1758).

Für einen Massenpunkt k, an dem eine äußere Kraft $\mathfrak{F}_k$ angreift und der Bestandteil eines beliebigen mechanischen Systems ist, gilt statt der Gl. (2)

(4) $$\mathfrak{F}_k^* + \mathfrak{F}_k + \sum_i \mathfrak{R}_{ik} = 0 \,.$$

Hier ist $\mathfrak{R}_{ik}$ die Reaktion, die der mit k gekoppelte Massenpunkt i auf k ausübt. Die $\mathfrak{R}_{ik}$ leisten aber, wie wir S. 45 allgemein postuliert haben, in ihrer *Gesamtheit keine Arbeit*, wie wir auch das System virtuell (d. h. ohne Verletzung der inneren Bindungen) verschieben mögen. Deshalb wird auch die virtuelle Arbeit aller $\mathfrak{F}^* + \mathfrak{F}$ gleich Null:

(5) $$\sum_k (\mathfrak{F}_k^* + \mathfrak{F}_k) \cdot \overrightarrow{\delta s_k} = 0 \,.$$

Mit Rücksicht auf das Prinzip der virtuellen Arbeit können wir Gl. (5) so in Worte fassen: *Die Trägheitswiderstände stehen mit den physikalisch eingeprägten Kräften am System im Gleichgewicht*; die Reaktionen brauchen wir dabei nicht zu kennen.

Dies ist das *d'Alembertsche Prinzip* in seiner natürlichsten und einfachsten Fassung. Um zu einer anderen interessanten Fassung des Prinzips zu gelangen, betrachten wir die Größe

$$\mathfrak{F}_k + \mathfrak{F}_k^* = \mathfrak{F}_k - \dot{\mathfrak{G}}_k \,.$$

Sie ist derjenige Teil der Kraft $\mathfrak{F}_k$, der sich nicht in Bewegung des Punktes k umsetzt (sondern die Reaktionskräfte des Mechanismus hervorruft und von diesen kompensiert wird). Wir nennen ihn die für den Bewegungsantrieb *verlorene Kraft* und können daraufhin (5) auch so in Worte fassen:

Die Gesamtheit der verlorenen Kräfte steht am System im Gleichgewicht.

Eine in den Lehrbüchern sehr verbreitete Formulierung des D'ALEMBERTschen Prinzips ist diejenige in rechtwinkligen Koordinaten. Wir nennen X_k, Y_k, Z_k die Komponenten von $\mathfrak{F}_k$ und δx_k, δy_k, δz_k diejenigen von $\overrightarrow{\delta s_k}$. Rechnen wir überdies mit konstanten Massen m_k, so können wir statt (5) bei einem aus n Massenpunkten bestehenden System schreiben:

(6) $$\sum_{k=1}^n \{(X_k - m_k \ddot{x}_k) \delta x_k + (Y_k - m_k \ddot{y}_k) \delta y_k + (Z_k - m_k \ddot{z}_k) \delta z_k\} = 0 \,.$$

Dabei ist es aber nötig, die δx_k, δy_k, δz_k den im System herrschenden Bindungen zu unterwerfen. Setzen wir sogleich den allgemeinen Fall von nichtholonomen Bindungen voraus, so müssen wir im Anschluß an (7. 4) verlangen, wenn wir dort die allgemeinen Koordinaten q durch rechtwinklige ersetzen:

(6a) $$\sum_{\mu=1}^{n} [F_\mu(x_1 \ldots z_n)\, \delta x_\mu + G_\mu(x_1 \ldots z_n)\, \delta y_\mu + H_\mu(x_1 \ldots z_n)\, \delta z_\mu] = 0\,.$$

Solcher Bedingungen für die δx, δy, δz gibt es $3n - f$, wenn f die Zahl der Freiheitsgrade im Unendlichkleinen (vgl. S. 47) bedeutet. Im Falle holonomer Bindungen sind die F_μ, G_μ, H_μ Differentialquotienten ein und derselben Funktion nach den x_μ, y_μ, z_μ.

Wir möchten aber ausdrücklich davor warnen, in der schwerfälligen Formulierung (6), (6a) den eigentlichen Inhalt des D'ALEMBERTschen Prinzips zu sehen. Viel anwendungsfähiger und wegen seiner invarianten Form natürlicher ist die Forderung (5) oder die ihr äquivalente Gleichgewichtsaussage.

§ 11. Einfachste Beispiele zum d'Alembertschen Prinzip

1. Drehung eines starren Körpers um eine fest gelagerte Achse

Hier haben wir es mit einem Freiheitsgrad zu tun, dem Drehwinkel φ. Wir nennen $\dot\varphi = \omega$ die Winkelgeschwindigkeit, $\ddot\varphi = \dot\omega$ die Winkelbeschleunigung. Die Reaktionen in den Achsenlagern interessieren uns vorläufig nicht.

An dem Körper mögen beliebige äußere Kräfte $\mathfrak{F}$ in beliebiger Richtung wirken. Ihre virtuelle Arbeit ist nach § 9, Gl. (7) gegeben durch die Summe ihrer Momente um die Drehachse, nämlich durch

(1) $\quad M_a\, \delta\varphi, \; M_a = $ Momentensumme der $\mathfrak{F}$ um die Achse der Drehung.

Wir fragen nun nach der Arbeit der Trägheitswiderstände $\mathfrak{F}^*$ und teilen den Körper in Massenelemente dm auf. An dm wirkt in normaler Richtung als Trägheitswiderstand nach (10.3) die Zentrifugalkraft $dm \cdot \dfrac{v^2}{r} = dm \cdot \omega\, v$. (Bei der Kreisbewegung ist natürlich der Krümmungsradius ϱ gleich dem Abstand r von der Drehachse, und es wird die Geschwindigkeit jedes Massenteilchens v gleich $r\,\omega$, die Beschleunigung in der Bahn $\dot v$ gleich $r\,\dot\omega$.) Die Zentrifugalkraft leistet aber keine Arbeit. In der Bahnrichtung andererseits beträgt der Trägheitswiderstand

$$-\, dm \cdot \dot v = -\, dm\, r\, \dot\omega\,.$$

Also ist die gesamte virtuelle Arbeit der Trägheitswiderstände

(2) $\quad \sum (-\, dm \cdot \dot v)\, \delta s = \sum -\, dm \cdot r\, \dot\omega \cdot r\, \delta\varphi = -\, \delta\varphi\, \dot\omega \int r^2\, dm = -\, \delta\varphi\, \dot\omega\, \Theta\,.$

(3) $$\Theta = \int r^2\, dm$$

heißt das *Trägheitsmoment*. Die Dimension von Θ im physikalischen Maßsystem ist kg m², im technischen Maßsystem kp m s².

Das D'ALEMBERTsche Prinzip verlangt nach (1) und (2)

$$\delta\varphi\, (M_a - \Theta\, \dot\omega) = 0\,.$$

§ 11. 6 Einfachste Beispiele zum d'Alembertschen Prinzip

Somit ergibt sich als *Grundgleichung der Drehbewegung*

(4) $$\Theta \dot\omega = M_a \, .$$

Wir vergleichen diese mit der *Grundgleichung für die fortschreitende Bewegung* von einem Freiheitsgrade, z. B. in der x-Richtung:

$$m \, \dot v = m \, \ddot x = F_x \, .$$

Wir sehen: Bei der Drehbewegung tritt Θ an die Stelle von m. Daher auch die manchmal gebrauchte Bezeichnung *Drehmasse* für Θ.

Dasselbe zeigt sich in dem Ausdruck der kinetischen Energie. Sie ist bei der Drehbewegung eines starren Körpers

(5) $$E_{\mathrm{kin}} = T = \int \frac{\mathrm{d}m}{2} v^2 = \int \frac{\mathrm{d}m}{2} r^2 \omega^2 = \frac{\omega^2}{2} \int r^2 \cdot \mathrm{d}m = \frac{\omega^2}{2} \Theta$$

und entspricht somit genau dem elementaren Ausdruck der Punktmechanik

(5a) $$E_{\mathrm{kin}} = T = \frac{\dot x^2}{2} m = \frac{v^2}{2} m \, .$$

Θ ist beim starren Körper und fest gelagerte Achse unabhängig von der Zeit, bei Gelenkmechanismen und Lebewesen jedoch in charakteristischer Weise veränderlich. Wir werden später in § 13 sehen, daß alle sportlichen Betätigungen, insbesondere das Turnen, wesentlich auf der Veränderlichkeit des Trägheitsmomentes des menschlichen Körpers beruhen.

Wie das Trägheitsmoment des starren Körpers von der Lage der Drehachse abhängt, werden wir erst in § 22 untersuchen.

Hier sei nur noch hingewiesen auf den Zusammenhang der kinetischen Energie mit der Grundgleichung der Bewegung. So wie wir aus dem Satze der lebendigen Kraft in der Punktmechanik

$$\frac{\mathrm{d}T}{\mathrm{d}t} = \frac{\mathrm{d}A}{\mathrm{d}t} \text{ mit } \mathrm{d}A = F_x \, \mathrm{d}x$$

(bei konstanter Masse) die Bewegungsgleichung $m \, \ddot x = F_x$ gewinnen können, so erhalten wir auch bei der Drehbewegung nach (5) aus

$$\frac{\mathrm{d}T}{\mathrm{d}t} = \frac{\mathrm{d}A}{\mathrm{d}t} = \text{ mit } \mathrm{d}A = M_a \, \mathrm{d}\varphi, \quad \text{Gl. (9.7)} \, ,$$

(bei konstantem Θ) die Bewegungsgleichung (4).

Das Trägheitsmoment tritt aber auch in dem Ausdruck für das *Moment der Bewegungsgröße* des rotierenden Körpers, sein *Impulsmoment*, auf. Bezeichnen wir dieses mit $\mathfrak{N}$, so gilt offenbar

(6) $$|\mathfrak{N}| = \sum \mathrm{d}m \, v \, r = \omega \sum \mathrm{d}m \, r^2 = \omega \, \Theta$$

2. Koppelung von Rotations- und Translationsbewegung

Man denke an einen Förderkorb im Bergwerk oder an einen Fahrstuhl. Das Seil, das den Fahrstuhl trägt, ist um den Umfang einer Trommel gewickelt und wird durch eine Kraft P angetrieben. r sei der Trommelradius. Die beiden auftretenden virtuellen Verrückungen (vgl. Fig. 13) sind verknüpft durch

(7) $$\delta z = r\, \delta \varphi\,.$$

Das D'ALEMBERTsche Prinzip verlangt

(7a) $$(-Q - M\ddot{z})\,\delta z + (r\,P - \Theta\dot{\omega})\,\delta\varphi = 0\,.$$

Es ist bequem, die Masse der Trommel, wie man sagt, auf deren Umfang zu reduzieren, d. h. Θ zu ersetzen durch eine „reduzierte Masse" mittels der Definitionsgleichung

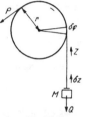

(8) $$\Theta = M_{red}\, r^2\,.$$

Dann schreibt sich (7a) mit Rücksicht auf (7) um in

$$(P - Q - M\ddot{z} - M_{red}\, r\,\dot{\omega})\,\delta z = 0$$

und liefert wegen $r\,\omega = \dot{z},\ r\,\dot{\omega} = \ddot{z}$ die Bewegungsgleichung

(9) $$(M + M_{red})\,\ddot{z} = P - Q\,.$$

Fig. 13
Kopplung von Rotations- und Translationsbewegung (Fahrstuhl, Förderkorb)

Die Trägheitswirkung der Trommel addiert sich also als M_{red} einfach zur Masse M des Fahrstuhls.

3. Abrollen einer Kugel auf der schiefen Ebene

Auch hier handelt es sich um die Koppelung von Translation (Abgleiten der Kugel) und Rotation (um die zur Zeichnung senkrechte Achse durch ihren Mittelpunkt). Die wirksame Komponente der Schwere ist $Z = M\,g\sin\alpha$; die in der Figur eingezeichnete Haftreibung R kommt, da sie an dem momentan ruhenden Auflagepunkt angreift, für die Behandlung nach D'ALEMBERT nicht in Betracht. Die Bedingung des reinen Rollens ist

(10) $$\dot{z} = r\,\omega \quad \text{oder virtuell geschrieben}\quad \delta z = r\,\delta\varphi\,.$$

Nach D'ALEMBERT fordern wir

(11) $$\delta z\,(M\,g\sin\alpha - M\ddot{z}) + \delta\varphi\,(-\Theta\dot{\omega}) = 0\,.$$

Die Berechnung von Θ ist eine Aufgabe der Integralrechnung. Ohne Beweis sei hier mitgeteilt, daß bei einem homogenen Ellipsoid mit den Halbachsen a, b, c das Trägheitsmoment um die Achse c (und entsprechend um die anderen Hauptachsen) wird:

(12) $$\Theta_e = \frac{M}{5}\,(a^2 + b^2)\,.$$

Die Formel für die Kugel

(12a) $$\Theta = \frac{2}{5}\,M\,r^2$$

§ 11. 15   Einfachste Beispiele zum d'Alembertschen Prinzip   57

ist ein spezieller Fall davon. Wir entnehmen aus ihr, wenn wir auch hier wie in (8) eine auf den Abstand r *reduzierte Masse* einführen, daß diese wird

(12b) $$M_{\text{red}} = \frac{2}{5} M .$$

Setzen wir dies in (11) ein unter gleichzeitiger Berücksichtigung von (10), so erhalten wir leicht

(13) $$\ddot{z} = \frac{5}{7} g \sin \alpha .$$

Der Faktor $\frac{5}{7}$ zeigt an, wie der Fall auf der schiefen Ebene durch das gleichzeitige Abrollen der Kugel und die dadurch bedingte vermehrte Trägheit verzögert wird.

Während wir beim freien Fall in Gl. (3. 13) als Endgeschwindigkeit gefunden hatten

$$v = \sqrt{2 g h}, \quad h = \text{Fallhöhe} ,$$

erhalten wir jetzt aus (13) die Endgeschwindigkeit

$$v = \sqrt{2 \cdot \frac{5}{7} g h} .$$

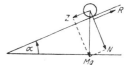

Fig. 14. Kugel auf schiefer Ebene. Die Haftreibung R bewirkt reines Rollen, geht aber nicht in das D'ALEMBERTsche Prinzip ein

Der Unterschied rührt daher, daß die Schwereenergie sich jetzt nicht allein in Fallgeschwindigkeit, sondern auch in die Rotationsenergie der rollenden Kugel umsetzt.

4. Führung einer Masse auf vorgeschriebener Bahn

Wenn wir die Führung als reibungslos voraussetzen, so sagt das D'ALEMBERTsche Prinzip, angewandt auf den hier vorhandenen einzigen Freiheitsgrad (Verrückung δs in der Bahnrichtung), nichts anderes aus als

$$\delta s \, (F_s^* + F_s) = 0 ,$$

d. h. nach (5. 8)

(14) $$m \, \dot{v}_s = m \, \dot{v} = F_s ,$$

bei beliebiger Richtung der äußeren Kraft $\mathfrak{F}$. Die zur Führung senkrechte Komponente $\mathfrak{F}_n$, die wir etwa positiv in zentripetaler Richtung rechnen wollen, muß dann zusammen mit der (in gleicher Richtung positiv gerechneten) *Reaktion* $\mathfrak{R}_n$ der Zentrifugalkraft $\mathfrak{Z}$ das Gleichgewicht halten. Also

(15) $$\mathfrak{R}_n + \mathfrak{F}_n = - \mathfrak{Z} = m \frac{v^2}{\varrho} \mathfrak{n} .$$

Im allgemeinen, insbesondere dann, wenn die Führung durch eine materielle Rinne bewirkt wird, tritt uns hier gebieterisch die Aufgabe entgegen, auch eine zur Bahn *tangentiale Komponente der Reaktion* $\mathfrak{R}_s$, die *Reibung*, in Betracht zu ziehen. Wenn wir sie im umgekehrten Sinne wie ds positiv rechnen, erweitert sich dadurch Gl. (14) zu

(16) $$m \dot{v} = F_s - R_s.$$

Während aber $\mathfrak{R}_n$ durch Gl. (15) bestimmt ist, bleibt $\mathfrak{R}_t$ in (16) *statisch und dynamisch unbestimmt* und kann nur experimentell physikalisch ermittelt werden. Wie das zu geschehen hat, werden wir in § 14 besprechen.

§ 12. Lagrangesche Gleichungen erster Art

Wir betrachten ein System diskreter Massenpunkte $m_1, m_1, \ldots, m_n$, welche miteinander durch r holonome Bedingungen

(1) $$F_1 = 0, \quad F_2 = 0 \ldots F_r = 0$$

gekoppelt sind. Die Zahl der Freiheitsgrade ist dann $f = 3n - r$. Wir rechnen in rechtwinkligen Koordinaten und benutzen die Formulierung (10.6) des D'ALEMBERTschen Prinzips. Um aber die dort vorkommenden schwerfälligen Summen bequemer schreiben zu können, numerieren wir die Koordinaten $x_1, y_1, z_1 \ldots, \ldots, x_n, y_n, z_n$ durch:

$$x_1, x_2, x_3, x_4 \ldots x_{3n-1}, x_{3n},$$

ebenso die Kraftkomponenten X, Y, Z. Auch die zu x_k, X_k gehörende Masse werden wir als m_k bezeichnen, wobei offenbar je drei der m_k unter sich gleich werden. Dann lautet Gl. (10.6):

(2) $$\sum_{k=1}^{3n} (X_k - m_k \ddot{x}_k) \delta x_k = 0.$$

Wegen der r Bedingungsgleichungen (1) sind die δx_k an die Einschränkungen gebunden

(3) $$\delta F_i = 0, \quad i = 1, 2, \ldots, r,$$

welche auch geschrieben werden können:

(4) $$\sum_{k=1}^{3n} \frac{\partial F_i}{\partial x_k} \delta x_k = 0, \quad i = 1, 2, \ldots, r.$$

Man multipliziere die δF_i je mit einem willkürlichen Faktor λ_i (LAGRANGEscher Multiplikator) und addiere sie zu der D'ALEMBERTschen Formel (2). Man erhält zunächst

(5) $$\sum_{k=1}^{3n} \left(X_k - m_k \ddot{x}_k + \sum_{i=1}^{r} \lambda_i \frac{\partial F_i}{\partial x_k} \right) \delta x_k = 0.$$

Unter den $3n$ Verrückungen δx gibt es aber nur f voneinander unabhängige. Die übrigen r hängen von ihnen ab. Es seien dies z. B. die Größen $\delta x_1, \delta x_2, \ldots, \delta x_r$. Wir haben nun auch gerade r Größen $\lambda_1, \lambda_2, \ldots, \lambda_r$, über die wir frei verfügen können.

§ 12. 9a Lagrangesche Gleichungen erster Art

Wir wählen sie so, daß

(6) $$X_k - m_k \ddot{x}_k + \sum_{i=1}^{r} \lambda_i \frac{\partial F_i}{\partial x_k} = 0; \quad k = 1, 2, \ldots, r.$$

Dann reduziert sich Gl. (5) mit nunmehr *bestimmten* Zahlen λ_r auf

(7) $$\sum_{k=r+1}^{3n} \left(X_k - m_k \ddot{x}_k + \sum_{i=1}^{r} \lambda_i \frac{\partial F_i}{\partial x_k} \right) \delta x_k = 0$$

mit völlig unabhängigen δx_k, deren es ja $f = 3n - r$ gibt. Wählen wir also z. B.

(8) $\delta x_{r+\nu} \neq 0; \quad \delta x_{r+1} = \delta x_{r+2} = \cdots = \delta x_{r+\nu-1} = \delta x_{r+\nu+1} = \cdots = \delta x_{3n} = 0$,

so ergibt sich, daß die zu $\delta x_{r+\nu}$ gehörige Klammer verschwinden muß. Durchläuft ν die Werte $1, 2, \ldots, f$, so sieht man, daß jede Klammer $= 0$ sein muß:

$$X_k - m_k \ddot{x}_k + \sum_{i=1}^{r} \lambda_i \frac{\partial F_i}{\partial x_k} = 0; \quad k = r+1, r+2, \ldots, 3n.$$

Dies ergibt zusammen mit den Gln. (6) folgende $3n$ Differentialgleichungen, *die Lagrangeschen Gleichungen erster Art*:

(9) $$m_k \ddot{x}_k = X_k + \sum_{i=1}^{i=r} \lambda_i \frac{\partial F_i}{\partial x_k}; \quad k = 1, 2, \ldots, 3n.$$

Wie schon bemerkt, sind dabei je drei m_k einander gleich, z. B. $m_1 = m_2 = m_3$, da es sich um denselben Massenpunkt m_1 mit seinen drei Koordinaten $x_1 = x_1$, $x_2 = y_1$, $x_3 = z_1$ handelt.

Wir haben die Bedingungen (1) zunächst als holonom vorausgesetzt, aber wir überzeugen uns leicht, daß alles Vorhergehende mit geringer Modifikation auch bei *nichtholonomen Bedingungen* gilt. Der einzige Unterschied besteht darin, daß in (4) die Faktoren $\partial F_i/\partial x_k$ durch allgemeine Funktionen der Koordinaten F_{ik} zu ersetzen sind, die nicht in der Form von Differentialquotienten geschrieben werden können. Indem wir diesen Ersatz auch in den Gln. (9) vornehmen, erhalten wir unmittelbar als LAGRANGEsche Gleichungen erster Art bei *nichtholonomen Systemen*:

(9a) $$m_k \ddot{x}_k = X_k + \sum_{i=1}^{i=r} \lambda_i F_{ik}.$$

Interessanter ist die folgende Verallgemeinerung: *Nehmen wir an, die Bedingungen* (1) *seien zeitlich veränderlich*, die F_i hingen also außer von den x_k auch von t explizite ab. Dann müssen wir festsetzen, daß bei der Bildung von (4) die Zeit **nicht** variiert werden solle, was uns freisteht und was auch deshalb einleuchtend ist, weil unsere virtuelle Verrückung nichts mit dem Zeitablauf zu tun hat. Die Ableitung von (9) wird dadurch nicht berührt. Aber es ergibt sich eine wichtige Folgerung bezüglich der *Form des Energiesatzes*.

Wollen wir diesen bei *zeitunabhängigen* Bedingungen ableiten, so verfahren wir so: Wir multiplizieren (9) mit dx_k und summieren über k. Links entsteht:

(9b) $$dt \sum m_k \dot{x}_k \ddot{x}_k = dt \cdot \frac{d}{dt} \sum \frac{m}{2} \dot{x}_k^2 = dt \cdot \frac{dT}{dt} = dT.$$

Das erste Glied rechts liefert die während dt geleistete Arbeit der äußeren Kräfte:

(9c) $$\sum dx_k X_k = dA.$$

Das zweite Glied rechts verschwindet. Denn es ist

(9d) $$\sum_{i=1}^{r} \lambda_i \sum_{k=1}^{3n} \frac{\partial F_i}{\partial x_k} dx_k = \sum_{i=1}^{r} \lambda_i \, dF_i = 0.$$

Aus $F_i = 0$ folgt nämlich, wenn F_i nur von den x_k abhängt,

(9e) $$dF_i = \sum \frac{\partial F_i}{\partial x_k} dx_k = 0.$$

Also haben wir wegen (9b, c)

(10) $$dT = dA.$$

Anders, wenn F_i auch von t abhängt. Dann ist die Null in (9d, e) zu ersetzen durch

$$-\frac{\partial F_i}{\partial t} dt \quad \text{bzw.} \quad -\sum_{i=1}^{r} \lambda_i \frac{\partial F_i}{\partial t} dt.$$

Der Energiesatz lautet also bei zeitabhängigen Bedingungen

(10a) $$dT = dA - dt \sum_{i=1}^{r} \lambda_i \frac{\partial F_i}{\partial t}.$$

Das heißt aber: *Die zeitabhängigen Bedingungen leisten am System Arbeit.*

Zur Veranschaulichung denke man an einen Tennisschläger. Wenn er festgehalten wird, reflektiert er den Ball mit unveränderter Energie. Wenn er aber nachgibt oder dem Ball entgegenschlägt, nimmt er Energie auf oder überträgt Energie auf den Ball.

Bei nichtholonomen Systemen würde eine explizite Abhängigkeit der in (9a) vorkommenden F_{ik} von t mit dem Energiesatz der Form (10) verträglich sein. Wenn aber die nichtholonome Bedingung im Gegensatz zu (7.4) heißen würde:

$$\sum F_{ik} dx_k + G_i \, dt = 0,$$

so würden zu (10) zusätzlich Glieder in G_i hinzutreten und die Energiegleichung die zu (10a) analoge Form annehmen:

(10b) $$dT = dA - dt \sum_{i=1}^{r} \lambda_i G_i.$$

An dem Beispiel des sphärischen Pendels im folgenden Kapitel werden wir lernen, daß die λ_i aufgefaßt werden können als *Reaktionen des Systems gegen den durch die (holonomen oder nichtholonomen) Bedingungen ausgeübten Zwang.* Hier werden wir auch sehen, daß die wirkliche Bestimmung der λ nicht, wie in (6) provisorisch angenommen werden durfte, aus r willkürlich abgetrennten, sondern aus der Gesamtheit der $3n$ LAGRANGEschen Gleichungen zu erfolgen hat. Es sei betont, daß über die LAGRANGEschen Gleichungen erster Art hinaus die Methode der LAGRANGEschen Multiplikatoren auch bei Gleichungstypen viel allgemeinerer Art, vgl. Kap. VI, § 34, eine bedeutsame Rolle spielt, wie sie ja auch andererseits schon in der elementaren Theorie der Maxima und Minima vorkommt.

§ 13. Impuls- und Drehimpulssatz (Schwerpunkts- und Flächensatz)

Wir leiten diese Sätze hier für ein System diskreter Massenpunkte ab, das als Ganzes im Raum verschoben und verdreht werden kann. Sie übertragen sich aber durch Grenzübergang auf einen frei beweglichen starren Körper oder auf ein beliebiges mechanisches System, dessen Beweglichkeit nicht durch äußere Bindungen beschränkt ist.

Die wirkenden Kräfte teilen wir auf in *äußere* und *innere Kräfte*. Diese Einteilung sagt nichts über den Ursprung der Kräfte aus und deckt sich daher keineswegs mit der Einteilung von S. 47 in physikalisch eingeprägte und Reaktionskräfte. Unsere jetzige Einteilung wird lediglich nach dem Gesichtspunkt vorgenommen, ob das Gesetz von actio und reactio innerhalb des Systems erfüllt ist oder nicht. Im ersteren Fall sprechen wir von inneren, im letzteren von äußeren Kräften. Zum Beispiel sind die inneren Kräfte des Planetensystems physikalisch eingeprägte, nämlich Gravitationskräfte, andererseits ist die äußere Kraft, die den Eisenbahnzug vorwärtstreibt, wie wir S. 76 sehen werden, eine Reaktionskraft, nämlich die Haftreibung an den rollenden Rädern.

Die äußeren Kräfte nennen wir, sofern sie am Punkte k angreifen, $\mathfrak{F}_k$; die inneren Kräfte sollen $\mathfrak{F}_{ik}$ genannt werden, um anzudeuten, daß sie zwischen zwei Punkten des Systems wirken und daher innerhalb des Systems dem Reaktionsgesetz

(1) $$\mathfrak{F}_{ik} = -\mathfrak{F}_{ki}$$

genügen.

1. Impulssatz

Wir benutzen das D'ALEMBERTsche Prinzip in der Form (10.5). Hier ersetzen wir $\mathfrak{F}_k$ durch $\mathfrak{F}_k + \sum_i \mathfrak{F}_{ik}$, $\mathfrak{F}_k^*$ definitionsgemäß durch $-\dot{\mathfrak{G}}_k$ und machen alle $\overrightarrow{\delta s_k}$ einander gleich. *Wir erteilen also allen Massen des Systems eine und dieselbe virtuelle Verrückung $\overrightarrow{\delta s}$.* Die $\mathfrak{F}_{ik}$ fallen wegen (1) bei der Summation über i und k heraus, und es bleibt

(2) $$\overrightarrow{\delta s} \cdot \sum_k (\mathfrak{F}_k - \dot{\mathfrak{G}}_k) = 0 \, .$$

Wir deuten die Summation über k durch Überstreichen an und schließen aus (2)

(3) $$\overline{\dot{\mathfrak{G}}} = \overline{\mathfrak{F}} \, .$$

$\overline{\mathfrak{G}}$ ist der Gesamtimpuls des Systems = vektorielle Summe aller Einzelimpulse. Wir definieren die „Schwerpunktsgeschwindigkeit" $\mathfrak{V}$ durch

$$M \mathfrak{V} = \overline{m\, \mathfrak{v}} = \overline{\mathfrak{G}}, \quad M = \overline{m}$$

und haben statt (3)

(3a) $$M \dot{\mathfrak{V}} = \overline{\mathfrak{F}}.$$

Von einem beliebigen, aber festen Bezugspunkt O aus messen wir die Abstände $\mathfrak{r}$ nach den Punkten des Systems und definieren, von demselben Punkt O aus, die Lage $\mathfrak{R}$ des Schwerpunktes durch

(3b) $$M \mathfrak{R} = \overline{m\, \mathfrak{r}}.$$

Die Gln. (3a, b) sagen dann aus: *Der Schwerpunkt eines frei beweglichen mechanischen Systems bewegt sich wie ein einzelner Massenpunkt, in dem die Gesamtmasse M des Systems vereinigt ist und in dem die Resultierende $\overline{\mathfrak{F}}$ aller äußeren Kräfte angreift.*

2. Drehimpulssatz

Wir erteilen dem System eine virtuelle Drehung $\overrightarrow{\delta \varphi}$ um eine beliebige, durch O gehende Achse. Die Verrückungen $\overrightarrow{\delta s_k}$ der verschiedenen Punkte m_k des Systems werden dann verschieden; es gilt nämlich

(4) $$\overrightarrow{\delta s_k} = \overrightarrow{\delta \varphi} \times \mathfrak{r}_k.$$

Zum Beweise betrachte man Fig. 15. $\delta \varphi$ ist als Vektor nach der Drehachse und zugleich als Drehpfeil um diese Achse im Rechtsschraubensinne aufgetragen. Der Größe nach ist vermöge Definition des Vektorproduktes

$$\delta s_k = \delta \varphi \, |\mathfrak{r}_k| \sin \alpha = \delta \varphi \, \varrho_k,$$

wie es bei der in Rede stehenden Drehung sein muß. Auch Richtung und Sinn von $\overrightarrow{\delta s_k}$ sind durch (4) richtig wiedergegeben. $\overrightarrow{\delta s_k}$ ist senkrecht zur Ebene $(\delta \varphi, \mathfrak{r}_k)$ nach hinten gerichtet, wie es dem eingezeichneten Drehpfeil entspricht.

Wir setzen (4) in (10.5) ein, indem wir $\mathfrak{F}^*$ und $\mathfrak{F}$ wie unter 1. ersetzen, und erhalten zunächst

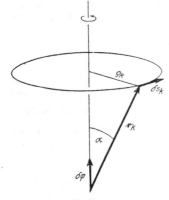

Fig. 15
Die mit einer virtuellen Drehung $\delta \varphi$ verbundene virtuelle Verschiebung δs

(5) $$\sum_k (\mathfrak{F}_k + \sum_i \mathfrak{F}_{ik} - \dot{\mathfrak{G}}_k) \cdot [\overrightarrow{\delta \varphi} \times \mathfrak{r}_k] = 0.$$

§ 13. 9 Impuls- und Drehimpulssatz (Schwerpunkts- und Flächensatz)

Jetzt benutzen wir die Regel der elementaren Vektoralgebra:

(6) $$\mathfrak{A}\cdot[\mathfrak{B}\times\mathfrak{C}]=\mathfrak{B}\cdot[\mathfrak{C}\times\mathfrak{A}]=\mathfrak{C}\cdot[\mathfrak{A}\times\mathfrak{B}],$$

welche besagt, daß das von irgend drei Vektoren $\mathfrak{A}, \mathfrak{B}, \mathfrak{C}$ aufgespannte Parallelepiped einen Rauminhalt besitzt, der davon unabhängig ist, wie wir die Benennung seiner drei Kanten zyklisch vertauschen.

Wir können daraufhin statt (5) schreiben:

(7) $$\vec{\delta\varphi}\cdot(\sum_k [\mathfrak{r}_k\times\mathfrak{F}_k]+\sum_{i,k}[\mathfrak{r}_k\times\mathfrak{F}_{ik}]-\sum_k[\mathfrak{r}_k\times\vec{\mathfrak{G}}_k])=0.$$

Nachdem auf diese Weise $\vec{\delta\varphi}$ aus dem Zusammenhange mit $\mathfrak{r}$ gelöst ist, muß wegen der Willkür von $\vec{\delta\varphi}$ der mit $\vec{\delta\varphi}$ in (7) multiplizierte Vektor für sich verschwinden. Um seine Schreibweise zu vereinfachen, führen wir die folgenden Bezeichnungen ein:

(7a) $$\mathfrak{M}_k=\mathfrak{r}_k\times\mathfrak{F}_k\text{ wie in (5. 12)},\quad \overline{\mathfrak{M}}=\sum\mathfrak{M}_k,$$

(7b) $$\mathfrak{N}_k=\mathfrak{r}_k\times\mathfrak{G}_k,\quad \mathfrak{r}_k\times\dot{\mathfrak{G}}_k=\frac{d}{dt}[\mathfrak{r}_k\times\mathfrak{G}_k]=\dot{\mathfrak{N}}_k\text{ wie in (5. 14)},$$

(7c) $$\overline{\mathfrak{N}}=\sum\mathfrak{N}_k,\quad \dot{\overline{\mathfrak{N}}}=\sum\dot{\mathfrak{N}}_k.$$

$\mathfrak{M}$ bedeutet also die vektorielle Summe aller Momente der äußeren Kräfte um den gemeinsamen Bezugspunkt O, $\overline{\mathfrak{N}}$ ist die vektorielle Summe der Impulsmomente aller Massenpunkte des Systems für den gleichen Bezugspunkt oder, wie wir kurz sagen werden, *der gesamte Drehimpuls des Systems*.

Ferner zeigen wir an Hand von Fig. 16, daß in der Doppelsumme von Gl. (7) sich je zwei Glieder gegenseitig kompensieren, daß nämlich gilt:

(8) $$[\mathfrak{r}_k\mathfrak{F}_{ik}]+[\mathfrak{r}_i\mathfrak{F}_{ki}]=0.$$

Fig. 16. Die Momente der inneren Kräfte heben sich paarweise auf

Wie man sieht, wird hierbei das Reaktionsprinzip, Gl. (1), als Definition der inneren Kräfte wesentlich.

Aus (8) ergibt sich, daß die Doppelsumme in (7) verschwindet. Mit Rücksicht auf (7a, b, c) können wir daher aus (7) einfach folgern:

(9) $$\dot{\overline{\mathfrak{N}}}=\overline{\mathfrak{M}}.$$

Diese Gleichung ist das genaue Gegenstück zu Gl. (3). Sie besagt: *Die zeitliche Änderung des gesamten Drehimpulses des Systems ist gleich dem resultierenden Moment der äußeren Kräfte*, so wie Gl. (3) besagte: *Die zeitliche Änderung des Gesamtimpulses des Systems ist gleich der aus den äußeren Kräften resultierenden Einzelkraft*. Gl. (9) wird später, in (25. 2'), noch eine wesentliche Erweiterung erfahren.

Wir benennen die fundamentale Gleichung (9) als *Drehimpulssatz* und dementsprechend die Gl. (3) als *Impulssatz*. Der oft auch verwendete Name Flächensatz rührt vom KEPLER-Problem her. Während aber dort bei *einem* Planeten die Flächengeschwindigkeit mit dem Impulsmoment proportional und die Achse des Impulsmomentes zur überstrichenen Fläche normal ist, ist das schon bei dem planetarischen Mehrkörperproblem nicht der Fall. Hier wird

$$\overline{\mathfrak{N}} = \sum_k 2\, m_k \frac{d\vec{F}_k}{dt} \,; \tag{10}$$

es treten also hier nicht nur die voneinander verschiedenen Planetenmassen als Faktoren auf, die man nicht einheitlich wegdividieren kann, sondern es müßten auch die den einzelnen Planeten entsprechenden Flächengeschwindigkeiten vektoriell zusammengesetzt werden.

Noch unanschaulicher wird die Flächenvorstellung bei einem System von unendlich vielen Punkten, z. B. beim starren Körper. Dagegen wird hier die mit $\overline{\mathfrak{N}}$ gemeinte dynamische Größe treffend wiedergegeben durch das Wort *Drall*, das wir im Kap. IV oft benutzen werden.

Beim vollständigen Planetensystem fehlen äußere Kräfte und ist daher sowohl

$$\overline{\mathfrak{F}} = 0, \quad \text{damit} \quad \overline{\mathfrak{G}} = \text{konst.}, \text{ als}$$
$$\overline{\mathfrak{M}} = 0, \quad \text{somit} \quad \overline{\mathfrak{N}} = \text{konst.}; \tag{10a}$$

d. h. es gelten *Erhaltungssätze für den Gesamtimpuls* $\overline{\mathfrak{G}}$ *und das gesamte Impulsmoment* $\overline{\mathfrak{N}}$. Senkrecht zu letzterem existiert eine zeitkonstante Ebenenstellung, die *invariable Ebene* des Planetensystems.

Die Konstanz des Gesamtimpulses bei einem System ohne resultierende äußere Kräfte wird wegen $\overline{\mathfrak{G}} = M\mathfrak{V} = \text{konst.}$ auch als *Erhaltung des Schwerpunkts* bezeichnet. Damit ist gemeint, daß mit $\mathfrak{V} = \text{konst.}$ sich der Schwerpunkt gleichförmig geradlinig bewegt, also auf Dauer zum Ursprung eines Inertialsystems gemacht werden kann.

Das Wort Schwerpunkt scheint nicht glücklich gewählt zu sein, da es sich bei unserer Definition (3b) nicht um *schwere*, sondern um *träge* Massen gehandelt hat. Besser wäre also hier das Wort *Trägheitsmittelpunkt* (centre of inertia) oder einfach *Massenmittelpunkt*. Vgl. aber die Rolle des Schwerpunkts zu Beginn von § 16!

3. Beweis nach der Koordinatenmethode

Um der weit verbreiteten, durch die älteren Lehrbücher begünstigten Gewöhnung an rechtwinklige Koordinaten in etwa entgegenzukommen, deuten wir den Beweis unserer Sätze auch nach der Koordinatenmethode an.

Die Ausgangsgleichungen sind, in leicht verständlicher Weise geschrieben:

$$\begin{aligned} m_k \ddot{x}_k &= X_k + \sum_i X_{ik}, \\ m_k \ddot{y}_k &= Y_k + \sum_i Y_{ik}, \\ &\cdots\cdots\cdots\cdots\cdots\cdots \end{aligned} \tag{11}$$

§ 13. 14   Impuls- und Drehimpulssatz (Schwerpunkts- und Flächensatz)   65

Durch Summation der ersten dieser Gleichungen nach k entsteht unmittelbar wegen $X_{ik} = -X_{ki}$ die x-Komponente des *Schwerpunktssatzes*:

$$(12) \qquad \frac{d^2}{dt^2} \sum_k m_k x_k = \sum_k X_k .$$

Durch Multiplikation der zweiten Gleichung mit x_k, der ersten mit $-y_k$ entsteht zunächst:

$$(13) \qquad \sum_k m_k (x_k \ddot{y}_k - y_k \ddot{x}_k) = \sum_k (x_k Y_k - y_k X_k) + \cdots .$$

Die nicht hingeschriebenen Glieder ... fassen wir in Paare $i\,k$ und $k\,i$ zusammen und bringen darin die Richtung der inneren Kräfte $k \to i$ und $i \to k$ zum Ausdruck. Wir haben dann

$$x_k Y_{ki} - y_k X_{ki} + x_i Y_{ik} - y_i X_{ik} = [\mathfrak{r}_k \times F_{ki}]_z + [\mathfrak{r}_i \times F_{ik}]_z$$
$$= \frac{|\mathfrak{F}_{ik}|}{r_{ik}} [x_k (y_i - y_k) - y_k (x_i - x_k) + x_i (y_k - y_i) - y_i (x_k - x_i)]$$

Dies ist aber Null in Übereinstimmung mit Fig. 16. Daher reduziert sich die rechte Seite von (13) bei Berücksichtigung von (5.17a) auf

$$\sum_k \mathfrak{M}_{kz} = \overline{\mathfrak{M}}_z .$$

Die linke Seite von (13) ist wegen (5.14b)

$$(13a) \qquad \frac{d}{dt} \sum_k m_k (x_k \dot{y}_k - y_k \dot{x}_k) = \sum_k \dot{\mathfrak{N}}_{kz} = \dot{\overline{\mathfrak{N}}}_z .$$

Gl. (13) ist hiernach mit der z-Komponente unseres *Satzes vom Drall* (9) identisch.

4. Beispiele

Zwischen Schwerpunkts- und Flächensatz besteht ein tiefgreifender Unterschied, den wir an dem Sonderfall auseinandersetzen wollen, daß *keine äußeren Kräfte* auf das System wirken.

Dann bleibt nach Gl. (3a) die Schwerpunktsgeschwindigkeit erhalten; die dort als Faktor vorkommende Gesamtmasse M ist ja (auch bei einem in sich beweglichen System) ihrerseits konstant. War also der Schwerpunkt anfangs in Ruhe, so bleibt er es. *Innere Kräfte* vermögen den Schwerpunkt niemals in Bewegung zu setzen, auch nicht bei einem Gelenkmechanismus oder einem tierischen Körper (vgl. MÜNCHHAUSENS Zopf!). Um seinen Schwerpunkt zu bewegen, braucht man die Möglichkeit eines Abstoßes, also eine *äußere Kraft*.

Da beim Fehlen äußerer Kräfte offensichtlich auch $\overline{\mathfrak{M}} = 0$ ist, so folgt aus (9)

$$(14) \qquad \overline{\mathfrak{N}} = \text{konst.}$$

War das Impulsmoment anfangs Null, so bleibt es Null, auch bei einem in sich beweglichen System. Daraus folgt aber noch nicht, daß die Winkellage des Systems dauernd erhalten bleibt. Diese kann vielmehr allein durch *innere Kräfte*, ohne Abstoß gegen außen, beliebig verändert werden.

Ein Beispiel ist die Katze, die immer auf die Beine fällt. Sie erreicht dies durch geeignete Drehung der vorderen und Gegendrehung der hinteren Extremitäten. In den Comptes Rendus der Pariser Akademie von 1894, S. 714, sind Momentaufnahmen veröffentlicht, die das veranschaulichen.

Ähnlich vermag der Skiläufer nach dem Absprung von der Schanze seine Stellung während des Fluges noch zu korrigieren durch rotatorische Bewegungen seiner Arme.

Das Wesentliche dieses Vorganges können wir bequem am *Drehschemel* verfolgen. Er besteht aus einer horizontalen Platte, die möglichst reibungslos um eine vertikal gelagerte Achse drehbar ist. Die Versuchsperson auf der Platte befindet sich anfangs in Ruhe

$$\mathfrak{N}_0 = 0\,.$$

Sie hebt den rechten Arm nach vorn und beschreibt mit diesem eine Drehung nach hinten. Das hierbei aufgetretene Impulsmoment des Arms um die Schemelachse muß durch eine Gegendrehung des übrigen Körpers einschließlich der Platte kompensiert werden; genauer gesagt: Das Impulsmoment $\mathfrak{N}_1$ des bewegten Armes ruft ein Impulsmoment $\mathfrak{N}_2$ von Rumpf und Platte hervor, so daß

$$\mathfrak{N}_2 = -\mathfrak{N}_1\,.$$

Die Versuchsperson senkt jetzt den Arm, was keine Änderung von $\mathfrak{N}$ zur Folge hat. Damit ist die Anfangslage wieder hergestellt, und der Prozeß kann von neuem beginnen. Bei jeder Wiederholung tritt dieselbe Gegendrehung $\mathfrak{N}_2$ auf. Nach n Wiederholungen bemerkt die Versuchsperson, daß sie in der umgekehrten Richtung geradeaus sieht wie anfangs. Die Winkellage wird (im Gegensatz zur Schwerpunktslage) nicht durch den anfänglichen Ruhestand festgelegt.

Man kann den Vorgang verstärken, wenn man der Versuchsperson ein schweres Gewicht in die Hand gibt. Dadurch werden die erzeugten Teilimpulsmomente vervielfacht und daher auch die Gegendrehung sichtlich vergrößert.

Zwei andere Experimente: Die Versuchsperson steht mit gesenkten Armen auf dem Schemel und erhält einen Drehimpuls $\mathfrak{N}_0$; sie hebt die (eventuell mit Gewichten beschwerten) Arme seitwärts; die Drehung wird plötzlich verlangsamt. Oder aber: Die Versuchsperson wird mit ausgestreckten Armen in Drehung versetzt; sie senkt die Arme und fällt meistens von dem Schemel herunter, weil die Drehung plötzlich, zumal bei beschwerten Armen, erheblich vergrößert ist.

In beiden Fällen gilt

$$\mathfrak{N}_0 = \mathfrak{N}_1 \text{ und daher nach Gl. (11. 6) } \Theta_0\,\omega_0 = \Theta_1\,\omega_1\,.$$

Aber im ersten Fall ist

$$\Theta_0 \ll \Theta_1 \text{ und daher } \omega_1 \ll \omega_0\,,$$

im zweiten

$$\Theta_0 \gg \Theta_1 \text{ und daher } \omega_1 \gg \omega_0\,.$$

Die Veränderlichkeit des Trägheitsmomentes bei gleichzeitiger Erhaltung des Impulsmomentes wird auch bei allen turnerischen Leistungen ausgenützt, besonders am Reck. Es handle sich z. B. um den ,,Aufschwung". Beim anfäng-

§ 13   Impuls- und Drehimpulssatz (Schwerpunkts- und Flächensatz)   67

lichen Schwungholen wird der Körper gestreckt, sein Trägheitsmoment ist groß, die Drehgeschwindigkeit um die Reckstange mäßig. Beim Vorwärtsschwingen kurz vor dem Aufschwung zieht der Turner die Beine an, macht das Trägheitsmoment um die Reckstange klein, die Drehgeschwindigkeit wird groß. Der Schwerpunkt schwingt über die Reckstange hinüber und der Turner kommt oben in aufrechte Stützlage. Man beachte dabei, daß die durch den Griff der Hände an der Reckstange betätigten Reaktionen wegen ihres bei der Dünnheit der Stange verschwindend kleinen Hebelarmes das Impulsmoment nicht merklich beeinflussen.

Ganz Ähnliches gilt von den „Wellen" (Bauchwelle, Kniewelle usw.). Turnen, Schlittschuhlaufen, Skifahren sind fortgesetzte Kurse in praktischer und theoretischer Mechanik.

5. Massenausgleich bei Schiffsmaschinen

Wir wollen schließlich ein Beispiel großen Maßstabes betrachten, den *Schlickschen Massenausgleich* der Kolbenmaschinen auf Schiffen.

Beim Übergang zu den großen Schnelldampfern gegen Ende des vorigen Jahrhunderts machte der Schiffbau eine Krise durch. Die Umlaufszahl der Schiffswelle lag aus technischen Gründen bei etwa 100/Min. fest. In diesem Rhythmus wechselten auch die Trägheitswirkungen der Kolbenmaschinen, die von dem Schiffskörper aufgenommen werden müssen. Indem man nun die Länge des Schiffes mehr und mehr vergrößerte, setzte man die „Eigenfrequenz" des Schiffes herunter, die dadurch in gefährliche Nähe zu dem Rhythmus der Trägheitswirkungen rückte. Wir gebrauchen hier schon das Wort „Resonanz", über das wir uns im nächsten Kapitel verbreiten werden. Das Wort stammt aus der Akustik, wo die Resonanzphänomene am unmittelbarsten sind und am frühesten studiert wurden.

Die Dampfzylinder müssen auf den Schnelldampfern aus Gründen der Raumersparnis vertikal angeordnet werden. Also wirken auch die Trägheitswiderstände vertikal. Es handle sich z. B. um *vier* Kolben (vgl. Fig. 17), die auf dieselbe längsschiffs verlaufende Kurbelwelle, die z-Achse unserer Figur, arbeiten. Wir werden sehen, daß bei einer geringeren Zahl von Kolben der Massenausgleich, auch in der ersten Ordnung, auf die wir uns hier beschränken, unmöglich ist. Bei der Koordinatenwahl von Fig. 17 sind die Trägheitswiderstände nach der x-Achse gerichtet; sie ergeben Momente nur um die y-Achse. Die Trägheitswirkungen müssen von den Reaktionen des Schiffskörpers aufgenommen werden. Sie veranlassen diesen zu rhythmischen Gegenschwingungen.

Man sieht dies sehr schön an den Modellen, die Konsul OTTO SCHLICK seinerzeit dem Deutschen Museum in München geschenkt hat. Der Schiffskörper ist hier als länglicher Balken idealisiert; er hängt schwingungsfähig an Spiralfedern, die den Auftrieb des Wassers darstellen. Wenn die vom Balken getragenen Maschinenmodelle in Bewegung gesetzt werden, biegt der Balken etwas aus. Wird die Umlaufszahl gesteigert, so wachsen die Schwingungen in dem Maße, wie sich die

Umlaufsfrequenz der Frequenz der Grundschwingung des Balkens (vgl. Fig. 18) nähert. Große Schwingungsamplituden würden verheerend auf die Sicherheit des Schiffes (und auch auf das Befinden der Passagiere) wirken. Die Trägheits-

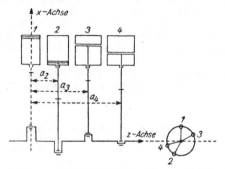

Fig. 17. SCHLICKscher Massenausgleich bei einer stehenden vierzylindrigen Kolbenmaschine. Rechts unten: Seitliche Ansicht auf die gegenseitige Stellung der 4 Kurbeln

wirkungen der Maschinen sind die Feinde des Schiffskörpers. Es kommt darauf an, diese gegeneinander auszuspielen, um den Schiffskörper davon zu befreien. Das ist die Idee des Massenausgleichs.

Der *Ausgleich der Trägheitswiderstände*, die alle die x-Richtung haben, verlangt, wenn wir sogleich von den Beschleunigungen zu den x-Koordinaten selbst übergehen,

(15) $$\sum M_k x_k = 0 \,.$$

In den M_k sind außer den Massen der Kolben und Kolbenstangen in erster Näherung auch die der Schubstange und Teile der Kurbelarme mit einzubegreifen.

Fig. 18
Eigenschwingung eines freischwingenden Balkens als Modell für die Grundschwingungen eines Schiffes

Mindestens ebenso wichtig ist der *Ausgleich der Momente der Trägheitswiderstände*, wobei es, wie oben bemerkt und aus Fig. 17 ersichtlich ist, nur auf die Momente um die y-Achse ankommt. Auch hier gehen wir sogleich von den Beschleunigungen zu den Koordinaten über, was möglich ist, weil die Hebelarme, nämlich die a_k unserer Fig. 17, konstant sind. Wir verlangen also

(16) $$\sum M_k a_k x_k = 0 \,.$$

Jetzt drücken wir die Kolbenwege x_k durch die Kurbelwege φ_k aus. Nach Fig. 9 und Gl. (9. 6) gilt in *erster Näherung:*

(17) $$x_k + r_k \cos \varphi_k = \text{konst.}$$

§ 13. 20   Impuls- und Drehimpulssatz (Schwerpunkts- und Flächensatz)   69

„Erste Näherung" heißt dabei[1]): Limes unendlich langer Schubstange oder $r/l \to 0$. Auf die Rechnung zweiter Näherung, bei der wie in den Gln. (9.5) und (9.6) die erste Potenz von r/l beibehalten wird, wollen wir hier nicht eingehen. Die φ_k sind, da alle Kurbeln auf dieselbe Welle arbeiten, untereinander gleich bis auf je eine *zeitlich konstante Verschränkung* α_k.

(18) $\qquad \varphi_k = \varphi_1 + \alpha_k \; (\alpha_1 = 0, \alpha_2, \alpha_3, \alpha_4$ beliebig wählbar) .

Der veränderliche Teil der Bedingungen (15) und (16), auf den es allein ankommt, liefert wegen (17) und (18)

(19) $\qquad \sum M_k \, r_k \cos(\varphi_1 + \alpha_k) = 0, \qquad \sum M_k \, r_k \, a_k \cos(\varphi_1 + \alpha_k) = 0$.

Hier müssen die Faktoren von $\cos \varphi_1$ und $\sin \varphi_1$ einzeln verschwinden. Wir erhalten also die folgenden vier Gleichungen zwischen den Parametern α_k und a_k:

(20) $\qquad \begin{array}{ll} \sum M_k \, r_k \cos \alpha_k = 0, & \sum M_k \, r_k \sin \alpha_k = 0, \\ \sum M_k \, r_k \, a_k \cos \alpha_k = 0, & \sum M_k \, r_k \, a_k \sin \alpha_k = 0 . \end{array}$

Die M_k und r_k sind konstruktiv festgelegt. Zur Verfügung stehen die 3 Winkelverschränkungen $\alpha_2, \alpha_3, \alpha_4$ und die 2 Abstandsverhältnisse $a_2:a_3:a_4$ [die Absolutwerte der a gehen in die Gln. (20) nicht ein], im ganzen also 5 verfügbare Parameter; sie lassen bei der Erfüllung der Bedingungen (20) einen gewissen Spielraum offen, durch den man technisch ungeeignete Lösungen vermeiden kann. Damit ist gezeigt, daß der Massenausgleich erster Ordnung bei Vierzylindermaschinen ausführbar und zugleich, daß er bei weniger Zylindern (mangels der erforderlichen Parameterzahl) unmöglich ist, wie wir behauptet haben. Ein äußeres Merkmal des SCHLICKschen Massenausgleichs besteht darin, daß die Kolben einer Vierzylindermaschine keineswegs äquidistant und ihre Kurbeln keineswegs gleichwinklig gegeneinander angeordnet sind, was in Fig. 17 rechts unten veranschaulicht ist.

Dieser Massenausgleich hat sich bei den ersten Schnelldampfern der Hamburg-Amerika-Linie bewährt; er ermöglichte es, die Resonanzgefahr zu überwinden. Allerdings hat er praktisch nur eine vorübergehende Bedeutung im Schiffbau gehabt, da man bald allgemein vom Kolbenmaschinen- zum Turbinenantrieb überging, bei dem es keine hin- und hergehenden Massen gibt. Aber bei den Auto- und Flugzeugmotoren sowie bei den U-Boot-Dieselmaschinen ist er auch heutzutage wichtig.

6. Lehrsatz, betreffend die Zahl der in einem abgeschlossenen System allgemein ausführbaren Integrationen

Abgeschlossen heißt ein mechanisches System dann, wenn keine äußeren, sondern nur innere Kräfte an ihm angreifen[2]). Schwerpunkts- und Flächensatz gelten dann als Erhaltungssätze von Impuls und Impulsmoment. Ersterer

---
[1]) Diese erste Näherung definiert den Massenausgleich erster Ordnung. Da wir uns auf diesen beschränken wollten, brauchen wir die zweite Näherung nicht auszuführen.
[2]) Bei hinreichender Erweiterung des Systems, wenn man nämlich den Ursprung der äußeren Kräfte in das System mit einbezieht, ist natürlich jedes System ein abgeschlossenes.

bringt 2 · 3, letzterer 3 Integrationskonstanten[1]) mit sich. Dazu kommt der Energiesatz mit einer Konstanten. Wir haben also im ganzen

(21) $$2 \cdot 3 + 3 + 1 = 10$$

Integrale der Bewegungsgleichungen.

Dies betrifft den dreidimensionalen Fall. Bei zwei Dimensionen, z. B. dem Zweikörperproblem der Astronomie, haben wir nur ein Impulsmoment (Achse senkrecht zur gemeinsamen Bahnebene der beiden Körper) und 2 · 2 Konstanten der Schwerpunktsbewegung (Bewegungsrichtung in der Bahnebene), mit dem Energiesatz zusammen also

(22) $$2 \cdot 2 + 1 + 1 = 6$$

allgemein ausführbare Integrale.

Im eindimensionalen Fall reduziert sich diese Zahl ersichtlich auf:

(23) $$2 \cdot 1 + 0 + 1 = 3 .$$

Die allgemeine Formel bei n Dimensionen ist

(24) $$n + 1 + \frac{1}{2} n(n+1) .$$

Wir machen sie uns am besten relativistisch klar, indem wir $n = 3$ setzen und die Zeit als vierte Koordinate hinzunehmen. Dann haben wir den Vierervektor G des Impulses zu bilden, der sich aus Gl. (2.19) ergibt, wenn wir über alle Punkte des Systems summieren. Die Grundgleichungen der relativistischen Mechanik besagen nun, daß dieser Vierervektor erhalten bleibt, wobei übrigens seine Zeitkomponente (bis auf den Faktor $-ic$ und bis auf eine additive Konstante) mit der kinetischen Energie übereinstimmt. Die so entstehenden vier Integrale (Erhaltung von Impuls und Energie) sind in (24) durch den Term $n + 1$ abgezählt. Der zweite Term derselben Gleichung entspricht der Kombination von je zwei Achsen bei der Momentenbildung. Während aber die Kombinationen zweier Raumachsen offenbar die Flächensätze im gewöhnlichen Sinne geben, liefert *die Kombination der Zeitachse mit einer der Raumachsen die zweiten Schwerpunktsintegrale*, die die geradlinige Bewegung des Schwerpunktes aussprechen. Wir berechnen nämlich nach (2.19), indem wir die Summation über alle Massenpunkte wie S. 61—65 durch Überstreichung andeuten und $\sqrt{1-\beta^2}$ sogleich durch 1 ersetzen,

$$x_k G_4 - x_4 G_k = i c \, (\overline{m_k x_k} - t \, \overline{m_k \dot{x}_k}) , \quad k = 1, 2, 3 .$$

Diese Größe ist nach dem Erhaltungssatz für die Momente gleich einer Konstanten. Setzen wir letztere gleich $i c \, \mathfrak{A}_k$, so haben wir mit den Bezeichnungen aus (3a, b) in dreidimensionaler Vektorschreibweise:

(25) $$\mathfrak{R} - t \mathfrak{V} = \mathfrak{A} .$$

---

[1]) Die 2 · 3 Konstanten in den Gleichungen der vom Schwerpunkt durchlaufenen Geraden und die 3 Flächenkonstanten.

Dies bedeutet, da $\mathfrak{A}$ und $\mathfrak{B}$ konstant sind, daß sich der Schwerpunkt in der Tat geradlinig mit konstanter Geschwindigkeit bewegt. Das Zustandekommen der allgemeinen Gl. (24) dürfte damit hinreichend und unter Ausnützung der vierdimensionalen Raum-Zeit-Symmetrie besonders übersichtlich erläutert sein.

Wir wollen aber noch an die Abzählung in (21) und (22) eine astronomisch belangreiche Bemerkung knüpfen. Das berühmte Dreikörperproblem würde zu seiner vollständigen Integration, d. h. zur Darstellung seiner $3 \cdot 3$ Koordinaten und seiner $3 \cdot 3$ Geschwindigkeitskomponenten

$$(26) \qquad 2 \cdot 3 \cdot 3 = 18$$

erste Integrale erfordern, welche ja, wie z. B. Gl. (25), je eine mit einer Integrationskonstanten behaftete Beziehung zwischen diesen Lagen- und Geschwindigkeitskoordinaten festlegen. Der Vergleich von (26) mit (21) zeigt nun, daß hier 8 Integrale zur vollständigen Integration fehlen; darüber hinaus haben die fortgesetzten Bemühungen der größten Mathematiker von LAGRANGE bis POINCARÉ dargetan, daß diese fehlenden Integrale nicht in algebraischer Form gewonnen werden können; einen abschließenden Beweis dafür hat H. BRUNS gegeben.

Die entsprechende Abzählung bei dem (seiner Natur nach ebenen) Zweikörperproblem verlangt zur vollständigen Integration

$$2 \cdot 2 \cdot 2 = 8$$

Integrationskonstanten, also nur zwei mehr, als nach (22) im ebenen Fall ohnehin zur Verfügung stehen. Diese zwei Integrale mit den zugehörigen Integrationskonstanten lassen sich hier aber tatsächlich angeben, wie der Übergang von den Gln. (6. 4) zu (6. 5) zeigt. *Deshalb ist das Zweikörperproblem eine lösbare, das Dreikörperproblem eine im allgemeinen unlösbare, d. h. nur durch analytische Näherungsprozesse lösbare mathematische Aufgabe.* Lediglich unter sehr speziellen Annahmen über die Art der Bewegung werden wir in § 32 eine Lösung in geschlossener Form geben können.

§ 14. Über die Reibungsgesetze

Wir haben bereits in § 11 unter 4. betont, daß bei der Führung einer Masse auf vorgeschriebener Bahn die in die Bahnrichtung fallende Komponente der Reaktion nicht aus den allgemeinen Prinzipien der Mechanik bestimmt werden kann, sondern experimentell ermittelt werden muß. Dies geschah (nach verschiedenen Vorarbeiten anderer Forscher) durch berühmte, für die damalige Zeit sehr präzise Untersuchungen von CH. A. COULOMB 1785, dessen Name ja mit den Grundgesetzen der Elektrostatik und Magnetostatik dauernd verknüpft ist.

Wir unterscheiden nach COULOMB

a) *Reibung der Ruhe oder Haftreibung,*
b) *Reibung der Bewegung oder gleitende Reibung.*

1. Reibung der Ruhe

Übt man auf einen auf einer ebenen Unterlage ruhenden Körper einen Zug Z parallel zur Unterlage aus, so wird bei kleinem Z zunächst keine Bewegung eintreten. Wir müssen daher annehmen, daß eine Reibungskraft R dem Zuge Z das Gleichgewicht hält. Überschreitet aber Z eine ganz bestimmte Grenze, so tritt Beschleunigung auf.

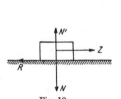
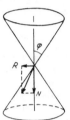

Fig. 19
Reibung der Ruhe auf einer ebenen Unterlage

Fig. 20
Konstruktion des Reibungswinkels und des Reibungskegels

Diese Grenze R_{max} ist nach COULOMB (und seinen Vorgängern) proportional dem Normaldruck N, der in der Ruhe und bei horizontaler Unterlage einfach gleich dem Gewicht G des Körpers ist. Also

(1) $$R_{max} = f_0 N .$$

f_0 heißt *Reibungskoeffizient der Ruhe* und hängt von der Natur und Oberflächenbeschaffenheit der beiden sich berührenden Materialien ab. Sind die Materialien dieselben, so ist f_0 besonders groß (Einfressen).

Man kann durch

(2) $$f_0 = \tan \varphi$$

einen Winkel φ einführen, der als Spitzenwinkel eines „Reibungskegels" gedeutet werden kann. Solange die Resultierende aus den beiden Reaktionen R und N innerhalb dieses Kegels fällt, kann keine Bewegung eintreten, vgl. Fig. 20. Wenn diese Resultierende in dem Kegelmantel liegt, tritt Bewegung ein.

Die Bedeutung des Reibungswinkels wird veranschaulicht durch die (auf GALILEI zurückgehenden) Versuche an der schiefen Ebene (Fig. 21). Wir schreiben ohne weitere Erläuterung hin:

$$N = G \cos \alpha, \ Z = G \sin \alpha = - R .$$

Aus

$$R < R_{max} = f_0 \cdot N = \tan \varphi \cdot N$$

folgt daher als Bedingung der Ruhe:

$$G \sin \alpha < \tan \varphi \cos \alpha \cdot G ,$$

§ 14. 3 Über die Reibungsgesetze

also
$$\tan \alpha < \tan \varphi$$
oder
(3) $$\alpha < \varphi .$$

Der Körper befindet sich in Ruhe auf der schiefen Ebene, solange $\alpha < \varphi$ ist. *Der Reibungswinkel φ bedeutet also diejenige Neigung der schiefen Ebene, bei der Gleiten einsetzt.*

Ein weniger triviales Beispiel ist folgendes: An eine vertikale Achse setzt unter dem Winkel $\frac{\pi}{2} + \alpha$ ein seitlicher Arm an, der eine auf ihm verschiebbare Hülse trägt (vgl. Fig. 22). Wenn die Achse nicht rotiert, ist die Hülse in Ruhe oder Bewegung, je nachdem, ob $\alpha < \varphi$ oder $> \varphi$ ist. Wird aber die Achse in Rotation versetzt, so tritt zu der Schwere mg die Zentrifugalkraft $m\,r\,\omega^2$ vektoriell hinzu. Die aus beiden resultierende Normalkraft N und Zugkraft Z sind nach der Figur

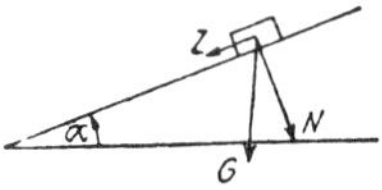

$$N = m\,(g \cos \alpha + r\,\omega^2 \sin \alpha),$$
$$Z = \pm\, m\,(g \sin \alpha - r\,\omega^2 \cos \alpha).$$

Dabei bedeutet das doppelte Vorzeichen bei Z, daß wir die Zugkraft ebensowohl positiv nach unten wie nach oben rechnen, also ebensowohl ein Abgleiten wie ein Aufwärtsgleiten der Hülse in Betracht ziehen können.

Die Hülse ist nach (1) und (2) im Gleichgewicht, wenn

$$\pm\, (g \sin \alpha - r\,\omega^2 \cos \alpha)$$
$$< \tan \varphi\, (g \cos \alpha + r\,\omega^2 \sin \alpha).$$

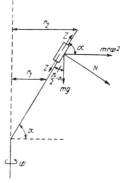

Fig. 21. Gleichgewicht auf der schiefen Ebene

Fig. 22. Verschiebbare Hülse auf einer schräggestellten rotierenden Stange. Gleichgewicht gegen Reibung

Ersetzt man hier das Zeichen $<$ durch das Zeichen $=$, so erhält man die Grenzen des Gleichgewichtes, also den Beginn des Gleitens. Wir rechnen diese Grenzen durch trigonometrische Umformung für beide Vorzeichen $\pm$ einzeln um.

Vorzeichen $+$, Abgleiten: $g \sin (\alpha - \varphi) = r_1 \omega^2 \cos (\alpha - \varphi)$.

Vorzeichen $-$, Aufwärtsgleiten: $g \sin (\alpha + \varphi) = r_2 \omega^2 \cos (\alpha + \varphi)$,

also zusammengefaßt
$$\left.\begin{array}{r}r_1\\ r_2\end{array}\right\} = \frac{g}{\omega^2} \tan (\alpha \mp \varphi) .$$

Die Reibung bewirkt also einen endlichen Spielraum
$$r_1 < r < r_2 ,$$
innerhalb dessen die Hülse im Gleichgewicht ist.

Bei $\alpha > \varphi$ (die Hülse gleitet für $\omega \to 0$ abwärts) sind beide r positiv und um so mehr voneinander verschieden, je kleiner ω. Bei $\alpha < \varphi$ (die Hülse ist im Reibungsgleichgewicht für $\omega \to 0$) ist $r_1 = 0$ (formelmäßig sogar negativ) und nur r_2 positiv; mit wachsendem ω nähert sich auch r_2 der Null.

2. Reibung der Bewegung

Für diese gilt das Reibungsgesetz

(4) $$R = f N.$$

Der *Reibungskoeffizient der Bewegung* f ist im wesentlichen unabhängig[1]) von der Geschwindigkeit und wie f_0 eine Material- und Oberflächenkonstante. Dabei gilt bemerkenswerterweise

(5) $$f < f_0.$$

Bei gerader Gleitbahn ist N gleich der Schwere (bzw. der zur Bahn senkrechten Schwerekomponente); bei gekrümmter Bahn ist außer der Schwere die Zentrifugalkraft zu berücksichtigen, gemäß der Gleichung (11.15).

Wir erläutern Ungleichung (5) durch einen äußerst primitiven, aber im Resultat überraschenden Versuch: Man lege sich einen Spazierstock auf die beiden Zeigefinger der rechten und linken Hand. Die Kräfteverteilung ergibt sich nach Fig. 11a zu

$$A = \frac{b}{a+b} \cdot G, \qquad B = \frac{a}{a+b} \cdot G.$$

Die beiden Finger werden einander genähert. Das Gleiten findet abwechselnd auf dem rechten und linken Finger statt, bis die Finger zusammentreffen. Wo treffen sie zusammen?

Es sei zu Anfang $A > B$. Also beginnt das Gleiten bei B. Jetzt aber bleibt B nicht nur so lange in Bewegung, bis $a = b$ geworden ist, sondern B gleitet bis zu der Stelle $b_1 < a$, an der die Reibung der Bewegung von B gleich der Reibung der Ruhe von A wird. Nun ist

$$R_{B,\text{Bew}} = f a \frac{G}{a+b}, \qquad R_{A,\text{Ru}} = f_0 b \frac{G}{a+b}.$$

Durch Gleichsetzen beider für $b = b_1$ folgt:

$$f a = f_0 b_1, \qquad \frac{a}{b_1} = \frac{f_0}{f} > 1.$$

In diesem Augenblick muß der Stock sich über A zu bewegen beginnen. Da aber dann sofort die Reibung $R_{A,\text{Ru}}$ auf $R_{A,\text{Bew}} < R_{A,\text{Ru}}$ springt, so wird in b_1 die Reibung $R_{B,\text{Bew}}$ größer als die in A, d. h. B hört auf, sich zu bewegen, $R_{B,\text{Bew}}$ geht in $R_{B,\text{Ru}}$ über.

---

[1]) Nach Erfahrungen im Eisenbahnbetrieb (gleitende Reibung zwischen Rad und Bremsklotz) nimmt f bei hohen Geschwindigkeiten v mit wachsendem v systematisch ab.

§ 14. 10 Über die Reibungsgesetze

Dies wiederholt sich jetzt bei jedem Umkehrpunkt. Dabei nähern sich A und B (da jedesmal der Quotient f_0/f auftritt) in geometrischer Progression dem Schwerpunkt, für den $a = b = 0$ ist. *Im Endzustande schwebt der Stock im Gleichgewicht über den zusammengerückten Fingern.*

Wir kehren zur Reibung der Ruhe zurück, die als Haftreibung beim *reinen Rollen* ausschlaggebend wirkt. Sie ist es, so paradox es klingen mag, die den Eisenbahnzug vorwärts treibt (dasselbe gilt vom Auto; auch der Fußgänger auf glattem Boden bewegt sich nur mittels der Haftreibung vorwärts). Der Dampfdruck könnte als innere Kraft des Systems niemals den Schwerpunkt der Lokomotive bewegen. Dazu bedarf es einer äußeren Kraft, der Reaktion zwischen Schiene und Rad, d. h. eben der Haftreibung.

Man betrachte ein angetriebenes Rad der Lokomotive (Fig. 23). Der Antrieb überträgt mittels der Schubstange ein Moment $\mathfrak{M}$ auf das Rad; seine primäre Wirkung wäre die, das Rad in beschleunigte Umdrehung zu versetzen. Dem widerstrebt die Bedingung des reinen Rollens, Gl. (11.10), nämlich:

(6) $$\dot{z} = r\,\omega\,.$$

Ist M die Masse des Zuges pro angetriebenes Rad, W der Bewegungswiderstand (Luftwiderstand, Reibungsverluste in den Achsenlagern usw.), Θ das Trägheitsmoment des Rades, so lauten die Bewegungsgleichungen

(7) $$M\,\ddot{z} = R - W\,,$$
$$\Theta\,\ddot{\varphi} = \mathfrak{M} - R\cdot r\,.$$

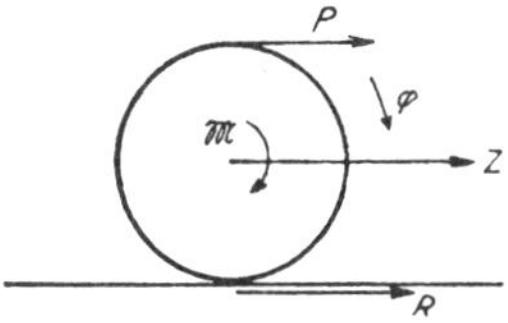

Fig. 23
Die Reaktion zwischen Rad und Schiene bei der Lokomotive.
Im Falle des reinen Rollens liefert die auftretende Haftreibung den Antrieb des Zuges

Die Haftreibung R ist a priori nicht bestimmbar, läßt sich aber aus den vorstehenden Gleichungen wie folgt ermitteln. Man eliminiere zunächst R aus den mit (7) gleichbedeutenden Gleichungen

(8) $$M\,\ddot{z} = R - W\,,$$
$$M_{\text{red}}\,\ddot{z} = P - R\,.$$

Hier ist P die dem Momente $\mathfrak{M}$ entsprechende Umfangskraft und M_{red}, wie in (11.8), die dem Trägheitsmoment Θ entsprechende reduzierte Masse:

$$\mathfrak{M} = Pr,\ \Theta = M_{\text{red}}\,r^2\,.$$

Man erhält aus (8)

(9) $$(M + M_{\text{red}})\,\ddot{z} = P - W$$

und wegen der ersten Gl. (8)

(10) $$R = W + \frac{M}{M + M_{\text{red}}}(P - W) = \frac{M\,P + M_{\text{red}}\,W}{M + M_{\text{red}}}\,.$$

Formel (9) wäre auch direkt nach D'ALEMBERT hinzuschreiben gewesen. Die erste Gl. (8) enthält den quantitativen Beweis unserer Behauptung, daß die treibende Kraft des Eisenbahnbetriebes die Haftreibung R ist. Sie ergibt nämlich für gleichförmige Bewegung

$$R = W.$$

Die vom Dampfdruck betätigte Umfangskraft P ist nur dazu da, wie die zweite Gl. (8) zeigt, die Haftreibung an der Schiene wachzurufen.

Man nennt die gewöhnlichen Schienen-Bahnen (im Gegensatz zu den Zahnrad-Bahnen) *Adhäsions-Bahnen*. Der Name besagt, daß es das Haften an den Schienen, also die Haftreibung ist, die hierbei die erste Rolle spielt. Ein Merkmal dafür ist auch die dauernd gesteigerte Schwere der Lokomotiven bei gesteigerter Belastung oder Geschwindigkeit der Züge. Dieser Umstand weist direkt auf das COULOMBsche Reibungsgesetz, Gl. (1), hin, nach dem die Grenze der verfügbaren Haftreibung dem Normaldruck N proportional ist. Die bekannte Tatsache, daß die Adhäsion versagt und die Räder an den Schienen zu gleiten beginnen bei zu glatten (vereisten oder z. B. durch Wanderraupen geschmierten) Schienen, weist auf den anderen Faktor f_0 in Gl. (1), der, wie hervorgehoben, von der Oberflächenbeschaffenheit der Schienen abhängt. Der Vergrößerung dieses Faktors dient, als Gegenmaßnahme gegen zu glatte Schienen, der Sandstreuer.

Drittes Kapitel

Schwingungsprobleme

Die folgenden Erörterungen werden uns nichts Neues über die Prinzipien der Mechanik lehren. Die große Bedeutung der Schwingungsvorgänge für Physik und Technik fordert aber zu ihrer gesonderten systematischen Behandlung auf.

§ 15. Das mathematische Pendel

Der schwingende Körper ist ein Massenpunkt m, der durch eine masselose starre Stange, die Pendellänge l, an einen festen Punkt O angeheftet ist. Die Bahnkurve ist also ein Stück eines Kreises. Da wir von der Reibung im Aufhängepunkt und vom Luftwiderstand absehen können, bleibt als einzige wirkende Kraft die Schwere, mit der Komponente $-mg \sin \varphi$ in Richtung der wachsenden φ (vgl. Fig. 24). Nach der allgemeinen Gl. (11.14) für die Führung auf beliebiger Bahn und $v = l\dot\varphi$ (Kreisbahn) erhalten wir als (exakte) Pendelgleichung

(1) $$m l \frac{d^2\varphi}{dt^2} = -mg \sin \varphi.$$

Für hinreichend kleine Schwingungen $\varphi \ll 1$ können wir setzen $\sin \varphi = \varphi$. Dann entsteht mit der Abkürzung

(2) $$\frac{g}{l} = \omega^2$$

§ 15. 6 Das mathematische Pendel

die lineare Pendelgleichung

(3) $$\frac{d^2\varphi}{dt^2} + \omega^2 \varphi = 0.$$

Dies ist die Differentialgleichung der „harmonischen Schwingungen", wie wir sie in § 3 unter 4. behandelt haben. Sie stimmt (bis auf die Bezeichnung der abhängigen Variablen) überein mit Gl. (3.23). Die in (3.22) definierte „Kreisfrequenz" ω ist jetzt durch die vorstehende Gl. (2) gegeben. Es gilt daher

(4) $$\omega = \frac{2\pi}{\tau} = \sqrt{\frac{g}{l}}, \quad \tau = 2\pi \sqrt{\frac{l}{g}}.$$

Von der Masse m ist τ unabhängig. Sie hat sich schon bei (1) herausgehoben. Verschieden schwere Massen haben bei gleicher Pendellänge l dieselbe Schwingungsdauer. τ ist die volle Schwingungsdauer eines Pendels, die Dauer von Hin- und Hergang. Oft bezeichnet man auch die Hälfte dieser Zeit als Schwingungsdauer. So spricht man von „Sekundenpendel", wenn $\tau/2$ gleich einer Sekunde ist. Seine Pendellänge berechnet sich nach (4) zu

$$l = \frac{g}{\pi^2} \approx 1 \text{ Meter}.$$

Soweit Gl. (3) gilt, ist die Schwingungsdauer auch von der Größe des Ausschlages unabhängig. *Die kleinen Pendelschwingungen verhalten sich isochron.*

Die allgemeine Lösung von (3) wird dargestellt durch

$$\varphi = a \sin \omega t + b \cos \omega t.$$

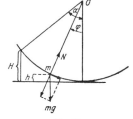

Fig. 24
Mathematisches Pendel.
Schwerewirkung in der Bahnrichtung

Verlangen wir, daß $\varphi = 0$ für $t = 0$ und $\varphi = \alpha$ für $t = \frac{\tau}{4}$ sei, so wird $b = 0$ und $a = \alpha$, also

(5) $$\varphi = \alpha \sin \omega t.$$

α bedeutet dann die Amplitude von φ, den maximalen Ausschlag in Winkeleinheiten.

Bei endlichem Ausschlag hört die Isochronie auf, wegen Nichtlinearität der dann gültigen Gl. (1). Um sie zu integrieren, multiplizieren wir (1) mit $d\varphi/dt$, was dem Übergang von der Bewegungsgleichung zur Energiegleichung entspricht. Wir erhalten durch Integration

(6) $$\left(\frac{d\varphi}{dt}\right)^2 = 2\omega^2 \cos\varphi + C.$$

C bestimmt sich daraus, daß $\frac{d\varphi}{dt} = 0$ für $\varphi = \alpha$ wird, also

$$C = -2\omega^2 \cos\alpha.$$

Die direkte Anwendung des Energiesatzes würde liefern (wegen der Bedeutung von H [in Fig. 24]):

(6a) $$\frac{m}{2} l^2 \left(\frac{d\varphi}{dt}\right)^2 + m g h = m g H \quad \begin{cases} h = l(1 - \cos\varphi) \\ H = l(1 - \cos\alpha), \end{cases}$$

was ersichtlich mit (6) übereinstimmt.

Wir beachten jetzt
$$\cos\varphi - \cos\alpha = 2\left(\sin^2\frac{\alpha}{2} - \sin^2\frac{\varphi}{2}\right)$$
und schließen aus (6)

(7) $$\frac{d\left(\frac{\varphi}{2}\right)}{\sqrt{\sin^2\frac{\alpha}{2} - \sin^2\frac{\varphi}{2}}} = \omega\, dt,$$

(8) $$\int_0^\varphi \frac{d\left(\frac{\varphi}{2}\right)}{\sqrt{\sin^2\frac{\alpha}{2} - \sin^2\frac{\varphi}{2}}} = \omega\, t.$$

Wir sind so auf ein „elliptisches Integral erster Gattung" gekommen. Um diesen Namen zu erklären, müssen wir im Vorübergehen von der „Rektifikation" der Ellipsenbögen (d. h. ihrer Längenmessung) reden. Wir benutzen als Gleichung der Ellipse die Parameter-Darstellung
$$x = a \sin v,$$
$$y = b \cos v$$
und berechnen daraufhin:
$$ds^2 = dx^2 + dy^2 = (a^2 \cos^2 v + b^2 \sin^2 v)\, dv^2,$$
$$ds = \sqrt{a^2 - (a^2 - b^2) \sin^2 v}\, dv.$$
Indem wir setzen
$$k^2 = +\frac{a^2 - b^2}{a^2} \quad (<1, \text{ wenn } a > b),$$
erhalten wir als Länge des Ellipsenbogens zwischen dem Endpunkt der kleinen Achse $v = 0$ und einem beliebigen Punkt v der Ellipse

(9) $$s = a \int_0^v \sqrt{1 - k^2 \sin^2 v}\, dv.$$

Dies ist ein „elliptisches Integral zweiter Gattung".

Das in funktionentheoretischer Hinsicht einfachere „Integral erster Gattung" lautet, in derselben „LEGENDREschen Normalform" geschrieben:

$$\int_0^v \frac{dv}{\sqrt{1 - k^2 \sin^2 v}}.$$

§ 15. 14 Das mathematische Pendel

Auf diese Form bringen wir unser Integral (8) durch die Transformation:

(10) $$\sin \frac{\varphi}{2} = \sin \frac{\alpha}{2} \cdot \sin v,$$

$$\sqrt{\sin^2 \frac{\alpha}{2} - \sin^2 \frac{\varphi}{2}} = \sin \frac{\alpha}{2} \cos v,$$

$$\frac{d\left(\frac{\varphi}{2}\right)}{\sqrt{\sin^2 \frac{\alpha}{2} - \sin^2 \frac{\varphi}{2}}} = \frac{dv}{\cos \frac{\varphi}{2}} = \frac{dv}{\sqrt{1 - k^2 \sin^2 v}}.$$

Die Bedeutung des „Modul" k ist hier

(11) $$k = \sin \alpha/2.$$

Um die Schwingungsdauer τ zu berechnen, haben wir in (8) zu setzen

$$t = \frac{\tau}{4} \text{ und } \varphi = \alpha, \text{ also nach (10) } v = \frac{\pi}{2}.$$

Dadurch entsteht das „vollständige Integral erster Gattung", das man mit K bezeichnet:

(12) $$K = \int_0^{\pi/2} \frac{dv}{\sqrt{1 - k^2 \sin^2 v}}.$$

Man erhält also aus (8) mit der Bedeutung von ω aus (2)

(13) $$\tau = 4 \sqrt{\frac{l}{g}} K.$$

Aus (12) liest man unmittelbar ab

$K = \frac{\pi}{2}$ für $k \to 0$, d. h. nach (11) für hinreichend kleine Amplituden α,
$K = \infty$ für $k \to 1$, d. h. nach (11) für $\alpha = \pi$, Ausschlag bis in die aufrechte Lage.

Im ersten Falle erhalten wir, wie es sein muß, unsere frühere Formel (4) wieder. Im letzteren Falle ist die Abweichung von dieser Formel extrem.

Allgemein findet man durch binomische Entwicklung und gliedweise Integration von (12)

$$K = \frac{\pi}{2}\left(1 + \frac{k^2}{4} + \frac{9 k^4}{64} + \cdots\right).$$

Dem entspricht als allgemeine Darstellung von τ:

(14) $$\tau = 2\pi \sqrt{\frac{l}{g}}\left(1 + \frac{1}{4}\sin^2 \frac{\alpha}{2} + \frac{9}{64}\sin^4 \frac{\alpha}{2} + \cdots\right),$$

wodurch die Abweichung vom Isochronismus bei endlichen Ausschlägen α quantitativ festgelegt ist.

Die astronomischen Uhren haben einfach gebaute Pendel mit $\alpha \lesssim 1\frac{1}{2}°$. Für sie errechnet sich das erste Korrekturglied in der Klammer von (14) zu etwa 1/20000.

§ 16. Das physikalische Pendel

Dieses Problem ist von dem schon in § 11 unter 1. behandelten Problem der Drehung eines starren Körpers um eine feste Achse nur dadurch verschieden, daß jetzt die äußeren Kräfte speziell als Schwerkraft gedacht sind. Sei s der Abstand des Schwerpunktes S von der festen Achse (Schwerpunkt hier im eigentlichen Sinne gemeint, als „Schwere-Mittelpunkt", während man sonst mit demselben Wort meist den „Trägheits-Mittelpunkt" bezeichnet); sei ferner φ der Winkel, den die Achse OS mit der Vertikalen bildet. Dann ergibt sich als Gesamtmoment $\mathfrak{M}$ der in den einzelnen Massenelementen dm angreifenden Schwerkräfte, mit m als Gesamtmasse, offenbar:

(1) $$\mathfrak{M} = - m\,g\,s \sin \varphi,$$

und die Bewegungsgleichung lautet wegen (11.4):

(2) $$\Theta \ddot\varphi = - m\,g\,s \sin \varphi\,.$$

Der Vergleich mit der Bewegungsgleichung (15.1) des mathematischen Pendels liefert als *Länge l des korrespondierenden mathematischen Pendels*, d. h. des mathematischen Pendels von gleicher Schwingungsdauer:

(3) $$l = \frac{\Theta}{m\,s}\,.$$

Wir wollen Θ ersetzen durch den „Trägheitsarm" a, den wir definieren durch

(4) $$\Theta = m \cdot a^2\,.$$

Der Trägheitsarm bedeutet also diejenige Entfernung vom Aufhängepunkte O des Pendels, in der wir die Gesamtmasse m konzentrieren müssen, um das Trägheitsmoment Θ der wirklichen Massenverteilung zu bekommen. Man beachte dabei folgende Gegenüberstellung: Bei der in (11.8) eingeführten „reduzierten Masse" gibt man den Abstand r vor, in dem die gesuchte Masse M_{red} angebracht werden soll; dagegen gibt man bei unserer jetzigen Definition des „Trägheitsarmes" in Gl. (4) die Masse m vor und fragt nach dem Abstande a, in dem jene anzubringen ist.

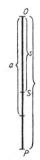

Fig. 25
Unterstützungspunkt O, Schwerpunkt S und Schwingungsmittelpunkt P beim physikalischen Pendel. Der Trägheitsarm a als geometrisches Mittel zwischen Pendellänge l und Schwerpunktsabstand s

Der Vergleich von (3) und (4) zeigt, daß a das geometrische Mittel aus s und l ist:

(5) $$a^2 = l \cdot s\,.$$

Ferner wollen wir die korrespondierende Pendellänge l von O aus auf der Pendelachse OS auftragen. Der so erhaltene Punkt P heißt *Schwingungsmittelpunkt* (HUYGENS). Die gegenseitige Lage von O, S und P und damit zugleich die verhältnismäßige Lage von s, a und l zeigt Fig. 25.

Wir behaupten nun, daß die Rolle von O und P *vertauschbar* sei. Bisher war O der Aufhängepunkt,

§ 16. 6a Das physikalische Pendel

P der Schwingungsmittelpunkt. Jetzt wollen wir P zum Aufhängepunkt machen und zeigen, daß dann O zum Schwingungsmittelpunkt wird. Dies ist die *Idee des Reversionspendels*.

Das folgende Schema stellt unsere bisherigen Bezeichnungen übersichtlich zusammen und ergänzt sie zum Zwecke des Folgenden:

Aufhänge- punkt	Schwingungs- mittelpunkt	Korrespond. Pendellänge	Trägheits- moment	Trägheits- arm	Schwer- punkts- abstand
O	P	l	Θ	a	s
P	O'	l_P	Θ_P	a_P	$l-s$

Unsere Behauptung ist
$$l_P = l, \quad \text{also } O' = O.$$

Zum Beweise berechnen wir l_P nach den entsprechend umgeschriebenen Gln. (3) und (4):

(6) $$l_P = \frac{\Theta_P}{m(l-s)} = \frac{a_P^2}{l-s}.$$

Es ist aber nach Gl. (10) des Nachtrags

(6a) $$a_P^2 = l(l-s);$$

also wird das letzte Glied von (6) in der Tat gleich l.

Das Pendel ist ein Apparat zur Bestimmung der Schwerebeschleunigung g an verschiedenen Punkten der Erdoberfläche bzw. des Erdinneren. Da wir praktisch kein mathematisches Pendel zur Verfügung haben und da beim physikalischen Pendel die rechnerische Bestimmung von Θ unmöglich ist (nicht nur wegen der komplizierten Gestalt, sondern auch wegen möglicher Inhomogenität der Dichte), ist man auf die experimentelle Bestimmung der korrespondierenden Pendellänge nach der Methode des Reversionspendels angewiesen. Man denke sich in Fig. 25 nicht nur bei O eine (nach vorn aus der Zeichenebene heraustretende) Schneide, sondern eine ebensolche auch bei P angeordnet (Schärfe nach oben), letztere *mikrometrisch verstellbar*. Da man die Schwingungen über eine längere Zeit *außerordentlich genau* zählen kann, läßt sich die Gleichheit oder Ungleichheit der Schwingungen beim Pendeln um O oder P *aufs genaueste* nachweisen und nötigenfalls durch die Mikrometerschraube korrigieren.

Der Satz vom Reversionspendel ist ein erstes Beispiel für sehr allgemeine Reziprozitätsbeziehungen, die auf allen Gebieten der Physik gelten, z. B. als Vertauschbarkeit von Quellpunkt und Aufpunkt in der Akustik und Elektrodynamik.

Nachtrag: Ein Satz über das Trägheitsmoment

Es handelt sich um den Satz von STEINER: Das Trägheitsmoment eines Körpers um eine Achse durch den beliebigen Punkt O ist gleich seinem Trägheitsmoment um die parallele Achse durch den Schwerpunkt S, vermehrt um $m s^2$, wo $s =$ Abstand OS ist.

Ist y die fragliche Achsenrichtung und x die Richtung von O nach S, so wird für irgendein Massenelement dm

$$r^2 = x^2 + z^2.$$

Hierbei war x von O aus gezählt. Zählt man aber x von S aus und ist wie in Fig. 25 $OS = s$, so wird

$$r^2 = (x + s)^2 + z^2 = x^2 + z^2 + 2xs + s^2.$$

Daraus folgt nach Summation über alle dm

(7) $$\Theta = \Theta_S + 2s \int dm\, x + m s^2.$$

Das mittlere Glied verschwindet, vgl. z. B. Gl. (13. 3b), wenn die Ebene $x = 0$ durch den Schwerpunkt geht. Also ist

(8) $$\Theta = \Theta_S + m s^2,$$

wie der vorangestellte Satz behauptet.

Mit Rücksicht auf Fig. 25 gilt entsprechend

(8a) $$\Theta_P = \Theta_S + m (l-s)^2.$$

Aus (8) und (8a) folgt

$$\Theta_P - \Theta = m l^2 - 2 m l s.$$

Wegen (4) können wir dafür schreiben

(9) $$a_P^2 - a^2 = l^2 - 2 l s$$

und wegen (5)

(10) $$a_P^2 = l^2 - l s = l(l-s).$$

Diese Gleichung haben wir oben in (6a) vorweggenommen.

§ 17. Das Zykloidenpendel

Dieses ist von CHRISTIAN HUYGENS[1]) ersonnen, dem genialsten Uhrmacher aller Zeiten. Es bezweckt, den mangelnden Isochronismus des gewöhnlichen mathematischen Pendels zu beseitigen, dadurch, daß der Massenpunkt nicht auf einem Kreis-, sondern auf einem Zykloidenbogen geführt wird. Wie dies praktisch realisiert werden kann, werden wir später sehen.

Die Parameterdarstellung der gemeinen Zykloide lautet

(1) $$\begin{aligned} x &= a\,(\varphi - \sin \varphi), \\ y &= a\,(1 - \cos \varphi). \end{aligned}$$

Der Parameter φ bedeutet den Winkel, um den sich das auf der horizontalen x-Achse rollende Rad, Radius a, von seiner Anfangslage aus gedreht hat. Der die Zykloide aufschreibende Punkt liegt bei der gemeinen Zykloide auf dem Umfange des Rades.

---

[1]) Horologium Oscillatorium. Paris 1673. Ges. Werke, Bd. 18, Haag 1934.

§ 17. 7 Das Zykloidenpendel

Für unser Pendel brauchen wir aber eine Zykloide, die ihre Spitzen nicht nach unten, sondern nach oben kehrt (vgl. Fig. 27 auf S. 84) und die durch Abrollen unseres Rades an der Unterseite der x-Achse entsteht. Ihr x ist wie in (1) gegeben, während ihr y erhalten wird, wenn wir das y in (1) von $2a$ abziehen:

(2)
$$x = a\,(\varphi - \sin\varphi),$$
$$y = a\,(1 + \cos\varphi).$$

Die Komponente der Schwere mg nach der Tangente der Führungskurve (in unserem Falle der Zykloide) ist

$$F_s = -mg\cos(y,s) = -mg\frac{dy}{ds}.$$

Die allgemeine Gl. (11. 14) ergibt daher

(3)
$$m\dot v = -mg\frac{dy}{ds},$$

wobei also wie beim Kreispendel die Masse m sich beiderseits forthebt. Nun folgt durch Differentiation von (2)

$$dx = a\,(1-\cos\varphi)\,d\varphi,$$
$$dy = -a\sin\varphi\,d\varphi.$$
$$ds^2 = a^2\,(2-2\cos\varphi)\,d\varphi^2,$$
$$ds = 2a\sin\frac{\varphi}{2}\,d\varphi.$$

Fig. 26
Erzeugung der gemeinen Zykloide durch Abrollen eines Rades. Definition des Rollwinkels φ

Daher ist in unserem Falle

(4)
$$v = \frac{ds}{dt} = 2a\sin\frac{\varphi}{2}\frac{d\varphi}{dt} = -4a\frac{d}{dt}\cos\frac{\varphi}{2}$$

und

(5)
$$\frac{dy}{ds} = -\frac{1}{2}\frac{\sin\varphi}{\sin\varphi/2} = -\cos\frac{\varphi}{2}.$$

Setzen wir (4) und (5) in (3) ein, so haben wir

(6)
$$\frac{d^2}{dt^2}\cos\frac{\varphi}{2} = -\frac{g}{4a}\cos\frac{\varphi}{2}.$$

Diese Gleichung unterscheidet sich von der Gl. (15. 3) des mathematischen Pendels nur dadurch, das jetzt die abhängige Variable nicht φ, sondern $\cos\frac{\varphi}{2}$ heißt. Für die Integration macht dies natürlich keinen Unterschied. Daher gilt die frühere Gl. (15. 4) ungeändert, nämlich

(7)
$$\tau = 2\pi\sqrt{\frac{l}{g}} \quad\text{mit}\quad l = 4a,$$

letzteres deshalb, weil ja in unserer jetzigen Gl. (6) $4a$ an Stelle des früheren l steht.

Während aber die frühere Gl. (15. 3) nur die *kleinen* Schwingungen des mathematischen Pendels beschrieb und nur durch *Annäherung* aus der genauen Gl. (15. 1) gewonnen wurde, gilt unsere jetzige Gl. (6) und daher auch die daraus durch Integration folgende Gl. (7) *exakt für beliebige Ausschläge. Das Zykloidenpendel ist also in Strenge isochron, seine Schwingungsdauer hängt von der Größe des Ausschlags überhaupt nicht ab*[1]).

In methodischer Hinsicht merken wir an, daß wir in (6) die Bewegung unseres Massenpunktes nicht durch seine rechtwinkligen Koordinaten oder durch eine an der Zykloide unmittelbar ersichtliche Abmessung dargestellt haben, sondern durch die Hälfte des Drehwinkels φ, der bei der Erzeugung der Zykloide eine Rolle spielt. Dieser der Zykloide nur mittelbar zugeordnete Parameter liefert, wie wir sehen, die einfachste Behandlung des Problems. Seine Einführung möge uns schon an dieser Stelle einen Vorgeschmack der allgemeinen LAGRANGEschen Methode aus Kapitel VI verschaffen, die uns in den Stand setzt, beliebige Parameter als unabhängige Variable in die Bewegungsgleichungen einzuführen.

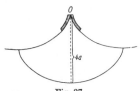

Fig. 27
Das HUYGENSsche Zykloidenpendel zur Verwirklichung des Isochronismus

Ebenso bewundernswürdig wie die HUYGENSsche Entdeckung des Isochronismus beim Zykloidenpendel ist die Art und Weise, wie HUYGENS die reibungslose Führung auf der Zykloide realisiert hat nach dem Satze: „Die Evolute der Zykloide ist wieder eine Zykloide, die der abgewickelten gleich ist." Befestigt man also im Punkte O der Fig. 27, in dem die beiden dort gezeichneten oberen Zykloidenbögen aneinander stoßen, einen Faden von der Länge $l = 4a$ und zieht diesen straff, so daß er sich teilweise an die rechte (oder beim Ausschlag nach links an die linke) Zykloidenbacke anlegt, so beschreibt der Endpunkt P des Fadens den unteren Zykloidenbogen. Die so hergestellte Führung auf dem unteren Zykloidenbogen ist annähernd ebenso reibungslos wie die Führung auf dem Kreisbogen beim einfachen mathematischen Pendel.

Die Praxis der Pendeluhren hat allerdings den HUYGENSschen Gedanken verlassen; es genügt, am oberen Ende des Pendels eine *Feder* — eine gewöhnlich kurze elastische Lamelle — anzubringen, welche nach Untersuchungen von BESSEL u. a. bei geeigneter Wahl von Federlänge und Pendelmasse hinreichenden Isochronismus bewirkt.

---

[1]) Die Zykloide wird deshalb als *Tautochrone* bezeichnet (die Schwingungen verlaufen auf ihr „mit sich selbst isochron"); sie heißt auch *Brachystochrone* (das Abgleiten einer Masse auf der Zykloide erfordert eine kürzere Zeit als auf der schiefen Ebene oder auf irgendeiner anderen Kurve von gleichem Anfangs- und Endpunkt). Letzteres Problem ist deshalb besonders bemerkenswert, weil an ihm die Anfänge der Variationsrechnung entwickelt worden sind.

§ 18. Das sphärische Pendel

Die Aufhängung des Pendels sei solcher Art, daß der Massenpunkt m sich frei auf einer Kugelfläche vom Radius l (Pendellänge) bewegen kann. Er ist dann an die Bedingungsgleichung gebunden (der Faktor $\frac{1}{2}$ ist der Bequemlichkeit wegen hinzugefügt):

(1) $$F = \frac{1}{2}(x^2 + y^2 + z^2 - l^2) = 0 \;.$$

Mithin lauten die LAGRANGEschen Gleichungen erster Art (12.9) (r, d. h. die Zahl der Bedingungsgleichungen, ist hier gleich 1; ferner ist $X_1 = X_2 = 0$, $X_3 = -mg$):

(2) $$\begin{aligned} m\ddot{x} &= \lambda x \;, \\ m\ddot{y} &= \lambda y \;, \\ m\ddot{z} &= -mg + \lambda z \;. \end{aligned}$$

Die Elimination von λ aus den ersten beiden Gleichungen (2) liefert nach Gl. (13.13) und (13.13a) die Konstanz des Impulsmomentes um die z-Richtung, oder was dasselbe ist, die Erhaltung der Flächengeschwindigkeit

(3) $$x\frac{dy}{dt} - y\frac{dx}{dt} = 2\frac{df}{dt} = C \;.$$

Multiplizieren wir andererseits die LAGRANGEschen Gleichungen (2) der Reihe nach mit $\dot{x}, \dot{y}, \dot{z}$, so müssen wir den Energiesatz erhalten, weil ja unsere Bedingung (1) von t unabhängig ist (vgl. S. 60). Zunächst ergibt sich:

(4) $$m(\dot{x}\ddot{x} + \dot{y}\ddot{y} + \dot{z}\ddot{z}) = -mg\dot{z} + \lambda(x\dot{x} + y\dot{y} + z\dot{z}) \;.$$

Es ist aber nach (1):

$$\frac{dF}{dt} = x\dot{x} + y\dot{y} + z\dot{z} = 0 \;.$$

Andererseits gilt natürlich

$$\dot{x}\ddot{x} + \dot{y}\ddot{y} + \dot{z}\ddot{z} = \frac{1}{2}\frac{d}{dt}(\dot{x}^2 + \dot{y}^2 + \dot{z}^2) = \frac{1}{2}\frac{dv^2}{dt} \;.$$

Also folgt aus (4) durch Integration nach t:

(5) $$\frac{m}{2}v^2 = -mgz + \text{konst.},$$

wofür wir schreiben wollen:

(5a) $$T + V = W \text{ mit } V = mgz \;.$$

Allgemeines zum Begriff der potentiellen Energie haben wir in Nr. 3 von § 6 gebracht.

Multiplizieren wir schließlich die LAGRANGEschen Gleichungen der Reihe nach mit x, y, z, so berechnen wir λ unter Benutzung von (1) zu:

$$\lambda l^2 - mgz = m(x\ddot{x} + y\ddot{y} + z\ddot{z});$$

somit
$$(6) \qquad \lambda\, l = m\, g\, \frac{z}{l} + m\left(\frac{x}{l}\ddot{x} + \frac{y}{l}\ddot{y} + \frac{z}{l}\ddot{z}\right).$$

Da nun die Normale der Kugelfläche im Punkt x, y, z die Richtungskosinus $\frac{x}{l}, \frac{y}{l}, \frac{z}{l}$ hat, so bedeutet das zweite Glied rechts bis auf das Vorzeichen den Trägheitswiderstand $\mathfrak{F}_n^*$ normal zur Kugelfläche, das erste Glied rechts, ebenfalls bis auf das Vorzeichen, die Schwerekomponente $\mathfrak{F}_n$ in derselben Richtung. Die Summe beider muß nach D'ALEMBERT durch die Reaktion $\mathfrak{R}_n$ an der Kugelfläche (physikalisch gesprochen durch die Spannung des Pendelfadens) ins Gleichgewicht gesetzt werden. Der Sinn von Gl. (6) kann also kurz in der folgenden Formel zusammengefaßt werden:

$$(7) \qquad \lambda\, l = -(\mathfrak{F}_n + \mathfrak{F}_n^*) = \mathfrak{R}_n.$$

Wir sehen daraus: λ bedeutet, bis auf den Faktor l, den *Zwang*, der durch die Bedingung (1) in normaler Richtung auf die Bewegung ausgeübt wird. Entsprechendes gilt auch in allgemeineren Fällen, wo mehrere Bedingungen und daher auch mehrere LAGRANGEsche Multiplikatoren auftreten.

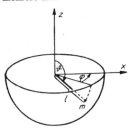

Fig. 28. Sphärisches Pendel, behandelt als Massenpunkt m, der sich auf einer Kugel vom Radius l unter dem Einfluß der Schwere bewegt

Um die Integration weiterzuführen, benutzen wir Kugelkoordinaten:
$$x = l \cos\varphi \sin\vartheta,$$
$$y = l \sin\varphi \sin\vartheta,$$
$$z = l \cos\vartheta$$
und bilden:
$$\dot{x} = l \cos\varphi \cos\vartheta \cdot \dot{\vartheta} - l \sin\varphi \sin\vartheta \cdot \dot{\varphi},$$
$$\dot{y} = l \sin\varphi \cos\vartheta \cdot \dot{\vartheta} + l \cos\varphi \sin\vartheta \cdot \dot{\varphi},$$
$$\dot{z} = -l \sin\vartheta \cdot \dot{\vartheta}.$$

Der Flächensatz (3) wird dann:

$$(8) \qquad 2\frac{df}{dt} = x\,\dot{y} - y\,\dot{x} = l^2 \sin^2\vartheta \cdot \dot{\varphi} = C.$$

Der Energiesatz (5a) schreibt sich:

$$(9) \qquad \frac{m\, l^2}{2}(\dot{\vartheta}^2 + \sin^2\vartheta \cdot \dot{\varphi}^2) + m\, g\, l \cos\vartheta = W.$$

Mit der Abkürzung
$$u = \cos\vartheta, \qquad \dot{\vartheta} = -\frac{1}{\sqrt{1-u^2}} \cdot \frac{du}{dt}$$

erhalten wir aus (8)

$$(10) \qquad \dot{\varphi} = \frac{C}{l^2(1-u^2)}$$

und aus (9)

$$(11) \qquad \left(\frac{du}{dt}\right)^2 = U(u) = \frac{2}{m\, l^2}(W - m\, g\, l\, u)(1-u^2) - \frac{C^2}{l^4}.$$

§ 18.15 Das sphärische Pendel

Aus dieser Beziehung zwischen t und u läßt sich t als Funktion von u berechnen:

$$\text{(12)} \qquad t = \int \frac{du}{\sqrt{U}}.$$

Auch Gl. (10) läßt sich jetzt in integrierter Form schreiben: Da nach (10) und (11) gilt

$$\frac{d\varphi}{du} = \dot{\varphi} \cdot \frac{dt}{du} = \frac{C}{l^2(1-u^2)} \frac{1}{\sqrt{U}},$$

erhält man

$$\text{(13)} \qquad \varphi = \frac{C}{l^2} \int \frac{du}{1-u^2} \cdot \frac{1}{\sqrt{U}}.$$

U ist eine Funktion dritten Grades von $u = \cos\vartheta$. Nur wenn $U > 0$, ist $\sqrt{U}$ reell. Wenn die Konstanten der Gleichung einem wirklichen physikalischen Problem entsprechen sollen, so muß es in dem Intervall

$$-1 < u < +1$$

zwei Werte $u = u_2 < u = u_1$ geben, zwischen denen U positiv ist (s. Fig. 29).

$u_1 = \cos\vartheta_1$ und $u_2 = \cos\vartheta_2$ sind zwei Breitenkreise, zwischen denen der Massenpunkt hin- und herpendelt. Wenn die Integration in (12) oder (13) an eine dieser Grenzen gelangt, muß sie zugleich mit dem Vorzeichen von $\sqrt{U}$ umkehren, um im Reellen und Positiven zu bleiben. Zwischen zwei aufeinander folgenden Umkehrstellen vergeht je ein Viertel der vollen Schwingungsdauer τ:

$$\text{(14)} \qquad \frac{\tau}{4} = \int_{u_2}^{u_1} \frac{du}{\sqrt{U}}$$

Die Schwingung ist aber jetzt keine räumlich periodische wie beim ebenen Pendel, sondern mit einer langsamen *Präzession* behaftet. Der „Präzessionswinkel" $\Delta\varphi$ während einer vollen Schwingungsdauer τ berechnet sich aus (13) zu

$$\text{(15)} \qquad 2\pi + \Delta\varphi = \frac{4C}{l^2} \int_{u_2}^{u_1} \frac{du}{(1-u^2)\sqrt{U}}.$$

Vgl. hierzu Fig. 30, die aus A. G. WEBSTER, Dynamics of Particles, Teubner 1912, S. 51, entlehnt ist.

Unser Integral (12) ist ebenso wie das Integral (15.8) beim mathematischen Pendel ein „elliptisches Integral erster Gattung". Allgemein nennt man ja so alle diejenigen Integrale, die eine Quadratwurzel aus einem Ausdruck dritten oder vierten Grades der Integrationsvariablen unter dem Integralzeichen im Nenner enthalten. Das ist auch bei (15.8) der Fall, wenn man dort die Integrationsvariable $u = \sin\frac{\varphi}{2}$ benutzt, wodurch (15.8) mit $a = \sin\frac{\alpha}{2}$ übergeht in

$$\int \frac{du}{\sqrt{(a^2-u^2)(1-u^2)}}$$

Im besonderen ist unsere Darstellung (14) für τ ebenso wie (15.12) ein „vollständiges Integral erster Gattung". Dagegen heißt unser Integral (13), welches im Nenner außer $\sqrt{U}$ noch die beiden Faktoren $(1 \pm u)$ enthält, ein „elliptisches Integral dritter Gattung", (15) ist ein „vollständiges Integral dritter Gattung".

Übungsaufgabe III. 1 zeigt, daß bei unendlich kleiner sphärischer Pendelung die Darstellung elementar wird und der Präzessionswinkel $\Delta\varphi \to 0$ geht.

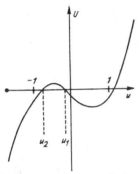

Fig. 29. Die Kurve dritten Grades $U(u)$ und ihre Schnittpunkte $u = u_1$ und $u = u_2$ mit der Abzissenachse. $u_2 < u_1 < 0$ bedeutet, daß die Bahnkurve auf der unteren Hemisphäre verläuft

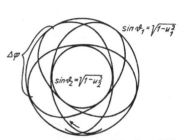

Fig. 30. Aufsicht auf die Bahn des sphärischen Pendels. Sie läßt den Präzessionswinkel $\Delta\varphi$ erkennen. Der Übergang von ϑ_1 über ϑ_2 nach ϑ_1 entspricht der halben, $\Delta\varphi$ also der vollen Pendelung

§ 19. Verschiedene Schwingungstypen.
Freie und erzwungene, gedämpfte und ungedämpfte Schwingungen

Die *freien, ungedämpften* Schwingungen haben wir in § 3 unter Nr. 4 behandelt; wir nannten sie dort „harmonische Schwingungen". Jetzt betrachten wir zunächst die

erzwungenen ungedämpften Schwingungen.

Ihre Differentialgleichung schreiben wir

(1) $$m\ddot{x} + kx = c \sin \omega t.$$

$\omega = \dfrac{2\pi}{\tau}$ ist die Kreisfrequenz der erzwingenden Kraft.

Wir setzen also die Differentialgleichung als *linear* in der abhängigen Variablen x an, was jedenfalls (vgl. das mathematische Pendel) bei „kleinen" Schwingungen erlaubt ist. Dieselbe Bemerkung gilt auch für die weiteren Beispiele in diesem und den folgenden Paragraphen.

Die rücktreibende Kraft ist wie in (3.19) durch $-kx$ gegeben; c bedeutet in (1) die Amplitude der antreibenden, die Schwingung erzwingenden Kraft.

§ 19. 4a Verschiedene Schwingungstypen

Gl. (1) ist, wegen des Hinzutretens der rechten Seite, eine *inhomogene lineare Differentialgleichung*. Die linke Seite, gleich Null gesetzt, liefert, wie schon bei Gl. (3. 23) bemerkt, die zugehörige *homogene Differentialgleichung*.

Ein partikuläres Integral der inhomogenen Differentialgleichung ist

$$x = C \sin \omega t,$$

wenn C der Gleichung genügt:

$$C(k - m\omega^2) = c.$$

Setzen wir nach dem Vorbilde von (3. 20)

(2) $$\omega_0 = \sqrt{\frac{k}{m}},$$

so haben wir

(3) $$C = \frac{c/m}{\omega_0^2 - \omega^2}.$$

Das allgemeine Integral von (1) baut sich aus diesem partikulären und dem allgemeinen Integral der zugehörigen homogenen Gleichung auf:

(4) $$x = C \sin \omega t + A \cos \omega_0 t + B \sin \omega_0 t.$$

Die Amplitude C des ersten Gliedes wächst mit wachsendem ω an, bis sie für $\omega = \omega_0$ unendlich groß wird; darauf schlägt sie ins negativ Unendliche um und nimmt dann langsam gegen 0 ab für $\omega \to \infty$.

Das Negativwerden ist aber nicht der Amplitude zur Last zu legen, die vielmehr ihrer Natur nach positiv ist. Wir definieren also die Amplitude weiterhin durch $|C|$ und ziehen den auftretenden Vorzeichenwechsel unter den Sinus, wo er als *Phasenunterschied* $\delta = \pm \pi$ auftritt.

In den Figuren 31a, b zeichnen wir dementsprechend $|C|$ und δ als Funktionen von ω auf.

In Fig. 31 b läßt es sich nicht entscheiden, ob die Phase für $\omega > \omega_0$ vorauseilt oder hinterherläuft, d. h. ob wir $\delta = +\pi$ oder $-\pi$ wählen sollen. Indem wir aber die ungedämpften Schwingungen als Grenz-

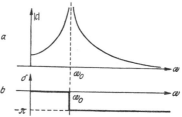

Fig. 31. Amplitude und Phase der erzwungenen ungedämpften Schwingung

fall der gedämpften (s. u.) auffassen, wollen wir uns für $-\pi$ entscheiden und das erste Glied von (4) spezieller schreiben:

(4a) $$(\omega > \omega_0) \quad x = \frac{c/m}{\omega^2 - \omega_0^2} \sin(\omega t - \pi).$$

Das Unendlichwerden der Amplitude für $\omega = \omega_0$ veranschaulicht das Phänomen der *Resonanz* zwischen freier und erzwungener Schwingung, das in der gesamten Physik eine bedeutende Rolle spielt. Der in (3) und (4a) auftretende

Nenner, dessen Verschwinden dies Unendlichwerden bewirkt, heißt *Resonanznenner*. Wir können uns vorstellen, daß das schwingende System um so williger der äußeren Kraft folgt, je näher seine Eigenperiode der Periode dieser Kraft liegt.

Übrigens bemerke man, daß der Schluß auf unendlich große Amplituden eine *arge* Extrapolation ist, angesichts der Tatsache, daß unsere lineare Schwingungsgleichung fast immer nur für unendlich kleine Schwingungen richtig ist.

Bisher haben wir uns nur mit dem ersten Gliede der rechten Seite von Gl. (4) befaßt. Die beiden folgenden Glieder bestimmen sich, wenn wir nunmehr Anfangsbedingungen vorschreiben. Als solche wählen wir etwa

$$t = 0: \quad x = 0, \quad \dot{x} = 0.$$

Aus (4) folgt dann

$$A = 0, \quad \omega C + \omega_0 B = 0, \quad \text{also} \quad B = -\frac{\omega}{\omega_0} C.$$

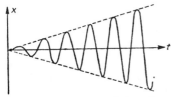

Fig. 32. Resonanz von freier und erzwungener Schwingung. Das säkulare Anwachsen der Amplitude

Daher

(5) $\quad x = C \left(\sin \omega t - \dfrac{\omega}{\omega_0} \sin \omega_0 t \right).$

Wir wollen uns den Inhalt dieser Gleichung insbesondere veranschaulichen bei angenäherter Resonanz der beiden Perioden ω und ω_0.

Wir setzen:

$$\omega = \omega_0 + \Delta\omega$$

und entwickeln

$$\sin \omega t - \frac{\omega}{\omega_0} \sin \omega_0 t = \sin \omega_0 t + t \cdot \Delta\omega \cdot \cos \omega_0 t - \sin \omega_0 t - \frac{\Delta\omega}{\omega_0} \sin \omega_0 t.$$

Dann ergibt (5)

$$x = C \cdot \Delta\omega \left(t \cos \omega_0 t - \frac{1}{\omega_0} \sin \omega_0 t \right)$$

und nach (3) im Limes $\Delta\omega = 0$

(6) $\quad x = \dfrac{c}{2\,m\,\omega_0^2} \cdot (\sin \omega_0 t - \omega_0 t \cos \omega_0 t).$

Dieser in Fig. 32 dargestellte Schwingungstypus ist nicht mehr periodisch wie bei den freien Schwingungen, was sich in der Formel dadurch kundtut, daß t als säkulares Glied (d. h. nicht nur unter einer trigonometrischen Funktion) auftritt. Für $t \to \infty$ nähert sich die Amplitude dem in Fig. 31 dargestellten Werte $|C| = \infty$ bei $\omega = \omega_0$.

Freie gedämpfte Schwingungen

Sie gehorchen der Differentialgleichung

(7) $\qquad m \ddot{x} + k x = -w \dot{x}.$

§ 19. 8b Verschiedene Schwingungstypen

Das hier rechts hinzutretende Reibungsglied, das der Geschwindigkeit proportional angesetzt ist, läßt sich aus der Hydrodynamik der langsamen (laminaren) Strömungen (z. B. Lufttreibung) begründen.

Gl. (7) ist eine *homogene* lineare Differentialgleichung. Setzen wir wie vorher

(7a) $$\frac{k}{m} = \omega_0^2, \quad \omega_0 = \text{ungedämpfte Eigenfrequenz}$$

und etwa

(7b) $$\frac{w}{m} = 2\varrho, \quad \varrho > 0,$$

so nimmt sie die Form an

(8) $$\ddot{x} + 2\varrho\dot{x} + \omega_0^2 x = 0.$$

Hier bewährt nun die bei Gl. (3.23) beschriebene Methode ihre volle Kraft.

Wir setzen wie dort

(8a) $$x = C e^{\lambda t}$$

und erhalten durch Einsetzen in (8) die Bestimmungsgleichung für λ

$$\lambda^2 + 2\varrho\lambda + \omega_0^2 = 0$$

mit den beiden Wurzeln

$$\lambda = -\varrho \pm \sqrt{-\omega_0^2 + \varrho^2} = \begin{cases} \lambda_1 \\ \lambda_2 \end{cases}.$$

Der Ansatz (8a) verallgemeinert sich daraufhin zu

(8b) $$x = C_1 e^{\lambda_1 t} + C_2 e^{\lambda_2 t}.$$

Wir unterscheiden die beiden Fälle

1. $\varrho < \omega_0$,   2. $\varrho > \omega_0$.

Der erste Fall ist der in den Anwendungen gewöhnlich vorliegende Fall. Man spricht dann von einer periodisch abklingenden Schwingung. Der zweite Fall ist der der „aperiodischen Dämpfung". Beidemal wollen wir die Bewegung dahin spezialisieren, daß $x = 0$ für $t = 0$ sein soll, was nach (8b) auf $C_2 = -C_1$ führt.

1. $\varrho < \omega_0$. $\lambda = -\varrho \pm i\sqrt{\omega_0^2 - \varrho^2}$,

$$x = 2C_1 e^{-\varrho t} \cdot \sin\sqrt{\omega_0^2 - \varrho^2}\, t.$$

Die Schwingungsdauer

$$\tau = \frac{2\pi}{\sqrt{\omega_0^2 - \varrho^2}}$$

ist bei kleinen ϱ nur wenig von der der ungedämpften Schwingung verschieden. $e^{-\varrho t}$ ist der Dämpfungsfaktor, $\varrho\tau$ das logarithmische Dekrement.

2. $\varrho > \omega_0$. λ_1 und λ_2 sind reell und es wird

$$x = 2C_1 e^{-\varrho t} \cdot \sinh\sqrt{\varrho^2 - \omega_0^2}\, t.$$

Das Zeichen „sinh" bedeutet den hyperbolischen Sinus.

Wir kommen schließlich zu den die bisherigen Fälle einschließenden

erzwungenen gedämpften Schwingungen.

Ihre Differentialgleichung schreiben wir

$$m\ddot{x} + w\dot{x} + kx = c \sin \omega t$$

oder auch mit den in (7a, b) erklärten Abkürzungen

(9) $$\ddot{x} + 2\varrho\dot{x} + \omega_0^2 x = \frac{c}{2mi}(e^{i\omega t} - e^{-i\omega t}).$$

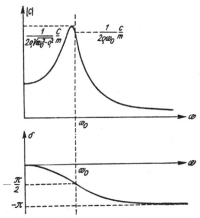

Fig. 33. Amplitude und Phase bei der erzwungenen gedämpften Schwingung

Zu dem allgemeinen Integral (8b) der homogenen Gleichung tritt jetzt ein partikuläres Integral hinzu, das wir in der Form schreiben wollen:

$$x = |C| \sin(\omega t + \delta) = \frac{|C|}{2i}(e^{i(\omega t + \delta)} - e^{-i(\omega t + \delta)}).$$

Einsetzen in (9) und Vergleich der Faktoren von $e^{\pm i\omega t}$ links und rechts liefert

$$|C|(-\omega^2 + 2i\varrho\omega + \omega_0^2)e^{i\delta} = \frac{c}{m},$$

$$|C|(-\omega^2 - 2i\varrho\omega + \omega_0^2)e^{-i\delta} = \frac{c}{m}.$$

Durch Multiplikation bzw. Division dieser beiden Beziehungen folgt

$$|C|^2 = \left(\frac{c}{m}\right)^2 \frac{1}{(\omega_0^2 - \omega^2)^2 + 4\varrho^2\omega^2}$$

$$e^{2i\delta} = \frac{\omega_0^2 - \omega^2 - 2i\varrho\omega}{\omega_0^2 - \omega^2 + 2i\varrho\omega},$$

also

(10) $$|C| = \frac{c}{m} \frac{1}{\sqrt{(\omega_0^2 - \omega^2)^2 + 4\varrho^2 \omega^2}},$$

(11) $$\tan \delta = \frac{1}{i} \frac{e^{2i\delta} - 1}{e^{2i\delta} + 1} = -\frac{2\varrho\omega}{\omega_0^2 - \omega^2},$$

s. hierzu Fig. 33, die mit Fig. 31a, b zu vergleichen ist.

Fig. 33 zeigt, daß unser früher unendliches Resonanzmaximum durch die Dämpfung auf einen endlichen Wert herabgedrückt wird (wobei übrigens der Maximalwert jetzt nicht genau an der Stelle $\omega = \omega_0$, sondern bei einem etwas kleineren ω liegt, Übungsaufgabe III. 2).

Gleichzeitig veranschaulicht sie, daß δ bei wachsendem ω von dem Wert 0 bei $\omega = 0$ nach *negativen* Werten geht, für $\omega = \omega_0$ genau gleich $-\pi/2$ wird und sich für $\omega \to \infty$ dem Werte $-\pi$ nähert. Die früher willkürliche Wahl zwischen $\pm \pi$ bei Fig. 31 ist damit auch im reibungsfreien Falle gerechtfertigt. Es handelt sich also in der Tat stets um ein *Zurückbleiben* der Phase hinter derjenigen der anregenden Kraft. Weitere Beispiele von erzwungenen Schwingungen in den Übungsaufgaben III. 3 und III. 4.

§ 20. Sympathische Pendel

Die bisher betrachteten Schwingungstypen betrafen *einen* Massenpunkt. Wir behandeln jetzt Schwingungstypen von *zwei* schwingungsfähigen Massen, die miteinander gekoppelt sind. Sie spielen seit Jahren bei den elektrischen Meßanordnungen eine wichtige Rolle. Man spricht dort von einem primären und einem sekundären, mit jenem meist „induktiv" gekoppelten Kreise. Der primäre Kreis wird angeregt, der sekundäre schwingt mit, besonders stark dann, wenn *Resonanz* vorliegt. In der Tat besteht die Braunsche Schaltung bei der drahtlosen Telegraphie aus einem primären und einem darauf abgestimmten sekundären Kreise. Wir beschäftigen uns hier natürlich nur mit gekoppelten *mechanischen* Schwingungen, die vielfach als Modelle für die elektrischen Schwingungen herangezogen worden sind.

Ein besonders instruktives Beispiel liefern die „sympathischen Pendel". Im Resonanzfalle sind dies zwei gleich lange und auch gleich schwere Pendel: Wir denken sie uns am einfachsten in derselben Ebene schwingend; ihre Koppelung sei etwa durch eine Spiralfeder bewirkt, wie sie in Fig. 35 angedeutet ist. Wenn die Feder bei den gegenseitigen Bewegungen der Pendel nur schwach gespannt wird, sprechen wir von *loser*, bei stärkerer Spannung von *fester* Koppelung. Bei unseren sympathischen Pendeln soll die Koppelung *lose* sein. Wenn die Pendel nicht genau gleich lang oder nicht genau gleich schwer sind, sagen wir, daß sie *verstimmt* sind.

Wir beschreiben zunächst die Erscheinungen, die man im Resonanzfalle beobachtet.

Das erste Pendel werde angeregt, das zweite sei anfänglich in Ruhe. Es ergibt sich folgendes Schwingungsbild:

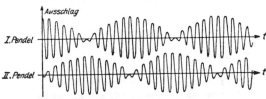

Fig. 34. Sympathische Pendel im Resonanzfall

Jedes der beiden Pendel führt eine *Schwebung* aus. Die Energie wechselt von dem einen zu dem anderen Pendel hinüber. Wenn das eine Pendel sich im Maximum des Schwingens befindet, ist das andere Pendel in Ruhe.

Werden dagegen beide Pendel gleich stark im gleichen Sinne (Fig. 35 links) oder im entgegengesetzten Sinne (Fig. 35 rechts) angeregt, so findet kein Schweben der Energie statt. Diese beiden Schwingungen heißen *Fundamental-* oder *Haupt- oder Eigenschwingungen* unseres gekoppelten Systems von zwei Freiheitsgraden. Allgemein gilt der Satz:

Ein schwingungsfähiges System von n Freiheitsgraden hat n Fundamentalschwingungen.

Sind die Pendel dagegen *verstimmt*, so findet zwar auch Energieaustausch statt, doch derart, daß das angeregte Pendel ein von Null verschiedenes Minimum hat. Nur das ursprünglich ruhende Pendel kommt im Verlauf der Bewegung wieder zur Ruhe. Die Sympathie der Pendel ist durch die Verstimmung gestört.

Fig. 35. Die beiden Fundamentalschwingungen der sympathischen Pendel im Resonanzfall

Wir skizzieren zunächst die Theorie bei *vollkommener Resonanz* unter möglichst einfachen Annahmen (Vernachlässigung der Dämpfung, Vernachlässigung des Unterschiedes zwischen der Kreisbahn und ihrer Tangente im tiefsten Punkt, was bei hinreichend kleinen Schwingungen zulässig ist). x_1 sei die Ausschwingung von Pendel I, x_2 die von Pendel II. Ist k der „Koppelungskoeffizient", d. h. die durch die Masse dividierte Federspannung bei der Verlängerung 1, so lauten die simultanen Differentialgleichungen des Problems:

(1)
$$\ddot{x}_1 + \omega_0^2 x_1 = -k(x_1 - x_2),$$
$$\ddot{x}_2 + \omega_0^2 x_2 = -k(x_2 - x_1).$$

Durch Einführung von

(2) $\qquad z_1 = x_1 - x_2, \quad z_2 = x_1 + x_2$

§ 20. 10 Sympathische Pendel

erhalten wir aus (1) durch Subtraktion bzw. Addition die beiden Gleichungen der Fundamentalschwingungen:

(3) $$\ddot{z}_1 + \omega_0^2 z_1 = -2kz_1 \quad \text{oder} \quad \ddot{z}_1 + (\omega_0^2 + 2k) z_1 = 0,$$
$$\ddot{z}_2 + \omega_0^2 z_2 = 0$$

mit den Frequenzen

(4) $$\text{bei } z_1: \omega = \sqrt{\omega_0^2 + 2k} \sim \omega_0 + \frac{k}{\omega_0},$$
$$\text{bei } z_2: \omega' = \omega_0.$$

Die Gln. (3) werden allgemein integriert durch:

(5) $$z_1 = a_1 \cos \omega t + b_1 \sin \omega t;$$
$$z_2 = a_2 \cos \omega' t + b_2 \sin \omega' t.$$

Für den Anregungszeitpunkt $t = 0$ sei:

(6) $$x_2 = \dot{x}_2 = 0, \quad \dot{x}_1 = 0, \quad x_1 = C,$$

also

(7) $$\dot{z}_1 = \dot{z}_2 = 0, \quad z_1 = z_2 = C.$$

Daraus folgt

(8) $$b_1 = b_2 = 0, \quad a_1 = a_2 = C, \quad \text{so daß}$$
$$z_1 = C \cos \omega t, \quad z_2 = C \cos \omega' t$$

und

(9) $$x_1 = \frac{z_2 + z_1}{2} = C \cos \frac{\omega' - \omega}{2} t \cdot \cos \frac{\omega' + \omega}{2} t$$
$$x_2 = \frac{z_2 - z_1}{2} = -C \sin \frac{\omega' - \omega}{2} t \cdot \sin \frac{\omega' + \omega}{2} t.$$

Nach (4) ist $\frac{\omega - \omega'}{2} = \frac{k}{2\omega_0} \ll 1$ bei loser Koppelung. Die ersten Faktoren auf der rechten Seite der Gln. (9) sind also *langsam veränderlich* mit der Zeit; dieser Umstand begründet den *Schwebungscharakter* der in Fig. 34 dargestellten Schwingungsform.

Nicht ganz so einfach ist die Theorie, wenn die beiden Pendel gegeneinander *verstimmt* sind, wenn also $l_1 \neq l_2$ oder bzw. und $m_1 \neq m_2$ ist. Wir setzen jetzt (c = Federspannung bei der Verlängerung 1)

$$\omega_1^2 = \frac{g}{l_1}, \quad \omega_2^2 = \frac{g}{l_2}, \quad k_1 = \frac{c}{m_1}, \quad k_2 = \frac{c}{m_2}$$

und haben an Stelle von (1) als Ausgangsgleichungen

(10) $$\ddot{x}_1 + \omega_1^2 x_1 = -k_1 (x_1 - x_2),$$
$$\ddot{x}_2 + \omega_2^2 x_2 = -k_2 (x_2 - x_1).$$

Auch hier gibt es zwei Fundamentalfrequenzen, die im Anschluß an das Verfahren in (3.24) folgendermaßen gewonnen werden [bei (1) konnten wir ein bequemeres spezielles Verfahren anwenden, das im allgemeinen nicht zum Ziele

III. Schwingungsprobleme § 20.11

führen würde]: Wir setzen

(11) $$x_1 = A\,e^{i\lambda t}, \quad x_2 = B\,e^{i\lambda t}$$

und erhalten aus (10)

(12) $$\begin{aligned} A(\omega_1^2 - \lambda^2 + k_1) &= k_1 B,\\ B(\omega_2^2 - \lambda^2 + k_2) &= k_2 A. \end{aligned}$$

Die hieraus folgende „Säkulargleichung"[1]) ist in λ^2 quadratisch:

(13) $$\frac{B}{A} = \frac{\omega_1^2 - \lambda^2 + k_1}{k_1} = \frac{k_2}{\omega_2^2 - \lambda^2 + k_2}.$$

Sie lautet nämlich:

(14) $$\{\lambda^2 - (\omega_1^2 + k_1)\}\{\lambda^2 - (\omega_2^2 + k_2)\} = k_1 k_2.$$

Daraus folgt näherungsweise bei kleinem k_1, k_2:

(15) $$\lambda^2 = \begin{cases} \omega_1^2 + k_1 + \dfrac{k_1 k_2}{\omega_1^2 - \omega_2^2} \\[2mm] \omega_2^2 + k_2 + \dfrac{k_1 k_2}{\omega_2^2 - \omega_1^2}. \end{cases}$$

Bezeichnen wir die so gefundenen Wurzeln der quadratischen Gleichung mit ω^2 und ω'^2 und erweitern wir den Ansatz (11) nach dem Vorbilde von (3.24b), so erhalten wir beim Übergange zur reellen Schreibweise

(16) $$\begin{aligned} x_1 &= a \cos\omega t + b \sin\omega t + a' \cos\omega' t + b' \sin\omega' t,\\ x_2 &= \gamma a \cos\omega t + \gamma b \sin\omega t + \gamma' a' \cos\omega' t + \gamma' b' \sin\omega' t. \end{aligned}$$

γ und γ' bedeuten hier die speziellen Werte von B/A, die aus (13) entstehen, wenn man dort $\lambda^2 = \omega^2$ bzw. $= \omega'^2$ setzt.

Die Anregung sei für $t = 0$ wieder:

$$x_2 = 0, \quad \dot{x}_2 = 0, \quad \dot{x}_1 = 0, \quad x_1 = C.$$

Das liefert:

(17) $$\begin{aligned} \gamma a + \gamma' a' &= 0, & \gamma \omega b + \gamma' \omega' b' &= 0,\\ \omega b + \omega' b' &= 0, & a + a' &= C. \end{aligned}$$

Also

$$b = b' = 0$$

und

$$a = \frac{\gamma'}{\gamma' - \gamma} C, \quad a' = \frac{\gamma}{\gamma - \gamma'} C.$$

Folglich nach (16)

(18) $$\begin{aligned} x_1 &= \frac{C}{\gamma' - \gamma} (\gamma' \cos\omega t - \gamma \cos\omega' t),\\ x_2 &= \frac{C}{\gamma' - \gamma} \gamma \gamma' (\cos\omega t - \cos\omega' t). \end{aligned}$$

Bei x_2 können wir die in (9) benutzte trigonometrische Umformung machen:

(19) $$x_2 = \frac{2\gamma\gamma'}{\gamma - \gamma'} C \sin\frac{\omega' - \omega}{2} t \cdot \sin\frac{\omega' + \omega}{2} t.$$

---

[1]) Das Wort stammt aus der astronomischen Störungsrechnung.

§ 20.19   Sympathische Pendel   97

Das zweite Pendel kommt also in den Zeitpunkten

$$\frac{\omega' - \omega}{2} t = n \pi$$

wieder zur Ruhe, nicht aber das erste Pendel, welches in den Zeitpunkten maximalen Ausschlages von x_2 [nach der ersten Gl. (18) und Fig. 36] eine endliche Amplitude behält. Die Energieübertragung ist also, als Folge der Verstimmung, unvollkommen geworden.

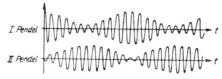

Fig. 36. Die Schwingungskurve zweier etwas verstimmter sympathischer Pendel

Für die elektrische Anwendung der vorstehenden Theorie muß man diese erweitern, indem man auch die Dämpfung der Pendel berücksichtigt, welche elektrisch dem OHMschen Widerstand entspricht (unser Beschleunigungsglied entspricht dort der Selbstinduktion, unsere rücktreibende Kraft der Kapazitätswirkung); auch würde man elektrisch neben der hier allein behandelten „Lagenkoppelung" [k multipliziert mit $\pm (x_2 - x_1)$] auch eine „Beschleunigungs- bzw. Geschwindigkeitskoppelung" zu berücksichtigen haben.

In der Übungsaufgabe III.5 werden wir eine experimentell bequem herstellbare Anordnung durchrechnen, bei der die Pendel bifilar an einem nachgiebigen Draht aufgehängt sind und nicht in der Ebene ihrer Ruhelage, sondern senkrecht dazu schwingen.

Eine interessante Anordnung, bei der beide sympathische Pendel sozusagen in demselben Objekt realisiert sind, ist die der schwingenden *Schraubenfeder*[1]).

Diese ist, vgl. Fig. 37, sowohl einer Schwingung in der Achsenrichtung (y) wie einer Drehschwingung (x) um diese Achse fähig. Die Koppelung zwischen beiden geschieht bei endlicher Ganghöhe durch die Feder selbst. Zieht man nämlich die Feder senkrecht nach unten, so verspürt man einen seitlichen Druck: Die Feder sucht sich seitlich zurückzuziehen. Verdreht man

Fig. 37. Torsions- und Biegungsschwingung einer Schraubenfeder

die Feder seitlich in der Drahtverlängerung, so sucht sie sich nach unten auszudehnen, d. h., ruft man eine Schwingung in der y-Richtung hervor, so wird auch die x-Schwingung angeregt und umgekehrt. (NB. Hinsichtlich der elasti-

---

[1]) Näheres in der WÜLLNER-Festschrift, Teubner 1905: LISSAJOUS-Figuren und Resonanzwirkungen bei schwingenden Schraubenfedern; ihre Verwertung zur Bestimmung des POISSONschen Verhältnisses.

schen Materialbeanspruchung ist die *y*-Schwingung Torsions-, die *x*-Schwingung Biegungsschwingung. Näheres hierüber in Bd. II dieser Vorlesungen.)

Durch Variieren der Zusatzmasse *Z* kann man erreichen, daß die Vertikal- und die Horizontalschwingung in genaue oder angenäherte Resonanz gebracht werden. Wird dann eine der beiden Schwingungen angeregt, so findet ein Austausch der Amplituden nach Fig. 34 oder 36 statt.

§ 21. Doppelpendel

Wir schildern zunächst, wie am Anfang des vorigen Paragraphen, um welche empirischen Erscheinungen es sich handelt.

An einem schweren Pendel (z. B. Kronleuchter) hängt ein leichtes Pendel von etwa gleicher Schwingungsdauer. Wenn man dem schweren Pendel einen kurzen Stoß gibt, so gerät das leichte Pendel in lebhafte Bewegung, die aber plötzlich für kurze Zeit aussetzt. In demselben Augenblick bemerkt man, daß das schwere Pendel, das vorher merklich in Ruhe war, deutlich ausschwingt. Dieses kommt aber unmittelbar darauf wieder zur Ruhe und versetzt seinerseits das leichte Pendel in lebhafte Bewegung. So geht es fort.

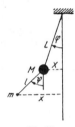

Fig. 38
Schematisierte Anordnung eines Doppelpendels

Wie bemerkt, sollen die Massen beider Pendel (wir wollen sie *M* und *m* nennen) sehr ungleich, die reduzierten Pendellängen (sie mögen *L* und *l* heißen) aber annähernd gleich sein. Wir setzen

$$\frac{m}{M} = \mu \ll 1.$$

Die Ausschläge, *X* beim schweren, *x* beim leichten Pendel, werden als kleine Größen behandelt, so daß wieder der Unterschied zwischen Kreisbogen und Tangente vernachlässigt werden kann. Dementsprechend sind auch die Winkel φ und ψ (vgl. Fig. 38, ψ gehört zum *relativen* Ausschlag $x-X$) als klein zu behandeln. Wir können also setzen

(1) $$\sin\varphi = \varphi = \frac{X}{L}, \quad \sin\psi = \psi = \frac{x-X}{l} \text{ und } \sin(\psi-\varphi) = \psi-\varphi = \frac{x-X}{l} - \frac{X}{L},$$
$$\cos\varphi = \cos\psi = \cos(\varphi-\psi) = 1.$$

Auf das obere Pendel wirkt außer seiner Schwere noch das untere Pendel mit seiner Fadenspannung[1] $S \cong mg\cos\psi$, welche als bewegende Kraft für das obere

---

[1] Bei der gegenwärtigen elementaren Behandlung müssen wir diese Spannung *S* als anschauliche Hilfsgröße einführen; wenn wir dasselbe Problem später nach der allgemeinen LAGRANGEschen Methode behandeln werden, wird dies überflüssig. Bei der oben angegebenen Bestimmung von *S* argumentieren wir so: Die Fadenspannung im leichten Pendelarm steht im Gleichgewicht mit Schwere und Trägheitswiderstand (Zentrifugalkraft), welch letztere aber als kleine Größe zweiter Ordnung vernachlässigt werden kann. Daher ist $S = mg\cos\psi$, wie oben angegeben.

§ 21. 11 Doppelpendel

Pendel liefert $-mg\cos\psi\sin(\varphi-\psi)$. Mithin lauten die Bewegungsgleichungen:

(2)
$$M\ddot{X} = -M\frac{g}{L}X + mg\left(\frac{x-X}{l} - \frac{X}{L}\right),$$
$$m\ddot{x} = -m\cdot\frac{g}{l}(x-X)$$

oder bequemer geschrieben:

(3)
$$\ddot{X} + \left(\frac{g}{L} + \mu\frac{g}{l} + \mu\frac{g}{L}\right)X = \mu\frac{g}{l}x,$$
$$\ddot{x} + \frac{g}{l}x = \frac{g}{l}X.$$

Wir nehmen von jetzt ab an $L = l$ und setzen zur Abkürzung

(4)
$$\omega_0^2 = \frac{g}{l}.$$

Unsere Gln. (3) gehen dabei über in

(5)
$$\ddot{X} + \omega_0^2(1+2\mu)X = \mu\omega_0^2 x,$$
$$\ddot{x} + \omega_0^2 x = \omega_0^2 X.$$

Diese Bewegungsgleichungen besagen, daß das obere Pendel „μ-mal so lose" an das untere gekoppelt ist wie umgekehrt.

Zur Integration von (5) haben wir, ähnlich wie in (20.11), anzusetzen:

(6)
$$x = A e^{i\lambda t}; \quad X = B e^{i\lambda t}.$$

Damit erhalten wir aus (5)

(7)
$$B[\omega_0^2(1+2\mu) - \lambda^2] = A\mu\omega_0^2,$$
$$A(\omega_0^2 - \lambda^2) = B\omega_0^2.$$

Durch Gleichsetzen der beiden hieraus zu entnehmenden Werte von B/A ergibt sich die quadratische Gleichung für λ^2:

(8)
$$(\lambda^2 - \omega_0^2)^2 + 2\mu\omega_0^2(\omega_0^2 - \lambda^2) = \mu\omega_0^4.$$

Ihre beiden Wurzeln nennen wir $\lambda^2 = \omega^2$ und $\lambda^2 = \omega'^2$. Wir finden leicht bei Vernachlässigung höherer Potenzen von μ:

(9)
$$\left.\begin{array}{c}\omega\\ \omega'\end{array}\right\} = \omega_0\left(1 \pm \frac{1}{2}\sqrt{\mu}\right).$$

Mithin wird die allgemeine Lösung von (5) in reeller Form geschrieben:

(10)
$$x = a\cos\omega t + b\sin\omega t + a'\cos\omega' t + b'\sin\omega' t,$$
$$X = \gamma a\cos\omega t + \gamma b\sin\omega t + \gamma' a'\cos\omega' t + \gamma' b'\sin\omega' t.$$

Hier sind wie in § 20 γ und γ' die Werte von B/A, die sich aus (7) für $\lambda^2 = \omega^2$ bzw. $\lambda^2 = \omega'^2$ ergeben, nämlich

(11)
$$\gamma = -\sqrt{\mu}, \quad \gamma' = +\sqrt{\mu} \quad \text{und daher} \quad \gamma' - \gamma = 2\sqrt{\mu}.$$

Die Anregung sei für $t = 0$:

(12) $\qquad x = 0, \quad \dot{x} = 0, \quad X = 0, \quad \dot{X} = C.$

Daraus folgt:

$$\left.\begin{array}{r}a + a' = 0 \\ \gamma a + \gamma' a' = 0\end{array}\right\} a = a' = 0,$$

$$\left.\begin{array}{r}\omega b + \omega' b' = 0 \\ \gamma \omega b + \gamma' \omega' b' = C\end{array}\right\} b = \frac{C}{\omega(\gamma - \gamma')}; \quad b' = \frac{C}{\omega'(\gamma' - \gamma)}.$$

Mithin lauten die endgültigen Lösungen:

(13)
$$x = \frac{C}{\gamma - \gamma'}\left(\frac{\sin \omega t}{\omega} - \frac{\sin \omega' t}{\omega'}\right),$$
$$X = \frac{C}{\gamma - \gamma'}\left(\frac{\gamma}{\omega}\sin \omega t - \frac{\gamma'}{\omega'}\sin \omega' t\right).$$

Gehen wir von hier aus zu den Geschwindigkeiten $\dot{x}$ und $\dot{X}$ über und berücksichtigen zugleich die Werté (11), so haben wir

(14)
$$\dot{x} = \frac{C}{2\sqrt{\mu}}(\cos \omega' t - \cos \omega t),$$
$$\dot{X} = \frac{C}{2}(\cos \omega' t + \cos \omega t).$$

Die Geschwindigkeiten des schweren oberen Pendels sind also bei entsprechender Phase $\sqrt{\mu}$-mal kleiner als die des leichten unteren Pendels; zugleich sieht man, daß durch (14) unsere Anregungsbedingungen (12) erfüllt sind. Dasselbe gilt von den Ausschwingungen selbst. Diese haben ebenso wie die Geschwindigkeiten, wegen der benachbarten Werte von ω und ω', *Schwebungscharakter*, was man durch eine an die Gln. (20.9) anschließende Schreibweise auch formell zum Ausdruck bringen könnte.

Wir schließen hier eine einfache Aufgabe an, welche eigentlich ebenfalls zur Klasse der gekoppelten Schwingungen gehört und auf ganz ähnliche Schwingungstypen führt wie die hier behandelten. In der mathematischen Durchführung werden wir allerdings einfacher verfahren, nämlich nach dem Vorbilde der erzwungenen[1]) ungedämpften Schwingungen in § 19, so daß es sich jetzt nicht um simultane Differentialgleichungen, sondern nur um die Integration einer einzelnen Schwingungsgleichung handelt.

Man hänge seine Taschenuhr frei schwebend und möglichst reibungsfrei an einen glatten Nagel und bringe sie durch leichte Berührung mit dem Finger oder mit einem Tuch dazu, daß sie sich im Anfangszustande in völliger Ruhe befinde. Die Uhr setzt sich sofort in Bewegung und macht zunehmende Schwingungen um die vertikale Ruhelage. Aber die Schwingungen wachsen nur bis zu einem

---

[1]) Allgemein kann man sagen: Erzwingen einer Schwingung durch eine äußere Kraft bedeutet soviel wie Koppelung mit einem zweiten System, auf welches das erste System keine Rückwirkung ausübt. In dem sogleich zu beschreibenden Falle ist die Rückwirkung der Pendelschwingung auf die Unruhe jedenfalls verschwindend klein.

§ 21. 19 Doppelpendel

Maximum an, um dann wieder bis zur völligen Ruhe abzunehmen, worauf sich das Spiel wiederholt.

Offenbar handelt es sich bei der Anregung der Schwingungen um eine Gegenbewegung gegen den Rhythmus der Unruhe, also um eine Wirkung des Flächensatzes, dagegen bei dem darauf folgenden Erlöschen der Schwingungsamplitude um eine Interferenz zwischen den freien Pendelschwingungen im Schwerefelde und den durch die Unruhe erzwungenen Schwingungen.

In der Bezeichnung knüpfen wir an § 13. 2 an. Es sei also $\mathfrak{N}$ das Impulsmoment der gesamten Bewegung des Systems. Wir zerlegen es in das der Pendelbewegung und das der Unruhe-Schwingung:

(15) $$\mathfrak{N} = \mathfrak{N}_{\text{Pend}} + \mathfrak{N}_{\text{Unr}} .$$

$\mathfrak{N}_{\text{Pend}}$ berechnen wir um den Aufhängepunkt O (Nagel), $\mathfrak{N}_{\text{Unr}}$ um den Mittelpunkt U der Unruhe. Letzteres ist deshalb erlaubt, weil ein Impulsmoment, ebenso wie ein Kräftepaar (vgl. S. 112), beliebig in seiner Ebene verschoben werden kann; in der Tat besteht die Trägheitswirkung der Unruhe wegen der um U symmetrischen Gestalt derselben aus einem reinen Impulsmoment, ohne Einzelimpuls. Die Frequenz der Unruhe sei ω; sie ist durch die Starke ihrer Spiralfeder gegeben. Die Frequenz der Pendelschwingung, wenn sie nicht durch die Unruhe gestört wäre, sei ω_0. Wir setzen nach (11. 6) und (16. 4)

(16) $$\mathfrak{N}_{\text{Pend}} = \Theta \dot{\varphi} , \quad \Theta = M a^2 ;$$

M ist die gesamte pendelnde Masse, a ihr Trägheitsarm, von O aus gerechnet. Wir setzen die Unruhe-Schwingung als sinusförmig voraus, beschreiben sie also, von U aus gerechnet, durch $\varphi_{\text{Unr}} = \alpha \sin \omega t$. Ihr Impulsmoment ist dann

(17) $$\mathfrak{N}_{\text{Unr}} = m \omega b^2 \alpha \cos \omega t ;$$

m ist die Masse der Unruhe, b ihr Trägheitsarm, von U aus gerechnet.

Das Moment der äußeren Kraft ist wie beim physikalischen Pendel, Gl. (16. 1), hinreichend kleines φ vorausgesetzt,

(18) $$\mathfrak{M} = - M g s \varphi ,$$

wenn s den Abstand des Schwerpunktes der Uhr von O bedeutet. Die Bewegungsgleichung unseres Systems lautet dann nach (13. 9) mit den Werten aus (15), (16), (17) und (18):

(19) $$\ddot{\varphi} + \frac{g s}{a^2} \varphi = \frac{m}{M} \left(\frac{b}{a}\right)^2 \alpha \omega^2 \sin \omega t .$$

Dies ist der Schwingungstypus, den wir in § 19 als ungedämpfte erzwungene Schwingung behandelt haben. Wir setzen nach der Bedeutung von ω_0 (Eigenfrequenz des Pendels bei fehlender äußerer Anregung)

$$\frac{g s}{a^2} = \omega_0^2$$

und ferner zur Abkürzung

$$c = \frac{m}{M} \left(\frac{b}{a}\right)^2 \alpha \omega^2 \ll 1 .$$

Dadurch wird aus (19)

(20) $$\ddot{\varphi} + \omega_0^2 \varphi = c \sin \omega t\,.$$

Das Integral, welches für $t = 0$ zugleich den Anfangsbedingungen $\varphi = 0, \dot{\varphi} = 0$ genügt, lautet:

(21) $$\varphi = \frac{c}{\omega_0^2 - \omega^2}\left(\sin \omega t - \frac{\omega}{\omega_0} \sin \omega_0 t\right).$$

Wegen der Kleinheit von c (Faktor m/M) ist der hierdurch dargestellte Schwingungsvorgang nur dann von merklicher Größe, wenn annähernd $\omega_0 = \omega$ ist, wenn also ungefähre Resonanz besteht zwischen der äußeren Pendel- und der inneren Unruhe-Schwingung. Diese Resonanz ist nun bei den Taschenuhren nicht zu kleinen Formats mehr oder minder gut ausgeprägt (Damenuhren sind für unsere Zwecke ungeeignet).

Mit der Resonanz geht nach (21), bei annähernder Gleichheit von ω und ω_0, das *Schwebungsphänomen* Hand in Hand. Die Schwebungsperiode T bestimmt sich durch die Forderung

(22) $$\omega T = \omega_0 T \pm 2\pi\,,$$

beträgt also

(22a) $$T = \frac{2\pi}{|\omega - \omega_0|}\,.$$

Sie läßt sich durch Abzählung der Pendelschwingungen zwischen zwei Schwebungsknoten sehr genau bestimmen und liefert damit ein bequemes und präzises Maß für die Güte der Resonanz. Die Besonderheit der Fig. 32, welche ja, wie bemerkt, dieselbe Differentialgleichung wie (20) veranschaulicht, besteht nur darin, daß dort vollständige Resonanz, also $T = \infty$ vorausgesetzt wurde.

Überläßt man die Uhr längere Zeit sich selbst, so bemerkt man, daß die Schwebungen aufgehört haben. Der Grund ist offenbar die Reibung (am Aufhängepunkt und in der Luft), die wir bisher vernachlässigt haben. Diese bringt die Pendelschwingungen zum Erlöschen; die Unruhe-Schwingungen läßt sie bestehen, indem sie nur, wie wir wissen, vgl. z. B. Fig. 33, ihre Amplitude etwas verringert. Im Anfangszustande, so können wir argumentieren, sei die erzwungene Schwingung in ihrem vollen, endgültigen Betrage angeregt, und die freie Pendelschwingung in solchem Maße, daß sie für $t = 0$ die erzwungene gerade aufhebt, entsprechend den Anfangsbedingungen $\varphi = \dot{\varphi} = 0$. In der Tat bedeutet das anfängliche Stillhalten der Uhr gerade einen der Unruhe-Schwingung genau entgegenwirkenden Anstoß. Dieser Anstoß wird durch die Reibung im Laufe der Zeit aufgezehrt, so daß nur noch die erzwungene Unruhe-Schwingung übrigbleibt.

In der Literatur wurde auf unser Uhrenbeispiel erstmalig in der Elektrotechn. Zeitschr. vom Jahre 1904 hingewiesen, bei dem damals aktuellen und überraschenden „Pendeln von Synchronmaschinen". Zwei auf demselben Stromkreis arbeitende, parallelgeschaltete synchrone Wechselstromerzeuger zeigen im Resonanzfalle unerwünschte Bewegungs- und Stromschwankungen. Sie sind ein ins Große übertragenes Abbild der Schwebungen unserer Uhr sowie der hier besprochenen Koppelungs- und Resonanzerscheinungen bei den sympathischen Pendeln.

Viertes Kapitel
Der starre Körper

§ 22. Kinematik des starren Körpers

Wie wir am Anfange von § 7 sahen, besitzt der starre Körper *sechs Freiheitsgrade, die wir in drei Freiheitsgrade der Translation und drei der Rotation aufteilen werden.*

Wir betrachten den Körper in zwei verschiedenen Lagen, der „Anfangslage" und der „Endlage". Einen beliebigen Punkt des Körpers greifen wir als „Bezugspunkt" O heraus und schlagen um ihn eine Kugel (z. B. vom Radius 1). Auf dieser markieren wir zwei Punkte A und B. Wenn wir die drei Punkte OAB aus ihrer Anfangslage in ihre Endlage übergeführt haben, ist dasselbe für alle Punkte des Körpers erreicht.

Wir bringen zunächst O aus seiner Anfangslage O_1 in seine Endlage O_2. Dies geschehe durch eine Parallelverschiebung, bei der jeder Punkt des Körpers die geradlinige Verschiebung $O_1 \to O_2$ mitmacht. Wir haben damit die drei Freiheitsgrade der Translation definiert.

Die um O_1 beschriebene Kugel K_1 ist jetzt mit der entsprechenden um O_2 beschriebenen Kugel K_2 zur Deckung gebracht, nicht aber im allgemeinen die Lage der Punkte A, B, die wir A_1, B_1 auf K_1, bzw. A_2, B_2 auf K_2 nennen wollen. Wir zeigen, daß die Punkte A_1, B_1 in A_2, B_2 durch eine ganz bestimmte Drehung um den Punkt $O_1 = O_2$ übergeführt werden können. Achse und Winkel dieser Drehung definieren die drei Freiheitsgrade der zur Translation hinzukommenden Rotation.

Um die Drehachse, d. h. ihren Durchstoßungspunkt Ω mit unserer Kugel, zu konstruieren, verbinden wir A_1 mit A_2 und B_1 mit B_2 je durch einen Großkreisbogen und errichten in deren Mittelpunkten A' und B' die Mittelsenkrechten bis zu ihrem Schnittpunkt, der uns den gesuchten Punkt Ω liefert. Der Drehwinkel, den wir ebenfalls mit Ω bezeichnen wollen, ist dann

(1) $$\Omega = \sphericalangle A_1 \Omega A_2 = \sphericalangle B_1 \Omega B_2.$$

Die Gleichheit dieser beiden Winkel ergibt sich dabei aus der Kongruenz der beiden in Fig. 39 schraffierten sphärischen Dreiecke $A_1 \Omega B_1$ und $A_2 \Omega B_2$, deren drei entsprechende Seiten einander gleich sind. Daher sind auch die beiden in Fig. 39 mit γ bezeichneten Winkel einander gleich. Indem man nun den einen oder anderen derselben von dem ganzen Winkel $A_1 \Omega B_2$ fortnimmt, entsteht die rechte oder linke Seite der Gl. (1). Diese Gleichung besagt ersichtlich, daß durch dieselbe Drehung Ω nicht nur der Punkt A_1 in A_2, sondern auch der Punkt B_1 in B_2 übergeführt wird.

Da die Wahl des Bezugspunktes O noch in unserer Willkür liegt, sind auch Größe und Richtung der Translation noch in weiten Grenzen veränderlich[1]).

---

[1]) Im Anhange zu § 23 werden wir sehen, daß wir insbesondere die Richtung der Translation mit der Achse der Rotation parallel machen können. Wir sprechen dann von einer „Bewegungsschraube".

Dagegen ist Größe und Achse der Rotation von der Wahl des Bezugspunktes *unabhängig*. In der Tat: Wenn wir statt O einen anderen Bezugspunkt O' wählen, so ist der Unterschied zwischen der zu O' und der zu O gehörenden Translation wieder eine Translation. Durch diese wird aber die Lage der Punkte A, B auf den Kugeln K_1, K_2 nicht berührt. Die Konstruktion von Fig. 39 bleibt also erhalten und liefert denselben Drehwinkel Ω wie vorher und eine zur vorigen parallele, jetzt durch den Bezugspunkt O' gehende Drehachse.

Wichtiger als die bisher betrachteten *endlichen* Bewegungen des starren Körpers sind die in Wirklichkeit aufeinander kontinuierlich folgenden *unendlich kleinen Bewegungen* desselben. Wir setzen also jetzt die Größe O_1O_2 der Translation und den Winkel Ω der Drehung als beliebig klein voraus und dividieren sie durch das entsprechend kleine Zeitintervall Δt. Wir erhalten dadurch die Geschwindigkeit $\mathfrak{u}$ der Translation und die Winkelgeschwindigkeit $\vec{\omega}$ der Rotation:

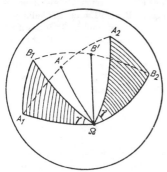

Fig. 39
Konstruktion des Drehpunktes Ω bei der Zusammensetzung zweier endlicher Drehungen

(2) $\qquad \mathfrak{u} = \dfrac{O_1O_2}{\Delta t}, \quad \vec{\omega} = \dfrac{\Omega}{\Delta t}$

Letztere ist auch jetzt von der Wahl des Bezugspunktes O unabhängig, erstere davon abhängig. Durch den Pfeil über ω deuten wir an, daß wir die Winkelgeschwindigkeit als *Vektor* auffassen, also nicht nur ihre Größe, sondern auch ihre Achse zum Ausdruck zu bringen wünschen.

Daß $\vec{\omega}$ in der Tat Vektorcharakter besitzt, zeigen wir folgendermaßen: Bei Betrachtung der virtuellen Drehung haben wir in Fig. 15 und Gl. (13.4) die Beziehung abgeleitet

(3) $\qquad\qquad\qquad \vec{\delta s} = \vec{\delta \varphi} \times \mathfrak{r}.$

Indem wir von der virtuellen Drehung $\vec{\delta\varphi}$ zur Drehgeschwindigkeit $\vec{\omega} = \vec{d\varphi}/dt$ und von der durch sie bewirkten virtuellen Verschiebung $\vec{\delta s}$ zu der Geschwindigkeit $\mathfrak{w} = \vec{ds}/dt$ übergehen, erhalten wir aus (3)

(4) $\qquad\qquad\qquad \mathfrak{w} = \vec{\omega} \times \mathfrak{r}.$

Hier ist wie in Fig. 15 $\mathfrak{r}$ der Radiusvektor von dem auf der Drehachse gelegenen Bezugspunkt O nach dem Punkt P, dessen Geschwindigkeit $\mathfrak{w}$ bestimmt werden soll.

Betrachten wir jetzt zwei Drehungen $\vec{\omega}_1$ und $\vec{\omega}_2$ in ihrer gleichzeitigen oder unmittelbar aufeinander folgenden Wirkung auf denselben Punkt P des starren Körpers (der Bezugspunkt O ist beiden Achsen ω_1 und ω_2 gemeinsam). Wir haben

dann:
(4a) $\mathfrak{w}_1 = \vec{\omega}_1 \times \mathfrak{r}, \quad \mathfrak{w}_2 = \vec{\omega}_2 \times \mathfrak{r}, \quad \mathfrak{w}_1 + \mathfrak{w}_2 = [\vec{\omega}_1 + \vec{\omega}_2] \times \mathfrak{r}.$

In der letzten dieser Gleichungen steht links die aus $\mathfrak{w}_1$ und $\mathfrak{w}_2$ resultierende Geschwindigkeit $\mathfrak{w}_r$. Daraufhin zeigt der Vergleich mit (4), daß auch

(5) $\qquad \vec{\omega}_r = \vec{\omega}_1 + \vec{\omega}_2$

die resultierende Drehgeschwindigkeit ist, welche in ihrer Wirkung auf den starren Körper den beiden Drehungen $\vec{\omega}_1$ und $\vec{\omega}_2$ äquivalent ist. *Drehgeschwindigkeiten setzen sich wie Vektoren zusammen. Wie diese sind sie ihrer Reihenfolge nach vertauschbar*; es ist nämlich

(6) $\qquad \vec{\omega}_1 + \vec{\omega}_2 = \vec{\omega}_2 + \vec{\omega}_1.$

Beide Sätze gelten *nicht* für die vorher betrachteten *endlichen* Drehungen. Ihre Zusammensetzung geschieht *nicht* nach den einfachen Regeln der Vektorrechnung, sondern nach der von HAMILTON ersonnenen *Quaternionenrechnung*. Auch hängt das Resultat zweier endlicher Drehungen von ihrer Reihenfolge ab; sie sind *nicht vertauschbar*.

Es ist hier am Platze, den Unterschied zwischen *polaren* und *axialen Vektoren* zu besprechen.

Polare Vektoren sind z. B. Geschwindigkeit, Beschleunigung, Kraft, Radiusvektor usw. Sie werden anschaulich durch eine mit Pfeil versehene gerichtete Strecke dargestellt. Ihre rechtwinkligen Komponenten transformieren sich bei einer *Drehung des Koordinatensystems* wie die Koordinaten selbst, also nach dem Schema der orthogonalen Substitution (Determinante $= +1$). Bei einer *Inversion des Koordinatensystems* (Vertauschung von x, y, z mit $-x$, $-y$, $-z$, Determinante $= -1$) kehren die Komponenten ihr Vorzeichen um.

Axiale Vektoren sind z. B. Winkelgeschwindigkeit, Winkelbeschleunigung, Kraftmoment, Impulsmoment. Sie werden sachgemäß dargestellt durch eine mit Drehsinn und Drehgröße versehene Achse. Wählt man statt dessen die Darstellung durch einen auf der Achse abgetragenen Pfeil von entsprechender Länge, so muß man eine willkürliche Verabredung über die Richtung dieses Pfeiles treffen, z. B. die Rechtsschraubenregel festsetzen. Die rechtwinkligen Komponenten des axialen Vektors transformieren sich bei einer reinen *Drehung des Koordinatensystems* wie die Komponenten des zugehörigen Pfeiles, also orthogonal; bei einer *Inversion* kehren sie aber ihr Vorzeichen *nicht* um. Die Rechtsschraubenregel ist dann mit der Linksschraubenregel zu vertauschen, entsprechend dem Umstande, daß ein Rechts-Koordinatensystem bei der Inversion in ein Links-Koordinatensystem übergeht.

Das Vektorprodukt zweier polarer Vektoren ist ein axialer Vektor (Beispiel: Moment einer Kraft). Das Vektorprodukt eines axialen und eines polaren Vektors ist ein polarer Vektor [Beispiel: die Geschwindigkeit $\mathfrak{w}$ in Gl. (4)]. Man überzeugt sich davon leicht durch das Verhalten dieser Produkte bei der Inversion.

Wir kehren nach dieser Abschweifung zur Kinematik · des starren Körpers zurück. Die Bewegung eines jeden seiner Punkte setzt sich aus der der Translation entsprechenden Geschwindigkeit $\mathfrak{u}$ in Gl. (2) und der der Rotation entsprechenden Geschwindigkeit $\mathfrak{w}$ in Gl. (4) zusammen. Die Geschwindigkeit $\mathfrak{v}$ eines beliebigen Punktes des starren Körpers ist daher gegeben durch

(7) $$\mathfrak{v} = \mathfrak{u} + \vec{\omega} \times \mathfrak{r}.$$

Der Bezugspunkt O ist dabei ganz beliebig wählbar; für ihn wird

(7a) $$\mathfrak{v} = \mathfrak{u}.$$

Für manche Zwecke ist es aber bequem, O mit dem Schwerpunkt S zusammenfallen zu lassen. Dies zeigt sich z. B., wenn wir die kinetische Energie des Körpers

(8) $$T = \int \frac{\mathrm{d}m}{2} v^2$$

berechnen. Wir bilden zu dem Zwecke nach (7)

(8a) $$v^2 = u^2 + [\vec{\omega} \times \mathfrak{r}]^2 + 2\,(\mathfrak{u} \cdot [\vec{\omega} \times \mathfrak{r}])$$

und zerlegen dementsprechend T in 3 Teile:

(9) $$T = T_{\text{transl}} + T_{\text{rot}} + T_w,$$

wobei T_w eine „wechselweise Energie" ist, welche sich aus Translation und Rotation gleichzeitig bestimmt.

Ersichtlich ist, da $\mathfrak{u}$ für alle Punkte $\mathrm{d}m$ die gleiche Bedeutung hat:

(10) $$T_{\text{transl}} = \frac{u^2}{2} \int \mathrm{d}m = \frac{m}{2} u^2.$$

Um T_w zu berechnen, formen wir um

(11) $$T_w = \int (\mathfrak{u} \cdot [\vec{\omega} \times \mathfrak{r}])\,\mathrm{d}m = (\mathfrak{u} \cdot [\vec{\omega} \times \int \mathfrak{r}\,\mathrm{d}m]) = m\,(\mathfrak{u} \cdot [\vec{\omega} \times \mathfrak{R}]).$$

Hier bedeutet $\mathfrak{R}$ den vom Bezugspunkte O nach dem Schwerpunkt S gezogenen Fahrstrahl

(11a) $$\mathfrak{R} = \frac{\int \mathfrak{r}\,\mathrm{d}m}{m}$$

wie in Gl. (13.3b). Wenn man nun O mit S zusammenfallen läßt, so wird $\mathfrak{R} = 0$, und man hat nach (11)

(11b) $$T_w = 0.$$

Die kinetische Energie T wird dann einfach die Summe von T_{transl} und T_{rot}. Man bemerke übrigens, daß, wenn der Körper um einen festen Punkt rotiert und man diesen zum Bezugspunkt O wählt, (wegen $\mathfrak{u} = 0$) nicht nur T_w, sondern auch T_{transl} verschwindet, also direkt wird:

(11c) $$T = T_{\text{rot}}.$$

Wir beschäftigen uns jetzt mit diesem *Rotationsbestandteil der kinetischen Energie*. Aus dem mittleren Gliede auf der rechten Seite von (8a) erhalten wir, indem wir

§ 22. 13d Kinematik des starren Körpers

die Komponenten von $\vec{\omega} \times \mathfrak{r}$ quadrieren:

(12) $\quad 2\,T_{\text{rot}} = \omega_x^2 \int (y^2 + z^2)\,dm + \omega_y^2 \int (z^2 + x^2)\,dm + \omega_z^2 \int (x^2 + y^2)\,dm$
$\quad\quad\quad - 2\,\omega_y\,\omega_z \int y\,z\,dm - 2\,\omega_z\,\omega_x \int z\,x\,dm - 2\,\omega_x\,\omega_y \int x\,y\,dm\,.$

Mit den Bezeichnungen:

(12a) $\quad\quad \Theta_{xx} = \int (y^2 + z^2)\,dm \ldots,$
$\quad\quad\quad D_{xy} = -\Theta_{xy} = \int x\,y\,dm, \ldots$

erhalten wir

(12b) $\quad 2\,T_{\text{rot}} = \Theta_{xx}\omega_x^2 + \Theta_{yy}\omega_y^2 + \Theta_{zz}\omega_z^2 - 2\,D_{yz}\omega_y\omega_z - 2\,D_{zx}\omega_z\omega_x - 2\,D_{xy}\omega_x\omega_y$
$\quad\quad\quad = \Theta_{xx}\omega_x^2 + \Theta_{yy}\omega_y^2 + \Theta_{zz}\omega_z^2 + 2\,\Theta_{yz}\omega_y\omega_z + 2\,\Theta_{zx}\omega_z\omega_x + 2\,\Theta_{xy}\omega_x\omega_y\,.$

Θ_{xx} ist nach der in (11.3) eingeführten Definition das *Trägheitsmoment der Massenverteilung um die X-Achse*; entsprechend Θ_{yy}, Θ_{zz}. Wir nennen die D_{yz}, D_{zx}, D_{xy} *Trägheitsprodukte*; auch die Namen *Zentrifugalmomente* und *Deviationsmomente* werden dafür gebraucht.

Wir setzen die linke Seite von Gl. (12), in Anlehnung an (11.5), gleich $\Theta\,\omega^2$ und erhalten mit den Abkürzungen

(13) $\quad\quad\quad \dfrac{\omega_x}{\omega} = \alpha,\quad \dfrac{\omega_y}{\omega} = \beta,\quad \dfrac{\omega_z}{\omega} = \gamma$

(13a) $\quad \Theta = \Theta_{xx}\alpha^2 + \Theta_{yy}\beta^2 + \Theta_{zz}\gamma^2 + 2\,\Theta_{yz}\beta\gamma + 2\,\Theta_{zx}\gamma\alpha + 2\,\Theta_{xy}\alpha\beta\,.$

α, β, γ sind die Richtungskosinus der beliebig im starren Körper gelegenen Achse von ω. Nach (13a) ist also das Trägheitsmoment für jede Achse durch Angabe der sechs Größen Θ_{ik} vollständig bestimmt.

Das Sextupel von Größen unserer Θ_{ik} ist ein erstes Beispiel eines *Tensors*, genauer eines *symmetrischen Tensors*. Der Name stammt aus der Elastizitätstheorie, wo *Spannungs-* und *Dehnungstensoren* eine zentrale Rolle spielen. Allgemein schreibt man einen Tensor passend als quadratisches Schema an, das in unserem Falle lautet:

(13b) $\quad\quad \Theta = \begin{pmatrix} \Theta_{xx} & \Theta_{xy} & \Theta_{xz} \\ \Theta_{yx} & \Theta_{yy} & \Theta_{yz} \\ \Theta_{zx} & \Theta_{zy} & \Theta_{zz} \end{pmatrix} = \begin{pmatrix} \Theta_{xx} & -D_{xy} & -D_{xz} \\ -D_{yx} & \Theta_{yy} & -D_{yz} \\ -D_{zx} & -D_{zy} & \Theta_{zz} \end{pmatrix}.$

Wegen $\Theta_{ik} = \Theta_{ki}$, $D_{ik} = D_{ki}$ heißt der Trägheitstensor Θ symmetrisch.

Unter Benutzung des durch $(\mathfrak{a}\,\mathfrak{b})_{ik} = a_i\,b_k$ oder

(13c) $\quad\quad\quad (\mathfrak{a}\,\mathfrak{b}) = \begin{pmatrix} a_x b_x & a_x b_y & a_x b_z \\ a_y b_x & a_y b_y & a_y b_z \\ a_z b_x & a_z b_y & a_z b_z \end{pmatrix}$

definierten dyadischen oder tensoriellen Produkts zweier Vektoren $\mathfrak{a}, \mathfrak{b}$ lassen sich die Definitionen (12a) des Tensors Θ wie folgt zusammenfassen

(13d) $\quad\quad\quad \Theta = \int (\mathfrak{r}\cdot\mathfrak{r} - \mathfrak{r}\,\mathfrak{r})\,dm\,.$

Damit ist für die Komponenten Θ_{ik} bei Drehungen des Koordinatensystems ein durch die Formeln (2.3) bestimmtes Transformationsverhalten vorgeschrieben, nämlich

(13e) $$\Theta_{ik} = \sum_{i'} \sum_{k'} \alpha_{ii'} \alpha_{kk'} \Theta_{i'k'}.$$

Die Rechnung mit Tensoren steht der Vektorrechnung an elementarer Anschaulichkeit nach. Während der Vektor durch einen Pfeil dargestellt wird, muß man für die geometrische Darstellung des symmetrischen Tensors zu einer Fläche zweiten Grades greifen (zu der im Fall eines unsymmetrischen Tensors sogar noch ein Pfeil hinzukäme). Man gelangt zu dieser „Tensorfläche" in unserem Fall folgendermaßen: Man setze

(14) $$\alpha = \frac{\xi}{\varrho}, \quad \beta = \frac{\eta}{\varrho}, \quad \gamma = \frac{\zeta}{\varrho},$$

deute ξ, η, ζ als CARTESIsche Koordinaten, also $\varrho = \sqrt{\xi^2 + \eta^2 + \zeta^2}$ als Radiusvektor vom Punkte O aus. Dieses ϱ mache man gleich $\Theta^{-1/2}$, trage also auf jeder Achse durch O nicht etwa Θ, sondern das Reziproke von $\sqrt{\Theta}$ auf (anderenfalls würde man keine Fläche *zweiten* Grades erhalten). Auf diese Weise entsteht aus (13a):

(15) $$1 = \Theta_{xx} \xi^2 + \Theta_{yy} \eta^2 + \Theta_{zz} \zeta^2 + 2\Theta_{yz} \eta \zeta + 2\Theta_{zx} \zeta \xi + 2\Theta_{xy} \xi \eta.$$

Dies ist, von Ausartungen abgesehen, die Gleichung eines *Ellipsoids*, da bei endlicher Massenverteilung Θ im allgemeinen nicht verschwindet. Wir nennen die durch (15) dargestellte Fläche das *Trägheitsellipsoid*.

Auf Hauptachsen transformiert, ergibt sich eine Gleichung der folgenden Form

(15a) $$1 = \Theta_1 \xi_1^2 + \Theta_2 \xi_2^2 + \Theta_3 \xi_3^2.$$

$\Theta_1, \Theta_2, \Theta_3$ sind die drei *Haupt-Trägheitsmomente*. Die Trägheitsprodukte verschwinden für die Hauptachsen, was als Definition der letzteren angesehen werden kann. Unser Tensorschema (13b) ist auf die Diagonale $\Theta_1, \Theta_2, \Theta_3$ zusammengeschrumpft; von einem anderen als dem Hauptachsensystem betrachtet, hat man die drei Richtungsparameter der Hauptachsen hinzuzudenken, wodurch man wieder auf sechs den symmetrischen Tensor charakterisierende Größen kommt.

Jede Symmetrie-Ebene der Massenverteilung bedeutet natürlich auch eine Symmetrie-Ebene des Trägheitsellipsoides und definiert durch ihre Normale eine Hauptachse desselben. Eine Massenverteilung mit Rotations-Symmetrie besitzt ein Rotations-Trägheitsellipsoid, also neben der in die „Figurenachse" weisenden Hauptachse unendlich viele andere „äquatoriale" Hauptachsen. Beispiele hierzu liefern der Spielkreisel und der zu Demonstrationen gewöhnlich benutzte schwungradförmige Kreisel (Fig. 40a und b). Bei ersterem ist das Trägheitsmoment um die Figurenachse ein Minimum, daher ist die betreffende Hauptachse (wegen der Beziehung $\varrho = \Theta^{-1/2}$) *größer* als die äquatorialen; wir haben ein *verlängertes* Ellipsoid. Bei letzterem ist das Trägheitsmoment um die Figurenachse maximal, daher ist die betreffende Hauptachse (aus demselben Grund) *kleiner* als die äquatorialen; *abgeplattetes* Ellipsoid. Wir sprechen in beiden Fällen von einem *symme-*

trischen Kreisel, bei Fig. 40a von einem *verlängerten*, bei Fig. 40b von einem *abgeplatteten*.

Übrigens liegt ein rotationssymmetrisches Trägheitsellipsoid nicht nur bei rotationssymmetrischer Massenverteilung, sondern immer dann vor, wenn *mehr als zwei* Symmetrie-Ebenen durch eine Achse gehen, also z. B. bei einem quadratischen oder hexagonalen Prisma.

Entsprechend nimmt das Trägheitsellipsoid *Kugelgestalt* an nicht nur bei allseitig symmetrischer sphärischer, sondern auch z. B. bei kubischer Massenvertei-

Fig. 40a—c. a) Trägheitsellipsoid des Spielkreisels. b) Trägheitsellipsoid des Schwungradkreisels. c) Beispiel des Kugelkreisels

lung, weil es hier mehr Symmetrie-Ebenen gibt, als mit der ellipsoidischen Gestalt der Tensorfläche verträglich sind. Wir sprechen in diesem Falle von einem *Kugelkreisel*; bei diesem ist jede Achse Hauptachse (vgl. Fig. 40c).

§ 23. Statik des starren Körpers

Diese bildet die theoretische Grundlage der gesamten Baukonstruktionen (Brückenbau, Fachwerke, Kuppelbau usw.) und wird daher in den Lehrbüchern der technischen Mechanik in allen Einzelheiten rechnerisch und graphisch abgehandelt. Wir können uns hier mit den allgemeinen Grundzügen des Gebietes begnügen.

1. Die Gleichgewichtsbedingungen

Sie werden wie alle Gleichgewichtsfragen durch das Prinzip der virtuellen Arbeit beherrscht. Da dieses als Spezialfall des D'ALEMBERTschen Prinzips betrachtet werden kann und aus ihm durch Streichung der Trägheitswiderstände entsteht, können wir unsere jetzige Betrachtung unmittelbar an die Behandlung des Schwerpunkts- und Flächensatzes in § 13 anschließen, wobei nur noch anzumerken wäre, daß die dort benutzten virtuellen Verrückungen (Parallelverschiebung und Drehung) mit dem Zusammenhang des starren Körpers offensichtlich verträglich sind und den beiden im vorigen Paragraphen behandelten Bestandteilen der allgemeinen Bewegung des starren Körpers (Translation und Rotation) entsprechen.

Wir schließen also aus (13.3) und (13.9), indem wir die Trägheitswiderstände streichen, auf die allgemeinen Gleichheitsbedingungen des starren Körpers:

(1) $$\sum \mathfrak{F}_k = 0\,, \quad \sum \mathfrak{M}_k = 0\,.$$

Die $\mathfrak{F}_k$ sind die in irgendwelchen Punkten P_k des starren Körpers angreifenden äußeren Kräfte. Die erste Gl. (1) forderte uns auf, diese Kraftvektoren, ohne

Rücksicht auf ihre Angriffspunkte P_k, in irgendeiner Reihenfolge aneinander anzutragen und das entstehende *Kräftepolygon* zu betrachten. *Dieses muß nach der ersten Gl. (1) im Gleichgewichtsfalle ein geschlossenes sein.*

Die $\mathfrak{M}_k$ sind die Momente der $\mathfrak{F}_k$ um einen beliebigen, aber für alle $\mathfrak{F}_k$ gleichen Bezugspunkt O. Die zweite Gl. (1) fordert uns auf, diese $\mathfrak{M}_k$ durch die Momentenpfeile (vgl. S. 36) zu ersetzen und das aus ihrer Aneinanderfügung entstehende *Momentenpolygon* zu betrachten. *Dieses muß nach der zweiten Gl. (1) im Gleichgewichtsfalle ebenfalls geschlossen sein.*

Im Anschluß an die Gln. (13.12) und (13.13) können wir von den zwei Vektorgleichungen (1) zu den folgenden sechs Komponentengleichungen übergehen:

(2) $$\sum X_k = \sum Y_k = \sum Z_k = 0,$$
$$\sum(y_k Z_k - z_k Y_k) = \sum(z_k X_k - x_k Z_k) = \sum(x_k Y_k - y_k X_k) = 0.$$

Diese bedeuten die Projektionen der Vektorgleichungen (1) auf die Koordinatenachsen; die x_k, y_k, z_k sind die Koordinaten der Angriffspunkte, von O als Anfangspunkt aus gerechnet.

2. Das Äquivalenzproblem, die Reduktion des Kraftsystems

Sind die Kräfte (Momente) nicht im Gleichgewicht, so kann man fragen, ob es eine Einzelkraft (ein Einzelmoment) von solcher Beschaffenheit gibt, daß unter deren Wirkung dieselbe Bewegung des starren Körpers entsteht wie unter der Wirkung des vorgegebenen Kräfte- (Momenten-) Systems.

Diese Fragestellung ist u. a. nützlich (wenn auch im allgemeinen nicht hinreichend) für die Bestimmung der Auflagerkräfte, die ein starrer Körper von seinen Stützpunkten erfährt, wenn er von einem nicht im Gleichgewicht befindlichen Kraftsystem angegriffen wird.

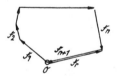

Fig. 41. Konstruktion der resultierenden Kraft bei einem nicht geschlossenen Kräftepolygon

Die Antwort ergibt sich, wenn wir an dem jetzt ungeschlossen gedachten Linienzug $\mathfrak{F}_1, \mathfrak{F}_2 \ldots \mathfrak{F}_n$ die Schlußseite ziehen, sowohl *im Durchlaufungssinne* des Kräftepolygons $\mathfrak{F}_{n+1}$ (vgl. Fig. 41), als auch *im entgegengesetzten Sinne* $\mathfrak{F}_r$ (resultierende Kraft), wodurch nichts geändert wird. Wir haben dann ein geschlossenes Kräftepolygon $\mathfrak{F}_1 \ldots \mathfrak{F}_{n+1}$ und eine Einzelkraft $\mathfrak{F}_r$, die zusammengenommen dem ungeschlossenen Kräftepolygon $\mathfrak{F}_1 \ldots \mathfrak{F}_n$ äquivalent sind. Da aber die Kräfte $\mathfrak{F}_1 \ldots \mathfrak{F}_{n+1}$ als Gleichgewichtssystem fortgelassen werden können, ist schon die Einzelkraft $\mathfrak{F}_r$ allein dem vorgegebenen Kräftesystem $\mathfrak{F}_1 \ldots \mathfrak{F}_n$ äquivalent. Daher ist

(3) $$\mathfrak{F}_r = \sum_{k=1}^{n} \mathfrak{F}_k.$$

Genau dieselbe Überlegung kann man mit dem ungeschlossenen Momentenpolygon anstellen. Man erhält dann ein resultierendes Moment $\mathfrak{M}_r$, welches dem vorgegebenen Momentensystem $\mathfrak{M}_1, \mathfrak{M}_2 \ldots \mathfrak{M}_n$ äquivalent ist:

(4) $$\mathfrak{M}_r = \sum_{k=1}^{n} \mathfrak{M}_k .$$

Übrigens steht nichts im Wege, die Einzelkraft $\mathfrak{F}_r$, wie es in Fig. 41 angedeutet ist, an demselben Punkte O angreifen zu lassen, der als Bezugspunkt bei der Bildung der Momente $\mathfrak{M}_k$ gedient hat.

3. Wechsel des Bezugspunktes

Gl. (3) zeigt unmittelbar, daß $\mathfrak{F}_r$ von der Wahl des Bezugspunktes O unabhängig ist. Bedeutet $\tilde{\mathfrak{F}}_r'$ die zu einem anderen Bezugspunkt O' gehörende resultierende Einzelkraft, so wird also

(5) $$\tilde{\mathfrak{F}}_r' = \mathfrak{F}_r .$$

Nach dem Vorbilde von Gl. (4) ist andererseits bei entsprechender Bedeutung von $\mathfrak{M}_r'$

(6) $$\mathfrak{M}_r' = \sum \mathfrak{M}_k' \quad \text{mit} \quad \mathfrak{M}_k' = \mathfrak{r}_k' \times \mathfrak{F}_k ,$$

wo $\mathfrak{r}_k'$ der Radiusvektor von O' nach dem Angriffspunkt P_k von $\mathfrak{F}_k$ ist. Sei $\mathfrak{a}$ der vektorielle Abstand von O' nach O, so haben wir

(6a) $$\mathfrak{r}_k' = \mathfrak{a} + \mathfrak{r}_k , \quad \mathfrak{M}_k' = \mathfrak{a} \times \mathfrak{F}_k + \mathfrak{r}_k \times \mathfrak{F}_k = \mathfrak{a} \times \mathfrak{F}_k + \mathfrak{M}_k .$$

Daher

(6b) $$\mathfrak{M}_r' = \sum \mathfrak{a} \times \mathfrak{F}_k + \sum \mathfrak{M}_k = \mathfrak{a} \times \sum \mathfrak{F}_k + \mathfrak{M}_r .$$

Hier ist wegen (3)
$$\mathfrak{a} \times \sum \mathfrak{F}_k = \mathfrak{a} \times \mathfrak{F}_r .$$

Somit hat man

(7) $$\mathfrak{M}_r' = \mathfrak{M}_r + \mathfrak{a} \times \mathfrak{F}_r .$$

4. Vergleich von Kinematik und Statik

Wie bei Gl. (22.2) bemerkt, ist in der Kinematik $\vec{\omega}$ von der Wahl des Bezugspunktes unabhängig, $\mathfrak{u}$ davon abhängig. Wir schreiben

(8) $$\vec{\omega}' = \vec{\omega}$$

und nach (22.7) mit $\mathfrak{v} = \mathfrak{u}'$ und $\mathfrak{r} = \mathfrak{a}$

(9) $$\mathfrak{u}' = \mathfrak{u} + \vec{\omega} \times \mathfrak{a} .$$

Diese Formel ist von derselben Bauart wie die vorangehende Gl. (7), wenn wir von der Reihenfolge der Faktoren in den betreffenden Vektorprodukten absehen. Wir kommen daher, indem wir auch die Gln. (5) und (8) in Betracht ziehen, zu einer merkwürdigen Reziprozität zwischen Statik und Kinematik, die in das folgende Schema gebracht werden kann:

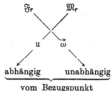

Diese kreuzweise Reziprozität bewährt sich auch bei den Begriffen Kräftepaar und Drehpaar.

Das *Kräftepaar* ist ein Grundelement der elementaren Statik. Man versteht darunter bekanntlich zwei parallele, entgegengesetzt gleiche Kräfte $\pm\mathfrak{F}$, deren Richtungslinien einen endlichen Abstand, sagen wir l, voneinander haben. Die Reduktion eines solchen Kräftepaares, im Sinne von Nr. 2 durchgeführt, liefert

$$(10) \qquad \mathfrak{F}_r = 0, \quad \mathfrak{M}_r = \vec{M}, \quad |\vec{M}| = |\mathfrak{F}|\, l,$$

wobei der Momentenpfeil von $\vec{M}$ senkrecht zur Ebene des Kräftepaares gerichtet zu denken ist. Während aber das frühere $\mathfrak{M}_r$ im Bezugspunkt O „angeheftet" war, ist unser jetziges $\vec{M}$ für jeden Bezugspunkt gleich und völlig frei im Raume verschiebbar, d. h., irgend zwei Kräftepaare setzen sich durch vektorielle Addition ihrer Pfeile zu einem dritten Kräftepaar zusammen; zwei Kräftepaare entgegengesetzt gleichen Momentes in parallelen Ebenen heben sich auf usw.

Indem wir der in unserem Schema ausgedrückten kreuzweisen Reziprozität folgen, verstehen wir unter einem *Drehpaar* zwei entgegengesetzt gleiche Drehungen $\pm\,\omega$, deren Achsen parallel und im Abstande l voneinander verlaufen. Die Reduktion eines solchen Drehpaares liefert nach der Zusammensetzungsregel (22.5) die resultierende Drehung $\omega_r = 0$. Unser Drehpaar erzeugt also eine *reine Translation* senkrecht zur Ebene seiner beiden Drehachsen. Als Größe derselben findet man leicht $|\mathfrak{u}| = \omega\, l$. Es besteht also volle Analogie zu den Gln. (10) im Sinne unseres Reziprozitäts-Schemas. Während aber unser früheres $\mathfrak{u}$ von der Wahl des Bezugspunktes O abhängig war, ist das dem Drehpaar äquivalente $\mathfrak{u}$ unabhängig von O, beliebig parallel zu sich selbst im Raum verschiebbar. Daraus folgt weiter: Zwei beliebig gelegene Drehpaare setzen sich vektoriell wie ihre Translationen $\mathfrak{u}$ zusammen; zwei Drehpaare entgegengesetzt gleichen Momentes $\pm\,\omega\, l$ in parallelen Ebenen heben sich auf usw.

Anhang über Kraftschrauben und Bewegungsschrauben

Da nach (7) $\mathfrak{M}_r$ vom Bezugspunkt abhängig ist, liegt es nahe, diesen so zu wählen, daß $\mathfrak{M}_r$ und $\mathfrak{F}_r$ einander parallel werden. Wir haben dann als einfaches Bild des Kraftsystems eine *Kraftschraube*, d. h. eine Einzelkraft und ein um diese wirkendes Moment oder, was dasselbe ist, ein Kräftepaar in einer dazu senkrechten Ebene. Ausgehend von einem beliebigen Bezugspunkte O finden wir die zur Kraftschraube erforderliche Lage von O' folgendermaßen: In Gl. (7) zerlegen wir $\mathfrak{M}_r$ in $\mathfrak{M}_p$ parallel $\mathfrak{F}_r$ und in $\mathfrak{M}_n$ senkrecht dazu und bestimmen $\mathfrak{a}$ aus der Gleichung:

(11) $$\mathfrak{M}_n = - \mathfrak{a} \times \mathfrak{F}_r \, .$$

Wir haben dann für den Bezugspunkt O' nach (5) und (7)

$$\mathfrak{F}'_r = \mathfrak{F}_r, \quad \mathfrak{M}'_r = \mathfrak{M}_p \, || \, \mathfrak{F}_r \, ,$$

wie es ja bei der Kraftschraube sein soll. Gl. (11) besagt, daß dazu der Bezugspunkt O senkrecht zu $\mathfrak{F}_r$ und $\mathfrak{M}_n$ um eine gewisse Strecke

$$a = - \frac{|\mathfrak{M}_n|}{|\mathfrak{F}_r|}$$

zu verschieben ist.

Ganz dieselbe reziprok umgewandelte Überlegung führt zur *Bewegungsschraube*. Ausgehend von Gl. (9) zerlegen wir jetzt $\mathfrak{u}$ in eine Komponente $\mathfrak{u}_p$ parallel $\vec{\omega}$ und eine Komponente $\mathfrak{u}_n$ senkrecht dazu. Wir bestimmen die erforderliche Verschiebung $\mathfrak{a}$ des Bezugspunktes aus der Gleichung

(12) $$\mathfrak{u}_n = - \vec{\omega} \times \mathfrak{a}$$

und erhalten für den Bezugspunkt O' nach (8) und (9)

(13) $$\vec{\omega}' = \vec{\omega}, \quad \mathfrak{u}' = \mathfrak{u}_p \, || \, \vec{\omega} \, ,$$

also in der Tat eine Bewegungsschraube. Gl. (12) besagt, daß der Bezugspunkt O jetzt um eine gewisse Strecke senkrecht zu $\vec{\omega}$ und $\mathfrak{u}_n$ zu verschieben ist.

So anziehend die Vorstellung von Kraft- und Bewegungsschraube auch ist, so kommt ihr doch keine große praktische Bedeutung für die Behandlung spezieller Drehungsprobleme zu, weshalb wir sie hier nur anhangsweise erwähnt haben.

§ 24. Impuls und Impulsmoment des starren Körpers. Ihr Zusammenhang mit Translations- und Rotationsgeschwindigkeit

Wir stellen uns vor, daß dem starren Körper ein Translationsimpuls (Einzelimpuls, Stoßanregung) und ein Rotationsimpuls (Impulsmoment, Drall) bezüglich eines im gewählten Inertialsystem festen Ursprungs erteilt worden sei. Ersteren bezeichnen wir mit $\mathfrak{G}$, letzteren mit $\mathfrak{N}$.

$\mathfrak{G}$ berechnen wir als Summe über alle Einzelimpulse $d\mathfrak{g} = \mathfrak{v} \, dm$, also

(1) $$\mathfrak{G} = \int d\mathfrak{g} = \int \mathfrak{v} \, dm \, .$$

Mit Benutzung von Gl. (22.7) erhält man hieraus

$$\mathfrak{G} = \mathfrak{u} \int dm + \vec{\omega} \times \int \mathfrak{r} \, dm$$

oder auch, bei Einführung des Radiusvektors $\mathfrak{R}$ von O nach dem Schwerpunkt, vgl. (22.11a),

(2) $$\mathfrak{G} = m \mathfrak{u} + m \vec{\omega} \times \mathfrak{R} \, .$$

Wählt man insbesondere $O = S$, so wird $\mathfrak{R} = 0$ und

(3) $$\mathfrak{G} = m\mathfrak{u}.$$

Andererseits setzt sich das Impulsmoment $\mathfrak{N}$ des starren Körpers aus den für den gemeinsamen Bezugspunkt O genommenen Momenten aller Elementarimpulse zusammen. Es ist also

(4) $$\mathfrak{N} = \int \mathfrak{r} \times d\mathfrak{g} = \int \mathfrak{r} \times \mathfrak{v}\, dm.$$

Hieraus wegen (22.7) und (22.11a)

(5) $$\mathfrak{N} = \int \mathfrak{r} \times \mathfrak{u}\, dm + \int \mathfrak{r} \times [\vec{\omega} \times \mathfrak{r}]\, dm = m\,\mathfrak{R} \times \mathfrak{u} + \int dm\, \mathfrak{r} \times [\vec{\omega} \times \mathfrak{r}].$$

Der erste Summand verschwindet für $O = S$ sowie auch für $\mathfrak{u} = 0$, so daß in diesen beiden Fällen gilt:

(6) $$\mathfrak{N} = \int dm\, \mathfrak{r} \times [\vec{\omega} \times \mathfrak{r}].$$

Um dieses Integral übersichtlich berechnen zu können, erinnern wir an die für drei beliebige Vektoren $\mathfrak{A}, \mathfrak{B}, \mathfrak{C}$ gültige Vektorregel

(7) $$\mathfrak{A} \times [\mathfrak{B} \times \mathfrak{C}] = \mathfrak{B}\,(\mathfrak{A} \cdot \mathfrak{C}) - \mathfrak{C}\,(\mathfrak{A} \cdot \mathfrak{B}).$$

Aus ihr folgt
$$\mathfrak{r} \times [\vec{\omega} \times \mathfrak{r}] = \vec{\omega}\, \mathfrak{r}^2 - \mathfrak{r}\,(\vec{\omega} \cdot \mathfrak{r})$$
und daher z. B.

(8)
$$\mathfrak{N}_x = \int \mathfrak{r} \times [\vec{\omega} \times \mathfrak{r}]\, dm = \omega_x \int (x^2 + y^2 + z^2)\, dm - \omega_x \int x^2\, dm - \omega_y \int xy\, dm - \omega_z \int xz\, dm.$$

Indem wir die Trägheitsmomente und Trägheitsprodukte aus (22.12a) einführen, können wir schreiben:

(9)
$$\begin{aligned}\mathfrak{N}_x &= \Theta_{xx}\,\omega_x + \Theta_{xy}\,\omega_y + \Theta_{xz}\,\omega_z \\ \mathfrak{N}_y &= \Theta_{yx}\,\omega_x + \Theta_{yy}\,\omega_y + \Theta_{yz}\,\omega_z, \\ \mathfrak{N}_z &= \Theta_{zx}\,\omega_x + \Theta_{zy}\,\omega_y + \Theta_{zz}\,\omega_z\end{aligned}$$
oder $\mathfrak{N}_i = \sum_k \Theta_{ik}\,\omega_k$,

oder vektoriell $\mathfrak{N} = \Theta \cdot \omega$.

Wir sind so zu einer linearen Beziehung zwischen dem *dynamischen Vektor* $\mathfrak{N}$ und dem *kinematischen Vektor* $\vec{\omega}$ gelangt, die durch den *Tensor* Θ aus Gl. (22.13b) vermittelt wird: Man sagt: $\mathfrak{N}$ ist eine „lineare Vektorfunktion" von $\vec{\omega}$. Solche lineare Vektorfunktionen spielen auf allen Gebieten der theoretischen Physik eine wichtige Rolle, insbesondere in der Elastizitätstheorie, vgl. Bd. II.

Man kann den Gln. (9) eine bemerkenswerte Form geben, wenn man den Ausdruck (22.12b) für die kinetische Energie der Rotation heranzieht. Man hat nämlich einfach

(10) $$\mathfrak{N}_i = \frac{\partial T_{\text{rot}}}{\partial \omega_i}, \quad i = x, y, z.$$

§ 24. 12 Impuls und Impulsmoment des starren Körpers

Wir bemerken aber weiter, daß diese Darstellung nicht nur in dem bei (9) vorausgesetzten Falle $O = S$ bzw. $\mathfrak{u} = 0$ gilt, sondern auch bei beliebiger Lage von O. Man hat dann nur den Ausdruck (22.12b) für T_rot durch den Ausdruck (22.11) für T_w zu ergänzen, wodurch auf der rechten Seite von (10) das Glied hinzutritt

$$\frac{\partial T_w}{\partial \omega_i} = m\, [\mathfrak{R} \times \mathfrak{u}]_i\,.$$

Dies ist aber dasselbe Zusatzglied, das auf der rechten Seite der Gl. (5) für $\mathfrak{R}$ auftritt, wenn O und S nicht zusammenfallen. Da nun die gesamte kinetische Energie T sich von $T_\text{rot} + T_w$ nur um das von ω unabhängige Glied T_transl unterscheidet, vgl. (22.9) und (22.10), so können wir (10) verallgemeinern zu der bei *beliebiger* Lage von O gültigen Gleichung

(10a) $$\mathfrak{R}_i = \frac{\partial T}{\partial \omega_i}\,, \quad i = x, y, z\,.$$

Dasselbe wie für den Rotationsimpuls $\mathfrak{R}$ gilt auch für den Translationsimpuls $\mathfrak{G}$. Um hier sogleich den allgemeinen Fall $O \neq S$ zu behandeln, bilden wir nach den Gln. (22.9), (22.10) und (22.11)

$$\frac{\partial T}{\partial u_i} = m\, \mathfrak{u}_i + m\, [\vec{\omega} \times \mathfrak{R}]_i\,,$$

was mit Gl. (2) für $\mathfrak{G}$ übereinstimmt. Als Ergänzung zu (10a) hat man also

(11) $$\mathfrak{G}_i = \frac{\partial T}{\partial u_i}\,, \quad i = x, y, z\,.$$

Unsere Gln. (10a) und (11) sind Sonderfälle einer viel allgemeineren Beziehung, die bei jedem beliebigen mechanischen System Impuls- und Geschwindigkeits-Koordinaten verknüpft. Dies können wir aber erst in Kapitel VI, § 36, zeigen. Gegenwärtig liegt es uns ob, die geometrische Deutung der Gl. (10) zu besprechen. Es handelt sich um die berühmte *Poinsotsche Konstruktion, zu einer gegebenen Winkelgeschwindigkeit $\vec{\omega}$ die Lage des Impulsmomentes $\mathfrak{R}$ zu finden*. Auch diese Konstruktion ist eigentlich nicht auf den Fall des starren Körpers beschränkt, sondern läßt sich immer anwenden, wo man es mit einem symmetrischen Tensor zu tun hat, diesen durch eine Tensorfläche zweiten Grades darstellt und nach der durch den Tensor vermittelten linearen Vektorfunktion fragt.

Die Poinsotsche Vorschrift besagt: Man trage vom Mittelpunkte O des Trägheitsellipsoides aus den Drehungsvektor $\vec{\omega}$ ab und lege in dem Punkte, wo er das Ellipsoid schneidet, die Tangentialebene. Das Lot vom Mittelpunkt auf sie ist die Richtung von $\mathfrak{R}$. Zum Beweise hat man sich nur daran zu erinnern, daß für eine beliebige Fläche $f(\xi, \eta, \zeta) =$ konst., die Richtungskosinus der Normalen zur Tangentialebene proportional sind zu

(12) $$\frac{\partial f}{\partial \xi},\; \frac{\partial f}{\partial \eta},\; \frac{\partial f}{\partial \zeta}\,.$$

In unserem Falle ist $f(\xi, \eta, \zeta) =$ konst. die Gl. (22.15) des Trägheitsellipsoides und ihre Ableitungen nach ξ, η, ζ sind in der Tat proportional zu den Komponenten von $\mathfrak{N}$ aus Gl. (9).

Wir können auch kürzer sagen: Die POINSOTsche Konstruktion ist der direkte geometrische Ausdruck unserer Gl. (10), wenn wir an Stelle des von ihm benutzten Trägheitsellipsoids von der geometrisch ähnlichen Fläche $T_{\text{rot}} =$ konst. Gebrauch machen.

Unsere Fign. 42a, b entsprechen dem Fall des *symmetrischen* Trägheitsellipsoides, wo $\vec{\omega}$ und $\mathfrak{N}$ in derselben durch die Symmetrieachse („Figurenachse") gelegten Ebene enthalten sind und daher die Tangentialebene durch die Tangente an die Schnittellipse dargestellt werden kann. Bei dem verlängerten Rotations-Ellipsoid Fig. 42b liegt $\mathfrak{N}$ jenseits von $\vec{\omega}$, bei dem abgeplatteten Fig. 42a zwischen $\mathfrak{F}$ und $\vec{\omega}$. Der Fall des dreiachsigen Ellipsoids läßt sich graphisch weniger einfach wiedergeben.

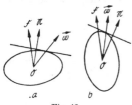

Fig. 42
Die POINSOTsche Konstruktion für die gegenseitige Lage von Drehung $\vec{\omega}$ und Drall $\mathfrak{N}$ bei dem abgeplatteten und verlängerten Trägheitsellipsoid

Wir betonen zum Schluß, daß die in diesem Paragraphen besprochenen Beziehungen im Grunde nichts anderes sind als die auf den starren Körper übertragene NEWTONsche Definition (vgl. S. 2): „Die Größe der Bewegung wird durch die Geschwindigkeit und die Menge der Materie vereint gemessen." Nur deshalb, weil in der Punktmechanik die „Menge der Materie", d. h. die Masse *skalar*, beim starren Körper dagegen das Trägheitsmoment *tensoriell* ist, wurden unsere jetzigen Betrachtungen so viel umständlicher als die Beziehung Impuls—Geschwindigkeit beim einzelnen Massenpunkt.

§ 25. Dynamik des starren Körpers
Übersicht über seine Bewegungsformen

Wir betrachten zunächst den im Raum frei beweglichen Körper und reduzieren nach der Vorschrift von § 23 die am Körper angreifenden Kräfte. Wir haben es dann nur mit einer resultierenden Einzelkraft $\mathfrak{F}$ und mit einem resultierenden Kraftmoment $\mathfrak{M}$ zu tun. Die Bewegungsgleichungen ergeben sich nach (13.3) und (13.9) als Schwerpunktssatz und Satz vom Impulsmoment in der Form

(1) $$\dot{\mathfrak{G}} = \mathfrak{F},$$

(2) $$\dot{\mathfrak{N}} = \mathfrak{M}.$$

Da der starre Körper nur sechs Freiheitsgrade hat, genügen diese beiden Vektorgleichungen zur vollständigen Beschreibung seines Bewegungszustandes.

Beide Gleichungen beziehen sich nach ihrer Herleitung in § 13 auf die Änderungen von $\mathfrak{G}$ und $\mathfrak{N}$, wie sie in einem Inertialsystem beobachtet werden. Bei

§ 25 Dynamik des starren Körpers

Bildung der Momente $\mathfrak{M}$ und $\mathfrak{N}$ hat man sich also auf einen im Inertialsystem ruhenden Punkt O zu beziehen. Andererseits haben die Ausführungen der Paragraphen 22 und 24 gezeigt, daß die Diskussion der Bewegung sich vereinfacht, wenn man als Bezugspunkt der Momente den Schwerpunkt S einführt, der aber nur im Fall $\mathfrak{F} = 0$ in einem Inertialsystem ruht. Man kann indessen leicht einsehen, *daß Gl. (2) auch im „Schwerpunktsystem", bezogen auf $O = S$, gilt, und zwar gleichgültig, ob S sich beschleunigt bewegt oder nicht!*

Führt man nämlich durch $\mathfrak{r}'_k = \mathfrak{r}_k - \mathfrak{r}_S$ Relativkoordinaten gegenüber dem Schwerpunkt ein, so gilt mit $\sum_k m_k \mathfrak{r}'_k = 0$ auch $\sum_k m_k \dot{\mathfrak{r}}'_k = 0$ und $\sum_k m_k \ddot{\mathfrak{r}}'_k = 0$.

Also ist

$$\sum_k m_k \ddot{\mathfrak{r}}_k - (\sum_k m_k)\, \ddot{\mathfrak{r}}_S = \sum_k \mathfrak{F}_k - (\sum_k m_k)\, \ddot{\mathfrak{r}}_S = 0\,.$$

Hieraus folgt zunächst wieder (13.3a) in der Form $\overline{\mathfrak{F}} - M\dot{\mathfrak{V}} = 0$. Aber nach Bildung der auf den Schwerpunkt bezogenen Momente folgt weiter

$$\sum_k \mathfrak{r}'_k \times m_k \ddot{\mathfrak{r}}_k = \frac{d}{dt} \sum_k \mathfrak{r}'_k \times m_k \dot{\mathfrak{r}}'_k = \frac{d}{dt}\, \mathfrak{N}' = \sum_k \mathfrak{r}'_k \times \mathfrak{F}_k - \left(\sum_k m_k \mathfrak{r}'_k\right) \times \ddot{\mathfrak{r}}_S\,.$$

Die Summe im letzten Glied verschwindet, daher bleibt im Schwerpunktsystem die Gleichung

$$\dot{\mathfrak{N}}' = \mathfrak{M}'$$

bestehen.

Man darf also die Rotationsgleichung (2) auch in dem mit dem Schwerpunkt translatorisch mitbewegten Bezugssystem aussprechen, und zwar einerlei, ob dasselbe ein Inertialsystem ist oder nicht.

Wenn $\mathfrak{F}$ von der Winkelgeschwindigkeit und $\mathfrak{M}$ bzw. $\mathfrak{M}'$ von der Translationsgeschwindigkeit unabhängig ist, lassen sich (1) und (2) gesondert behandeln. In der Ballistik ist das z. B. nicht der Fall. Wenn es der Fall ist, wird (1) zu einem Problem der reinen Punktmechanik, (2) zum Problem der Drehung um einen festen Punkt oder, wie wir kürzer sagen, zu einem *Kreiselproblem*.

Wir beschäftigen uns hier hauptsächlich mit dem letzteren. Bei Bezugnahme auf den Schwerpunkt können wir von der Schwere absehen, da sie kein Moment um den Schwerpunkt liefert. Wenn wir auch Luftwiderstand, Reibung usw. vernachlässigen, haben wir das Problem des *kräftefreien Kreisels* vor uns. Dieses werden wir in den Abschnitten 1 bis 3 besprechen. Auch der Kreisel im CARDANIschen Gehänge ist ein kräftefreier Kreisel, wenn wir die Masse der Aufhängeringe gegen die des Schwungrades vernachlässigen dürfen, was bei den üblichen Ausführungen annähernd der Fall ist. Andernfalls hätten wir es mit einem erheblich unübersichtlicheren mathematischen Problem zu tun.

Wir werden aber auch die Drehung des Körpers um einen festen Punkt betrachten, der vom Schwerpunkt verschieden ist. Dann empfiehlt es sich, wie S. 106 bemerkt, diesen festen Punkt als Bezugspunkt O zu wählen und dafür das um ihn wirkende Schweremoment $\mathfrak{M}$ einzuführen. Wir sprechen dann vom *schweren Kreisel*. Diesem gelten die Abschnitte 4 und 5.

118   IV. Der starre Körper   § 25. 3

Die vollständige analytische Behandlung des kräftefreien Kreisels werden wir aber bis zum nächsten Paragraphen verschieben, wo wir das Hilfsmittel der *Eulerschen Gleichungen* zur Verfügung stellen werden. Die vollständige Behandlung des schweren Kreisels, soweit sie sich überhaupt durchführen läßt, müssen wir sogar bis zu § 35 vertagen, wo wir über das noch mächtigere Werkzeug der *allgemeinen Lagrangeschen Gleichungen* verfügen werden.

Beim *kräftefreien Kreisel* besagt Gl. (2) $\dot{\mathfrak{N}} = 0$. Dies läßt sich sofort integrieren und liefert

(3) $$\mathfrak{N} = \text{konst.}$$

Beim kräftefreien Kreisel ist der Drall nach Achse und Größe im Raum konstant. Diese Aussage entspricht vollkommen dem GALILEIschen Trägheitsgesetz, führt aber im allgemeinen nicht zu einer so einfachen Aussage über Geschwindigkeit und Lage im Raum wie dieses.

1. Der kräftefreie Kugelkreisel

Nur bei kugelförmigem Trägheitsellipsoid folgt wegen $\mathfrak{N} = \Theta \vec{\omega}$ aus $\mathfrak{N} = \text{konst.}$ auch $\vec{\omega} = \text{konst.}$ Die Drehachse fällt dauernd mit der festen Impulsachse zusammen. Jeder Punkt des Körpers beschreibt, wie auch seine äußere Gestalt (vgl. z. B. Fig. 40c) sein möge, einen Kreis mit konstanter Umlaufgeschwindigkeit um diese Achse.

2. Der kräftefreie symmetrische Kreisel

Die einfache Bewegung der gleichförmigen Rotation um eine feste Achse tritt bei diesem nur auf, wenn die Richtung von $\mathfrak{N}$ mit einer Hauptachse zusammenfällt, also entweder mit der Figurenachse oder mit einer äquatorialen Achse. Dagegen ist die allgemeine Bewegungsform des symmetrischen Kreisels die sogenannte *reguläre Präzession*.

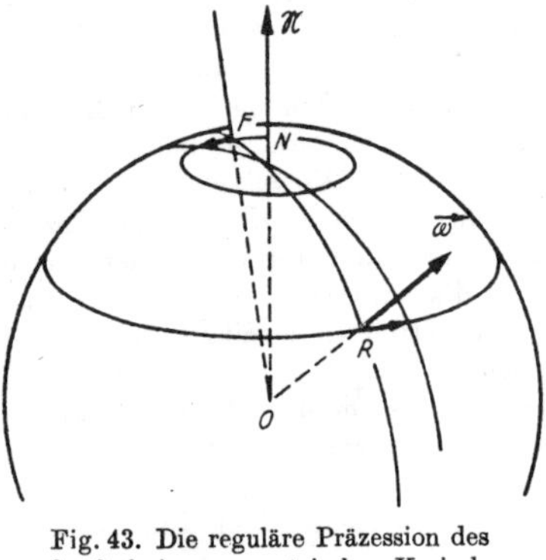

Wir erläutern sie durch Fig. 43. Die im Raum feste Achse des Impulsmomentes $\mathfrak{N}$ zeichnen wir etwa senkrecht nach oben; ihr Durchstoßungspunkt mit einer um den Mittelpunkt des Trägheitsellipsoides gelegten Einheitskugel sei N. Die Durchstoßungspunkte der jeweiligen Rotations- und Figurenachse seien R und F. Da die drei Achsen bei der POINSOTschen Konstruktion in einer Meridian-Ebene durch F liegen, liegen unsere drei Punkte N, R und F auf einem Groß-

Fig. 43. Die reguläre Präzession des kräftefreien symmetrischen Kreisels

kreise, der durch den festen Punkt N geht, und zwar befindet sich beim abgeplatteten Trägheitsellipsoid, an das wir hier denken wollen (Fig. 42a), N zwischen F und R. Die jeweilige Bewegung besteht in einer Rotation um R. F schreitet dabei senkrecht gegen den genannten Großkreis vor, wobei der Winkelabstand zwischen F und N nicht geändert wird. Wir können also den momentanen Weg von F als kurzen Bogen eines Parallelkreises um N einzeichnen (vgl. den Pfeil links in Fig. 43). Daraufhin muß auch R seine Lage wechseln, nämlich auf den durch die neue Lage von F bestimmten Großkreis durch N rücken. Dabei bleibt der Winkelabstand zwischen N und R erhalten, weil dieser durch die POINSOTsche Konstruktion gegeben ist. R schreitet also ebenfalls auf dem Bogen eines Parallelkreises um N vorwärts (vgl. den Pfeil rechts in Fig. 43). Die relative Lage der Punkte F, N und R ist jetzt dieselbe wie zu Anfang, so daß wir unsere Überlegung wiederholen können. *Im Raume beschreiben also Figuren- und Rotationsachse je einen Kreiskegel um die feste Achse des Impulsmomentes*, und zwar mit *konstanter* Winkelgeschwindigkeit, weil diese durch die Größe von $\mathfrak{N}$ und seine Lage gegen das Trägheitsellipsoid bestimmt wird. Damit ist der Charakter der regulären Präzession festgelegt.

Dasselbe gilt natürlich beim verlängerten Trägheitsellipsoid, wo indessen (vgl. Fig. 42b) R zwischen F und N liegen würde.

3. Der kräftefreie unsymmetrische Kreisel

Die soeben abgeleitete Bewegungsform des *symmetrischen* Kreisels hätten wir kürzer, wenn auch im einzelnen weniger anschaulich, so beschreiben können Durch den Endpunkt des Impulsmomenten-Pfeiles $\mathfrak{N}$ legen wir die zu ihm senkrechte „invariable Ebene" $\mathfrak{E}$ (vgl. S. 64) und konstruieren um seinen Anfangspunkt das dem Trägheitsellipsoid ähnliche Ellipsoid der doppelten kinetischen Energie, welches $\mathfrak{E}$ berührt[1]). Der Berührungspunkt ist der Endpunkt des Rotationsvektors $\vec{\omega}$. Die momentane Bewegung des Kreisels besteht in einer Drehung dieses Ellipsoids um $\vec{\omega}$. Das Ellipsoid rollt dabei auf der Ebene $\mathfrak{E}$ ohne Gleitung ab[2]). Ist das Ellipsoid rotationssymmetrisch, so wird die Rollkurve ein Kreis um $\mathfrak{N}$; der von $\vec{\omega}$ sowie der von der Figurenachse beschriebene Kegel ist daher ein *Kreiskegel*. Wir haben damit wieder die reguläre Präzession des symmetrischen Kreisels.

Dieselbe Konstruktion führt nun aber auch unmittelbar zum POINSOTschen Bilde von der kräftefreien Bewegung des allgemeinen Kreisels bei *dreiachsigem Trägheitsellipsoid*. Das zu diesem ähnliche „Ellipsoid der kinetischen Energie" lassen wir auch jetzt auf der invariablen Ebene $\mathfrak{E}$ abrollen (vgl. Anm. 1). Die Rollkurve ist aber jetzt kein Kreis, sondern eine transzendente Kurve, die sich im allgemeinen nicht schließt. Ebenso sind die Kegel, die die Rotations- und

---

[1]) Man denke an die POINSOTsche Konstruktion von S. 116 und beachte die spätere Gl. (26.17a). — [2]) Abrollen ohne Gleitung bedeutet soviel als Gleichheit der vom Raume und vom Körper aus beurteilten Änderung des Drehungsvektors $\vec{\omega}$. Vgl. hierzu Gl. (26.8a), wo diese Gleichheit nachträglich bewiesen wird.

Figurenachse im Raum beschreiben, transzendente Kegel. Die analytische Behandlung des unsymmetrischen Kreisels führt schon im kräftefreien Falle auf *elliptische Integrale*, vgl. § 26 unter 3., während die des symmetrischen Kreisels in diesem Falle mit elementaren Funktionen auskommt. Natürlich sind die Drehungen um jede der drei Hauptachsen auch beim unsymmetrischen Kreisel permanente Drehungen und daher elementar darstellbar.

4. Der schwere symmetrische Kreisel

Wir sprechen hier nicht gesondert vom Kugelkreisel, da seine Behandlung nur unwesentlich einfacher ist als die des symmetrischen Kreisels.

Beim schweren symmetrischen Kreisel fällt der feste Punkt O (Stützpunkt in der Pfanne) mit dem (auf der Figurenachse gelegenen) Schwerpunkt S nicht zusammen; der Abstand OS heiße s. Die Größe des Schweremomentes wird

(4) $$|\mathfrak{M}| = m g s \sin \vartheta \,,$$

wo ϑ den Winkel zwischen der Vertikalen und der Figurenachse bedeutet. Die Achse von $\mathfrak{M}$ ist die auf der Vertikalen und der Figurenachse Senkrechte oder, wie wir auch sagen können, die Schnittlinie der Horizontalebene mit der Äquatorebene des Trägheitsellipsoides. Diese Schnittlinie nennt man mit einem astronomischen Fachausdruck die *Knotenlinie*. Wegen genauerer Vorzeichenunterscheidungen vgl. Text S. 124.

Unsere allgemeine Gl. (2) läßt sich nicht mehr wie im kräftefreien Fall, Gl. (3), ohne weiteres integrieren, vielmehr wird das Impulsmoment $\mathfrak{N}$ dauernd abgeändert nach dem Gesetze

(5) $$d\mathfrak{N} = \mathfrak{M} \, dt \,.$$

An den jeweiligen Momentenpfeil $\mathfrak{N}$ setzt sich also der infinitesimale Pfeil $\mathfrak{M} \, dt$ vektoriell an. Der Endpunkt von $\mathfrak{N}$ schreitet dabei in Richtung der jeweiligen Knotenlinie fort, d. h. senkrecht zur Vertikalen und zur Figurenachse. Daraus folgt aber, daß die *Projektionen von $\mathfrak{N}$ auf die Vertikale sowohl wie auf die Figurenachse konstant* sind. Wir nennen diese beiden Konstanten

(6) $$n = \mathfrak{N}_{\text{Vert}} \quad \text{und} \quad N = \mathfrak{N}_{\text{Fig}} \,.$$

Diese zwei Größen n und N, die beliebig vorgeschrieben werden können, sind zwei *Integrationskonstanten der Bewegungsgleichungen*.

Eine dritte Integrationskonstante ist die *Energiekonstante W*. Da die potentielle Energie der Schwere

(6a) $$V = m g s \cos \vartheta$$

ist, entsprechend Gl. (7. 18), so haben wir

(7) $$T + m g s \cos \vartheta = W \,.$$

Um aber von hier aus zu einer analytischen Darstellung der Bewegung zu gelangen, müssen wir T und die in (6) genannten Projektionen von $\mathfrak{N}$ durch geeignete

Lagenparameter des Kreisels (die EULERschen Winkel!) ausdrücken, was erst in § 35 geschehen wird. Die Ausführung der Rechnung führt dann auf *elliptische Integrale*.

Die *reguläre Präzession*, die als Sonderfall dieser Darstellung auftritt, ist nicht wie beim kräftefreien Kreisel die allgemeine Bewegungsform, sondern ergibt sich nur für speziell angepaßte Werte von n, N und W. Die bei der gewöhnlichen Anregung des schweren Kreisels zumeist beobachtete Präzessionsbewegung ist nur scheinbar regulär; wir nennen sie *pseudoreguläre Präzession*. Die *reine Rotation* um die *aufrecht* gestellte Figurenachse ist ebenfalls, und zwar bei jeder Winkelgeschwindigkeit, eine mögliche (stabile oder instabile) Bewegungsform.

Bisher haben wir nur die Impulsmomentgleichung (2) betrachtet. Wir müssen aber auch noch einen Blick auf die Impulsgleichung (1) werfen. Auf der rechten Seite derselben steht die im festen Punkt O angreifende Kraft $\mathfrak{F}$, die sich aus der senkrecht nach unten wirkenden Schwere $m\vec{g}$ und der Reaktion der Unterlage, der Stützkraft $\mathfrak{F}_{st}$, zusammensetzt. Die auf der linken Seite stehende Impulsänderung berechnet sich nach Gl. (24.2) mit $\mathfrak{u} = 0$ zu

$$\dot{\mathfrak{G}} = m \frac{d}{dt}[\vec{\omega} \times \mathfrak{R}] = m\dot{\mathfrak{V}},$$

wo $\mathfrak{V}$ die Schwerpunktsgeschwindigkeit ist. Unsere Gl. (1) besagt also einfach

$$\mathfrak{F}_{st} = m(\dot{\mathfrak{V}} - \vec{g}).$$

Das heißt: Zur Befriedigung des Schwerpunktssatzes muß die Unterlage jeweils eine Stützkraft hergeben, die gleich Kreiselmasse mal der um die Fallbeschleunigung reduzierten Schwerpunktsbeschleunigung ist.

5. Der schwere Kreisel mit dreiachsigem Trägheitsellipsoid

Trotz der Bemühungen vieler großer Mathematiker ist es nicht gelungen, die Differentialgleichungen dieses Problems allgemein zu integrieren. Von den Impulsintegralen (6) bleibt zwar das erste in Gültigkeit, weil die Schweremoment auch jetzt um eine horizontale Achse wirkt und daher der Endpunkt des $\mathfrak{R}$-Pfeiles in einer raumfesten Horizontalebene verharrt. Aber das zweite Integral (6) gilt nicht mehr, weil es an die Symmetrie des Trägheitsellipsoides gebunden ist. Das Energieintegral (7) ist natürlich auch bei allgemeinem Trägheitsellipsoid gültig.

Die lösbaren Spezialfälle setzen entweder eine spezielle *Massenverteilung* oder eine spezielle *Bewegungsform* voraus.

Am bekanntesten ist der KOWALEWSKIsche Fall. Das Trägheitsellipsoid muß hier als *symmetrisch* vorausgesetzt werden, der Schwerpunkt liegt aber nicht in der Figurenachse, sondern in der Äquatorebene; außerdem muß das Trägheitsmoment um die Figurenachse gleich der Hälfte des äquatorialen sein. Der Bewegungszustand braucht dann nicht spezialisiert zu werden.

Der STAUDEsche Fall betrifft die Frage: Welche Achsen können, vertikal aufgerichtet, als *permanente Drehungsachsen* dienen? Es zeigt sich, daß diese Achsen im Körper auf einem Kegel zweiten Grades liegen, der außer den drei Hauptachsen auch die Schwerpunktsachse enthält. Zu jeder Achse gehört eine (bis auf das Vorzeichen) bestimmte Drehgeschwindigkeit. Massenverteilung und Schwerpunktslage brauchen dabei nicht spezialisiert zu werden.

Im HESSEschen Fall endlich handelt es sich um das Analogon zur einfachen *Bewegung des Pendels* (des sphärischen oder im besonderen des gewöhnlichen Pendels). Der Schwerpunkt muß dabei auf einer gewissen Achse im Trägheitsellipsoid liegen und die anfängliche Anregung in gewisser Weise spezialisiert werden, ähnlich wie beim symmetrischen Kreisel, dessen Schwerpunkt nur dann eine reine Pendelbewegung beschreibt, wenn der Anfangsdrall keine Komponente nach der Figurenachse besitzt.

§ 26. Die Eulerschen Gleichungen
Quantitative Behandlung des kräftefreien Kreisels

1. Die Eulerschen Differentialgleichungen der Rotation

Wir unterscheiden ein im Raume festes Bezugssystem X, Y, Z und ein im Körper festes x, y, z. Im X, Y, Z-System hat das Impulsmoment bei der kräftefreien Bewegung eine unveränderliche Lage: $\mathfrak{N} = \text{konst.}$, Gl. (25.3); vom Körper aus gesehen, verändert sich seine Lage stetig. Wir wollen das Gesetz dieser Veränderung studieren.

Zu dem Ende betrachten wir einen im Körper festen Punkt P und den mit ihm momentan zusammenfallenden raumfesten Punkt Q. Die Geschwindigkeit von P im Raume nennen wir $\mathfrak{V}$, die von Q im Körper $\mathfrak{v}$. Nach der kinematischen Gl. (22.4) ist $\mathfrak{V} = [\vec{\omega} \times \mathfrak{r}]$. Vom Körper aus gesehen, bewegt sich Q mit der entgegengesetzt gleichen Geschwindigkeit wie P vom Raume aus gesehen, also mit

$$\mathfrak{v} = -[\vec{\omega} \times \mathfrak{r}] = [\mathfrak{r} \times \vec{\omega}].$$

Tabellarisch zusammengefaßt haben wir

	Raum	Körper
P	$\mathfrak{V} = \vec{\omega} \times \mathfrak{r}$	$\mathfrak{v} = 0$
Q	$\mathfrak{V} = 0$	$\mathfrak{v} = \mathfrak{r} \times \vec{\omega}$

Als Punkt Q wählen wir den raumfesten Endpunkt des Pfeiles $\mathfrak{N}$ und schreiben daher

$$\mathfrak{r} = \mathfrak{N}, \quad \mathfrak{v} = \frac{d\mathfrak{N}}{dt}.$$

Wir verstehen also unter $d\mathfrak{N}/dt$ „Veränderung im Körper" (die Veränderung im Raum, die gleich Null ist, nannten wir $\dot{\mathfrak{N}}$).

Aus der zweiten Zeile unserer Tabelle entnehmen wir daraufhin

(1) $$\frac{d\mathfrak{N}}{dt} = \mathfrak{N} \times \vec{\omega}.$$

Damit haben wir bereits den vollgültigen Ausdruck der *Eulerschen Differentialgleichungen für den kräftefreien Fall* vor uns.

Wir wollen sie in Komponenten-Gleichungen nach dem x, y, z-System umschreiben. Wir nennen, wie es seit EULER üblich ist, p, q, r die Komponenten von $\vec{\omega}$, ferner L, M, N diejenigen von $\mathfrak{N}$. Dann wird aus (1):

(2)
$$\frac{dL}{dt} = Mr - Nq,$$
$$\frac{dM}{dt} = Np - Lr,$$
$$\frac{dN}{dt} = Lq - Mp.$$

Das System der x, y, z ist hierbei noch *ganz beliebig*. Legen wir aber die Richtungen der x, y, z in die der Hauptträgheitsmomente aus Gl. (22.15a) und nennen, wie es ebenfalls seit EULER üblich ist, diese letzteren A, B, C, so wird nach der allgemeinen Beziehung in (24.9)

(3) $\qquad L = Ap, \quad M = Bq, \quad N = Cr;$

(2) nimmt dabei die einfache Form an:

(4)
$$A\frac{dp}{dt} = (B-C)qr,$$
$$B\frac{dq}{dt} = (C-A)rp,$$
$$C\frac{dr}{dt} = (A-B)qp.$$

Diese merkwürdig symmetrischen und eleganten Formeln meint man gewöhnlich, wenn man von den „EULERschen Differentialgleichungen der Rotation" spricht.

Wir wollen sie zunächst verallgemeinern für den Fall, daß ein äußeres Kraftmoment $\mathfrak{M}$ wirkt. Dann ist der Endpunkt des $\mathfrak{N}$-Pfeiles nicht mehr raumfest, sondern hat nach (25.2) die Geschwindigkeit $\mathfrak{V} = \mathfrak{M}$.

Unser obiger Punkt Q bewegt sich nun, vom Körper aus gesehen, mit einer Geschwindigkeit, die sich aus $\mathfrak{V} = \mathfrak{M}$ und $\mathfrak{v} = [\mathfrak{r} \times \vec{\omega}]$ zusammensetzt. Daher ändert sich Gl. (1) ab in

(5) $\qquad \dfrac{d\mathfrak{N}}{dt} = \mathfrak{N} \times \vec{\omega} + \mathfrak{M},$

und auf den rechten Seiten von (3) und (4) treten je die Komponenten von $\mathfrak{M}$ nach x, y, z hinzu.

Wir wollen dies nur im Falle des schweren symmetrischen Kreisels näher ausführen, wo $\mathfrak{M}$ um die Knotenlinie wirkt und nach deren positiver Richtung die Komponente hat

$$\mathfrak{M}_{kn} = mgs\sin\vartheta.$$

Um alle Zweideutigkeiten zu entscheiden, die in der Bedeutung der Worte Vertikale, Figurenachse, Knotenlinie liegen, setzen wir fest (s. Fig. 44): Die positive Seite der raumfesten Z-Achse weist nach oben und definiert den „Halbstrahl Vertikale". Die positive Seite der z-Achse geht durch den Schwerpunkt und definiert den „Halbstrahl Figurenachse". Sie bildet mit der Vertikalen den Winkel ϑ. Die positive Richtung der Knotenlinie ist der zu der positiven Z- und z-Achse senkrechte Halbstrahl, der mit dem Sinne des wachsenden Winkels ϑ eine

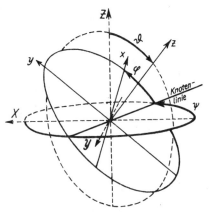

Fig. 44. Zur Erklärung der EULERschen Winkel

Rechtsschraube bildet. s bedeutet die z-Koordinate des Schwerpunkts. Sodann bezeichnen wir den Winkel, unter dem die positive x-Achse gegen die Knotenlinie gerichtet ist, mit φ. Dann werden die Komponenten von $\mathfrak{M}$ nach der x-, y-, z-Achse bzw.

(5a) $$m g s \sin\vartheta \cos\varphi, \quad -m g s \sin\vartheta \sin\varphi, \quad 0,$$

und die Gleichungen (4) gehen mit $B = A$ über in

(6)
$$A \frac{dp}{dt} = (A - C) q r + m g s \sin\vartheta \cos\varphi,$$
$$A \frac{dq}{dt} = (C - A) r p - m g s \sin\vartheta \sin\varphi,$$
$$C \frac{dr}{dt} = 0.$$

Die letzte Gleichung zeigt, daß beim schweren (und daher um so mehr beim kräftefreien) symmetrischen Kreisel gilt:

(7) $$C r = N = \text{konst.},$$

was wir schon wissen. Aber wir sehen zugleich, daß die EULERschen Gleichungen zur weiteren Integration des schweren Kreisels ungeeignet sind, da wir den Zusammenhang zwischen den p, q und den ϑ, φ noch nicht kennen.

§ 26. 10   Die Eulerschen Gleichungen

Was die p, q, r betrifft, so wollen wir hier ausdrücklich betonen, daß sie keine Geschwindigkeiten im gewöhnlichen Sinne sind, d. h. keine Differentialquotienten nach der Zeit von irgendwelchen Raum-Abmessungen. Wir können sie im Anschluß an den S. 43 gebrauchten Ausdruck als „nichtholonome Geschwindigkeitskomponenten" bezeichnen. Doch lassen sie sich als Vektorkomponenten aus den Winkelgeschwindigkeiten berechnen, die mit der zeitlichen Änderung der EULERschen Winkel ϑ, ψ, φ geometrisch verknüpft sind. Vgl. Übungsaufgabe IV. 2.

Wir wollen Gl. (5) noch einmal in etwas anderer Form hinschreiben, indem wir nicht wie dort speziell $\mathfrak{v} = \mathfrak{M}$, sondern allgemein, entsprechend der Bedeutung von $\mathfrak{v}$ als „Änderungsgeschwindigkeit im Raume", $\mathfrak{v} = \dot{\mathfrak{N}}$ setzen. Die entstehende Gleichung

$$(8) \qquad \dot{\mathfrak{N}} = \frac{d\mathfrak{N}}{dt} + [\vec{\omega} \times \mathfrak{N}]$$

gilt dann nach den Überlegungen von S. 123 für jeden (axialen oder polaren) Vektor. Angewandt auf den Drehungsvektor $\vec{\omega}$ liefert sie einfach

$$(8a) \qquad \dot{\vec{\omega}} = \frac{d\vec{\omega}}{dt}.$$

Für den Drehungsvektor $\vec{\omega}$ und nur für diesen ist die räumliche Änderung gleich der vom Körper aus beurteilten Änderung. Auf diesen Satz haben wir bereits in der Anm. 2 zu S. 119 hingewiesen.

2. Die reguläre Präzession des kräftefreien symmetrischen Kreisels und die Eulersche Theorie der Polschwankungen

Auf den *Kugelkreisel* brauchen wir nicht näher einzugehen. Seine allgemeine Bewegung ist eine reine Rotation um eine körperfeste Achse. Aus den Gln. (4) folgt das unmittelbar, wenn wir $A = B = C$ setzen. Diese körperfeste Achse ist, wie wir wissen, vgl. § 25 unter Nr. 1, zugleich raumfest und fällt mit der Achse des Dralls zusammen.

Wir wenden uns sogleich zum *symmetrischen Kreisel* $B = A \neq C$. Die dritte Gl. (4) liefert dann

$$r = \text{konst.},$$

wie wir schon bei Gl. (7) sahen. Die beiden ersten Gleichungen sind

$$(9) \qquad \begin{aligned} A\frac{dp}{dt} &= (A - C)\, q\, r, \\ A\frac{dq}{dt} &= (C - A)\, p\, r. \end{aligned}$$

Es ist bequem, sie komplex zusammenzufassen. Durch Multiplikation der zweiten mit i und Addition beider ergibt sich

$$(10) \qquad A\frac{ds}{dt} = i\,(C - A)\, r\, s, \quad s = p + i\, q.$$

Wir setzen zur Abkürzung

(11) $$\alpha = \frac{C-A}{A} r$$

und erhalten aus (10) durch Integration:

(12) $$s = s_0 e^{i\alpha t}, \quad s_0 = \text{Integrationskonstante}.$$

s ist die Projektion des Drehungsvektors $\vec{\omega}$ in die Äquatorebene des Kreisels, wenn wir diese als GAUSSsche Ebene zur Darstellung von s benutzen. Gl. (12) besagt, daß diese Projektion einen Kreis vom Radius s_0 mit der konstanten Winkelgeschwindigkeit α beschreibt. Gleichzeitig beschreibt der Drehungsvektor $\vec{\omega}$ einen Kreiskegel um die Figurenachse; sein Öffnungswinkel β ist gegeben durch

(12a) $$\tan \beta = \frac{\sqrt{p^2 + q^2}}{r} = \frac{|s_0|}{r}.$$

Dies ist das *Bild der regulären Präzession*, das sich einem *auf dem Kreisel befindlichen Beobachter* darbietet. (Für den raumfesten Beobachter dreht sich natürlich die Figurenachse jeweils um die Rotationsachse, die ihrerseits, wie wir wissen, einen Kreiskegel um die raumfeste Achse des Impulsmomentes $\mathfrak{N}$ beschreibt.) Bei der von uns beabsichtigten Anwendung auf die Erde ist aber gerade der Standpunkt des auf dem Kreisel befindlichen Beobachters, des Erdbewohners, der angemessene.

Die Erde ist ein abgeplatteter Kreisel. Als *geometrischen Nordpol* bezeichnen wir den Durchstoßungspunkt der Figurenachse durch die Erdoberfläche; er ist im allgemeinen verschieden von dem *kinematischen Nordpol*, dem Durchstoßungspunkt des Drehvektors durch die Erdoberfläche. Der kinematische Nordpol beschreibt nach der im vorstehenden wiedergegebenen EULERschen Theorie einen Kreis um den geometrischen Nordpol, den *Eulerschen Kreis*. Als Weg des Drehungspols heißt er auch *Polhodie*.

Ein geeignetes Maß für die Abplattung der Erde ist die sogenannte Elliptizität

(13) $$\frac{C-A}{A} \approx \frac{1}{300}.$$

Die Winkelgeschwindigkeit der Erde bestimmt sich aus der Länge des Tages; wir haben:

(14) $$r \approx \omega = \frac{2\pi}{\text{Tag}}.$$

Daraus folgt nach (11)

(15) $$\alpha = \frac{C-A}{A} \cdot r = \frac{2\pi}{300} \cdot \text{Tag}^{-1}.$$

Die EULERsche Periode der Präzession beträgt mithin

(16) $$\frac{2\pi}{\alpha} = 300 \text{ Tage} = 10 \text{ Monate}.$$

§ 26 Die Eulerschen Gleichungen

Wir sind gewohnt, die Umdrehungsachse der Erde als fest im Erdkörper gelagert und durch die geometrischen Pole hindurchgehend anzusehen. Das trifft aber nicht in Strenge zu. Jede Massenverschiebung auf der Erde im Meridian muß die Rotationsachse verlagern[1]), jede Massenverschiebung im Breitenkreis die Rotationsgeschwindigkeit, also die Länge des Tages, verändern, beides auf Grund des Satzes von der Konstanz des Impulsmomentes. Stellen wir uns vor, daß die Verlagerung aufgehört hat und der kinematische Pol abgelenkt ist, so würde dieser seine Wanderung auf dem EULERschen Kreise um den geometrischen Pol aufnehmen.

Vergleichen wir nun mit diesen theoretischen Ergebnissen die Beobachtungen der Polschwankungen, die durch internationale Kooperation zustande gekommen sind. Für die Jahre 1895 bis 1900 ergibt sich die in Fig. 45 skizzierte Polhodie.

Die mittlere Ablenkung des kinematischen Pols, also der mittlere Radius des EULERschen Kreises, beträgt nach diesen Beobachtungen in den genannten Jahren etwa $\frac{1}{8}'' = 4$ m der Erdoberfläche. Aber anstatt einer Periode von 10 Monaten haben wir nach Fig. 45 für die 4 Jahre 1896—1900 $3^1/_2$ Umläufe, was einem Umlauf in 14 Monaten entspricht.

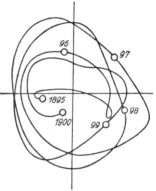

Fig. 45. Die Polschwankungen während der Jahre 1895—1900. Nachweis der CHANDLERschen Periode

Die Periode von 14 Monaten heißt nach ihrem Entdecker die CHANDLERsche. Man erklärt sie aus den elastischen Deformationen der Erde infolge der durch die Polschwankungen veränderten Zentrifugalwirkung. Der Elastizitätsmodul der Erde ist etwa so groß wie der des Stahls.

Die beobachtete Polhodie, wie sie in Fig. 45 dargestellt ist, läßt sich nun auffassen als Überlagerung 1. von Schwankungen, die mit der CHANDLERschen Periode erfolgen, 2. von jährlichen Schwankungen, die offenbar meteorologischen Ursprungs sind, und 3. von zeitlich unregelmäßigen Ablenkungen, die auf irgendwelche einmalige Massentransporte hinweisen mögen. Von der EULERschen zehnmonatigen Periode, die ja auf der idealisierten Vorstellung des starren Erdkörpers beruht, ist nichts zu bemerken.

Wir haben hier, entsprechend dem Sprachgebrauch der Kreiseltheorie, die von EULER erstmalig untersuchte Bewegung der Erdachse als „kräftefreie Präzession" bezeichnet. Damit haben wir uns in scharfen Gegensatz begeben zu dem durch die Astronomie sanktionierten Sprachgebrauch. Als „astronomische Präzession" bezeichnet man nämlich bekanntlich die langsame Drehung der Erdachse um

---

[1]) Der wirksamste Massentransport auf der Erde scheint die jährliche Wanderung des Luftdruckmaximums zwischen dem asiatischen Kontinent und dem Pazifischen Ozean zu sein.

die Normale zur Ekliptik, welche das Vorrücken der Tag-und-Nachtgleichen-Punkte um 50″ im Jahr verursacht. Diesem Betrag des Vorrückens entspricht als Zeit eines vollen Umlaufs der Erdachse um die Normale zur Ekliptik eine Periode von $\frac{360°}{50″} = 26000$ Jahren. Statt „Vorrücken der Tag- und-Nachtgleichen-Punkte" können wir auch „Vorrücken der Knotenlinie" (Schnittlinie der Ebene der Ekliptik mit der Äquatorebene der Erde) sagen; wir bemerkten schon früher, daß unsere Bezeichnung „Knotenlinie" aus der Astronomie entlehnt sei.

Die astronomische Präzession ist keine *kräftefreie*, sondern eine durch die gemeinsame Anziehungswirkung von Sonne und Mond *erzwungene* Bewegung des Erdkreisels.

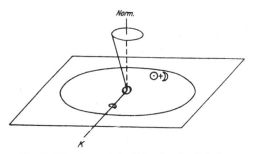

Fig. 46. Die astronomische Präzession der Erdachse

Wir machen uns diese Wirkung an Hand von Fig. 46 klar, wobei wir allerdings bereits der Theorie des schweren symmetrischen Kreisels qualitativ vorgreifen müssen.

Die Figur zeigt die Ebene der Ekliptik und in ihr einen Kreis, der mit der Masse von Sonne ☉ und Mond ☽ gleichförmig belegt zu denken ist (eigentlich zwei Kreise, einen Sonnen- und einen Mondkreis[1]), die wir hier verschmolzen haben). Diese gleichförmige Massenverteilung bedeutet eine zeitliche Mittelung über die jeweiligen Orte von Sonne und Mond während ihres relativen Umlaufs (im Sinne einer GAUSSschen Methode der Störungsrechnung). Wir rechtfertigen diese zeitliche Mittelung damit, daß die Umlaufzeiten von Sonne und Mond sehr klein sind gegen die oben genannte Periode der Präzession, so daß es bei dieser in keiner Weise auf die augenblickliche Stellung von Sonne und Mond ankommen kann. In der Mitte des ☉ + ☽-Kreises sehen wir die Erde im Durchschnitt mit ihren beiden Wülsten am Äquator. Nur diese kommen für die in Rede stehende Wirkung in Betracht: die Anziehung des ☉ + ☽-Ringes strebt nämlich die Wülste in die Ekliptik einzustellen, wie unmittelbar anschaulich ist. Wir haben also ein Drehmoment um die Knotenlinie im Sinne des an letzterer eingezeichneten Pfei-

---

[1]) Die Wirkung des Mondes ist sogar, wegen seines kleineren Abstandes von der Erde, etwa doppelt so groß wie die der Sonne.

§ 26. 17a   Die Eulerschen Gleichungen   129

les. Dieses Drehmoment ist nun von der gleichen Art wie das Drehmoment der Schwere an einem Kreisel, dessen Schwerpunkt unter dem Unterstützungspunkt liegt. Das Ergebnis ist daher auch hier das gleiche wie beim Kreisel: Statt dem Drehmomente nachzugeben, weicht die Figurenachse seitlich aus und beschreibt einen Präzessionskegel um die Vertikale (die Normale zur Ekliptik).

Zwar ist die *reguläre* Präzession nur eine partikuläre Bewegungsform des schweren Kreisels, vgl. S. 121; die unter den vorliegenden Umständen zu erwartende Bewegung wäre die dort genannte *pseudoreguläre* Präzession, eine Überlagerung der regulären Präzession mit kleinen „Nutationen". Diese sind aber nichts anderes als die kräftefreien konischen Pendelungen der Figurenachse, also in unsrem Falle die Polschwankungen in der EULERschen (bzw. der daraus durch Deformation entstehenden CHANDLERschen) Periode. Die erwartete pseudoreguläre Präzession entsteht also aus der astronomischen Präzession durch Hinzunahme dieser kräftefreien Nutationen.

Hier haben wir abermals den zweideutigen Gebrauch eines Wortes zu entschuldigen. Unter *Nutation* versteht man *astronomisch* nicht eine freie, sondern eine von der *Mondbewegung erzwungene* Schwankung der Erdachse. Die Mondbahn liegt nicht, wie wir in Fig. 46 annahmen, in der Ebene der Ekliptik, sondern ist um einen Winkel von 5° dagegen geneigt. Unter der gemeinsamen Wirkung von Sonne und Erde beschreibt ihre Normale wieder einen Präzessionskegel um die Normale zur Ekliptik. Diese Präzession bedeutet einen *Rückgang der Mondknoten* (der Schnittpunkte von Mondbahn und Ekliptik), die aber in sehr viel schnellerem Tempo erfolgt als das Vorrücken der Erdknoten, nämlich in $18^1/_2$ Jahren. Es ist begreiflich, daß dadurch die Erdachse ihrerseits in Mitleidenschaft gezogen wird: der Rückgang der Mondknoten erzeugt die in demselben Tempo erfolgende *astronomische Nutation der Erdachse*.

3. Die Bewegung des dreiachsigen Kreisels

Untersuchung seiner permanenten Rotationen auf ihre Stabilität

Wir wenden uns zur Integration der Gln. (4) im Falle $A \neq B \neq C$. Multiplikation derselben bzw. mit p, q, r und Addition liefert

$$A\, p\, \frac{dp}{dt} + B\, q\, \frac{dq}{dt} + C\, r\, \frac{dr}{dt} = 0\,.$$

Durch Integration folgt:

(17) $$\frac{1}{2}(A\, p^2 + B\, q^2 + C\, r^2) = \text{konst.} = W\,.$$

W ist die Energiekonstante, die linke Seite bedeutet die kinetische Energie in Übereinstimmung mit der auf die Hauptachsen spezialisierten Gl. (22.12b). Statt (17) kann man hiernach offenbar auch schreiben

(17a) $$E_{\text{kin}} = \frac{1}{2}\,\mathfrak{N}\cdot\vec{\omega}\,.$$

Man kann die Gln. (4) aber auch der Reihe nach multiplizieren mit Ap, Bq, Cr; beim Addieren entsteht rechter Hand abermals Null. Das Ergebnis der Integration schreiben wir

(18) $$(A\,p)^2 + (B\,q)^2 + (C\,r)^2 = \text{konst.} = |\mathfrak{R}|^2\,.$$

Links steht die Quadratsumme der Impulsmoment-Komponenten. Diese bleibt, während die Komponenten selbst bei der Bewegung variieren, wie wir wissen, im kräftefreien Falle invariant.

In (17) und (18) haben wir zwei lineare homogene Gleichungen für p^2, q^2, r^2, aus denen wir z. B. q^2 und r^2 durch p^2 ausdrücken können:

(19)
$$q^2 = \beta_1 - \beta_2\,p^2, \quad \beta_1 = \frac{2\,W\,C - |\mathfrak{R}|^2}{B(C-B)}, \quad \beta_2 = \frac{A(C-A)}{B(C-B)},$$
$$r^2 = \gamma_1 - \gamma_2\,p^2, \quad \gamma_1 = \frac{2\,W\,B - |\mathfrak{R}|^2}{C(B-C)}, \quad \gamma_2 = \frac{A(B-A)}{C(B-C)}.$$

Setzt man diese Werte von q und r in die erste Gl. (4) ein, so erhält man

(20) $$\frac{dp}{\sqrt{(\beta_1 - \beta_2\,p^2)(\gamma_1 - \gamma_2\,p^2)}} = \frac{B-C}{A}\,dt\,.$$

t ist hiernach ein elliptisches Integral erster Gattung von p, vgl. S. 87; durch funktionentheoretische Umkehr folgt: *p ist eine elliptische Funktion der Zeit.* Dasselbe gilt natürlich von q und r.

Aus den Gln. (17) und (18) folgt außerdem: Der Polhodiekegel ist nicht wie beim symmetrischen Kreisel ein Kreiskegel, sondern ein *Kegel vierter Ordnung.*

Wir wollen jetzt noch die Drehungen des unsymmetrischen Kreisels um eine seiner drei Hauptsachen betrachten, die, wie wir wissen, vgl. § 25 am Ende von Nr. 3, *permanente Drehungen* sind. Dabei setzen wir z. B. voraus

$$A > B > C\,.$$

Es soll gezeigt werden, daß die Drehungen um die Achsen des größten und kleinsten Hauptträgheitsmomentes *stabilen,* um die des mittleren *instabilen Charakter* haben. Wir gehen von den Gln. (17) und (18) aus, die wir, was für die folgenden Zeichnungen bequem ist, in die Impulskoordinaten L, M, N umschreiben

(21a) $$\frac{L^2}{A} + \frac{M^2}{B} + \frac{N^2}{C} = \text{konst.};$$

(21b) $$L^2 + M^2 + N^2 = \text{konst.} = |\mathfrak{R}|^2\,.$$

Die zweite Gl. (21) ist eine Kugel vom Radius $|\mathfrak{R}|$, die erste ein dreiachsiges Ellipsoid.

Fall A. Drehung um die *längste Achse* des Ellipsoides (21a). Die Kugel berührt bei der reinen Rotation das Ellipsoid von *außen* im Punkte A, Fig. 47a. Ein kleiner Anstoß ändert im allgemeinen sowohl die Kugel wie das Ellipsoid. Aus dem Berührungspunkte A wird eine kleine Schnittkurve, die aber in nächster Nähe von A verläuft. Es entsteht ein enger Polhodiekegel. Die ursprüngliche Rotation erweist sich als *stabil.*

Ebenso im *Falle C*, Drehung um die *kürzeste Achse* des Ellipsoids (21a). Die Kugel berührt das Ellipsoid von innen. Bei einem kleinen Anstoß geht der Berührungspunkt wieder in eine Nachbarkurve über. Die ursprüngliche Rotation ist auch jetzt stabil.

Fall B. Drehung um die mittlere Achse. Die Kugel *durchsetzt* das Ellipsoid in einer Schnittkurve 4. Ordnung; ihr Doppelpunkt B (vorderer Punkt von Fig. 47b) stellt die ursprüngliche Rotation dar. Bei einem kleinen Anstoß zerfällt die Schnittkurve in zwei Äste. Auf einem derselben wandert die Rotationsachse und entfernt sich immer weiter von ihrer Anfangslage im Körper. Die Rotation ist *instabil*.

Es ist lehrreich, dasselbe analytisch nachzuweisen, indem man von den Differentialgleichungen (4) ausgeht. Man kann zeigen (Übungsaufgabe IV. 2), daß die

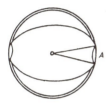

Fig. 47a. Die stabile Drehung des dreiachsigen Kreisels um die längste Achse des Trägheitsellipsoides

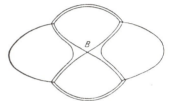

Fig. 47b. Die instabile Drehung des dreiachsigen Kreisels um die mittlere Achse des Trägheitsellipsoides

durch eine kleine Störung hervorgerufenen Seitenkomponenten der Rotation zwei simultanen Differentialgleichungen erster Ordnung genügen, die im Falle A und C Lösungen von *trigonometrischem* Charakter, im Falle B solche von *exponentiellem* Charakter besitzen (Methode der kleinen Schwingungen als Stabilitätskriterium).

Versuch mit einer (vollen) Streichholzschachtel: Man fasse die Schachtel zwischen Daumen und Zeigefinger an den Enden ihrer *kürzesten* Kante und schleudere sie mit Drall um diese Kante ab. Die Schachtel zeigt dauernd die Farbe ihrer Vorderfläche. Dasselbe konstatiert man, freilich nicht mit gleicher Deutlichkeit, wenn man die Schachtel an den Enden ihrer *längsten* Kante faßt und abschleudert. Faßt man sie aber an den Enden der *mittleren* Kante, also Reibfläche nach vorn, so sieht man beim Abschleudern durchaus nicht die Farbe der Reibfläche, sondern einen deutlichen Wechsel der Farben.

Ein anderes frappantes Beispiel von Instabilität eines Bewegungszustandes, bei welchem aber das Moment der Schwerkraft wesentlich mitwirkt, so daß die Inversionssymmetrie des Polhodiekegels verlorengeht, ist dieses: Man findet in der Natur gelegentlich glatt geschliffene, flache Kiesel, die, auf einer ebenen Unterlage in Rotation um ihre vertikale Achse versetzt, nur in *einer* der beiden Drehrichtungen *stabile Bewegung* zeigen; in der *anderen* geraten sie in heftiges Wackeln, das schließlich in die ihrem Anfangsdrall *entgegengesetzte stabile Rotation* ausläuft. Dasselbe beobachtet man oft an kleinen Taschenmessern (sog. Federmessern), wenn man sie im zusammengeklappten Zustand hochkant aufstellt und leise anstößt.

Ein geometrisch wohldefinierter, aufklärender Versuch dazu ist folgender: Man nehme das Holzmodell eines *dreiachsigen* flachen Ellipsoides, Hauptachsen a, b, c, und versehe es mit einem Metallbügel, der sich in seiner ursprünglichen Lage der oberen Ellipsoidfläche im Schnitt $a\,c$ derselben anschmiegt und um die kurze c-Achse drehbar ist, aber innerhalb jedes Versuches festgeklemmt wird. In der Lage $a\,c$ stört er die Symmetrie der Massenverteilung nicht: beide Drehrichtungen sind dann gleich stabil. Wird er aber aus dieser Lage ein wenig herausgedreht, so werden gleichzeitig die beiden Hauptträgheitsachsen a, b um einen gewissen Winkel γ verdreht, während die Symmetrie der Auflagefläche, gegeben durch die beiden Hauptkrümmungslinien in den Ebenen $a\,c$ und $b\,c$, ungeändert bleibt. Dadurch ist die Drehrichtung im Sinne des spitzen Winkels γ vor der entgegengesetzten geometrisch ausgezeichnet. Die erstere ist stabil, die letztere instabil, nämlich von Rollbewegungen begleitet, die zeitlich zunehmen.

Eine elegantere, aber schwerer realisierbare Form des Versuchs ist folgende (G. T. WALKER führte sie uns im Trinity College, Cambridge 1899, vor): Das dreiachsige Ellipsoid besteht aus Messingblech; eine gewisse kreisförmig begrenzte Umgebung des Auflagepunktes ist ausgestanzt und gegen das übrige Gehäuse beweglich. Durch eine kleine Verdrehung desselben werden die Krümmungsverhältnisse der in Betracht kommenden Auflageflächen gegen die fast ungeändert bleibende Trägheitsverteilung des Gehäuses verstellbar, ohne daß äußerlich etwas davon zu merken ist. Wieder ist die eine Rotationsrichtung vor der anderen ausgezeichnet.

Diese Versuche mit dem dreiachsigen Ellipsoid liefern zugleich einen ausreichenden Ersatz für die analytische Theorie der Erscheinung. Eine solche müßte die Rollschwingungen untersuchen, welche bei einer kleinen Störung die Drehung in der einen und anderen Richtung begleiten können; sie würde zeigen, daß die charakteristische Gleichung für die Frequenz derselben im einen Falle nur reelle, im anderen Fall auch komplexe Wurzeln hat. Im ersten Fall schließt man auf Stabilität, im zweiten Fall auf Instabilität der Rotation, nämlich auf zeitliches Anwachsen der Störung. Ansätze zu dieser Behandlung findet man in dem § 42 zitierten Treatise von ROUTH, advanced part, art. 241 u. ff.

§ 27. Demonstrationsversuche zur Kreiseltheorie und technische Anwendungen derselben

Wir beschreiben zunächst die wohlbekannte Vorrichtung des *Cardanischen Gehänges*, mit der sich die Kreiselversuche besonders eindrucksvoll vorführen lassen[1]).

---

[1]) Hierzu hat mir durch lange Jahre hindurch ein „Torpedokreisel" gedient, wie er um 1900 für die Zwecke des ORBYschen Geradlaufapparates (s. u.) in einer Marinewerkstatt bei Kiel hergestellt wurde. Unsere Abbildung desselben (Fig. 48) ist aus der „Marine-Rundschau" für 1899 entnommen.

§ 27 Demonstrationsversuche zur Kreiseltheorie u. techn. Anwendungen derselben 133

Das Gehäuse besteht aus einem äußeren und einem inneren Ringe. Der äußere Ring hat eine vertikale, im Gestell gelagerte Achse, der innere Ring eine horizontale Achse, die im äußeren Ring gelagert ist. Im inneren Ring läuft der Schwungring in Zapfen um, deren Verbindungslinie senkrecht auf der Drehachse des inneren Ringes steht. Die Fig. 48 zeigt die Schwungringachse senkrecht zum äußeren Ring weisend, wobei der innere Ring horizontal zu liegen kommt. Wir nennen diese Anfangsstellung des Apparates seine Normallage.

An der Achse des Schwungringes befindet sich eine Aufziehvorrichtung, die es gestattet, dem Schwungring in seiner Normallage bei ruhendem äußerem

Fig. 48. Der Kreisel im CARDANIschen Gehänge. Drehachse des äußeren Ringes = Vertikale, Drehachse des inneren Ringes = Horizontale von vorn nach hinten, Drehachse des Schwungringes = Horizontale von links nach rechts

und innerem Ringe einen so erheblichen Drall zu erteilen, daß alle Erscheinungen wesentlich durch diesen bestimmt werden, während man von der Masse des äußeren und inneren Ringes als unwesentlich absehen kann.

Bei den folgenden Versuchen wird starker Drall und anfängliche Normallage vorausgesetzt.

I. Wir üben auf den *inneren Ring* einen leisen Druck nach unten hin aus. Dieser Ring gibt nicht nach, sondern der *äußere Ring* dreht sich, so daß die Figurenachse des Schwungringes horizontal nach hinten oder vorn ausweicht, je nach der Lage des Druckpunktes. Statt den inneren Ring zu drücken, können wir ihn auch durch ein leichtes Gewicht einseitig beschweren. Der Kreisel beschreibt dann, solange sein Drall hinreichend groß ist, eine *reguläre Präzession* mit horizontaler Figurenachse.

2. Wir drücken auf den *äußeren Ring*. Dieser bleibt unbeweglich, dagegen dreht sich der *innere Ring* aus seiner horizontalen Lage heraus nach oben oder unten je nach dem Sinne des Drucks auf den äußeren Ring. Wir können sogar auf den äußeren Ring einen kräftigen Schlag ausführen, ohne daß er merklich nachgibt. Man sieht dann nur eine schnelle konische Pendelung der Figurenachse um eine der Normallage benachbarte Achse. Der Apparat ist so gut gearbeitet, daß er starke Schläge mit der Faust aushält.

3. Wenn der Druck auf den äußeren Ring anhält und sich, bei fortgesetzter Drehung des inneren Ringes, die Figurenachse der Vertikalen nähert, so hört die Widerstandsfähigkeit des äußeren Ringes mehr und mehr auf. Man kann dann den äußeren Ring ohne Mühe in schnelle Rotation versetzen, *aber nur in*

demjenigen Sinne, der der ursprünglich ausgeübten Druckrichtung entspricht. Versucht man den äußeren Ring im *umgekehrten Sinne* zu drehen, so *revoltiert der Schwungring*: seine Figurenachse strebt plötzlich in die entgegengesetzte Richtung, indem sich der innere Ring um 180° dreht. Jetzt können wir den äußeren Ring zwar in diesem umgekehrten Sinne widerstandslos drehen, aber wir bewirken ein abermaliges Umschlagen, wenn wir zu dem ursprünglichen Drehsinn des äußeren Ringes zurückkehren.

4. Dies ist die von FOUCAULT hervorgehobene *Tendenz zum homologen oder gleichsinnigen Parallelismus der Drehachsen.* Die Figurenachse ist in aufrechter Lage *stabil,* solange der Sinn des Dralls mit dem Drehsinn des äußeren Ringes übereinstimmt. Bei entgegengesetztem Drehsinn ist sie in dieser Lage *hochgradig instabil* und beruhigt sich erst, wenn die umgekehrte Lage erreicht ist, in der nunmehr homologer Parallelismus der beiden Drehachsen herrscht. Bei geeignetem rhythmischen Wechsel des Druckes auf den äußeren Ring kann man den Schwungring zu fortgesetztem Umschlagen um die Achse des inneren Ringes veranlassen.

5. Wenn man den inneren Ring an den äußeren fesselt, also seine Beweglichkeit aufhebt, so ist die Widerstandsfähigkeit des Kreisels zerstört. Er folgt dann willenlos jedem Druck auf den äußeren Ring, genauso, als ob sein Drall nicht vorhanden wäre. Typische Kreiselwirkungen treten nur beim Kreisel von *drei Freiheitsgraden* auf und fehlen bei dem von *zwei Freiheitsgraden.* Man kann aber den fehlenden Freiheitsgrad ersetzen, wenn man den Kreisel auf der früher S. 66 beschriebenen Drehscheibe befestigt, und zwar so, daß die (bisher vertikale) Achse des äußeren Ringes mit der (jetzt vertikalen) Achse der Drehscheibe einen nicht zu kleinen Winkel bildet. Dann schwingt der Kreisel von zwei Freiheitsgraden nach der Achse der Drehscheibe hin wie eine Kompaßnadel nach dem Nordpol, nämlich im Sinne des homologen Parallelismus, also mit dem einen oder anderen Ende der Figurenachse, je nachdem man die Drehscheibe im einen oder anderen Sinne rotieren läßt.

Der Erklärungsgrund für alle diese Erscheinungen liegt im Fundamentalsatz (25.5)

(1) $$d\mathfrak{N} = \mathfrak{M}\,dt\,.$$

1. Bei einem Druck auf den *inneren* Ring hat $\mathfrak{M}$ eine horizontale, mit der Drehachse des inneren Ringes zusammenfallende Achse. Der Drall $\mathfrak{N}$ ist in unserer Fig. 48 nach rechts oder links gerichtet und wird durch $\mathfrak{M}$ *seitlich* abgelenkt. Wenn wir also annehmen dürfen, daß die mit der Drallachse ursprünglich zusammenfallende Figurenachse jener dauernd folgt, so haben wir das seitliche Ausweichen der Figurenachse, also die Drehung des *äußeren* Ringes, erklärt. Daß diese Annahme bei hinreichend starkem Drall tatsächlich zutrifft, werden wir allerdings erst später in § 35 begründen (vgl. die dortigen Ausführungen über die pseudoreguläre Präzession).

2. Bei einem Druck auf den *äußeren* Ring hat $\mathfrak{M}$ eine vertikale Achse. Der ursprünglich horizontal nach rechts oder links gerichtete Drall wird nach oben oder unten abgelenkt. Wir haben also, unter der gleichen Annahme wie soeben,

eine Drehung des *inneren* Ringes. Bei einem sehr starken Schlag gegen den äußeren Ring ist unsere Annahme betr. das Zusammengehen von Drall- und Figurenachse nur angenähert richtig; dann tritt die genannte konische Pendelung auf, die einen kleinen Unterschied von Drall- und Figurenachse verrät.

3. und 4. Bei nahezu aufrechter Drallachse wird durch eine Drehung des äußeren Ringes in dem zur Rotation des Schwungringes *homologen* Sinn die Drallachse weiter aufgerichtet. Äußerer, innerer und Schwungring rotieren dann als Ganzes um die Vertikale. Die Widerstandsfähigkeit des äußeren Ringes ist geschwunden. Bei der Drehung des äußeren Ringes im umgekehrten, *nichthomologen* Sinn genügt eine kleine Abweichung der Drallachse von der Vertikalen, um jene von dieser zu entfernen; die nahezu aufrechte Lage des Schwungringes erweist sich gegenüber dieser nichthomologen Drehung als *instabil*.

5. Bei Fesselung des inneren an den äußeren Ring ist die Drallachse gehindert, sich vertikal zu verlagern, wenn ihr durch Drehung des äußeren Ringes ein Moment $\mathfrak{M}$ von vertikaler Achse aufgezwungen wird. Diese überträgt sich deshalb auf das ganze System. Das ist deshalb möglich, weil die dabei entstehende Verlagerung der Drallachse in horizontaler Richtung, dank der starren Verbindung von innerem und äußerem Ringe, durch die Lager des äußeren Ringes kompensiert werden kann. Anders auf dem Drehschemel, wo die Drallachse dem aufgezwungenen $\mathfrak{M}$ wenigstens teilweise folgen kann, was die Weisung der Figurenachse nach der Achse des Drehschemels zur Folge hat.

Wir gehen jetzt einige *technische Anwendungen* durch. Dabei sei gleich im voraus bemerkt, daß unsere Angaben sich vielfach auf ältere Ausführungen beziehen.

a) Der Schiffskreisel und Verwandtes

BESSEMER, dessen Name aus der Metallurgie berühmt ist, baute um 1870 für die Schiffahrt auf dem Ärmelkanal eine Salonkajüte, die um eine Längsachse des Schiffes beweglich aufgehängt war und durch ein Schwungrad gegen Schlingerbewegung stabilisiert werden sollte. Das Schwungrad war aber fest in der Kajüte gelagert, entbehrte also des erforderlichen dritten Freiheitsgrades (vgl. oben unter 5). Infolgedessen war die Konstruktion verfehlt und wurde bald aufgegeben.

Erfolgreich war bei diesem Problem sowie bei dem des Massenausgleichs (S. 67) O. SCHLICK. Der Schwungring, der bei der Ausführung auf dem Dampfer ,,Silvana" der Hamburg-Amerika-Linie 5100 kg Gewicht, 1,6 m Durchmesser bei 1800 U/min (= 150 m/s Umfangsgeschwindigkeit) hatte, ist in einem Rahmen befestigt, der wie ein Pendel um eine querschiffs gelagerte Achse schwingen kann, wobei die Figurenachse des Schwungringes in der vertikalen Längsebene des Schiffes ausschwingt. Dieser Rahmen entspricht dem inneren Ring unseres Versuchskreisels, der Schiffskörper selbst dem äußeren. An die Stelle der Vertikalen von Fig. 48 tritt jetzt die Längsachse des Schiffes, den früheren Drehungen um die Vertikale entsprechen die Schlingerbewegungen des Schiffes. Die erforderlichen drei Freiheitsgrade sind also diese Schlingerbewegungen, die Schwingungen des Rahmens und die Eigenrotation des Schwungringes. Beim Schlingern schlägt die in der Normallage vertikale Figurenachse nebst Rahmen abwechselnd nach vorn oder hinten aus, wobei die Energie der Schlingerbewegung in die Bewegungs- und Lagenenergie des Rahmens übergeleitet wird. Schlingern des Schiffes und Pendeln des Rahmens sind nun miteinander gekoppelt; wenn die zugehörigen beiden Eigenschwingungen im besonderen in Resonanz stehen, liegen die Verhältnisse ähnlich wie bei den sympathischen Pendeln. Allerdings ist dadurch noch keine Dämpfung der Schiffsschwingung bewirkt. Aber es ist nun möglich, die Pendelenergie des Rahmens und damit zugleich die Schlingerenergie des Schiffes durch eine um die Lagerzapfen des Rahmens wirkende Bremsung zu absorbieren, ähnlich wie man die Geschwindigkeit eines Wagens durch eine dem Rad angelegte Bremse vermindert. Natürlich darf die Bremswirkung am Rahmen nicht so stark sein, daß sie das Ausschlagen der Kreiselachse überhaupt verhindert; dann hätten wir ja wieder den wirkungslosen Kreisel von zwei Freiheitsgraden. Daß es ein geeignetes Mittelmaß der Bremsung gibt, zeigen die aufgenommenen Schlinger-Diagramme: die ursprünglichen Ausschläge des Schiffes wurden beim Einschalten des Kreisels fast momentan auf 1/10 bis 1/20 der Amplitude heruntergesetzt, wobei die Ausschläge des Rahmens 30° bis 40° betrugen.

Daß der Schiffskreisel trotzdem keine ausgebreitete Anwendung gefunden hat, liegt teils an der Gefährlichkeit der Konstruktion (ein schnell rotierender, massiger Schwungring ist ein bedenklicher Passagier), teils daran, daß ihm in dem FRAHM-schen Schlingertank ein auf ganz anderen Prinzipien beruhender, noch erfolgreicherer Konkurrent entstanden ist.

Ein mit dem vorigen zusammenhängendes Problem ist das der Stabilisierung einer im Schiff drehbar angeordneten Plattform durch Kreiselwirkungen. Wir wissen nicht, wieweit dieses Problem praktisch gelöst ist; gearbeitet ist natürlich daran schon lange, und zwar in allen Ländern.

b) *Der Kreiselkompaß*

Dies ist die feinste und am besten durchgearbeitete Kreiselkonstruktion. Ihre Idee geht auf FOUCAULT zurück. Nachdem dieser die Erdrotation durch seine Pendelversuche nachgewiesen hatte (vgl. Kap. V, § 31), faßte er den Plan, dasselbe mit dem Kreisel zu erreichen. Von seinen verschiedenen Ansätzen dazu sei insbesondere genannt der Ersatz des Magnetkompasses durch einen in die Horizontalebene gefesselten Kreisel von zwei Freiheitsgraden, der dann, statt nach dem *magnetischen* Nordpol, direkt nach dem Drehpol der Erde, dem *eigentlichen kinematischen* Nordpol, weist. Wir haben diese Anordnung im Grunde schon unter Nr. 5 unserer Demonstrationsversuche beschrieben, als wir den Kreisel mit festgestelltem inneren Ring auf die Drehscheibe setzten. Der Drehscheibe entspricht jetzt die rotierende Erde. Ein Unterschied besteht nur darin, daß wir der Drehscheibe eine beliebig starke Winkelgeschwindigkeit geben konnten und daher einen sehr kräftigen Einstelleffekt bekamen, daß aber die Winkelgeschwindigkeit der Erde sehr klein und daher die Einstellung des ,,FOUCAULTschen Gyroskops" sehr langsam erfolgt. Wir bemerkten dort, daß die Drehachse des äußeren Ringes einen nicht zu kleinen Winkel mit der Achse der Drehscheibe

§ 27 Demonstrationsversuche zur Kreiseltheorie u. techn. Anwendungen derselben

bilden sollte. Diesem Winkel entspricht bei der Erde das Komplement der geographischen Breite des Beobachtungsortes. Im Nord- und Südpol der Erde, wo dieser Winkel Null ist, hört die Richtwirkung des Kreisels auf. Allgemein ist sie der Winkelgeschwindigkeit der Erde, dem Drall des Kreisels und dem Sinus des genannten Winkels proportional.

FOUCAULTS Versuche führten nur zu Andeutungen des Effektes. Die volle Durchführung erreichte aber in immer wieder verbesserten Konstruktionen HERMANN ANSCHÜTZ-KAEMPFE. Sein ursprüngliches Ziel war, den Nordpol mit einem Unterseeboot unter dem Treibeis hindurch zu erreichen. Da nun die Anzeige des Magnetkompasses in der Nähe des Nordpols sehr ungenau wird und im Unterseeboot völlig versagt, faßte er den Plan, sich des Kreisels als Richtungsweiser zu bedienen. In Verfolgung dieses Planes gelangte er zwar nicht zum Nordpol, aber durch jahrzehntelange Erprobungen zu einem für die Schiffahrt unentbehrlichen Idealapparat.

Der ANSCHÜTZsche Kreisel ist nicht, wie wir beim FOUCAULTschen Gyroskop annahmen, an die Horizontalebene gefesselt, sondern wird wie ein Pendel durch sein Gewicht nach dieser zurückgezogen. Ursprünglich war er in einem Quecksilbertrog schwimmend angeordnet. Spätere Konstruktionen benutzten zwei oder drei Kreisel, deren Wirkungen sich gegenseitig verstärken und korrigieren. Der Drall der Kreisel wird durch elektrischen Antrieb konstant gehalten. Das ganze System ist bei der letzten von ANSCHÜTZ herrührenden Konstruktion in eine Kugel eingeschlossen, die mit engem Spielraum in einer zweiten Kugel fast reibungsfrei schwimmt. Da der Apparat Fahrten von Monaten machen muß, ohne daß er berührt werden darf, so mußte für eine besonders sinnreiche automatische Schmierung der Achslager gesorgt werden.

Von besonderer Bedeutung sind Maßnahmen, die dazu dienen, die schädlichen Einflüsse der Eigenbewegung des Schiffes abzuwenden. Wenn das Schiff in einer Kurve fährt oder seine Geschwindigkeit ändert, unterliegt sein Kreiselkompaß, er pendelnd an die Horizontalebene gefesselt ist, den auftretenden Trägheitskräften. Diese drücken auf die Figurenachse, so daß diese ausweichen muß, was Mißweisungen veranlassen würde. Man kann zeigen, daß die Eigenbewegung unschädlich wird, wenn die freie Schwingung der Kompaßnadel um den Meridian diejenige Dauer hat, die einem mathematischen Pendel von der Länge des Erdradius

$$R = \frac{2}{\pi} \cdot 10^7 \text{ m}$$

zukommen würde, nämlich

$$\tau = 2\pi \sqrt{\frac{R}{g}} = \sqrt{8\pi} \cdot 10^3 \text{ s} = 84{,}4 \text{ min}$$

[SCHULERscher Satz, von GLITSCHEL[1]) vervollständigt].

Eine schöne, friedliche Anwendung des ANSCHÜTZ-Kompasses ist die selbsttätige Kreiselsteuerung der Ozeandampfer. Damit das Schiff den gewünschten Kurs

---
[1]) Vgl. Wissensch. Veröffentl. aus den Siemenswerken, Bd. 19 (1940), 57.

trotz Wellenbewegung und Meeresströmungen einhalten kann, ist die fortgesetzte Aufmerksamkeit des Steuermanns und die entsprechende Gegenwirkung der Steuermaschine erforderlich. Aber diese Gegenwirkung kommt immer um eine gewisse Zeit zu spät und veranlaßt dadurch Fahrtverluste. Dagegen ist der Kreiselkompaß ein Sinnesorgan, welches viel präziser und behender wahrnimmt als der Mensch und welches seine Gegenmaßnahmen momentan trifft. Die Fahrt wird durch diese Gegenmaßnahmen fast strenge geradlinig (eigentlich loxodromisch), was eine beträchtliche Energieersparnis bedeutet. Jeder größere Passagierdampfer ist daher jetzt mit dieser automatischen Steuervorrichtung versehen.

c) *Kreiselwirkung bei Eisenbahnrädern und beim Fahrrad*

Der rollende Radsatz des Eisenbahnwagens stellt einen Kreisel dar, dessen Drall im Schnellbetrieb erheblich werden kann. Um ihn beim *Durchfahren einer Kurve* jeweils in die durch die Kurvennormale bestimmte Lage abzulenken, gehört nach Gl. (1) ein Drehmoment $\mathfrak{M}$, dessen Achse im Sinne der Fahrtrichtung liegt. Da ein solches nicht ausgeübt wird, tritt als „Kreiselwirkung" ein Gegenmoment auf, welches den Radsatz gegen die äußere Schiene andrückt und von der inneren Schiene abhebt. Es addiert sich zu dem Moment der Zentrifugalkraft um die Fahrtrichtung, dem ja durch Überhöhung der äußeren Schiene im Eisenbahnbau Rechnung getragen wird. Beide Momente haben die Form

$$m\, v\, \omega\, ;$$

v ist die Fahrgeschwindigkeit, ω die Winkelgeschwindigkeit in der Kurve, wobei aber m in unserem Falle die auf den Umfang reduzierte Masse des Radsatzes, bei der Zentrifugalkraft die auf den Radsatz entfallende Gesamtmasse des Wagens ist. Unser Kreiselmoment ist also sehr klein gegen das Moment der Zentrifugalkraft; man könnte ihm durch eine geringe zusätzliche Überhöhung der äußeren Schiene Rechnung tragen.

Bedenklicher sind irgendwelche *Unregelmäßigkeiten in der vertikalen Gleisführung*, sagen wir ein „Gleisbuckel" (auch die beginnende und abnehmende Überhöhung am Anfang und Ende einer Kurve gehören hierher).

Hierdurch tritt eine Ablenkung des Dralls in vertikaler Richtung, also ein Gegenmoment um die Vertikale auf, welches den Radsatz aus den Schienen herauszuwinden sucht und die Flanschen der Räder innerhalb des von den Schienen zugelassenen Spielraums abwechselnd an die eine oder andere Schiene preßt. Dies hat man bei Probefahrten mit elektrischen Schnellbahnen in der Tat beobachtet. Zur dauernden Kontrolle der genauen Gleislage werden von der Reichsbahn Probewagen mit Kreiselvorrichtung benutzt, die von der Firma ANSCHÜTZ hergestellt werden.

Das **Fahrrad** ist ein zweifach nichtholonomes System; es hat nämlich[1]) bei fünf Freiheitsgraden im Endlichen nur drei im Unendlichkleinen (Drehung des Hinterrades in seiner jeweiligen Ebene, mit der die Drehung des Vorderrades durch die Bedingung seines Abrollens gekoppelt ist, Drehung um die Lenkstange und gemeinsame Drehung von Vorder- und Hinterrad um die Verbindungslinie

---

[1]) Wie das Rad in Übungsaufgabe II. 1.

ihrer Auflagepunkte als Achse), sofern man nämlich von den Freiheitsgraden des Fahrers absieht. Wie bekannt, beruht die Stabilität dieses Systems bei hinreichend schneller Geschwindigkeit darauf, daß der Fahrer, sei es durch Drehung an der Lenkstange, sei es durch unwillkürliche Körperbewegungen, geeignete *Zentrifugalwirkungen* auslöst. Daß die *Kreiselwirkungen* der Räder neben diesen sehr schwach sind, sieht man an dem Bau des Rades: Wollte man sie verstärken, so müßte man die Räder, statt sie möglichst leicht zu halten, mit schweren Radreifen versehen. Trotzdem läßt sich zeigen[1]), daß diese schwachen Kreiselwirkungen zur Stabilität ihren Beitrag liefern. Das liegt daran, daß sie, ähnlich wie bei der automatischen Kreiselsteuerung der Schiffe, schneller gegen eine eingeleitete Senkung des Schwerpunkts reagieren als die Zentrifugalwirkungen: Bei den kleinen Schwingungen, die man zur Prüfung der Stabilität zu betrachten hat, ist die Kreiselwirkung nur um eine Viertelschwingung, die Zentrifugalwirkung um eine halbe Schwingung gegen die Schwerpunktsschwingung verschoben.

Anhang: Die Mechanik des Billardspiels

Ein reiches Feld für die Anwendungen der Dynamik des starren Körpers eröffnet das schöne Billardspiel. Einer der großen Namen in der Geschichte der Mechanik, der von CORIOLIS, ist mit ihm verknüpft[2]).

Die folgenden Ausführungen bezwecken hauptsächlich, einige Übungsaufgaben zu erläutern, die wir darüber stellen werden. Bei diesen kommt außer der Dynamik des rollenden und gleitenden Balles auch die Theorie der Reibung auf dem Billardtuch zur Geltung.

1. Hohe und tiefe Stöße

Der geübte Spieler gibt dem Ball fast immer ein seitliches „Effet". Wir wollen aber zunächst Stöße ohne Effet betrachten, bei denen also das Queue den Ball in seiner vertikalen Mittelebene, und zwar in horizontaler Richtung, trifft. Man unterscheidet hohe und tiefe Stöße.

Von einem *hohen Stoß* sprechen wir, wenn der Treffpunkt *oberhalb* $^7/_5 a$, von der Ebene des Billards aus gerechnet, liegt (a ist der Radius des Balls), von einem *tiefen Stoße*, wenn der Ball *unterhalb* $^7/_5 a$ getroffen wird; vgl. hierzu und zum folgenden Übungsaufgabe IV. 3. Nur wenn der Stoß genau in dieser Höhe erfolgt, findet von Anfang an *reines Rollen* statt; dann ist nämlich vermöge des S. 56 angegebenen Trägheitsmomentes der Kugel die auf den Ball übertragene Drehung gerade so groß, daß die ihr entsprechende Umfangsgeschwindigkeit im Auflagerpunkte genau entgegengesetzt gleich ist der Vorwärtsbewegung des Balles, womit die Bedingung des reinen Rollens, Gl. (11. 10), erfüllt ist.

---

[1]) Vgl. F. KLEIN u. A. SOMMERFELD, Theorie des Kreisels. Heft IV, S. 880 u. ff. Natürlich muß man, um die Stabilitätsbetrachtung durchführen zu können, die Mitwirkung des Fahrers ausschalten: er muß nicht nur freihändig, sondern auch mit unbeweglichem Körper fahren und soll allein durch sein Gewicht wirken. — Auch über die anderen Anwendungen und über die mathematische Begründung der Kreiseltheorie findet man hier ausführliches Material.

[2]) G. CORIOLIS, Théorie mathématique des effets du jeu de billard. Paris 1835.

Bei *hohen* Stößen weist die von der Drehung herrührende Umfangsgeschwindigkeit des Berührungspunktes in die umgekehrte Richtung wie die Schwerpunktsgeschwindigkeit des Balles und überwiegt diese letztere. Die Reibung am Tuch wirkt dem Geschwindigkeitsüberschuß (Umfangsgeschwindigkeit–Vorwärtsbewegung) entgegen, vergrößert also die ursprüngliche Schwerpunktsgeschwindigkeit. *Die Reibung wirkt bei hohen Stößen im Sinne des Stoßes.* Die Endgeschwindigkeit des reinen Rollens, die sich einstellt, wenn die Reibung den Geschwindigkeitsüberschuß aufgezehrt hat, ist *größer* als die Anfangsgeschwindigkeit. Hochgestoßene Bälle laufen lange und verraten im allgemeinen den geübten Spieler.

Bei *tiefen* Stößen weist die Umfangsgeschwindigkeit im Berührungspunkt entweder nach rückwärts, ist dann aber kleiner als die Vorwärtsgeschwindigkeit, oder sie weist bei noch tieferen Stößen nach vorwärts. *In beiden Fällen wirkt die Reibung der ursprünglichen Stoßrichtung entgegen.* Die Endgeschwindigkeit des reinen Rollens ist *kleiner* als die Anfangsgeschwindigkeit.

Was die Stoßgröße S betrifft (Dimension kp·s), so ist sie natürlich aufzufassen als das Zeitintegral einer in der Queuerichtung wirkenden, sehr starken Kraft von der sehr kurzen Dauer τ

$$S = \int\limits_0^\tau F \, dt \, .$$

Entsprechend wird das Stoßmoment, bezogen auf den Mittelpunkt des Balls, gegeben durch

$$S h = \int\limits_0^\tau F \, h \, dt \, ,$$

wo h gleich dem Abstand des Mittelpunktes von der Queueachse ist; der Momentenpfeil steht senkrecht auf der durch beide gelegten Ebene. Bei den bisher betrachteten Stößen ohne Effet ist dieser Pfeil horizontal und senkrecht gegen die Mittelebene gerichtet.

2. Nachläufer und Zurückzieher

Trifft der *hochgestoßene* Ball zentral auf einen der beiden anderen Bälle, so überträgt er wegen Massengleichheit seine ganze Vorwärtsbewegung auf diesen, vgl. (3. 27a); er behält aber seine Rotationsbewegung bei (unter Vernachlässigung der Reibung zwischen beiden Bällen während der kurzen Dauer ihrer Berührung). Der Mittelpunkt des stoßenden Balles befindet sich also unmittelbar nach dem Stoße momentan in Ruhe, während gleichzeitig sein unterster Punkt an dem Billardtuch gleitet. Die dabei entstehende, zeitlich konstante Reibung wirkt im Sinne der ursprünglichen Vorwärtsbewegung, während gleichzeitig ihr Moment um den Mittelpunkt die vorhandene Drehung verzögert. Der Ball wird also von der Ruhe aus allmählich beschleunigt, während gleichzeitig seine Drehung abnimmt. Die Beschleunigung hört auf, wenn die Umfangsgeschwindigkeit der Drehung am Tuch gleich der Vorwärtsbewegung geworden ist, worauf reines Rollen eintritt. Der Ball rollt dann mit konstanter Endgeschwindigkeit weiter (von der Wirkung der sehr langsam wirkenden rollenden Reibung wollen wir absehen). Dies ist die *Theorie des Nachläufers.*

Auch der *tiefgestoßene* Ball gibt seine Schwerpunktsgeschwindigkeit an den gestoßenen Ball ab und befindet sich momentan in Ruhe. Wir wollen annehmen, daß der Ball *sehr tief*, jedenfalls unterhalb des Mittelpunktes gestoßen wurde, so daß die ihm verbleibende Umfangsgeschwindigkeit nach vorn gerichtet ist. Die Reibung wirkt dann nach rückwärts. Der Ball setzt sich mit konstanter Beschleunigung nach rückwärts in Bewegung, während gleichzeitig seine Drehung abnimmt, bis reines Rollen eintritt. Dies ist die *Theorie des Zurückziehers*.

Da die gleitende Reibung unabhängig von der Geschwindigkeit ist, wird der zeitliche Verlauf sowohl der Schwerpunktsgeschwindigkeit v wie der Umfangsgeschwindigkeit $u = a\omega$ linear. Die bisher betrachteten Aufgaben lassen sich daher statt in Formeln bequemer graphisch behandeln in einem Diagramm, in dem man die jeweiligen Werte von v und u als Ordinaten zur Abszisse t aufträgt; Übungsaufgabe IV. 3.

3. Bahnen mit Effet bei horizontaler Stoßrichtung

Wenn der Ball nicht in der Mittelebene, sondern mit seitlichem *Rechts- oder Links-Effet* gestoßen wird, so verläuft die Bahn bei *horizontaler Stoßrichtung* immer noch in der geraden Linie des Anfangsstoßes.

Die Ebene des Stoßmomentes ist aber jetzt bei Rechts- oder Links-Effet gegen die vertikale Mittelebene nach rechts oder links geneigt, so jedoch, daß ihre Normale in der zur Mittelebene senkrechten Querebene durch den Mittelpunkt enthalten ist. Diese Normale ist die Achse des Momentenpfeiles. Man kann letzteren zerlegen in eine vertikale Komponente und eine horizontale Querkomponente. Die erstere bewirkt eine Drehung um den vertikalen Durchmesser des Balles und erzeugt eine kleine „bohrende Reibung" auf dem Tuch, die aber ohne Einfluß auf die Bahn des Balles ist. Die Querkomponente andererseits wirkt ebenso wie bei den unter 1. und 2. betrachteten Stößen, so daß sich die dortigen Ergebnisse ohne weiteres auf unsere jetzigen Stöße mit Effet übertragen. Insbesondere bleibt also die Bahn auch jetzt *geradlinig*.

Die Rotation um den vertikalen Durchmesser äußert sich aber beim Zusammenstoß des Balles mit einer Bande oder mit einem zweiten Ball. Im ersten Falle tritt eine Reibung an der Bande auf, welche den Ball, vom Spieler aus gesehen, nach rechts bei Rechts-Effet, nach links bei Links-Effet ablenkt. Der Reflexionswinkel, welcher bei Bällen ohne Effet dem Einfallswinkel *gleich* ist, wird dadurch *abgeändert*, und zwar so, daß die reflektierte Bahn von der Richtung der regulären, gleichwinklig reflektierten Bahn aus *im Pfeilsinne des dem Ball erteilten Effets* gedreht wird. Diese Erscheinung ist jedem Billardspieler geläufig. Gleichzeitig mit der Reibungskraft tritt ein Reibungsmoment um die Vertikale auf, welches die Rotation um den vertikalen Durchmesser abschwächt. Das ursprüngliche Effet geht also bei mehreren Zusammenstößen mehr und mehr verloren, wie ebenfalls jedem Spieler bekannt ist.

Beim Zusammenstoß Ball gegen Ball wirkt das Effet ebenso und im gleichen Sinne wie beim Stoß von Ball gegen Bande.

4. Parabolische Bahn bei Stößen mit vertikaler Komponente

Die Ebene des Stoßmomentes ist jetzt nicht nur seitlich wie unter 3., sondern auch vom Spieler aus nach *vorn* geneigt. Der zugehörige Momentenpfeil hat daher außer der Quer- und der Vertikalkomponente auch eine Komponente in der Stoßrichtung, der eine Komponente der Gleitgeschwindigkeit des Auflagerpunktes senkrecht gegen die Richtung der Anfangsbewegung entspricht. Die Reibung, die der resultierenden Geschwindigkeit des Auflagerpunktes entgegengesetzt gerichtet ist, bildet daher einen Winkel mit der Richtung der Anfangsbewegung. Wenn man sich klarmacht (vgl. Übungsaufgabe IV. 4), daß dieser Winkel bei der Bewegung konstant bleibt, und wenn man bedenkt, daß die Größe der Reibung ebenfalls konstant ist, so schließt man, daß die Bahn des Balles eine *Wurfparabel* in der Horizontalebene sein muß, da sie unter dem alleinigen Einfluß einer Kraft von konstanter Größe und Richtung steht (Satz von J. A. EULER, dem Sohn des großen LEONHARD EULER).

Bälle dieser Art wirken sehr überraschend auf einen Spieler, der keine volle Kenntnis von den Reibungsgesetzen und von der vektoriellen Zerlegung des Impulsmomentes besitzt. Sie werden insbesondere dann verwendet, wenn die beiden zu treffenden Bälle an den beiden Enden der kurzen Seite des Billards stehen. Die Vertikalkomponente des Stoßes muß dabei sehr stark sein, d. h. das Queue muß unter kleinem Winkel gegen das Lot geführt werden.

Fünftes Kapitel

Relativbewegung

Das Interesse an dem Gegenstand dieses Kapitels rührt wesentlich daher, daß wir unsere sämtlichen Beobachtungen auf der rotierenden Erde machen, die kein zulässiges Bezugssystem ist, weder im Sinne der klassischen Mechanik, noch im Sinne der speziellen Relativitätstheorie. Andererseits ist in der allgemeinen Relativitätstheorie jedes Bezugsystem zulässig, vgl. S. 14, so daß hier eine besondere Theorie der Relativbewegungen entfällt.

Wir werden uns in diesem Kapitel auf den Standpunkt stellen, daß in jedem idealen zulässigen Bezugssystem die NEWTONsche Mechanik streng gelte, und wir werden nach den Abweichungen von der NEWTONschen Mechanik fragen, die aus der Bewegung des uns praktisch aufgezwungenen Bezugssystems entstehen.

§ 28. Eine spezielle Ableitung der Coriolisschen Kraft

Ein Massenpunkt bewege sich auf einem Meridian der Erdkugel, Radius a, mit der konstanten Winkelgeschwindigkeit μ (vom Erdmittelpunkt aus gesehen), während sich gleichzeitig die Erde um ihre Achse mit der konstanten Geschwindigkeit ω dreht. Wenn ϑ und φ wie üblich das Komplement der geographischen

§ 28.6 Eine spezielle Ableitung der Coriolisschen Kraft

Breite bzw. die geographische Länge bedeuten, so ist die Bewegung unseres Massenpunktes bis auf willkürliche Anfangswerte gegeben durch

(1) $$\vartheta = \mu t, \quad \varphi = \omega t.$$

Aus seinen rechtwinkligen Koordinaten:

(2) $$\begin{aligned} x &= a \sin \vartheta \cos \varphi, \\ y &= a \sin \vartheta \sin \varphi, \\ z &= a \cos \vartheta \end{aligned}$$

ergibt sich durch Differentiation nach t:

(3) $$\begin{aligned} \dot{x} &= a \mu \cos \vartheta \cos \varphi - a \omega \sin \vartheta \sin \varphi, \\ \dot{y} &= a \mu \cos \vartheta \sin \varphi + a \omega \sin \vartheta \cos \varphi, \\ \dot{z} &= -a \mu \sin \vartheta. \end{aligned}$$

(4) $$\begin{aligned} \ddot{x} &= -a \mu^2 \sin \vartheta \cos \varphi - a \omega^2 \sin \vartheta \cos \varphi - 2 a \mu \omega \cos \vartheta \sin \varphi, \\ \ddot{y} &= -a \mu^2 \sin \vartheta \sin \varphi - a \omega^2 \sin \vartheta \sin \varphi + 2 a \mu \omega \cos \vartheta \cos \varphi, \\ \ddot{z} &= -a \mu^2 \cos \vartheta. \end{aligned}$$

In dem letzten Gleichungstripel bedeuten die ersten Glieder rechts die gewöhnliche Zentripetalbeschleunigung, die zur Bewegung auf dem als ruhend gedachten Meridian gehört, die zweiten Glieder diejenige Zentripetalbeschleunigung, die der reinen Bewegung im Breitenkreise entspricht; die dritten Glieder aber sind etwas Neues, nämlich das *kinematische Wechselspiel beider Bewegungen* Indem wir (4) mit $- m$ multiplizieren, erhalten wir den Trägheitswiderstand $\mathfrak{F}^*$ unseres Massenpunktes bei der zusammengesetzten Drehbewegung, nämlich in vektorieller Form geschrieben

(5) $$\mathfrak{F}^* = \mathfrak{Z}_1 + \mathfrak{Z}_2 + \mathfrak{C}.$$

Die Zeichen $\mathfrak{Z}_1$ und $\mathfrak{Z}_2$ weisen wie in (10.3) auf *„gewöhnliche Zentrifugalkraft"* hin. $\mathfrak{Z}_1$ hat die Richtung vom Erdmittelpunkt fort und die Größe

$$|\mathfrak{Z}_1| = m a \mu^2 = m \frac{v_1^2}{a}, \quad v_1 = a \mu.$$

$\mathfrak{Z}_2$ hat die Richtung senkrecht zur Erdachse nach außen hin und die Größe

$$|\mathfrak{Z}_2| = m a \omega^2 \sin \vartheta = m \frac{v_2^2}{a \sin \vartheta}, \quad v_2 = a \omega \sin \vartheta.$$

Den dritten Bestandteil $\mathfrak{C}$ des Trägheitswiderstandes nennen wir *„zusammengesetzte Zentrifugalkraft"* (force centrifuge composée) oder *Coriolissche Kraft*. Ihre vollständige vektorielle Darstellung ist [s. Gl. (29.4a)]

(6) $$\mathfrak{C} = 2 m \, \mathfrak{v}_{\text{rel}} \times \vec{\omega}.$$

Wir haben hier $\mathfrak{v}_{\text{rel}}$ statt des dem vorangehenden v_1 entsprechenden Vektors $\mathfrak{v}_1$ geschrieben, um anzudeuten, daß es sich, allgemein gesprochen, um die Relativgeschwindigkeit gegen das rotierende Bezugssystem handelt.

Die Größe von $\mathfrak{C}$ beträgt nach (6)

(6a) $$|\mathfrak{C}| = 2\, m\, v_{\mathrm{rel}}\, \omega \sin(v_{\mathrm{rel}}, \vec{\omega}),$$

d. i. in unserem Falle

(6b) $$|\mathfrak{C}| = 2\, m\, v_{\mathrm{rel}}\, \omega \cos \vartheta\,;$$

statt $\cos \vartheta$ können wir auch, was gebräuchlicher ist „Sinus der geographischen Breite" sagen. Der Richtung nach steht $\mathfrak{C}$ senkrecht sowohl auf v_{rel} als auf $\vec{\omega}$ oder, wie wir in unserem Beispiel auch sagen können, auf $\mathfrak{Z}_1$ und $\mathfrak{Z}_2$. Der Sinn von $\mathfrak{C}$ ist gegeben durch die Achse der Rechtsschraube, die v_{rel} in $\vec{\omega}$ überdreht. Dies ist in Fig. 49 dargestellt für einen von Süden nach Norden laufenden Massenpunkt, und zwar sowohl für eine Lage auf der nördlichen wie auf der südlichen Hemisphäre. In ersterer wirkt $\mathfrak{C}$ entsprechend dem Rechtsschraubensinne $v_{\mathrm{rel}} \to \vec{\omega}$ west-östlich, in letzterer ost-westlich.

Statt von dem einzelnen Massenpunkt können wir auch von einer kontinuierlichen Folge von solchen, also von einem längs des Meridians fließenden Strom sprechen. Fig. 49 besagt dann: Der Trägheitswiderstand des strömenden Wassers

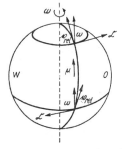

Fig. 49
Spezielle Ableitung der CORIOLISschen Kraft: Auf dem Meridian der rotierenden Erde läuft ein Massenpunkt mit der konstanten Geschwindigkeit v_{rel}; er hat vom Mittelpunkte aus gesehen die konstante Winkelgeschwindigkeit μ

drückt bei süd-nördlicher Stromrichtung auf der *nördlichen Halbkugel* gegen das *rechte Ufer*, auf der *südlichen* gegen das *linke*, wobei der Vorzeichenwechsel des Druckes offenbar zusammenhängt mit dem in (6b) vorkommenden Sinus der geographischen Breite. Diese Regel gilt aber nicht nur bei süd-nördlicher, sondern, wie im folgenden Paragraphen ausdrücklich bewiesen werden wird, bei jeder Richtung von v_{rel}, also im besonderen auch bei der nord-südlichen Strömungsrichtung. Das ist in unserem Beispiel unmittelbar einleuchtend: Die von der Erdrotation herrührende West-Ost-Geschwindigkeit des Wassers hängt vom Abstand von der Drehachse, also von der geographischen Breite ab. Bei Süd-Nord-Strömung bringt das Wasser auf der nördlichen Halbkugel aus den südlichen Breiten einen Überschuß an West-Ost-Bewegungsgröße mit sich, der sich als Druck nach Osten, also gegen das *rechte* Ufer äußert. Dasselbe gilt aber auch bei nord-südlicher Strömung. Dann bringt das Wasser aus den nördlichen Breiten einen Fehlbetrag an West-Ost-Bewegungsgröße mit sich. Man denke sich diesen im positiven und negativen Sinne ergänzt. Der negative Teil der Ergänzung hat die Ost-West-Richtung, wirkt also als Druck nach Westen, also wieder auf das *rechte* Ufer. Dieselbe Überlegung zeigt, daß der Strom auf der südlichen Halbkugel gegen das *linke* Ufer drückt, sowohl bei der Strömung Süd-Nord wie Nord-Süd.

Der Druck gegen das rechte Ufer äußert sich, wie die Geographen an geeigneten Beispielen auf der nördlichen Halbkugel nachgewiesen zu haben glauben, in einer stärkeren Abtragung der rechten Uferböschungen (BAERsches Gesetz der Flußverschiebungen); ferner in einem meßbaren, etwas höheren Wasserstande am rechten Flußufer.

Viel bedeutsamer sind die Wirkungen der CORIOLIS-Kraft bei den Meeresströmungen (Ablenkung des Golfstromes und der Gezeitenströmungen auf der nördlichen Halbkugel nach rechts).

Am bedeutsamsten aber sind ihre Wirkungen in der Atmosphäre. Das bekannte BUYS-BALLOTsche Gesetz besagt, daß der Wind nicht in der Richtung des Druckgefälles bläst, sondern dagegen erheblich abgelenkt ist, auf der nördlichen Halbkugel nach rechts, auf der südlichen nach links; nur am Äquator folgt er genau der Richtung des Druckgradienten.

Alle diese Erscheinungen sind eine unmittelbare Folge des Trägheitsgesetzes und rühren letzten Endes daher, daß die rotierende Erde kein mechanisch zulässiges Bezugssystem ist.

Während wir in diesem Paragraphen mit sphärischen Polarkoordinaten gerechnet haben, werden wir in Übungsaufgabe V.1 zur Ableitung der CORIOLIS-Kraft zylindrische Polarkoordinaten zugrunde legen.

§ 29. Die allgemeinen Differentialgleichungen der Relativbewegung

Wir ersetzen die Erde durch einen beliebigen starren Körper K, der sich mit der momentanen Winkelgeschwindigkeit $\vec{\omega}$ um einen festen Punkt O drehen möge. P sei ein Massenpunkt, der sich mit einer beliebig wechselnden Relativgeschwindigkeit gegen K bewegt. Seine Geschwindigkeit gegen den Raum setzt sich zusammen aus dieser Relativgeschwindigkeit und der Geschwindigkeit des mit P momentan zusammenfallenden Körperpunktes im Raum, welche nach (22.4) durch $\vec{\omega} \times \mathfrak{r}$ gegeben ist. Wir wollen diese Geschwindigkeit gegen den Raum wie in (22.4) mit $\mathfrak{w}$ bezeichnen; die Relativgeschwindigkeit gegen K heiße weiterhin $\mathfrak{v}$ (statt $\mathfrak{v}_{\text{rel}}$). Wir haben also

(1) $$\mathfrak{w} = \mathfrak{v} + \vec{\omega} \times \mathfrak{r}.$$

Wir wollen ferner verabreden, daß wir zeitliche Veränderungen, die wir vom Raum aus beurteilen, durch Punktierung, solche, die wir vom Körper K aus beurteilen, mit d/dt bezeichnen. Daraufhin können wir auch schreiben:

(2a) $\mathfrak{w} = \dot{\mathfrak{r}},$ (2b) $\mathfrak{v} = \dfrac{d\mathfrak{r}}{dt},$ (2c) $\dot{\mathfrak{r}} = \dfrac{d\mathfrak{r}}{dt} + \vec{\omega} \times \mathfrak{r}.$

Als Beschleunigung unseres Punktes P im Raum erhalten wir aus (1) zunächst

(3) $$\dot{\mathfrak{w}} = \dot{\mathfrak{v}} + \dot{\vec{\omega}} \times \mathfrak{r} + \vec{\omega} \times \dot{\mathfrak{r}}.$$

Im mittleren Gliede rechts ersetzen wir $\dot{\mathfrak{r}}$ nach (2a) und (1) und erhalten so:

(3a) $$\vec{\omega} \times \dot{\mathfrak{r}} = \vec{\omega} \times \mathfrak{v} + \vec{\omega} \times [\vec{\omega} \times \mathfrak{r}].$$

Das erste Glied rechts von (3) formen wir um, indem wir in (2c) den beliebig verfügbaren Vektor $\mathfrak{r}$ ersetzen durch $\mathfrak{v}$. Dadurch entsteht

(3b) $$\dot{\mathfrak{v}} = \frac{d\mathfrak{v}}{dt} + \vec{\omega} \times \mathfrak{v}.$$

Einsetzen von (3a) und (3b) in (3) liefert:

(4) $$\dot{\mathfrak{w}} = \frac{d\mathfrak{v}}{dt} + 2\vec{\omega} \times \mathfrak{v} + \vec{\omega} \times [\vec{\omega} \times \mathfrak{r}] + \dot{\vec{\omega}} \times \mathfrak{r}.$$

Zum letzten Gliede dieser Gleichung ist noch zu bemerken, daß es nach (26.8a) gleichgültig ist, ob wir darin $\dot{\vec{\omega}}$ oder $d\vec{\omega}/dt$ schreiben.

Von hier aus gehen wir zum Trägheitswiderstande unseres Massenpunktes über, indem wir gliedweise mit $-m$ multiplizieren. Links entsteht der Trägheitswiderstand $\mathfrak{F}^*$ im Raume, rechts an erster Stelle der von dem unzulässigen Bezugssystem K aus beurteilte Trägheitswiderstand, den wir $\mathfrak{F}^*_{\text{rel}}$ nennen können. Aus dem zweiten Gliede rechts ergibt sich der uns bekannte Ausdruck (28.6) der CORIOLISschen Kraft, nämlich

(4a) $$-2m\vec{\omega} \times \mathfrak{v} = +2m\mathfrak{v} \times \vec{\omega} = \mathfrak{C}.$$

Unsere gegenwärtige Betrachtung enthält also, als Ergänzung zu der speziellen des vorigen Paragraphen, eine *allgemeine Ableitung der Coriolisschen Kraft*. In dem vorletzten Glied der Gl. (4) erkennt man (nach Multiplikation mit $-m$) unschwer die gewöhnliche Zentrifugalkraft $\mathfrak{Z}$, die vermöge der Drehung des Bezugssystems K auf unseren Massenpunkt zu wirken scheint [in (28.5) mit $\mathfrak{Z}_2$ bezeichnet].

Wir erhalten also alles in allem statt (4)

(5) $$\mathfrak{F}^* = \mathfrak{F}^*_{\text{rel}} + \mathfrak{C} + \mathfrak{Z} + m[\mathfrak{r} \times \dot{\vec{\omega}}].$$

Hier setzen wir für $\mathfrak{F}^*_{\text{rel}}$ den definitionsgemäßen Wert

$$\mathfrak{F}^*_{\text{rel}} = -m\frac{d\mathfrak{v}}{dt}$$

ein und beachten, daß wegen des Gleichgewichtes von äußeren und Trägheitskräften im raumfesten System gilt:

$$\mathfrak{F} + \mathfrak{F}^* = 0.$$

Wir erhalten dann als *allgemeine Differentialgleichung der Relativbewegung*:

(6) $$m\frac{d\mathfrak{v}}{dt} = \mathfrak{F} + \mathfrak{Z} + \mathfrak{C} + m\,\mathfrak{r} \times \dot{\vec{\omega}}.$$

Im System K treten also neben der eigentlichen äußeren Kraft die „Scheinkräfte" $\mathfrak{Z}$ und $\mathfrak{C}$ auf; sie wirken vom Standpunkte des mit dem System K bewegten Beobachters genau so wie die äußere Kraft $\mathfrak{F}$, entspringen aber lediglich aus der Trägheit des relativ bewegten Massenpunktes m. Denselben Ursprung hat auch das letzte Glied rechts in (6), welches von einer eventuellen Beschleunigung oder Verlagerung der Rotation herrührt; in der Anwendung auf die Erde entspricht es den Polschwankungen und kann als verschwindend klein unbedenklich vernachlässigt werden. Außer in den drei folgenden Paragraphen wird die Differentialgleichung (6) auch in den Übungsaufgaben V. 1 und V. 2 zur Verwendung kommen.

§ 30. Der freie Fall auf der rotierenden Erde, die Eigenart der gyroskopischen Terme

Bei allen Schweremessungen kommt nicht die Erdanziehung selbst, sondern die Resultierende der Erdanziehung $\mathfrak{F}$ und der Zentrifugalkraft $\mathfrak{Z}$ zur Beobachtung. Auch die Abplattung des Geoids, d. h. der mittleren Gestalt der Erdoberfläche, wird durch diese Resultierende bestimmt, nämlich so, daß das Geoid auf ihr überall senkrecht steht. Setzen wir

(1) $$\mathfrak{F} + \mathfrak{Z} = m\,\mathfrak{g},$$

so ist die Fallbeschleunigung $\mathfrak{g}$ ein Vektor, der die Größe g, aber die *Richtung der Normale zum Geoid* hat, nicht etwa die Richtung des verlängerten Erdradius.

Wegen (1) und (28.6) und bei Vernachlässigung des Gliedes mit $\vec{\dot\omega}$ (vgl. oben) geht (29.6) über in

(2) $$\frac{d\mathfrak{v}}{dt} = \mathfrak{g} + 2\,\mathfrak{v} \times \vec{\omega}.$$

Wir lösen diese Vektorgleichung in Koordinatengleichungen auf, indem wir ein erdfestes, orthogonales System ξ, η, ζ wie folgt definieren (vgl. Fig. 50):

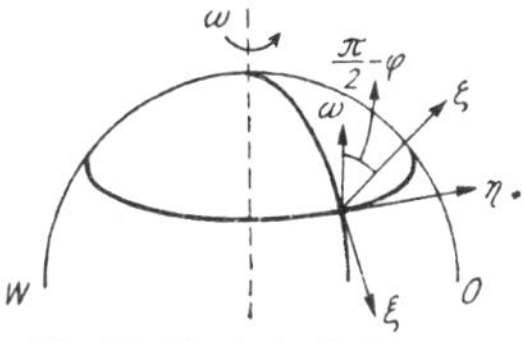

(3) ξ = Nord-Süd-Richtung auf dem Geoid,
η = West-Ost-Richtung auf der Erde,
ζ = Beobachtungsort $\to$ Zenit = Normale zum Geoid.

Fig. 50. Der freie Fall auf der rotierenden Erde. Koordinatenkreuz: ξ-Achse nach dem Meridian, η-Achse nach dem Breitenkreis, ζ-Achse nach der Normalen zum Geoid gerichtet

Dann wird, in Komponenten geschrieben:

(4) $$\mathfrak{v} = \frac{d\xi}{dt},\quad \frac{d\eta}{dt},\quad \frac{d\zeta}{dt}$$
$$\mathfrak{g} = 0,\quad 0,\quad -g$$
$$\vec{\omega} = -\omega\cos\varphi,\quad 0,\quad \omega\sin\varphi$$

mit φ als geographischer Breite, vgl. Fig. 50. Aus (2) folgt jetzt:

(5) $$\frac{d^2\xi}{dt^2} = \qquad 2\,\omega\sin\varphi\,\frac{d\eta}{dt}$$
$$\frac{d^2\eta}{dt^2} = -\,2\,\omega\sin\varphi\,\frac{d\xi}{dt} \qquad -2\,\omega\cos\varphi\,\frac{d\zeta}{dt}$$
$$\frac{d^2\zeta}{dt^2} + g = \qquad 2\,\omega\cos\varphi\,\frac{d\eta}{dt}$$

Bevor wir zur Integration schreiten, wollen wir den allgemeinen Charakter dieser Gleichungen betrachten. Sie sind dadurch ausgezeichnet, daß das Koeffizientenschema der rechten Seiten *ungerade* ist. Mit den Abkürzungen

(6) $\quad \vec{\omega} = \omega \dfrac{1}{2}(\alpha, \beta, \gamma), \quad \alpha = -2\omega\cos\varphi, \quad \beta = 0, \quad \gamma = 2\omega\sin\varphi$

nimmt dieses Schema folgende, gegen die Diagonale *antisymmetrische* Gestalt an:

(7)

	$d\xi/dt$	$d\eta/dt$	$d\zeta/dt$
$d^2\xi/dt^2$	0	γ	$-\beta$
$d^2\eta/dt^2$	$-\gamma$	0	α
$g + d^2\zeta/dt^2$	β	$-\alpha$	0

Dieser antisymmetrische Charakter bedeutet *Erhaltung der Energie*. Wären dagegen Diagonalglieder vorhanden oder hätte, allgemeiner gesprochen, das Koeffizientenschema einen *symmetrischen Anteil*, so hätten wir *Dissipation der Energie*.

In der Tat: Multiplizieren wir die Gln. (5) der Reihe nach mit $d\xi/dt$, $d\eta/dt$, $d\zeta/dt$, so heben sich rechts in der Summe die sämtlichen Glieder mit α, β, γ gegenseitig fort, und es bleibt

$$\frac{1}{2}\frac{d}{dt}\left[\left(\frac{d\xi}{dt}\right)^2 + \left(\frac{d\eta}{dt}\right)^2 + \left(\frac{d\zeta}{dt}\right)^2\right] + g\frac{d\zeta}{dt} = 0,$$

also

(8) $\qquad\qquad\qquad T + V = \text{konst.}$

Dabei bedeuten T und V kinetische und potentielle Energie der Relativbewegung (die Masse $= 1$ gesetzt). Dieser *konservative Charakter* unseres Koeffizientenschemas folgt übrigens, auch ohne Rechnung, schon daraus, daß $\mathfrak{C}$ wegen des Faktors $[v \times \vec{\omega}]$ auf der Bewegung senkrecht steht, also *wattlos* wirkt, ähnlich wie die magnetischen Kräfte in der Elektrodynamik.

Dagegen hätten wir beim Hinzutreten symmetrischer Koeffizientenanteile

(9) $\qquad\qquad\qquad \dfrac{d}{dt}(T + V) < 0,$

sofern nämlich die Koeffizienten den physikalisch notwendigen Vorzeichenbedingungen genügen, die einer Dämpfung des Bewegungsvorganges entsprechen. Wie man sieht, folgt aus (9) nicht *Erhaltung*, sondern, wie wir behaupteten, *Dissipation der Energie*. Ein (allerdings nur eindimensionales) Beispiel für diesen *dissipativen Charakter* eines geraden Koeffizientenschemas liefert die Behandlung der gedämpften Schwingungen in Kap. III, § 19, Gl. (8) und (9).

Wir nennen mit Lord Kelvin Glieder von antisymmetrischem Koeffizientenschema *gyroskopische Terme*. Der Name besagt, daß sie Kunde geben von einer inneren Gyration des Systems (in unserem Falle von der Erdrotation), die beim Ansatz des Problems nicht explizite berücksichtigt („ignoriert") sondern in die

§ 30. 15 Der freie Fall auf der rotierenden Erde, die Eigenart der gyroskopischen Terme 149

Wahl der Koordinaten (in unserem Falle der ξ, η, ζ) aufgenommen worden ist. Bei allgemeinen Sätzen über die Stabilität von Gleichgewichten und Bewegungen spielen solche gyroskopischen Terme eine wichtige Rolle.

Wir gehen jetzt zur Integration der Gln. (5) über. Dabei wollen wir als Anfangsbedingungen diejenigen des freien Falles aus der Höhe h ohne anfänglichen Anstoß zugrunde legen; wir verlangen also

(10)
$$\text{für } t = 0: \quad \xi = \eta = 0, \quad \zeta = h$$
$$\frac{d\xi}{dt} = \frac{d\eta}{dt} = \frac{d\zeta}{dt} = 0.$$

Aus der ersten und dritten Gl. (5) ergibt sich dann:

(11)
$$\frac{d\xi}{dt} = 2\omega\eta\sin\varphi, \quad \frac{d\zeta}{dt} + gt = 2\omega\eta\cos\varphi.$$

Einsetzen in die zweite Gl. (5) liefert

(12)
$$\frac{d^2\eta}{dt^2} + 4\omega^2\eta = Ct, \quad C = 2\omega g\cos\varphi.$$

Die Integration dieser letzten Gleichung geschieht nach der allgemeinen, bei Gl. (19.4) formulierten Regel: „Partikuläres Integral der inhomogenen + allgemeines Integral der homogenen Gleichung." Das führt im vorliegenden Falle zu dem Ansatz:

$$\eta = \frac{C}{4\omega^2}t + A\sin 2\omega t + B\cos 2\omega t.$$

Hier ist wegen (10) zu setzen:

$$B = 0, \quad 2\omega A = -\frac{C}{4\omega^2},$$

also:

(13)
$$\eta = \frac{C}{4\omega^2}\left(t - \frac{\sin 2\omega t}{2\omega}\right) = \frac{g\cos\varphi}{2\omega}\left(t - \frac{\sin 2\omega t}{2\omega}\right).$$

Dies ist nach der Bedeutung von η, vgl. (3), die *Ostablenkung*.

ξ bedeutet die *Südablenkung*. Diese letztere berechnet sich nach (11) und (13) aus

$$\frac{d\xi}{dt} = g\sin\varphi\cos\varphi\left(t - \frac{\sin 2\omega t}{2\omega}\right)$$

und wird mit Rücksicht auf (10) integriert durch:

(14)
$$\xi = g\sin\varphi\cos\varphi\left(\frac{t^2}{2} - \frac{1 - \cos 2\omega t}{4\omega^2}\right).$$

Schließlich erhält man für die Bewegung in der Vertikalen aus der zweiten Gl. (11) mit Rücksicht auf (13) und (10)

(15)
$$\zeta = h - \frac{gt^2}{2} + g\cos^2\varphi\left(\frac{t^2}{2} - \frac{1 - \cos 2\omega t}{4\omega^2}\right).$$

ωt ist eine sehr kleine Zahl von der Größenordnung Fallzeit/Tag. Man kann daher nach Potenzen von ωt entwickeln und findet aus (13), (14) und (15):

$$\eta = \frac{g t^2}{3} \cos \varphi \cdot \omega t, \qquad \xi = \frac{g t^2}{6} \sin \varphi \cos \varphi \cdot (\omega t)^2$$

$$\zeta = h - \frac{g t^2}{2}\left(1 - \frac{\cos^2 \varphi}{3} \cdot (\omega t)^2\right).$$

Die Ostablenkung ist hiernach von der ersten, die Südablenkung von der zweiten Ordnung in ωt. Auch die durch die Erdrotation hervorgerufene Abweichung in der Vertikalen ist nur von der zweiten Ordnung. Die Ostablenkung ist mehrfach beobachtet und in Übereinstimmung mit der Theorie befunden worden; sie betrug unter günstigen Umständen (tiefer Bergwerksschacht) einige Zentimeter.

Offensichtlich rühren diese (beobachteten oder nicht beobachtbaren) Ablenkungen daher, daß die Anfangsbedingungen (10), die dem Experiment ebenso wie der Theorie zugrunde liegen, *Ruhe in bezug auf die Erde* vorschreiben, daß sie aber eben deshalb eine gewisse Geschwindigkeit im Raum bedeuten, die von der Größe Erdrotation mal Abstand vom Erdmittelpunkt ist. Diese Geschwindigkeit ist etwas verschieden von der Geschwindigkeit, mit der sich die Erdoberfläche unter dem fallenden Körper fortbewegt, und die natürliche Folge davon ist, daß der Körper nicht genau am Fußpunkt seiner Anfangslage die Erde trifft.

§ 31. Das Foucaultsche Pendel

Es gelten wieder die Gln. (30.5), aber mit der Zusatzbedingung, daß der Massenpunkt den konstanten Abstand l vom Aufhängepunkt des Pendels haben soll. Wir setzen diese Bedingung ähnlich wie beim sphärischen Pendel, Gl. (18.1), an:

(1) $$F = \frac{1}{2}(\xi^2 + \eta^2 + \zeta^2 - l^2) = 0$$

und führen den ihr zugeordneten LAGRANGEschen Parameter λ ein. Die Gln. (30.5) gehen dann über in:

(2) $$\begin{aligned}\frac{d^2\xi}{dt^2} &= 2\omega \sin\varphi \frac{d\eta}{dt} & &+ \lambda\xi \\ \frac{d^2\eta}{dt^2} &= -2\omega \sin\varphi \frac{d\xi}{dt} & -2\omega\cos\varphi \frac{d\zeta}{dt} &+ \lambda\eta \\ \frac{d^2\zeta}{dt^2} + g &= 2\omega\cos\varphi \frac{d\eta}{dt} & &+ \lambda\zeta.\end{aligned}$$

Natürlich werden wir uns auf *kleine* Pendelschwingungen beschränken. Wir sehen also ξ/l und η/l als kleine Größen *erster Ordnung* an; dann folgt aus (1), daß ζ^2/l^2 gleich 1 ist bis auf kleine Größen *zweiter Ordnung*. Und zwar wird für die Umgebung der Ruhelage

$$\zeta = -l(1 + \text{Gr. zweiter Ordn.}),$$

§ 31. 10 Das Foucaultsche Pendel

weil ja ζ positiv nach oben gerechnet wird. Daraufhin zeigt die dritte Gl. (2), daß bis auf Größen erster Ordnung gilt

(3) $$g = -\lambda l, \quad \text{also} \quad \lambda = -\frac{g}{l}.$$

Wir schreiben jetzt die beiden ersten Gln. (2) nochmals hin unter Vernachlässigung des Gliedes mit $d\zeta/dt$, weil es von zweiter Ordnung ist und unter Benutzung der Abkürzung

(4) $$u = \omega \sin \varphi.$$

Sie lauten dann

(5) $$\frac{d^2\xi}{dt^2} - 2u\frac{d\eta}{dt} + \frac{g}{l}\xi = 0,$$
$$\frac{d^2\eta}{dt^2} + 2u\frac{d\xi}{dt} + \frac{g}{l}\eta = 0.$$

Es ist bequem, sie komplex zusammenzufassen, indem man die zweite Gl. (5) mit i multipliziert, zur ersten addiert und wie S. 125 in Gl. (26.10) die neue Variable einführt

(6) $$s = \xi + i\eta.$$

Dadurch entsteht

(7) $$\frac{d^2s}{dt^2} + 2iu\frac{ds}{dt} + \frac{g}{l}s = 0,$$

also eine *homogene lineare Differentialgleichung zweiter Ordnung mit konstanten Koeffizienten*. Wir bemerken dazu, daß unsere komplexe Zusammenfassung möglich war dank dem gyroskopischen Charakter der mittleren Glieder in den Gln. (5). Gl. (7) wird gelöst durch den Ansatz

$$s = A\,e^{i\alpha t}.$$

Beim Einsetzen in (7) ergibt sich für α die quadratische Gleichung

$$\alpha^2 + 2u\alpha - \frac{g}{l} = 0$$

mit den beiden Wurzeln

(8) $$\alpha_1 = -u + \sqrt{u^2 + g/l} \quad \text{und} \quad \alpha_2 = -u - \sqrt{u^2 + g/l}.$$

Als allgemeine Lösung von (7) folgt daraus

(9) $$s = A_1 e^{i\alpha_1 t} + A_2 e^{i\alpha_2 t}.$$

Die Konstanten A_1 und A_2 bestimmen sich aus den Anfangsbedingungen. Als solche wollen wir in Übereinstimmung mit der Anordnung des Experiments festsetzen:

(10) $$\xi = a, \quad \eta = 0, \quad \frac{d\xi}{dt} = \frac{d\eta}{dt} = 0 \quad \text{für} \quad t = 0.$$

Wir denken uns also das Pendel aus der lotrechten Lage in Richtung der positiven ξ-Achse, d. h. (vgl. Fig. 51) im Meridian nach Süden um die Strecke a herausgehoben und ohne Anstoß freigelassen. Aus (10) folgen als Anfangswerte unserer komplexen Variablen s:

(10a) $$s = a, \quad \frac{ds}{dt} = 0 \quad \text{für} \quad t = 0.$$

Daher nach (9)

(11) $$A_1 + A_2 = a,$$

(11a) $$A_1 \alpha_1 + A_2 \alpha_2 = 0,$$

(11b) $$A_1 = \frac{a}{2}\left(1 + \frac{u}{\sqrt{u^2 + g/l}}\right), \quad A_2 = \frac{a}{2}\left(1 - \frac{u}{\sqrt{u^2 + g/l}}\right).$$

Wir berechnen daraufhin den Ausdruck für ds/dt, der etwas übersichtlicher ist als der für s selbst, nämlich mit Rücksicht auf (11a)

$$\frac{ds}{dt} = i\,\alpha_1 A_1 e^{-iut}\left(e^{i\sqrt{u^2+g/l}\,t} - e^{-i\sqrt{u^2+g/l}\,t}\right);$$

daraus folgt nach (8) und (11b)

(12) $$\frac{ds}{dt} = -a\,\frac{g/l}{\sqrt{u^2 + g/l}}\,e^{-iut}\sin\sqrt{u^2 + g/l}\,t.$$

Wir schließen daraus folgendes: Immer, wenn der vorstehende Sinus verschwindet, haben wir

$$\frac{ds}{dt} = 0 \quad \text{und daher auch} \quad \frac{d\xi}{dt} = \frac{d\eta}{dt} = 0.$$

Dies bedeutet das Auftreten einer Spitze in der Bahnkurve des Pendels. Eine solche hatten wir nach unseren Anfangsbedingungen (10) erstmals für $t = 0$. Setzen wir

(13) $$\tau = \frac{2\pi}{\sqrt{u^2 + g/l}},$$

so treten die nächsten Spitzen auf für

$$t = \frac{\tau}{2}, \quad t = \tau, \quad t = \frac{3\tau}{2}, \ldots$$

$t = \tau$ ist die Zeitdauer eines Hin- und Rückganges. Sie stimmt, wenn wir in (13) $u = 0$, d. h. $\omega = 0$ machen, überein mit der Schwingungsdauer des mathematischen Pendels ohne Erdrotation, wie es sein muß.

Um zu sehen, wo sich unser Pendelkörper bei Berücksichtigung der Erdrotation für $t = \tau$ befindet, berechnen wir aus (9) mit Rücksicht auf (13) und (11):

$$s_{t=\tau} = A_1 e^{-iu\tau + 2\pi i} + A_2 e^{-iu\tau - 2\pi i} = (A_1 + A_2)e^{-iu\tau} = a\,e^{-iu\tau}.$$

Der Pendelkörper hat also denselben Abstand a von der Ruhelage wie zu Anfang, aber sein Azimut liegt nicht im Meridian nach Süden, wie im Anfang des Versuches, sondern ist dahinter zurückgeblieben um den Winkel

$$u\tau = 2\pi \frac{u}{\sqrt{u^2 + g/l}} \sim 2\pi \sqrt{\frac{l}{g}}\,\omega \sin\varphi,$$

und zwar nach Westen, vgl. Fig. 51. Wir können sagen: Die Pendelbahn, die bei fehlender Erdrotation geradlinig von Süd nach Nord und zurück verlaufen würde, wird durch die CORIOLISkraft vermöge ihres „Druckes auf das rechte Ufer" im

Fig. 51. Das FOUCAULTsche Pendel. Darstellung der von oben gesehenen Bahn. Anfangselongation nach Süden, Ablenkung in westlicher Richtung während eines vollen Hin- und Herganges

Hingange nach Osten um den Winkel $u\tau/2$ und im Rückgange nach Westen um denselben Winkel, also im ganzen um $u\tau$ abgelenkt.

FOUCAULTs Versuche von 1851 und die seiner zahllosen Nachfolger gaben nur qualitative Resultate; *eine quantitative Untersuchung* aller Fehlerquellen führte H. KAMERLINGH ONNES, der spätere Meister auf dem Gebiete tiefster Temperaturen und Entdecker der Supraleitung, in seiner Groninger Dissertation von 1879 durch.

§ 32. Der Lagrangesche Spezialfall des Dreikörperproblems

Wir können der Versuchung nicht widerstehen, an unsere Behandlung der Relativbewegung den Beweis eines berühmten Satzes von LAGRANGE anzuschließen (Pariser Akademie 1772): *Das Dreikörperproblem läßt sich durch elementare Formeln streng lösen, wenn man annimmt, daß das von den drei Himmelskörpern gebildete Dreieck sich selbst dauernd ähnlich bleibt.* Die *Massen* der drei Körper sind dabei *beliebig*.

Bei dem Beweise dieses Satzes wird sich ergeben:

1. Die Ebene durch die drei Massenpunkte liegt im Raume fest.
2. Die Resultierende der NEWTONschen Kräfte in jedem der drei Punkte geht durch ihren gemeinsamen Schwerpunkt.
3. Das von ihnen gebildete Dreieck ist gleichseitig.
4. Die drei Punkte beschreiben einander ähnliche Kegelschnitte, die den Schwerpunkt zu einem ihrer Brennpunkte haben.

Der von LAGRANGE gegebene Beweis ist ziemlich kompliziert. Er kann vereinfacht werden, wenn man mit LAPLACE von vornherein annimmt, daß Satz 1 erfüllt ist. CARATHÉODORY hat aber gezeigt[1]), daß auch ohne diese Annahme ein

---
[1]) Bayrische Akademie 1933, S. 257.

elementarer Beweis möglich ist. Sein Ausgangspunkt ist unsere in rechtwinklige Komponenten aufgelöste Vektorgleichung (29. 4). Wir werden seinem Beweisgang mit einigen Abänderungen folgen.

Wir betrachten die Ebene E, die durch die drei Punkte P_1, P_2, P_3 (Massen m_1, m_2, m_3) und daher auch durch ihren Schwerpunkt O geht. Letzteren können wir ohne Beeinträchtigung der Allgemeinheit als ruhend definieren. E dreht sich also um den festen Punkt O; außerdem denken wir uns E um die in O errichtete Normale zu E in sich gedreht und bezeichnen die resultierende Gesamtdrehung mit $\vec{\omega}$. Wir versetzen uns auf E und beurteilen von diesem Bezugssystem aus die Bewegung der Punkte P_i, so wie wir die Bewegung des FOUCAULTschen Pendels von der Erde aus beurteilen. Von O aus messen wir die Radienvektoren $\mathfrak{r}_i$ nach dem Punkt P_i: $\mathfrak{v}_i$ und $d\mathfrak{v}_i/dt$ sind ihre von E aus beurteilten Geschwindigkeiten und Beschleunigungen. Die Differentialgleichungen der Bewegung lauten dann nach (29.4) bei Benutzung der Vektorformel (24. 7):

(1) $$\frac{d\mathfrak{v}_i}{dt} + 2\,[\vec{\omega} \times \mathfrak{v}_i] + \vec{\omega}\,(\mathfrak{r}_i \cdot \vec{\omega}) - \mathfrak{r}_i\,\omega^2 + \dot{\vec{\omega}} \times \mathfrak{r}_i = \frac{\mathfrak{F}_i}{m_i}\,.$$

$\mathfrak{F}_i$ bedeutet die Vektorsumme der in m_i angreifenden NEWTONschen Kräfte. Zum Beispiel ist

(2) $$\frac{\mathfrak{F}_1}{m_1} = \frac{G\,m_2}{|\mathfrak{r}_2 - \mathfrak{r}_1|^2}\,\frac{\mathfrak{r}_2 - \mathfrak{r}_1}{|\mathfrak{r}_2 - \mathfrak{r}_1|} + \frac{G\,m_3}{|\mathfrak{r}_3 - \mathfrak{r}_1|^2}\,\frac{\mathfrak{r}_3 - \mathfrak{r}_1}{|\mathfrak{r}_3 - \mathfrak{r}_1|}\,.$$

Wir legen in E ein rechtwinkliges Achsenkreuz x, y zugrunde, das O als Nullpunkt hat, sonst aber beliebig ist; in O errichten wir die z-Achse senkrecht zu E. Wir zerlegen $\vec{\omega}$ nach diesen Achsen in EULERscher Weise

(3) $$\vec{\omega} = (p, q, r)\,.$$

Die Komponente r (Drehung von E in sich) denken wir uns so bestimmt, daß einer der Vektoren OP_i eine feste Richtung in E hat. Wegen unserer Ähnlichkeitsannahme bezüglich des Dreiecks $P_1P_2P_3$ haben dann auch die beiden anderen Vektoren OP_i je eine feste Richtung in E. Wir können also schreiben

(4) $$\mathfrak{r}_i = \lambda(t)\,(a_i, b_i, 0)\,.$$

Die Funktion $\lambda(t)$ bestimmt die gemeinsame Größenänderung der Vektoren OP_i und von da aus auch die des Dreiecks $P_1P_2P_3$. Sind $\dot{\lambda}$ und $\ddot{\lambda}$ die Ableitungen von λ, so folgt aus (4):

$$\mathfrak{v}_i = \dot{\lambda}(t)\,(a_i, b_i, 0)\,,$$

(4a) $$\frac{d\mathfrak{v}_i}{dt} = \ddot{\lambda}(t)\,(a_i, b_i, 0)\,.$$

Dementsprechend hat die in (2) dargestellte resultierende Kraft $\mathfrak{F}_i$ eine verschwindende z-Komponente, ihre x- und y-Komponente ist umgekehrt proportional zu λ^2. Abkürzend wollen wir setzen

(5) $$\frac{\mathfrak{F}_i}{m_i} = \frac{1}{\lambda^2(t)}\,(L_i, M_i, 0)\,.$$

§ 32. 10   Der Lagrangesche Spezialfall des Dreikörperproblems   155

Wir schreiben daraufhin die zu E senkrechte, also die z-Komponente der Differentialgleichung (1) hin:

$$2\dot\lambda\,(p\,b_i - q\,a_i) + \lambda\,r\,(a_i\,p + b_i\,q) + \lambda\,(\dot p\,b_i - \dot q\,a_i) = 0$$

oder nach den a_i, b_i geordnet:

(6) $\{-2\dot\lambda\,q + \lambda\,(r\,p - \dot q)\}\,a_i + \{2\dot\lambda\,p + \lambda\,(r\,q + \dot p)\}\,b_i = 0\,.$

Die beiden Klammern { } sind von i unabhängige Funktionen von t. Nennen wir sie $f(t)$ und $g(t)$, so müßte

(6a) $$\frac{f(t)}{g(t)} = -\frac{b_i}{a_i}$$

sein. Da wir annehmen wollen, daß die Punkte P_i ein Dreieck bilden, d. h. nicht in einer Geraden liegen, sind die drei Verhältnisse b/a voneinander verschieden. Dann aber läßt sich (6) nur dadurch erfüllen, daß man $f = g = 0$ setzt. Also:

(7) $$\begin{aligned}2\dot\lambda\,p &= -\lambda\,(r\,q + \dot p)\,,\\ 2\dot\lambda\,q &= \lambda\,(r\,p - \dot q)\,.\end{aligned}$$

Durch Multiplikation mit p bzw. q und Addition folgt

$$\frac{2\dot\lambda}{\lambda} = -\frac{p\dot p + q\dot q}{p^2 + q^2}$$

und durch Integration

(8) $$p^2 + q^2 = \frac{C}{\lambda^4}\,,\quad C \text{ Integrationskonstante}.$$

Sodann schreiben wir die x- und y-Komponente der Differentialgleichung (1) hin

$$\ddot\lambda\,a_i - 2\,r\,\dot\lambda\,b_i + p\,\lambda\,(a_i\,p + b_i\,q) - \lambda\,a_i\,(p^2 + q^2 + r^2) - \dot r\,\lambda\,b_i = \frac{L_i}{\lambda^2}\,,$$

$$\ddot\lambda\,b_i + 2\,r\,\dot\lambda\,a_i + q\,\lambda\,(a_i\,p + b_i\,q) - \lambda\,b_i\,(p^2 + q^2 + r^2) + \dot r\,\lambda\,a_i = \frac{M_i}{\lambda^2}$$

oder, nach a_i, b_i geordnet:

(9) $$\begin{aligned}\{\ddot\lambda - \lambda\,(q^2 + r^2)\}\,a_i - \{2\,r\,\dot\lambda + \lambda\,(-p\,q + \dot r)\}\,b_i &= \frac{L_i}{\lambda^2}\,,\\ \{2\,r\,\dot\lambda + \lambda\,(p\,q + \dot r)\}\,a_i + \{\ddot\lambda - \lambda\,(p^2 + r^2)\}\,b_i &= \frac{M_i}{\lambda^2}\,.\end{aligned}$$

Die mit λ^2 multiplizierten Klammern { } der ersten und ebenso die der zweiten Gleichung sollen also drei linearen Gleichungen mit konstanten (von t unabhängigen) Koeffizienten genügen. Das ist nur möglich, wenn sie selbst konstant sind. Daher ist auch die Differenz der ersten und vierten Klammer gleich einer Konstanten, dividiert durch λ^2, und ebenso die Differenz der dritten und zweiten Klammer. Man hat daher

(10) $$p^2 - q^2 = \frac{A}{\lambda^3}\,,\quad 2\,p\,q = \frac{B}{\lambda^3}$$

V. Relativbewegung

Durch geeignete Zusammenfassung folgt (j = imäginäre Einheit):

$$(p \pm j\, q)^2 = \frac{A \pm j\, B}{\lambda^3}$$

und hieraus durch Bildung des absoluten Betrages:

(11) $$p^2 + q^2 = \frac{D}{\lambda^3}, \quad D = \sqrt{A^2 + B^2}.$$

Der Vergleich mit (8) würde zu

(11a) $$\lambda = \frac{C}{D} = \text{konst.}$$

führen, *außer wenn C und D beide verschwinden*. Mit $\lambda = $ konst. wären aber nach (10) auch p und q konstant, und nach (7) müßte $r = 0$ sein. Durch spezielle Wahl der Koordinaten x, y könnte man sogar $q = 0$ machen und erhielte aus der ersten Gl. (9) $L_i = 0$. Dann aber müßten unsere drei Punkte P in einer Geraden liegen, was wir ausschließen wollten.

Wir müssen also $C = D = 0$ machen und erhalten sowohl aus (8) wie aus (11):

(12) $$p = q = 0.$$

Damit ist Satz 1 bewiesen: *Die Ebene E dreht sich mit der Winkelgeschwindigkeit r in sich; ihre Normale im Raum ist fest.*

Bei der Anwendung des Flächensatzes auf unser System sieht man, daß die Bewegung der Punkte m_i innerhalb der Ebene E keinen Beitrag zur Flächenkonstante liefern kann. Diese Konstante wird also direkt bestimmt durch die Winkelgeschwindigkeit r von E der Form:

$$\text{konst.} = r \sum m_i |\mathfrak{r}_i|^2 = r\, \lambda^2 \sum m_i (a_i^2 + b_i^2).$$

Wir schreiben dafür etwa

(12a) $\quad \lambda^2 r = \gamma \quad$ und schließen daraus $\quad$ (12b) $\quad 2\, \dot\lambda\, r + \lambda\, \dot r = 0.$

Auf Grund von (12) und (12a, b) vereinfachen sich die Gln. (9) zu

(13) $$\lambda^2 \ddot\lambda - \frac{\gamma^2}{\lambda} = \frac{L_i}{a_i} = \frac{M_i}{b_i}.$$

Die in ihnen enthaltene Forderung $L_1/a_1 = M_1/b_1$ besagt, daß das um O berechnete Moment von $\mathfrak{F}_1$ verschwindet:

(14) $$\mathfrak{r}_1 \times \mathfrak{F}_1 = \frac{1}{\lambda^2}(a_1 M_1 - b_1 L_1) = 0,$$

daß also $\mathfrak{F}_1$ durch den Schwerpunkt O geht. Dasselbe gilt von $\mathfrak{F}_2$ und $\mathfrak{F}_3$. Dies ist unser Satz 2: *Die Resultierende der in P_i angreifenden Kräfte geht durch den Schwerpunkt der Massen m_i.*

Wir führen (14) auf Grund der Darstellung (2) näher aus. Zunächst haben wir:

(15) $$\frac{\mathfrak{r}_1 \times \mathfrak{F}_1}{m_1 G} = \frac{m_2\, \mathfrak{r}_1 \times \mathfrak{r}_2}{|\mathfrak{r}_2 - \mathfrak{r}_1|^3} + \frac{m_3\, \mathfrak{r}_1 \times \mathfrak{r}_3}{|\mathfrak{r}_3 - \mathfrak{r}_1|^3} = 0.$$

§ 32. 20 Der Lagrangesche Spezialfall des Dreikörperproblems

Nach Definition des Schwerpunktes ist aber

(16) $$m_1 \mathfrak{r}_1 + m_2 \mathfrak{r}_2 + m_3 \mathfrak{r}_3 = 0 \,,$$

also auch

$$m_2 \mathfrak{r}_1 \times \mathfrak{r}_2 + m_3 \mathfrak{r}_1 \times \mathfrak{r}_3 = 0 \,.$$

Einsetzen in (15) liefert

$$m_2 \mathfrak{r}_1 \times \mathfrak{r}_2 \left(\frac{1}{|\mathfrak{r}_2 - \mathfrak{r}_1|^3} - \frac{1}{|\mathfrak{r}_3 - \mathfrak{r}_1|^3} \right) = 0 \,,$$

also

(17) $$|\mathfrak{r}_2 - \mathfrak{r}_1| = |\mathfrak{r}_3 - \mathfrak{r}_1| \,.$$

Ebenso findet man

(17a) $$|\mathfrak{r}_3 - \mathfrak{r}_2| = |\mathfrak{r}_1 - \mathfrak{r}_2| \text{ usw.}$$

Das heißt entsprechend Satz 3: Unser Dreieck ist gleichseitig.

Wir können auch die in (14) auftretenden Quotienten L_i/a_i und M_i/b_i einzeln bestimmen. Wir bezeichnen die Dreiecksseite mit λs, wobei

$$s^2 = (a_2 - a_1)^2 + (b_2 - b_1)^2 = (a_3 - a_2)^2 + (b_3 - b_2)^2 = \cdots,$$

und haben nach (2) und (5)

$$\frac{L_1}{a_1} = \frac{G}{s^3 \, a_1} \{ m_2 (a_2 - a_1) + m_3 (a_3 - a_1) \}$$

und mit Rücksicht auf (16)

(18) $$\frac{L_1}{a_1} = \frac{G}{s^3} \{ -m_1 - m_2 - m_3 \} \,.$$

Da das letzte Glied dieser Gleichung in den m_i und den Koordinaten a_i, b_i symmetrisch ist, stellt es zugleich den Wert von L_i/a_i und von M_i/b_i dar. Gl. (13) geht bei Benutzung dieses Wertes über in

(19) $$\lambda^2 \ddot{\lambda} - \frac{\gamma^2}{\lambda} = -\frac{G}{s^3} (m_1 + m_2 + m_3) \,.$$

Diese Differentialgleichung für λ beschreibt den zeitlichen Ablauf der Bewegung, d. h. den Rhythmus, in dem unser gleichseitiges Dreieck sich dehnt und wieder zusammenzieht.

Wir können aber diesen zeitlichen Ablauf und zugleich die geometrische Gestalt der Bahnkurven noch einfacher übersehen, wenn wir die Bewegung weiterhin nicht von E aus betrachten, sondern von einer mit E zusammenfallenden, aber raumfesten Ebene E'. In dieser wirkt auf den Massenpunkt m_i lediglich die nach dem ruhenden Schwerpunkt hin gerichtete resultierende Kraft $\mathfrak{F}_i$, während die sonstigen in (1) auftretenden Scheinkräfte (CORIOLIS-, Zentrifugalkraft usw.) fortfallen. Die Größe von $\mathfrak{F}_i$ ist nach (5) und (18)

(20) $$|\mathfrak{F}_i| = \frac{m_i}{\lambda^2} \sqrt{L_i^2 + M_i^2} = \frac{m_i \, G}{\lambda^2 s^2} (m_1 + m_2 + m_3) \frac{\sqrt{a_i^2 + b_i^2}}{s} \,.$$

Die einzige zeitlich veränderliche Größe auf der rechten Seite ist λ^2. Wir drücken sie nach (4) durch $|\mathfrak{r}_i|$ aus:

$$\lambda^2 = \frac{|\mathfrak{r}_i|^2}{a_i^2 + b_i^2}.$$

Indem wir dies in (20) einsetzen und eine Ersatzmasse

(20a) $$m_i' = m_i \frac{(a_i^2 + b_i^2)^{3/2}}{s^3}$$

sowie die Gesamtmasse $M = m_1 + m_2 + m_3$ einführen, erhalten wir statt (20) $|\mathfrak{F}_i| = -\dfrac{m_i' \, M \, G}{|\mathfrak{r}_i|^2}$. Jeder unserer drei Massenpunkte bewegt sich also im Raum unabhängig von den beiden anderen so, als ob er die Masse m_i' hätte und von einer in O ruhenden Masse M in NEWTONscher Weise angezogen würde. *Er beschreibt daher einen Kegelschnitt mit O als Brennpunkt.*

Um etwas über die Größe und gegenseitige Lage der drei Kegelschnitte zu erfahren, müssen wir die bei unserem Bewegungszustand vorausgesetzten Anfangsbedingungen berücksichtigen. Wir betrachten z. B. den Augenblick $\lambda = \lambda_{\text{extr}}$, in dem sich alle m_i in extremaler Entfernung von O

(21) $$\lambda_{\text{extr}} \sqrt{a_i^2 + b_i^2}$$

befinden. Die radiale Geschwindigkeit in E ist dann nach (4) gleich Null; die Geschwindigkeit in E', d. h. im Raum, wird durch die Rotationskomponente r, multipliziert in den Abstand (21), gegeben; der in diesem Abstand auftretende Faktor $\sqrt{a_i^2 + b_i^2}$ ist dann der *Ähnlichkeitsmaßstab* nicht nur für die Anfangsgeschwindigkeiten und die anfänglichen Schwerpunktsabstände, sondern zugleich auch für die Größe der drei aus diesen Anfangszuständen sich ergebenden Kegelschnitte. *Damit ist auch unser Satz 4 bewiesen.* Die Lagen der drei Kegelschnitte unterscheiden sich um die Winkel, welche die drei Schwerpunktsachsen OP_i miteinander bilden.

In dem Sonderfalle $m_1 = m_2 = m_3$, wo der Schwerpunkt zugleich Mittelpunkt des gleichseitigen Dreiecks ist, sind die Kegelschnitte kongruent und um 120° gegeneinander verschoben.

Außer dieser Bewegung in Kegelschnitten gibt es nach LAGRANGE eine Klasse elementar darstellbarer Bewegungen, bei der sich die drei Körper auf einer rotierenden Geraden befinden. Doch wollten wir hierauf nicht eingehen.

Es sei nur noch darauf hingewiesen, daß man von dem speziellen LAGRANGEschen Dreikörperproblem zu einem entsprechend spezialisierten n-Körperproblem übergehen kann. Im Falle von lauter gleichen Massen und geeigneten Anfangsgeschwindigkeiten handelt es sich dabei um n kongruente KEPLER-Ellipsen, die je um den Winkel $2\pi/n$ gegeneinander verdreht sind und im gleichen Rhythmus durchlaufen werden. Diese Art der Bewegung wurde vorübergehend in der Theorie der Röntgen-L-Spektren herangezogen und als „Ellipsenverein" bezeichnet [Physikal. Ztschr., Bd. 19 (1918), 297].

Sechstes Kapitel
Die Integralprinzipien der Mechanik und die allgemeinen Lagrangeschen Gleichungen

§ 33. Das Hamiltonsche Prinzip der kleinsten Wirkung (Aktion)

Wir kennen bereits ein Variationsprinzip der Mechanik, das D'ALEMBERTsche. Dieses geht von einem beliebig gewählten Augenblickszustand des Systems aus und vergleicht ihn mit einem Nachbarzustand, der durch eine virtuelle Verrückung (vgl. § 7) aus jenem hervorgeht. Die jetzt zu betrachtenden Variationsprinzipien sind im Gegensatz dazu *Integralprinzipien*: sie fassen die aufeinanderfolgenden Zustände des Systems während einer endlichen Zeitspanne oder, was dasselbe ist, während eines endlichen Bahnstückes ins Auge und vergleichen sie mit gewissen ihnen zugeordneten virtuellen Nachbarzuständen.

Durch die Art dieser Zuordnung unterscheiden sich die verschiedenen und verschieden benannten Integralprinzipien voneinander. Gemeinsam ist ihnen, daß die zu variierende Größe die Dimension der *Wirkung* hat. Man nennt sie daher zusammenfassend *Prinzipien der kleinsten Wirkung*[1]).

Während man als *Leistung*, wie wir wissen, die Größe Energie/Zeit bezeichnet, nennt man *Wirkung* eine Größe von der Dimension Energie × Zeit. Ein Beispiel ist das PLANCKsche elementare Wirkungsquantum, das uns in § 46 begegnen wird, nämlich die Größe

$$h = 6{,}624 \cdot 10^{-34} \text{ Js (Joule-Sekunde)}.$$

Das hier zunächst zu besprechende *Hamiltonsche Prinzip der kleinsten Wirkung* unterscheidet sich von dem historisch vorangehenden, von uns aber erst in § 37 zu besprechenden Prinzip von MAUPERTUIS dadurch, daß in ihm *die Zeit nicht variiert* werden soll, daß also der vom System wirklich durchlaufene Bahnpunkt (wir bezeichnen ihn durch seine Koordinaten x_k) und der zugeordnete variierte Bahnpunkt (seine Koordinaten seien $x_k + \delta x_k$) *gleichzeitig* durchlaufen werden. Es gilt also beim HAMILTONschen Prinzip, wie wir kurz sagen wollen:

(1) $$\delta t = 0.$$

Wir müssen dabei einschalten, daß, wenn wir von der Bahn des Systems sprechen, damit nicht die Bahn eines Systempunktes im dreidimensionalen Raum,

---

[1]) Der Name ist leider sehr unglücklich gewählt. Wenn wir von Ursache und Wirkung sprechen, so verstehen wir unter Wirkung die Folgeerscheinung oder den Erfolg. Beim Prinzip der kleinsten Wirkung aber ist die Meinung, daß die Natur ihr Ziel auf dem direktesten Wege, also mit dem kleinsten Aufwand an Mitteln, erreicht. Man sollte daher besser sagen: Prinzip des kleinsten Aufwandes bei größter Wirkung. Doch scheint es aussichtslos, nachdem das Wort „Wirkung" durch HELMHOLTZ und PLANCK sanktioniert ist, es durch ein anderes zu ersetzen.

Das internationale Wort actio ist besser als Wirkung. Zum Beispiel bedeutet in actio = reactio das Wort actio ungefähr dasselbe wie Kraft oder Ursache, also gewissermaßen das Gegenteil von Wirkung. Wir haben deshalb in den Überschriften zu § 33 und § 37 das Wort Aktion dem Worte Wirkung als Erklärung beigegeben.

sondern eine polydimensionale Charakteristik der Bewegung des Gesamtsystems gemeint ist. Bei f Freiheitsgraden liegt sie im f-dimensionalen Raum der $q_1 \ldots q_f$ (vgl. S. 43).

Außer der Bedingung (1) legen wir den Variationen beim HAMILTONschen Prinzip noch eine zusätzliche Beschränkung auf: Die Lage von Anfangspunkt O und Endpunkt P des betrachteten Bahnstückes soll unvariiert bleiben. Es sei also für jede Koordinate x

(2) $$\delta x = 0 \quad \text{für} \quad t = t_0 \quad \text{und} \quad t = t_1.$$

Die nebenstehende Figur möge uns symbolisch dreidimensional das Verhältnis der wirklichen Bahn (ausgezogen) zur virtuellen Bahn (gestrichelt) veranschaulichen: Die aus den δx sich zusammensetzende Verrückung δq soll außer im Anfangs- und Endpunkt völlig willkürlich vorschreibbar, dabei aber stetig und als Funktion von t differenzierbar sein. Und zwar sollen je zwei durch δq aufeinander bezogene Punkte der ursprünglichen und der variierten Bahn zum gleichen t gehören.

Fig. 52. Die Variation der „Bahn" beim HAMILTONschen Prinzip. Die Zeit wird nicht variiert

Wir kommen nun zur Ableitung des HAMILTONschen Prinzips. Dabei gehen wir von der Form (10.6) des D'ALEMBERTschen Prinzips aus:

(3) $$\sum_{k=1}^{n} \{(m_k \ddot{x}_k - X_k)\delta x_k + (m_k \ddot{y}_k - Y_k)\delta y_k + (m_k \ddot{z} - Z_k)\delta z_k\} = 0.$$

Wir betrachten also ein System von n diskreten Massenpunkten, die aber durch irgendwelche holonome oder nichtholonome Bindungen miteinander gekoppelt sein können. Die $\delta x_k, \delta y_k, \delta z_k$, die ebenfalls diesen Bindungen entsprechen müssen, sind nicht voneinander unabhängig; im holonomen Falle bei f Freiheitsgraden sind nur f Koordinaten willkürlich wählbar. Im nichtholonomen Fall sind wenigstens die $\delta x_i, \delta y_i, \delta z_i$ differentiell aneinander gebunden.

Wir nehmen in (3) die zunächst formale Umrechnung vor:

(4) $$\ddot{x}_k \delta x_k = \frac{d}{dt}(\dot{x}_k \delta x_k) - \dot{x}_k \frac{d}{dt}(\delta x_k),$$

fragen uns aber sogleich, was hier die Schreibweise $\frac{d}{dt}(\delta x_k)$ zu bedeuten habe. Dazu vergleichen wir nicht nur die wirkliche Bahn der x_k mit der virtuellen Bahn der $x_k + \delta x_k$, sondern auch die Geschwindigkeit $\dot{x}_k$ längs der wirklichen Bahn mit der Geschwindigkeit $\dot{x}_k + \delta \dot{x}_k$ längs der virtuellen Bahn *im gleichen Zeitpunkt t*. Die letztere Geschwindigkeit ist definiert durch

$$\frac{d}{dt}(x_k + \delta x_k) = \dot{x}_k + \frac{d}{dt}(\delta x_k).$$

§ 33. 10 Das Hamiltonsche Prinzip der kleinsten Wirkung (Aktion)

Wir haben also durch Gleichsetzen beider Schreibweisen

(5) $$\frac{d}{dt}(\delta x_k) = \delta \dot{x}_k .$$

Indem wir dies in (4) einsetzen, erhalten wir

(6) $$\ddot{x}_k \delta x_k = \frac{d}{dt}(\dot{x}_k \delta x_k) - \dot{x}_k \delta \dot{x}_k = \frac{d}{dt}(\dot{x}_k \delta x_k) - \frac{1}{2}\delta(\dot{x}_k{}^2) .$$

Das Entsprechende gilt natürlich für die Koordinaten y_k und z_k. Infolgedessen können wir (3) so umschreiben:

(7) $$\frac{d}{dt}\sum m_k(\dot{x}_k \delta x_k + \dot{y}_k \delta y_k + \dot{z}_k \delta z_k)$$
$$= \sum \frac{m_k}{2}\delta(\dot{x}_k^2 + \dot{y}_k^2 + \dot{z}_k^2) + \sum (X_k \delta x_k + Y_k \delta y_k + Z_k \delta z_k) .$$

Das zweite Glied rechts ist nichts anderes als die virtuelle Arbeit δA, d. h. die Arbeit der äußeren Kräfte bei unserer virtuellen Verrückung. Andererseits ist das erste Glied rechts die Variation der kinetischen Energie T des Systems

$$T = \sum \frac{m_k}{2}(\dot{x}_k^2 + \dot{y}_k^2 + \dot{z}_k^2)$$

beim Übergang von der wirklichen zur virtuellen Bahn. Gl. (7) läßt sich daher wie folgt vereinfachen:

(8) $$\frac{d}{dt}\sum m_k(\dot{x}_k \delta x_k + \dot{y}_k \delta y_k + \dot{z}_k \delta z_k) = \delta T + \delta A .$$

Bevor wir hieraus weitere Schlüsse ziehen, schalten wir eine Bemerkung über die Beziehung (5) ein. Wir schreiben sie noch einmal auf in der Form

(9) $$\frac{d}{dt}\delta x = \delta \frac{dx}{dt} .$$

Mit Rücksicht darauf, daß t nicht variiert wird und daß aus $\delta t = 0$ auch $\delta dt = 0$ folgt, können wir statt (9) setzen:

(9a) $$\frac{d\delta x}{dt} = \frac{\delta dx}{dt} \quad \text{oder auch} \quad d\delta x = \delta dx .$$

Insbesondere in der letzteren Gestalt „dδ = δd" spielt (9a) in der älteren Variationsrechnung Eulerscher Prägung eine fruchtbare, wenn auch etwas mystische Rolle. Wir sehen hier, daß (9a) nichts anderes aussagt als die ziemlich triviale Gl. (5) zwischen der zeitlichen Ableitung der virtuellen Verrückung und der virtuellen Änderung der Geschwindigkeit, *sofern man noch unsere Festsetzungen hinzunimmt, daß die Zeit nicht variiert werden* und die virtuelle Verrückung stetig sein solle.

Nunmehr kehren wir zu Gl. (8) zurück und integrieren sie nach t von t_0 bis t_1. Dabei verschwindet die linke Seite wegen (2), und es ergibt sich einfach:

(10) $$\int_{t_0}^{t_1}(\delta T + \delta A)\,dt = 0 .$$

Wir können dafür bei unserer Art zu variieren auch schreiben:

(11) $$\delta \int_{t_0}^{t_1} T \, dt + \int_{t_0}^{t_1} \delta A \, dt = 0 .$$

Aber es wäre verkehrt, das letztere Integral zu ersetzen durch

$$\delta \int A \, dt ,$$

weil zwar die virtuelle Arbeit δA und die momentane Arbeitsleistung dA einen wohldefinierten Sinn haben, nicht aber die Arbeit A schlechthin. *A ist im allgemeinen keine ,,Zustandsgröße"*. Sie ist es nur dann, wenn dA ein ,,vollständiges Differential" ist, d. h. wenn die äußeren Kräfte denjenigen Bedingungen genügen, die die Existenz einer *potentiellen Energie V* verbürgen, vgl. den Schluß von § 7. In diesem Falle können wir in (11) ersetzen

$$\int \delta A \, dt \quad \text{durch} \quad -\int \delta V \, dt = -\delta \int V \, dt .$$

Dadurch nimmt (11) die klassisch einfache Form an:

(12) $$\delta \int_{t_0}^{t_1} (T - V) \, dt = 0 .$$

Diese meint man gewöhnlich, wenn man von dem *Hamiltonschen Prinzip* spricht; sie gilt, wie wir im Anschluß an S. 41 sagen, für *konservative Systeme*. Die Formel (11) nennen wir demgegenüber: *,,das für nichtkonservative Systeme verallgemeinerte Hamiltonsche Prinzip"*.

Unsere Behauptung ist nun, daß in der Formel (12) bzw. (11) (so gut wie im D'ALEMBERTschen Prinzip) die ganze Mechanik enthalten ist! Die besondere Bedeutung des energetischen Ausdrucks $T - V$ wird dadurch unterstrichen. In der Mechanik nennt man diesen Ausdruck *Lagrangesche Funktion* und schreibt statt (12) auch

(13) $$\delta \int_{t_0}^{t_1} L \, dt = 0 , \qquad L = T - V .$$

In Worten: *Das Zeitintegral der Lagrangeschen Funktion ist ein Extremum.* HELMHOLTZ, der sich in seinen letzten Arbeiten mit Vorliebe auf das Wirkungsprinzip in HAMILTONscher Form stützte und es für elektrodynamische Zwecke erweiterte, nannte L *,,kinetisches Potential"*. Auch der Name *freie Energie*, im Gegensatz zur *Gesamtenergie* $T + V$, wäre mit Rücksicht auf die Thermodynamik berechtigt.

Ein besonderer Wert des HAMILTONschen Prinzips liegt darin, daß es gänzlich unabhängig von der Koordinatenwahl ist. In der Tat sind T und V (sowie δA) Größen von unmittelbarer physikalischer Bedeutung, die in beliebigen Koordinaten ausgedrückt werden können. Davon werden wir im folgenden Paragraphen Gebrauch machen.

HERTZ hatte geglaubt, daß das HAMILTONsche Prinzip nur für holonome Systeme gelte. Diesen Irrtum hat O. HÖLDER berichtigt (Göttinger Nachr. 1896).

§ 34. 2b   Die allgemeinen Lagrangeschen Gleichungen   163

Das HAMILTONsche Prinzip widerspricht, ebenso wie die übrigen Wirkungsprinzipien, unserem Kausalitätsbedürfnis, insofern hier der Ablauf des Geschehens nicht aus dem gegenwärtigen Zustande des Systems bestimmt, sondern unter gleichmäßiger Berücksichtigung von Vergangenheit und Zukunft abgeleitet wird. *Die Integralprinzipien sind scheinbar nicht kausal, sondern teleologisch.* Wir kommen hierauf in § 37 zurück, wo wir von dem historischen Ursprung der Wirkungsprinzipe handeln werden. Dort wird auch die Übertragung des HAMILTONschen Prinzips von der Mechanik auf andere Gebiete der Physik berührt werden.

§ 34. Die allgemeinen Lagrangeschen Gleichungen

Wir betrachten ein beliebiges mechanisches System, dessen Bestandteile, wie wir zunächst annehmen wollen, lediglich durch holonome Bedingungen aneinander gekoppelt sein sollen; es besitze f Freiheitsgrade. Dann können wir f unabhängige Koordinaten einführen, die die jeweilige Lage des Systems bestimmen. Wir nennen sie wie S. 43, Gl. (2):

(1) $$q_1, q_2, \ldots, q_f.$$

Dies sind unsere „Lagenkoordinaten". Wir stellen ihnen die „Geschwindigkeitskoordinaten":

(1a) $$\dot{q}_1, \dot{q}_2, \ldots, \dot{q}_f$$

an die Seite. Durch die q_k und $\dot{q}_k$ ist der jeweilige Zustand des Systems festgelegt.

Wir führen das näher aus: Das System sei zunächst durch n überzählige Koordinaten $x_1 \ldots x_n$ beschrieben, bei denen wir nicht notwendig an rechtwinklige Koordinaten zu denken brauchen. Zwischen ihnen mögen $n-f$ Bedingungen der Form

(2) $$F_k(x_1, x_2, \ldots, x_n) = 0, \quad k = f+1, f+2, \ldots, n$$

bestehen. Aus den $x_1 \ldots x_n$ definieren wir die q_k als irgendwelche Funktionen der folgenden Art:

(2a) $$F_k(x_1, x_2, \ldots, x_n) = q_k, \quad k = 1, 2, \ldots, f.$$

Bezeichnen wir die partiellen Ableitungen von F_k nach x_i mit F_{ki}, so erhalten wir aus (2a) und (2) durch Differentiation nach t:

(2b) $$\sum_{i=1}^{n} F_{ki}(x_1 \ldots x_n)\, \dot{x}_i = \begin{cases} \dot{q}_k, & k = 1, 2 \ldots f \\ 0, & k = f+1, \ldots, n \end{cases}$$

Hieraus berechnen sich die $\dot{x}_i$ als lineare Funktionen der $\dot{q}_k$ mit Koeffizienten die von den $x_1 \ldots x_n$ oder, vermöge (2) und (2a), von den $q_1 \ldots q_f$ abhängen. Die kinetische Energie T, die eine homogene quadratische Funktion in den $\dot{x}$ ebenso wie in etwaigen ursprünglichen rechtwinkligen Koordinaten ist, wird eine ebensolche Funktion in den $\dot{q}_k$ mit Koeffizienten, die von den q_k abhängen. Die potentielle Energie V werden wir zunächst als reine Funktion der q_k voraussetzen, ohne übrigens für später eine Abhängigkeit von den $\dot{q}_k$ prinzipiell auszuschließen. Im Zusammenhang damit ergänzen wir die Definition von L in (33.13) dahin, daß

L als Funktion der q_k und $\dot{q}_k$ aufzufassen ist.

Eine explizite Zeitabhängigkeit von L wollen wir einstweilen ausschließen.

In diesem Sinne bilden wir die Variation von L, d. h. den Unterschied der L-Werte in dem virtuell variierten Zustande $q_k + \delta q_k, \dot{q}_k + \delta \dot{q}_k$ und in dem ursprünglichen Zustande $q_k, \dot{q}_k$:

$$(3) \qquad \delta L = \sum_k \frac{\partial L}{\partial q_k} \delta q_k + \sum_k \frac{\partial L}{\partial \dot{q}_k} \delta \dot{q}_k .$$

Mit dieser Variation gehen wir in das HAMILTONsche Prinzip ein

$$(3\,\mathrm{a}) \qquad \int_{t_0}^{t_1} \delta L \, dt = 0 .$$

Diese Schreibweise weicht von der in (33.13) insofern ab, als wir die Variation hier *unter* dem Integralzeichen, dort *vor* demselben vorgenommen haben. Dies ist aber wegen der Vorschrift (33.1): „t und dt bleiben unvariiert" erlaubt und entspricht außerdem sogar derjenigen Formulierung, in der uns dieses Prinzip ursprünglich in Gl. (33.10) entgegengetreten war.

Wir führen nun die in (3a) verlangte Zeitintegration zuerst an dem allgemeinen Gliede der zweiten Summe von (3) aus und machen eine *Umformung durch partielle Integration*, die seit EULER[1]) für die ganze Variationsrechnung charakteristisch ist:

$$(4) \qquad \int_{t_0}^{t_1} \frac{\partial L}{\partial \dot{q}_k} \delta \dot{q}_k \, dt = \int_{t_0}^{t_1} \frac{\partial L}{\partial \dot{q}_k} \frac{d}{dt} \delta q_k \, dt = \frac{\partial L}{\partial \dot{q}_k} \delta q_k \Big|_{t_0}^{t_1} - \int_{t_0}^{t_1} \frac{d}{dt} \frac{\partial L}{\partial \dot{q}_k} \delta q_k \, dt .$$

Im letzten Gliede dieser Doppelgleichung verschwindet wegen der Festsetzung in (33.2) der erste Term. Wir erhalten daher aus dem vollständigen Ausdruck (3) von δL:

$$(4\,\mathrm{a}) \qquad \int_{t_0}^{t_1} \delta L \, dt = - \int_{t_0}^{t_1} \sum_k \left(\frac{d}{dt} \frac{\partial L}{\partial \dot{q}_k} - \frac{\partial L}{\partial q_k} \right) \delta q_k \, dt = 0 .$$

Nun sind aber die δq_k voneinander unabhängig. Wir können also alle δq_k gleich Null machen, bis auf eines. Von diesem können wir noch voraussetzen, daß es längs der ganzen „Bahn" der Fig. 52 ebenfalls verschwindet außer in der Umgebung einer einzelnen Stelle oder, was dasselbe ist, außer in einem Zeitintervall Δt, das einer beliebigen Zeit t umschrieben ist. Um (4a) zu erfüllen, müssen wir dann

---

[1]) Allgemein bezeichnet man als „EULERsche Ableitung" eines beliebigen Variationsproblems die nach dem Vorbilde der Gln. (4) und (5) zu gewinnende Differentialgleichung vom Typus (6). Wir können also sagen: die LAGRANGEschen Gleichungen sind die EULERschen Ableitungen des durch die Funktion L gegebenen Variationsproblems.

§ 34. 8a Die allgemeinen Lagrangeschen Gleichungen

verlangen:

$$\left(\frac{\mathrm{d}}{\mathrm{d}t}\frac{\partial L}{\partial \dot{q}_k} - \frac{\partial L}{\partial q_k}\right)\int_{\varDelta t} \delta q_k\,\mathrm{d}t = 0\,.\tag{5}$$

Nun verschwindet aber weder $\varDelta t$ noch innerhalb $\varDelta t$ unser δq_k. Infolgedessen haben wir (für jeden beliebig gewählten Zeitpunkt t und für jeden beliebig herausgegriffenen Index k):

$$\frac{\mathrm{d}}{\mathrm{d}t}\frac{\partial L}{\partial \dot{q}_k} - \frac{\partial L}{\partial q_k} = 0\,.\tag{6}$$

Dies sind die allgemeinen Lagrangeschen Gleichungen oder, wie man auch sagt, *die Lagrangeschen Gleichungen zweiter Art*, und zwar für den bisher betrachteten Fall, daß die auf das System wirkenden Kräfte ein Potential haben und die innerhalb des Systems vorhandenen Bindungen holonom sind.

Wenn die erste oder zweite dieser Voraussetzungen nicht erfüllt ist, kommen wir je zu einer erweiterten Form dieser Gleichungen.

Im ersten Falle (die Kräfte haben kein Potential) müssen wir von der Formulierung (33. 11) des Wirkungsprinzips ausgehen. Wir setzen dann, indem wir die virtuelle Arbeit δA der äußeren Kräfte in den virtuellen Verrückungen δq ausgedrückt denken:

$$\delta A = \sum Q_k\,\delta q_k\,.\tag{7}$$

Die hier eingeführten Koeffizienten Q_k nennen wir die zu den Koordinaten q_k gehörenden Kraftkoordinaten. Dies ist eine formale Erweiterung des Kraftbegriffes, die als mathematische Definition natürlich zulässig ist. Ihre Zweckmäßigkeit ersehen wir z. B. daraus, daß wir die in (9.7) gegebene Definition des Momentes um eine Achse jetzt so aussprechen können: ,,Das Moment ist die zu dem betreffenden Drehwinkel gehörende Kraftkoordinate." Es ist klar, daß die nach (7) definierten Größen Q nicht mehr Vektorcharakter haben und im allgemeinen auch nicht mehr die Dimension ,,Newton" zu haben brauchen. Ihre Dimension hängt vielmehr nach (7) von der Dimension des zugehörigen q_k ab und ist im Falle des Momentes, wie wir wissen, gleich der der Arbeit, also ,,Joule", weil dann das zugehörige δq dimensionslos ist.

Indem wir nun (7) in (33. 11) eintragen und die in den vorstehenden Gln. (4) und (5) beschriebenen Umformungen vornehmen, erhalten wir statt (6) ersichtlich:

$$\frac{\mathrm{d}}{\mathrm{d}t}\frac{\partial T}{\partial \dot{q}_k} - \frac{\partial T}{\partial q_k} = Q_k\,.\tag{8}$$

Statt dessen können wir noch etwas allgemeiner schreiben:

$$\frac{\mathrm{d}}{\mathrm{d}t}\frac{\partial L}{\partial \dot{q}_k} - \frac{\partial L}{\partial q_k} = Q_k\,.\tag{8a}$$

Wenn nämlich die wirkenden Kräfte zum Teil ein Potential haben, zum Teil nicht, so brauchen wir nur die den letzteren entsprechenden Q_k in unserer Gleichung auf die rechte Seite zu schreiben, während wir die potentielle Energie der ersteren mit der kinetischen Energie T zu der in (8a) gemeinten LAGRANGEschen Funktion L vereinigen können.

Diese Gln. (8a) sind die *allgemeinen Lagrangeschen Gleichungen bei Kräften, die zum Teil kein Potential haben*.

Wenn wir weiterhin die zweite der genannten Voraussetzungen fallen lassen, also annehmen, daß die im System herrschenden Bindungen zum Teil nichtholonomer Natur sind, so rühren wir damit an die Einführung unserer Koordinaten q_k. Die nichtholonomen Bedingungen können wir ja definitionsgemäß nicht in die Form (2) bringen und daher nicht durch Wahl der q eliminieren. Vielmehr müssen wir *überzählige* q einführen, nämlich mehr als die Zahl der Freiheitsgrade im Unendlichkleinen beträgt. Letztere ist $f - r$, wenn f die Zahl der Freiheitsgrade im Endlichen und r die der nichtholonomen Bedingungen beträgt. Wir schreiben diese als virtuelle Bedingungen, ähnlich wie in (7.4) an:

$$(9) \qquad \sum_{k=1}^{f} F_{\mu k}(q_1, \ldots, q_f)\, \delta q_k = 0, \quad \mu = 1, 2, \ldots, r.$$

Sie bedeuten eine Einschränkung der zulässigen Variationen δq_k. Man trägt dieser Rechnung, wenn man jede der Gln. (9) mit einem *Lagrangeschen Multiplikator* λ_μ multipliziert und unter dem Integralzeichen in (33.13) addiert. Dadurch erhält man bei etwas abgekürzter Schreibweise der F:

$$\int_{t_0}^{t_1} (\delta L + \sum_{\mu=1}^{r} \lambda_\mu F_{\mu k}\, \delta q_k)\, dt = 0.$$

Die EULERsche Umformung verläuft wie in (4), wobei statt (4a) entsteht:

$$(10) \qquad \int_{t_0}^{t_1} \sum_k \left(\frac{d}{dt} \frac{\partial L}{\partial \dot q_k} - \frac{\partial L}{\partial q_k} - \sum_{\mu=1}^{r} \lambda_\mu F_{\mu k} \right) \delta q_k\, dt.$$

Die δq_k sind nun zwar nicht wie früher unabhängig voneinander, sondern durch (9) verkoppelt. Man kann aber wie S. 59 argumentieren: r der mit δq_k multiplizierten Klammern ( ) lassen sich durch Wahl der λ_μ zum Verschwinden bringen. In der dann übrigbleibenden Summe nach k kommen nur noch $f - r$ voneinander unabhängige δq vor. Dieselbe Schlußweise wie in (5) führt dazu, daß auch die restlichen Klammern verschwinden müssen. Man erhält so das vollständige System von f Gleichungen:

$$(11) \qquad \frac{d}{dt} \frac{\partial L}{\partial \dot q_k} - \frac{\partial L}{\partial q_k} = \sum_{\mu=1}^{r} \lambda_\mu F_{\mu k}.$$

Wir können sie als *Lagrangesche Gleichungen von gemischtem Typus* bezeichnen, da sie in der Mitte stehen zwischen den LAGRANGEschen Gleichungen erster und zweiter Art.

Hierzu die Bemerkung, daß dieser gemischte Typus nicht nur dann auftritt, wenn wir einzelne Bedingungen nicht eliminieren *können* (Fall der nichtholonomen Bindungen), sondern auch dann, wenn wir sie nicht eliminieren *wollen*. Es kann

Die allgemeinen Lagrangeschen Gleichungen

nämlich vorkommen, daß wir uns für den *Zwang* interessieren, den eine holonome Bedingung auf das System ausübt. Dieser wird gerade durch das der betreffenden Bedingung zugeordnete λ_μ dargestellt [wie in Gl. (18.7) beim sphärischen Pendel] und läßt sich durch Integration der Gln. (11) ermitteln.

Schließlich kann man offenbar noch die Typen (11) und (8a) miteinander kombinieren, indem man die beiden bei (6) genannten Voraussetzungen gleichzeitig fallen läßt.

Statt dessen wollen wir uns hier nur noch mit der Frage befassen, wie und unter welchen Annahmen der *Energiesatz* aus den LAGRANGEschen Gln. (6) hervorgehen kann.

Wir haben oben vor Gl. (3) betont, daß L Funktion der q_k und $\dot q_k$ ist, und setzen wie dort voraus, *daß L nicht explizite von t abhängen solle*. Dann gilt Gl. (3) nicht nur für die virtuellen Veränderungen δq, $\delta \dot q$, sondern auch für die zeitlichen Änderungen dq, $d\dot q$, und wir haben

(12) $$\frac{dL}{dt} = \sum_k \dot q_k \frac{\partial L}{\partial q_k} + \sum_k \ddot q_k \frac{\partial L}{\partial \dot q_k}.$$

Andererseits haben wir an gleicher Stelle betont, daß T eine homogene quadratische Funktion[1]) der $\dot q_k$ ist. Infolgedessen gilt der EULERsche Satz:

(13) $$2\,T = \sum_k \dot q_k \frac{\partial T}{\partial \dot q_k}.$$

Hieraus folgt durch Differentiation nach der Zeit

(14) $$2 \frac{dT}{dt} = \sum_k \dot q_k \frac{d}{dt} \frac{\partial T}{\partial \dot q_k} + \sum_k \ddot q_k \frac{\partial T}{\partial \dot q_k}.$$

Wir ziehen (12) von (14) ab. Dann kommt links wegen $L = T - V$

$$\frac{dT}{dt} + \frac{dV}{dt}.$$

Rechts heben sich die zweiten Glieder fort, *wenn V von $\dot q_k$ unabhängig ist*. Die Differenz der beiden ersten Glieder rechts verschwindet unter derselben Voraussetzung wegen Gl. (6). Wir haben also

(14a) $$\frac{dT}{dt} + \frac{dV}{dt} = 0$$

und schließen daraus

(15) $$T + V = W.$$

---

[1]) Auch wenn dieses nicht der Fall ist, vielmehr L als beliebige Funktion der q_k und $\dot q_k$ angesetzt wird, läßt sich ein verallgemeinerter Erhaltungssatz angeben von der Form

$$H = \sum \frac{\partial L}{\partial \dot q_k} \dot q_k - L = \text{konst.}$$

Die so definierte Funktion H werden wir in Kapitel VIII „HAMILTONsche Funktion" nennen; der in Gl. (15c) enthaltene Erhaltungssatz ist ein spezieller Fall der vorstehenden Gleichung.

Der Erhaltungssatz der Energie ist eine Folge der Lagrangeschen Gleichungen

Wir prüfen die Voraussetzungen dieses wichtigen Schlusses.

a) T ist seiner Bedeutung nach durch Lage und Geschwindigkeit des Systems, also durch q und $\dot q$ gegeben; von t könnte T explizite nur infolge Elimination der Bedingungsgleichungen abhängen, falls die letzteren von t abhängen würden[1]). Wir haben aber bereits S. 60 gesehen, daß solche Bedingungen am System Arbeit leisten, also die Erhaltung der Energie stören. Die explizite Zeitunabhängigkeit von T ist also tatsächlich notwendig für das Bestehen des Energiesatzes.

b) Die Voraussetzung, daß L nicht explizite von t abhängen solle, kommt hiernach darauf hinaus, daß V unabhängig von t sei. Auch diese Bedingung ist notwendig. Andernfalls würde in (12) auf der rechten Seite das Glied

$$-\frac{\partial V}{\partial t}$$

hinzutreten, welches dann auch auf der rechten Seite von (14a) mit umgekehrtem Vorzeichen erscheinen würde. Statt $T + V =$ konst. würden wir also haben

(15a) $$\frac{d}{dt}(T + V) = \frac{\partial V}{\partial t},$$

d. h., der Satz von der Erhaltung der Energie ist hinfällig.

c) Wenn V außer von q_k auch von $\dot q_k$ abhängt, erhält man als Differenz der rechten Seiten von (14) und (12) mit Rücksicht auf (6):

(15b) $$\sum \dot q_k \frac{d}{dt}\frac{\partial V}{\partial \dot q_k} + \sum \ddot q_k \frac{\partial V}{\partial \dot q_k} = \frac{d}{dt}\sum \dot q_k \frac{\partial V}{\partial \dot q_k}.$$

In diesem Falle gilt zwar ein Erhaltungssatz, aber er hat die vom Gewohnten abweichende Form

(15c) $$T + V - \sum \dot q_k \frac{\partial V}{\partial \dot q_k} = \text{konst}.$$

Aus dem Vorstehenden ziehen wir noch eine Folgerung, die uns für Späteres nützlich sein wird. Wir berechnen $L - 2T = -(T + V)$, indem wir für $2T$ den Ausdruck (13) benutzen und wieder V als reine Funktion der q_k annehmen. Wir erhalten dann

$$-(T + V) = L - \sum \dot q_k \frac{\partial T}{\partial \dot q_k} = L - \sum \dot q_k \frac{\partial L}{\partial \dot q_k},$$

also auch

(16) $$T + V = \sum \dot q_k \frac{\partial L}{\partial \dot q_k} - L.$$

Die Gesamtenergie $T + V$ läßt sich aus dem Ausdruck der „freien Energie" berechnen.

Die reichlich abstrakten Ausführungen dieses Paragraphen werden erst durch die Beispiele des folgenden Paragraphen Leben gewinnen. Um diese vorzube-

---

[1]) Man nennt solche zeitabhängigen Bedingungen *rheonom* (fließend), im Gegensatz zu den zeitunabhängigen Bedingungen, die man als *skleronom* (fest, starr) bezeichnet.

§ 35. 1 Beispiele zu den allgemeinen Lagrangeschen Gleichungen

reiten, wollen wir die beiden in (6) auftretenden Ausdrücke

$$\frac{\partial L}{\partial \dot{q}} \quad \text{und} \quad \frac{\partial L}{\partial q}$$

für den einfachsten Fall des einzelnen Massenpunktes und für gewöhnliche x, y, z-Koordinaten spezialisieren. Wir haben dann

$$T = \frac{m}{2}(\dot{x}^2 + \dot{y}^2 + \dot{z}^2), \quad \frac{\partial L}{\partial \dot{x}} = \frac{\partial T}{\partial \dot{x}} = m\dot{x} \text{ usw.},$$

$$\frac{\partial L}{\partial x} = -\frac{\partial V}{\partial x} = X \text{ usw.}$$

So wie hiernach $\partial L/\partial \dot{x}$ die x-Koordinate des Impulses bedeutet, werden wir allgemein $\partial L/\partial \dot{q}_k$ *die zu q_k gehörende Impulskoordinate nennen*. So wie andererseits $\partial L/\partial x$ die x-Komponente der Kraft liefert, werden wir die beiden aus $\partial L/\partial q$ hervorgehenden Glieder als q-,,Komponenten" *von Kräften bezeichnen*:

(17) $$\frac{\partial T}{\partial q} - \frac{\partial V}{\partial q} = \frac{\partial T}{\partial q} - Q,$$

und zwar Q als *äußere Kraft* wie in (7), $\partial T/\partial q$ als *Lagrangesche Scheinkraft*, die von der.mit dem Ort veränderlichen Natur der q-Koordinate abhängt. Bei dem ortsunabhängigen Parallelsystem der x, y, z-Koordinaten verschwindet dieser letztere Teil der Kraft.

§ 35. Beispiele zu den allgemeinen Lagrangeschen Gleichungen

Wir wählen solche Beispiele aus, die wir schon früher mit elementaren Methoden behandelt haben, um an ihnen die Überlegenheit des LAGRANGEschen Formalismus zu zeigen.

1. Das Zykloidenpendel

Als Koordinate q bietet sich hier der Drehwinkel φ des die Zykloide erzeugenden Rades in Fig. 26 dar. Durch diesen Winkel ausgedrückt, haben wir nach (17.2)

$$x = a(\varphi - \sin\varphi), \quad \dot{x} = a(1 - \cos\varphi)\dot{\varphi},$$
$$y = a(1 + \cos\varphi), \quad \dot{y} = -a\sin\varphi\,\dot{\varphi}.$$

Daraus berechnen wir

(1)
$$T = \frac{m}{2}(\dot{x}^2 + \dot{y}^2) = ma^2(1-\cos\varphi)\dot{\varphi}^2.$$
$$V = mgy = mga(1+\cos\varphi),$$
$$L = ma^2(1-\cos\varphi)\dot{\varphi}^2 - mga(1+\cos\varphi).$$

Mehr brauchen wir von der Geometrie und Mechanik unseres Systems nicht zu wissen. Alles übrige besorgt ohne unser Zutun der Formalismus von LAGRANGE. Dieser liefert

$$\frac{\partial L}{\partial \dot{\varphi}} = 2ma^2(1-\cos\varphi)\dot{\varphi}, \quad \frac{\partial L}{\partial \varphi} = ma^2\sin\varphi\,\dot{\varphi}^2 + mga\sin\varphi,$$

$$\frac{d}{dt}\frac{\partial L}{\partial \dot{\varphi}} = 2ma^2(1-\cos\varphi)\ddot{\varphi} + 2ma^2\sin\varphi\,\dot{\varphi}^2$$

und als Differentialgleichung
$$(1-\cos\varphi)\,\ddot{\varphi} + \frac{1}{2}\sin\varphi\,\dot{\varphi}^2 = \frac{g}{2a}\sin\varphi$$

oder nach Einführung des halben Winkels und Kürzung durch $2\sin\dfrac{\varphi}{2}$:

(2) $$\sin\frac{\varphi}{2}\,\ddot{\varphi} + \frac{1}{2}\cos\frac{\varphi}{2}\,\dot{\varphi}^2 = \frac{g}{2a}\cos\frac{\varphi}{2}\,.$$

Hier ist die linke Seite, wie man leicht nachrechnet, identisch mit
$$-2\frac{d^2}{dt^2}\cos\frac{\varphi}{2}\,.$$

Unsere Differentialgleichung (2) stimmt daher überein mit der früheren Differentialgleichung (17.6), durch welche der strenge Isochronismus des Zykloidenpendels bewiesen wurde.

2. Das sphärische Pendel

Die gegebenen Koordinaten q_k des Massenpunktes sind hier die Winkel ϑ und φ, Poldistanz und geographische Länge auf der Kugel vom Radius l. Das Linienelement ist
$$ds^2 = l^2\,(d\vartheta^2 + \sin^2\vartheta\,d\varphi^2)\,.$$

Daher ist die kinetische Energie
$$T = \frac{m}{2}\,l^2\,(\dot{\vartheta}^2 + \sin^2\vartheta\,\dot{\varphi}^2)\,.$$

Mit der potentiellen Energie $V = m\,g\,l\cos\vartheta$ wie in (18.5a) hat man

(3) $$L = \frac{m}{2}\,l^2\,(\dot{\vartheta}^2 + \sin^2\vartheta\,\dot{\varphi}^2) - m\,g\,l\cos\vartheta\,.$$

Jetzt setzt die automatische Rechnung nach dem LAGRANGEschen Schema ein: Die zu ϑ und φ gehörenden Differentialgleichungen lauten nach Abtrennung konstanter Faktoren:

(4) $$\ddot{\vartheta} - \sin\vartheta\cos\vartheta\,\dot{\varphi}^2 - \frac{g}{l}\sin\vartheta = 0\,,$$
$$\frac{d}{dt}\,(l^2\sin^2\vartheta\,\dot{\varphi}) = 0\,.$$

Die zweite dieser Gleichungen ist der Flächensatz in Übereinstimmung mit (18.8), wobei wir bemerken, daß die dortige, dieser Gleichung vorhergehende Umrechnung uns hier erspart bleibt. Die erste Gl. (4) schreibt sich mit Benutzung der Flächenkonstante C aus (18.8)
$$\ddot{\vartheta} = \frac{C^2\cos\vartheta}{l^4\sin^3\vartheta} + \frac{g}{l}\sin\vartheta\,.$$

Das zweite Glied rechts entspricht dem Schweremoment $\mathfrak{M} = m\,g\,l\sin\vartheta$, welches die dem Winkel $q = \vartheta$ zugeordneten Kraftkoordinate Q im Sinne von (34.7) ist.

§ 35. 8   Beispiele zu den allgemeinen Lagrangeschen Gleichungen   171

Das erste Glied bedeutet eine LAGRANGEsche Scheinkraft im Sinne von (34.17); diese rührt daher, daß die der ϑ-Koordinate entsprechenden Längengrade auf der Kugel nicht parallel, sondern vom Pol aus divergent verlaufen.

Es ist lehrreich, an diesem Beispiel auch die in (34.11) vorgesehene Erweiterung der LAGRANGEschen Gleichungen vorzunehmen, indem wir neben ϑ, φ die überzählige Koordinate r in Betracht ziehen. Diese ist allerdings durch die Bedingung $r = l$ festgelegt; aber sie interessiert uns deshalb, weil sie uns mittels des Multiplikators λ den Druck des Massenpunktes auf die Kugelfläche oder, was dasselbe ist, die Spannung im Pendelfaden liefert. Wir brauchen nur, um die diesbezügliche Differentialgleichung zu erhalten, statt (3) zu schreiben:

(5) $$L = \frac{m}{2}(\dot{r}^2 + r^2\dot{\vartheta}^2 + r^2\sin^2\vartheta\,\dot{\varphi}^2) - m\,g\,r\cos\vartheta$$

und als dritte LAGRANGEsche Gleichung neben den beiden Gln. (4) zu bilden:

(6) $$\frac{d}{dt} m\dot{r} - m\,r\,\dot{\vartheta}^2 - m\,r\sin^2\vartheta\,\dot{\varphi}^2 + m\,g\cos\vartheta = \lambda\,r\;;$$

dabei haben wir die in (34.11) vorkommende Größe $F_{k\mu}$ gleich r gesetzt, indem wir die Bedingung $r = l$, um Übereinstimmung mit (18.1) zu erzielen, in der Form

$$F = \frac{1}{2}(r^2 - l^2) = 0$$

angesetzt haben. Aus (6) folgt nun für $r = l$ und $\dot{r} = \ddot{r} = 0$

(7) $$\lambda\,l = m\,g\cos\vartheta - m\,l(\dot{\vartheta}^2 + \sin^2\vartheta\,\dot{\varphi}^2)\,.$$

Dies stimmt mit (18.6) überein, wenn man dort die rechtwinkligen Koordinaten auf die ϑ, φ umrechnet. Auch diese Umrechnung wird uns durch das LAGRANGEsche Schema erspart.

3. Das Doppelpendel

Geeignete Koordinaten q_k sind hier die beiden Winkel φ und ψ aus Fig. 38. In den Bezeichnungen von § 21 schreiben wir an:

(8) $$\begin{aligned}X &= L\sin\varphi\,, & x &= L\sin\varphi + l\sin\psi\,,\\ Y &= L\cos\varphi\,, & y &= L\cos\varphi + l\cos\psi\,.\end{aligned}$$

Daraus folgt, zunächst ohne Vernachlässigung:

$$\begin{aligned}T &= \frac{M}{2}(\dot{X}^2 + \dot{Y}^2) + \frac{m}{2}(\dot{x}^2 + \dot{y}^2)\\ &= \frac{M+m}{2}L^2\dot{\varphi}^2 + \frac{m}{2}l^2\dot{\psi}^2 + m\,L\,l\cos(\varphi - \psi)\,\dot{\varphi}\,\dot{\psi}\,,\\ V &= -M\,g\,Y - m\,g\,y = -(M+m)\,g\,L\cos\varphi - m\,g\,l\cos\psi\,.\end{aligned}$$

Das Vorzeichen des letzten Ausdrucks ist negativ, weil (vgl. Fig. 38) Y und y positiv im Sinne der Schwererichtung gerechnet werden. Die aus $T - V$ entstehende LAGRANGEsche Funktion wollen wir hier $\varLambda$ nennen, da wir L für die

Pendellänge verbraucht haben. Wir erhalten

$$\frac{\partial \Lambda}{\partial \dot\varphi} = (M + m) L^2 \dot\varphi + m L l \cos (\varphi - \psi) \dot\psi,$$

$$\frac{\partial \Lambda}{\partial \dot\psi} = m l^2 \dot\psi + m L l \cos (\varphi - \psi) \dot\varphi,$$

$$\frac{\partial \Lambda}{\partial \varphi} = - (M + m) g L \sin\varphi - m L l \sin (\varphi - \psi) \dot\varphi \dot\psi,$$

$$\frac{\partial \Lambda}{\partial \psi} = - m g l \sin\psi + m L l \sin (\varphi - \psi) \dot\varphi \dot\psi.$$

Beim Anschreiben der daraus folgenden LAGRANGEschen Gleichungen wollen wir sogleich den Übergang zu kleinen φ, ψ machen. Da $\dot\varphi$, $\dot\psi$ Größen derselben Kleinheit wie φ, ψ sind, können ihre Quadrate gestrichen werden. Die in Rede stehenden LAGRANGEschen Gleichungen lauten dann:

(9)
$$\ddot\varphi + \frac{g}{L}\varphi = -\frac{m}{M+m}\frac{l}{L}\ddot\psi,$$

$$\ddot\psi + \frac{g}{l}\psi = -\frac{L}{l}\ddot\varphi;$$

sie erweisen sich als identisch mit den Gln. (21.3), wenn man von den Winkelkoordinaten φ, ψ zu den X, x zurückgeht vermöge der für kleine φ, ψ vereinfachten Gln. (8)

$$\varphi = \frac{X}{L}, \qquad \psi = \frac{x-X}{l}.$$

Dies ist unmittelbar ersichtlich für die zweite der Gln. (9) und (21.3); für die erste Gl. (9) und die erste Gl. (21.3) ergibt sich das gleiche, wenn man darin rechter Hand $\ddot\psi$ aus der zweiten Gl. (9) einträgt. Die an die Gln. (21.3) anschließende Diskussion des Schwingungsvorgangs überträgt sich daher unmittelbar auf unsere jetzigen Gln. (9) und braucht hier nicht wiederholt zu werden.

Wir betonen nur noch, daß bei der jetzigen, rein formalen Behandlung *von der Spannung im Pendelfaden l überhaupt nicht die Rede war*; diese ist als innere Reaktion des Systems in dem LAGRANGEschen Gleichungsansatz implizite enthalten, wie schon in der Anmerkung zu S. 98 hervorgehoben wurde.

4. Der schwere symmetrische Kreisel

Die klassischen Koordinaten q_k dieses Problems sind die EULERschen Winkel ϑ, φ und ψ [ϑ und φ haben wir schon in (25.4) und (26.5a) eingeführt]. Wir definieren sie, zusammen mit den zugehörigen Winkelgeschwindigkeiten, folgendermaßen, vgl. Fig. 53.

1. ϑ ist der Winkel zwischen Vertikale und Figurenachse; positives $\dot\vartheta$ ist eine Drehung um die zu beiden senkrechte Knotenlinie im Sinne der Rechtsschraube.

2. ψ ist der Winkel, den die Knotenlinie mit einer festen Richtung in der Horizontalebene, z. B. der X-Achse, bildet; $\dot\psi$ ist eine Drehung um die Vertikale.

§ 35. 11a   Beispiele zu den allgemeinen Lagrangeschen Gleichungen   173

3. φ ist der Winkel, den die Knotenlinie mit einer festen Richtung in der Äquatorebene des Kreisels, z. B. der x-Achse, einschließt; $\dot\varphi$ ist eine Drehung um die Figurenachse.

Die $\dot\vartheta, \dot\varphi, \dot\psi$ sind „holonome", aber schiefwinklige Komponenten des Drehungsvektors $\vec\omega$, im Gegensatz zu den p, q, r, die rechtwinklige, aber nichtholonome

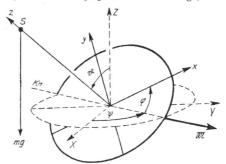

Fig. 53. Definition der Eulerschen Winkel ϑ, φ, ψ und ihres Pfeilsinnes. Die Bezeichnung der Achsen entspricht den S. 124 eingeführten Koordinatensystemen (Z Vertikale, z Figurenachse, X raumfeste horizontale Gerade, x kreiselfeste Gerade in der Äquatorebene)

Drehungskomponenten im körperfesten x, y, z-System waren. Die Richtungskosinus zwischen beiden Komponententripeln zeigt die folgende Tabelle, die gleichzeitig Aufschluß über den Drehungssinn von $\dot\vartheta, \dot\varphi, \dot\psi$ (Rechtsschraubenregel) gibt:

(10)

	$\dot\vartheta$	$\dot\varphi$	$\dot\psi$
p	$\cos\varphi$	0	$\sin\vartheta \sin\varphi$
q	$-\sin\varphi$	0	$\sin\vartheta \cos\varphi$
r	0	1	$\cos\vartheta$

Die beiden ersten Spalten sind nach dem unter 1 und 3 Gesagten selbstverständlich. Zur Begründung der dritten Spalte überlege man, daß die Projektion des vertikal gerichteten Drehpfeiles $\dot\psi$ in die Äquatorebene gleich $\dot\psi \sin\vartheta$ ist und daß diese sich durch Projektion innerhalb der Äquatorebene in die beiden bei p und q angegebenen Komponenten zerlegt.

Aus den Horizontalreihen unserer Tabelle, die im Gegensatz zu den Tabellen in § 2 nur von links nach rechts, nicht auch von oben nach unten gelesen werden darf, folgt:

(11)
$$p = \cos\varphi\,\dot\vartheta + \sin\vartheta \sin\varphi\,\dot\psi,$$
$$q = -\sin\varphi\,\dot\vartheta + \sin\vartheta \cos\varphi\,\dot\psi,$$
$$r = \dot\varphi + \cos\vartheta\,\dot\psi.$$

(11a)
$$p^2 + q^2 = \dot\vartheta^2 + \sin^2\vartheta\,\dot\psi^2.$$

174 VI. Integralprinzipien der Mechanik u. die allgem. Lagrangeschen Gleich. § 35.1

Aus dem Ausdruck (26.17) wird daraufhin mit $B = A$

(12) $$T = \frac{A}{2}(\dot{\vartheta}^2 + \sin^2\vartheta\,\dot{\psi}^2) + \frac{C}{2}(\dot{\varphi} + \cos\vartheta\,\dot{\psi})^2.$$

Wegen Gl. (25.6a) für die potentielle Energie V der Schwere haben wir

(13) $$L = T - V = \frac{A}{2}(\dot{\vartheta}^2 + \sin^2\vartheta\,\dot{\psi}^2) + \frac{C}{2}(\dot{\varphi} + \cos\vartheta\,\dot{\psi})^2 - P\cos\vartheta$$
$$P = mgs.$$

L ist *unabhängig* von den Lagenkoordinaten φ und ψ und hängt nur von deren Geschwindigkeiten ab. Wir sagen dann: *φ und ψ sind zyklische Koordinaten*. Der Name ist hergenommen von einem sich drehenden Rad, dessen dynamisches Verhalten jedenfalls nicht von seiner augenblicklichen Stellung, sondern nur von seiner Umfangsgeschwindigkeit bestimmt wird. Somit wird

$$\frac{\partial L}{\partial \varphi} = \frac{\partial L}{\partial \psi} = 0.$$

Nach den LAGRANGEschen Gleichungen verschwinden dann die zeitlichen Ableitungen der Größen

$$\frac{\partial L}{\partial \dot{\varphi}} \quad \text{und} \quad \frac{\partial L}{\partial \dot{\psi}},$$

die wir am Ende des vorigen Paragraphen die *zu φ und ψ gehörenden Impulskoordinaten* genannt haben und die wir von jetzt ab dauernd mit p bezeichnen wollen. Wir schreiben also allgemein

(14) $$p_k = \frac{\partial L}{\partial \dot{q}_k}.$$

Im Falle zyklischer Koordinaten q_k gilt nun: *Die zyklischen Impulskoordinaten sind Integrationskonstanten*. In unserem Falle ist uns die Bedeutung dieser Konstanten bereits aus (25.6) bekannt. Wir haben

(15) $$p_\psi = N, \quad p_\varphi = n.$$

Was uns aber früher S. 120 fehlte, waren die Ausdrücke dieser Konstanten durch die Lagenkoordinaten des Kreisels. Diese ergeben sich jetzt, indem wir nach der allgemeinen Regel (14) bilden:

(16) $$p_\varphi = \frac{\partial L}{\partial \dot{\varphi}} = C(\dot{\varphi} + \cos\vartheta\,\dot{\psi}),$$
$$p_\psi = \frac{\partial L}{\partial \dot{\psi}} = A\sin^2\vartheta\,\dot{\psi} + C\cos\vartheta\,(\dot{\varphi} + \cos\vartheta\,\dot{\psi}).$$

Durch Zusammenfassung von (15) und (16) folgt

(17) $$\dot{\varphi} + \cos\vartheta\,\dot{\psi} = \frac{N}{C},$$
$$A\sin^2\vartheta\,\dot{\psi} = n - N\cos\vartheta.$$

§ 35. 24   Beispiele zu den allgemeinen Lagrangeschen Gleichungen   175

Damit haben wir den Inhalt zweier der LAGRANGEschen Gleichungen ausgeschöpft. Die dritte betrifft das Änderungsgesetz für

(18) $$p_\vartheta = \frac{\partial L}{\partial \dot\vartheta} = A\,\dot\vartheta, \quad \text{nämlich} \quad A\,\ddot\vartheta = \frac{\partial L}{\partial \vartheta},$$

und lautet, wenn man in der aus (13) berechneten rechten Seite *zum Schluß* $\dot\varphi$ und $\dot\psi$ durch (17) eliminiert[1]):

(19) $$A\,\ddot\vartheta = \frac{(n - N\cos\vartheta)(n\cos\vartheta - N)}{A\sin^3\vartheta} + P\sin\vartheta.$$

Die rechte Seite, welche aus $\partial L/\partial \vartheta$ hervorgeht, enthält nicht nur die uns bekannte Schwerewirkung aus (25.4), sondern daneben eine ,,Scheinkraft", die, wie wir von S. 169 her wissen, aus der Natur des Koordinatensystems entspringt.

Gl. (19) hat den Charakter einer verallgemeinerten Pendelgleichung. Wir brauchen uns aber nicht mit ihrer Integration aufzuhalten, da wir ja das Energieintegral

(20) $$T + V = W$$

zur Verfügung haben, welches mit dem Resultat einer ersten Integration von (19) identisch sein muß. Indem wir die in Gl. (12) vorkommenden Größen $\dot\varphi$ und $\dot\psi$ abermals durch (17) eliminieren, erhalten wir aus (20)

(21) $$\frac{A}{2}\left\{\dot\vartheta^2 + \left(\frac{n - N\cos\vartheta}{A\sin\vartheta}\right)^2\right\} + \frac{N^2}{2C} + P\cos\vartheta = W.$$

Da hier drei Integrationskonstanten n, N und W auftreten, so ist (21) das *allgemeine Integral erster Ordnung des Kreiselproblems*. Schließlich ersetzen wir, wie schon in § 18 beim sphärischen Pendel, ϑ und $\dot\vartheta$ durch

$$\cos\vartheta = u; \quad \sin\vartheta\,\dot\vartheta = -\dot u.$$

Dann ergibt sich einfach:

(22) $$\left(\frac{du}{dt}\right)^2 = U(u),$$

(23) $$U = \left(\frac{2W}{A} - \frac{N^2}{AC} - \frac{2P}{A}u\right)(1 - u^2) - \left(\frac{n - Nu}{A}\right)^2.$$

Da $U(u)$ ein Polynom dritten Grades in u ist, wird die Zeit t wie beim sphärischen Pendel dargestellt durch ein *elliptisches Integral erster Gattung*:

(24) $$t = \int^u \frac{du}{\sqrt{U}},$$

---

[1]) Vorzeitige Elimination von $\dot\varphi$ und $\dot\psi$ [z. B. gleich im Anschluß an (13)] würde die LAGRANGE-Funktion L einschneidend verändern und damit zu einer falschen Bewegungsgleichung für ϑ führen, wie man leicht feststellt.

und das Azimut ψ nach der zweiten Gl. (17) durch ein *elliptisches Integral dritter Gattung* (vgl. S. 88):

$$\psi = \int^u \frac{n - Nu}{A(1-u^2)} \frac{du}{\sqrt{U}} \,. \tag{25}$$

Wir können nun die an Fig. 29 anschließende Überlegung von S. 88 wiederholen und kommen so zu dem Bilde von Fig. 54: Die Spur der Figurenachse auf der Einheitskugel pendelt zwischen den Breitenkreisen $u = u_2$ und $u = u_1$, die sie berührt, hin und her. Die Berührung kann, wie in Fig. 54 dargestellt, in einem einfachen Vorbeigange oder in einer Schleife erfolgen, die gegebenenfalls in eine Spitze ausarten kann. Während jeder Pendelung rückt die Figurenachse um dasselbe Azimut $\Delta\psi$ vorwärts, das sich aus (25) als „vollständiges elliptisches Integral dritter Gattung", ähnlich dem in (18.15) berechnet.

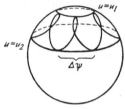

Fig. 54
Spur der Figurenachse des schweren symmetrischen Kreisels auf der Einheitskugel

Soll der Kreisel im besonderen eine *reguläre Präzession* um die Vertikale beschreiben, so müssen die Parallelkreise u_1 und u_2 zusammenfallen; es muß also in Fig. 29 (S. 88) die Kurve $U(u)$ die Abszissenachse von unten her berühren. Dadurch charakterisiert sich die reguläre Präzession beim schweren Kreisel (im Gegensatz zum Fall des kräftefreien Kreisels) als *partikuläre Bewegungsform* desselben.

Wenn die beiden Wurzeln u_1 und u_2 nicht genau, sondern nur angenähert zusammenfallen, haben wir immer noch *scheinbar* ein gleichmäßiges Vorrücken der Figurenachse um die Vertikale, das aber, wie man bei näherem Zusehen bemerkt, von *kleinen Nutationen* überlagert ist. Wir sprechen dann von einer *pseudoregulären Präzession*. Dies ist die typische Erscheinung bei den üblichen Kreiselexperimenten, bei denen wir dem Schwungrad durch Abziehen einer Schnur einen möglichst starken Drall um die Figurenachse erteilen und ihn dann ohne Hinzufügen eines merklichen seitlichen Anstoßes mit dem unteren Ende in seine Pfanne setzen.

Wir verstehen das folgendermaßen: Der Anfangsdrall $\mathfrak{N}$ liegt im Experiment nahe an der Figurenachse; dasselbe gilt nach der POINSOTschen Konstruktion von der anfänglichen Rotationsachse. Die Figurenachse beschreibt also auf der Einheitskugel von Fig. 43 anfangs einen engen Umgang; die diesen Umgang berührenden Parallelkreise $u = u_1, u_2$ sind nahe benachbart und bleiben es im ganzen Verlaufe der Bewegung, wie aus unserer allgemeinen Darstellung in Fig. 54 hervorgeht. Der Drall und daher auch die Rotation sind anfangs sehr stark; sie bleiben es auch, abgesehen von Reibungsverlusten, während der folgenden Bewegung. Die Nutationen erfolgen also in sehr kurzem Zeitmaß und sind fast unsichtbar. *Der Kreisel scheint dem Einfluß der Schwere nicht nachzugeben, sondern dauernd senkrecht dagegen auszuweichen*. Dieses paradoxe Verhalten hat von jeher das Interesse der Liebhaber und Forscher an die Kreiseltheorie gefesselt.

§ 36. Andere Ableitung der Lagrangeschen Gleichungen

Wenngleich das Prinzip der kleinsten Wirkung einen Königsweg zu den allgemeinen LAGRANGEschen Gleichungen eröffnet, der an Übersichtlichkeit und Kürze nicht übertroffen werden kann, so empfinden wir diesen Weg doch als etwas künstlich. Die eigentliche Wurzel der LAGRANGEschen Gleichungen, die in den Transformationseigenschaften der verschiedenen mechanischen Größen liegt, wird dadurch nicht aufgedeckt. Die folgende Ableitung soll dem abhelfen.

Wir betrachten ein System von $n/3$ Massenpunkten (n soll durch 3 teilbar sein), das beliebigen (der Einfachheit halber holonomen) Bedingungen unterworfen sei. Ihre Zahl ist gleich $n - f$, wenn f die Anzahl der Freiheitsgrade des Systems bedeutet. In der Bezeichnung wollen wir an die Gln. (2) in § 34 anknüpfen. Wir numerieren also die jetzt als rechtwinklig vorauszusetzenden Koordinaten durch und nennen sie $x_1, x_2 \ldots x_n$; ebenso die Komponenten der äußeren Kräfte $X_1, X_2 \ldots X_n$. Die Komponenten der elementaren Bewegungsgrößen unserer Massenpunkte mögen $\xi_1, \xi_2 \ldots \xi_n$ heißen. Wir würden sie lieber $p_1, p_2 \ldots p_n$ nennen nach der allgemeinen Verabredung in (35.14), müssen aber diese Bezeichnung für die allgemeinen LAGRANGEschen Impulskoordinaten reservieren. Es ist dann

(1) $$\xi_i = m_i \dot{x}_i, \quad i = 1, 2 \ldots n,$$

wobei die m_i natürlich zu je dreien einander gleich sind. Die Bewegung unseres Systems wird durch die LAGRANGEschen Gleichungen erster Art (12.9) beschrieben, die in unseren jetzigen Beziehungen lauten:

(2) $$\frac{d\xi_i}{dt} = X_i + \sum_{\mu = f+1}^{n} \lambda_\mu \frac{\partial F_\mu}{\partial x_i}, \quad i = 1, 2 \ldots n.$$

Jetzt führen wir die allgemeinen *Lagenkoordinaten* $q_1 \ldots q_f$ ein, die so gewählt werden können und sollen, daß, wie in (34.2), die $n - f$ Bedingungen $F_\mu = 0$ identisch erfüllt werden. Dann bestehen zwischen den alten und neuen *Geschwindigkeitskoordinaten* die Gln. (34.2b), die, nach den $\dot{x}$ aufgelöst, folgendermaßen geschrieben werden mögen:

(3) $$\dot{x}_i = \sum_{k=1}^{f} a_{ik} \dot{q}_k, \quad i = 1, 2 \ldots n.$$

Die a_{ik}, in (34.2b) F_{ik} genannt, sind, wie dort hervorgehoben, Funktionen der $x_1 \ldots x_n$ und daher auch der $q_1 \ldots q_f$. Während also die alten und neuen *Lagen*koordinaten durch eine *beliebige* „Punkttransformation" miteinander zusammenhängen, transformieren sich die *Geschwindigkeits*koordinaten *linear*, mit Koeffizienten, die selbst noch von den Lagenkoordinaten abhängen.

Wie transformieren sich nun die *Kraft*koordinaten ineinander? Wir nennen die neuen Kraftkoordinaten Q_k und definieren sie wie in (34.7) durch die Invarianz der virtuellen Arbeit, d. h. durch

(4) $$\delta A = \sum_{i=1}^{n} X_i \, \delta x_i = \sum_{k=1}^{f} Q_k \, \delta q_k.$$

Indem wir von den virtuellen zu den wirklichen Verrückungen und von diesen zu den betreffenden Geschwindigkeiten übergehen, schreiben wir statt (4) mit Rücksicht auf (3)

(4a) $$\sum_{k=1}^{f} Q_k \dot{q}_k = \sum_{i=1}^{n} X_i \sum_{k=1}^{f} a_{ik} \dot{q}_k.$$

Die $\dot{q}_k$ sind, im Gegensatz zu den $\dot{x}_i$, voneinander unabhängig. Ihre Koeffizienten müssen also rechts und links in (4a) einander gleich sein; also

(5) $$Q_k = \sum_{i=1}^{n} a_{ik} X_i, \quad k = 1, 2 \ldots f.$$

Dies ist die gegenüber (3) „transponierte" Transformation, indem nämlich in (3) über k, in (5) über i summiert wird. Ausgeschrieben, haben wir

$$\dot{x}_1 = a_{11} \dot{q}_1 + a_{12} \dot{q}_2 \ldots, \qquad Q_1 = a_{11} X_1 + a_{21} X_2 + \cdots,$$
$$\dot{x}_2 = a_{21} \dot{q}_1 + a_{22} \dot{q}_2 \ldots, \qquad Q_2 = a_{12} X_1 + a_{22} X_2 + \cdots.$$

Die „Transposition" besteht also in einer Vertauschung von a_{ik} mit a_{ki}. Wir sagen: *Die Kraftkoordinaten transformieren sich kontragredient*[1]) *zu den Geschwindigkeitskoordinaten.*

Ebenso wie die Kraftkoordinaten, also *kogredient* mit ihnen, transformieren sich die *Impulskoordinaten*. Die Impulse können wir ja als diejenigen Stoßkräfte auffassen, die die jeweilige Geschwindigkeit von der Ruhe aus erzeugen. Nennen wir die neuen Impulse p_k, so drücken sich also diese durch die alten ξ_i folgendermaßen aus:

(6) $$p_k = \sum_{i=1}^{n} a_{ik} \xi_i.$$

Damit sind die p_k definitionsmäßig festgelegt. Die Definition ist zwar reichlich umständlich, läßt sich aber leicht in eine sinnvollere Form umsetzen. Wir betrachten zu dem Ende wie S. 163 den Ausdruck der kinetischen Energie als Funktion der $\dot{q}$ einerseits, der $\dot{x}$ andererseits, was wir nötigenfalls durch die Bezeichnungen

$$T_{\dot{q}} \text{ und } T_{\dot{x}}$$

unterscheiden werden. Daraufhin bilden wir

(7) $$\frac{\partial T_{\dot{q}}}{\partial \dot{q}_k} = \sum_{i=1}^{n} \frac{\partial T_{\dot{x}}}{\partial \dot{x}_i} \left[\frac{\partial \dot{x}_i}{\partial \dot{q}_k} \right].$$

Die eckige Klammer bedeutet hier, daß bei der Differentiation nach $\dot{q}_k$ sowohl die q_k als auch alle übrigen $\dot{q}$ außer $\dot{q}_k$ festgehalten werden sollen. Der so gemeinte Differentialquotient ist aber nach Gl. (3) einfach a_{ik}. Andererseits liefert der ele-

---

[1]) Nach dem Sprachgebrauch der allgemeinen Relativitätstheorie sollten wir die Größen Q sowie die sogleich zu definierenden p durch Heraufrücken des Index (Q^k, p^k) als kontragredient (oder „kontravariant") zu den $\dot{q}_k$ kennzeichnen. Wir glauben aber, daß dieser in der allgemeinen Relativitätstheorie wichtige Gebrauch für unsere Zwecke entbehrlich ist.

§ 36. 12 Andere Ableitung der Lagrangeschen Gleichungen

mentare Ausdruck
$$T_{\dot x} = \frac{1}{2}\sum m_i \dot x_i^2 \quad \text{offenbar} \quad \frac{\partial T_{\dot x}}{\partial \dot x_i} = \xi_i \,.$$

Statt (7) hat man also

(8) $$\frac{\partial T_{\dot q}}{\partial \dot q_k} = \sum_{i=1}^{n} a_{ik}\, \xi_i \,.$$

Die rechte Seite stimmt mit derjenigen von (6) überein.. *Daher das Resultat*:

(9) $$p_k = \frac{\partial T_{\dot q}}{\partial \dot q_k} \,.$$

Unter der Annahme, daß die äußeren Kräfte ein von den q unabhängiges Potential V haben, und mit Einführung von $L = T - V$ kann man statt (9) auch schreiben:

(9a) $$p_k = \frac{\partial L}{\partial \dot q_k} \,.$$

Damit haben wir die in (35.14) vorweggenommene Definition der p_k allgemein begründet.

Wir sind jetzt vorbereitet, auch die Bewegungsgleichungen (2) in unsere allgemeinen Koordinaten zu transformieren. Dazu multiplizieren wir sie der Reihe nach mit a_{ik} und summieren über i. Auf der rechten Seite entsteht nach (5) im ersten Gliede:

(10) $$Q_k = -\frac{\partial V}{\partial q_k} \,.$$

Im zweiten Gliede rechts tritt als Faktor von λ_μ auf:

(11) $$\sum_{i=1}^{n} a_{ik}\frac{\partial F_\mu}{\partial x_i} \quad \text{für} \quad \mu = f+1\ldots n \,.$$

Nach (3) ist aber

(12) $$a_{ik} = \frac{\partial x_i}{\partial q_k} \,;$$

man erkennt dies, wenn man in der mit (3) identischen Gleichung $dx_i = \Sigma\, a_{ik}\, dq_k$ alle q außer q_k festhält. Statt (11) kann man also auch schreiben

$$\sum_{i=1}^{n} \frac{\partial F_\mu}{\partial x_i}\frac{\partial x_i}{\partial q_k} = \frac{\partial F_\mu}{\partial q_k} \,.$$

Da aber nach (34.2) gerade die F_μ für $\mu = f+1\ldots n$ durch Wahl der q_k identisch zum Verschwinden gebracht worden sind, so verschwindet auch die partielle Ableitung der F_μ nach den q_k. Die rechte Seite unserer Gleichung reduziert sich also auf (10).

Die linke Seite heißt zunächst:

$$\sum_i a_{ik}\frac{d\xi_i}{dt} \,;$$

wir formen sie um in

(13) $$\frac{d}{dt}\sum_i a_{ik}\xi_i - \sum_i \xi_i \frac{da_{ik}}{dt} = \frac{dp_k}{dt} - \sum_i \xi_i \frac{d}{dt}\frac{\partial x_i}{\partial q_k};$$

dabei haben wir von (6) und (12) Gebrauch gemacht. Die letzte Summe schreiben wir um in:

$$\sum m_i \dot{x}_i \frac{\partial \dot{x}_i}{\partial q_k} = \frac{\partial}{\partial q_k}\frac{1}{2}\sum m_i \dot{x}_i^2 = \frac{\partial}{\partial q_k} T_{\dot{q}};$$

der Index $\dot{q}$ bei T macht hier darauf aufmerksam, daß vor der Differentiation nach $\dot{q}$ der vorher in den $\dot{x}$ geschriebene Ausdruck von T in die $q, \dot{q}$ umzusetzen ist. Hiernach wird die rechte Seite von (13)

(13a) $$\frac{dp_k}{dt} - \frac{\partial T}{\partial q_k}.$$

Da sie gleich (10) sein soll, erhält man

(14) $$\frac{dp_k}{dt} = \frac{\partial T}{\partial q_k} - \frac{\partial V}{\partial q} = \frac{\partial L}{\partial q_k}.$$

Dies ist aber mit Rücksicht auf (9a) identisch mit der LAGRANGEschen Gleichung aus (34.6) oder auch, wenn man von der Existenz einer potentiellen Energie absehen will, mit der aus (34.8).

Somit haben wir uns im vorstehenden überzeugt, daß wir bei der Ableitung der LAGRANGEschen Gleichungen auf das Hilfsmittel des Wirkungsprinzips verzichten können, wenn wir uns statt dessen nur hinreichend in die Transformationseigenschaften der mechanischen Größen vertiefen.

§ 37. Das Prinzip der kleinsten Wirkung (Aktion) von Maupertuis

Wir knüpfen an den Schluß von § 33 an, wo wir von dem *teleologischen* Charakter des Prinzips der kleinsten Wirkung sprachen. Teleologisch heißt zweckmäßig oder zielbewußt. „Die Natur wählt unter allen möglichen Bewegungen diejenige aus, die ihr Ziel mit dem kleinsten Aufwande von Aktion (Wirkung) erreicht", so könnten wir etwa, zwar sehr unbestimmt, aber durchaus im Sinne des Entdeckers dieses Prinzips sagen.

Nicht nur teleologische, sondern auch theologische Gesichtspunkte spielten dabei eine Rolle. MAUPERTUIS empfiehlt sein Prinzip damit, daß es der Weisheit des Schöpfers am besten entspreche. Auch LEIBNIZ lagen solche Argumente im Blute, wie der Titel seiner „Theodizee" (Rechtfertigung Gottes) zeigt.

MAUPERTUIS hat sein Prinzip im Jahre 1747 veröffentlicht. Er wurde auf einen (im Original verlorengegangenen) Brief von LEIBNIZ aus dem Jahre 1707 verwiesen, verteidigte aber seine Priorität leidenschaftlich, sogar unter Einsetzung der Machtmittel, welche ihm als Präsidenten der Berliner Akademie zur Verfügung standen. Eine mathematisch bestimmtere Form nahm das Prinzip aber erst in den Händen von EULER und besonders von LAGRANGE an.

An unserer obigen Formulierung des Prinzips ist zweierlei unbestimmt:

§ 37. 4 Das Prinzip der kleinsten Wirkung (Aktion) von Maupertuis

1. Was soll hier unter dem Worte „Wirkung" verstanden werden? Offenbar nicht dasselbe wie beim HAMILTONschen Prinzip, wenn anders es sich jetzt um eine zwar verwandte, aber doch von der HAMILTONschen verschiedene Formulierung handeln soll.

2. Was bedeutet das Wort „alle möglichen Bewegungen"? Es ist durchaus notwendig, die Gesamtheit der zum Vergleich heranzuziehenden Bewegungen genau zu definieren, um aus ihnen die wirkliche Bewegung als die zweckmäßigste oder günstigste auswählen zu können.

Zu 1. LEIBNIZ betrachtete als elementare Wirkung das Produkt $2\,T \cdot \mathrm{d}t$. Auch wir werden im folgenden als „Wirkungsintegral" oder als „Wirkungsfunktion" die Größe bezeichnen[1]:

$$(1) \qquad S = 2 \int_{t_0}^{t_1} T \, \mathrm{d}t \, .$$

MAUPERTUIS, der ähnlich wie CARTESIUS die Bewegungsgröße $m\,v$ in den Vordergrund stellte, sah als elementare Wirkung das Produkt $m\,v \cdot \mathrm{d}s$ an. Es ist aber klar, daß beide Ansätze, der LEIBNIZsche und der MAUPERTUISsche, beim einzelnen Massenpunkt auf das gleiche hinauskommen, da ja gilt:

$$(2) \qquad 2\,T \cdot \mathrm{d}t = m\,v \cdot v\,\mathrm{d}t = m\,v \cdot \mathrm{d}s \, .$$

Diese Gleichheit besteht aber auch für beliebige mechanische Systeme, wenn hier unter Wirkung die über alle Massenpunkte genommene Summe der $m_k\,v_k\,\mathrm{d}s_k$ verstanden wird.

Zu 2. Beim HAMILTONschen Prinzip hatten wir die Gesamtheit der zum Vergleich zugelassenen Bewegungen durch die Bedingungen (1) und (2) in § 33 eingeschränkt. (2) behalten wir bei, (1) ändern wir ab. Wir wollen nämlich statt $\delta t = 0$ verlangen

$$(3) \qquad \delta W = 0 \, .$$

Wir ziehen also zum Vergleich nur Bahnen von derselben Energie W heran, wie die der zu untersuchenden Bahn. Damit ist natürlich zugleich ausgesprochen, daß unser jetziges Wirkungsprinzip nur für Bewegungen gilt, bei denen der Erhaltungssatz der Energie erfüllt ist, wo also die Kräfte ein Potential haben. Nennen wir dieses V bzw. bei den variierten Bahnen $V + \delta V$, so haben wir wegen (3)

$$(4) \qquad \delta T + \delta V = 0, \quad \delta V = -\,\delta T, \quad \delta L = \delta T - \delta V = 2\,\delta T \, .$$

Zur Veranschaulichung des durch die Bedingung (3) abgeänderten Sachverhalts erinnern wir an Fig. 52. Dort gehören zwei durch die Variation δq aufeinander bezogene Punkte zur gleichen Zeit t. Das ist jetzt nicht mehr der Fall. Die Zeit im variierten Punkte ist nicht t, sondern $t + \delta t$ (vgl. Fig. 55). Daher erreicht auch unsere variierte Bahn den Endpunkt P nicht zur Zeit $t = t_1$, sondern, nach der

---

[1] Der Faktor 2 ist natürlich für die Frage des Minimums von S unwesentlich. Er ist aber für die anschließenden Formulierungen in § 44 bequem. Übrigens bestand bei LEIBNIZ noch eine Ungewißheit darüber, ob er als „Vis viva" $m\,v^2$ oder, wie wir, $^1/_2\,m\,v^2$ bezeichnen sollte.

182 VI. Integralprinzipien der Mechanik u. die allgem. Lagrangeschen Gleich. §37.5

Art, wie unsere Figur gezeichnet ist, zu einem späteren Zeitpunkte. Dem Punkt Q, der auf unserer variierten Bahn zur Zeit $t = t_1$ gehört, entspricht auf der ursprünglichen Bahn eine frühere Zeit $t_1 - \delta t_1$.

Wir gehen daraufhin die Rechnungen in § 33 durch. Die Gln. (3) und (4)

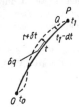

Fig. 55. Die Variation der „Bahn" beim MAUPERTUISschen Prinzip. Da die Energie nicht variiert wird, gehören die Punkte q der ursprünglichen und $q + \delta q$ der variierten Bahn zu verschiedenen Zeiten t und $t + \delta t$. Dem Endpunkt P ist auf der variierten Bahn der Punkt Q zugeordnet

daselbst bleiben gültig, aber Gl. (5) ist abzuändern, weil sie nur, wie dort hervorgehoben, für $\delta t = 0$ gilt. Was an ihre Stelle tritt, ersehen wir, wenn wir jetzt bilden:

$$(5) \qquad \delta \dot{x} = \frac{d(x + \delta x)}{d(t + \delta t)} - \frac{dx}{dt}.$$

Wir schreiben den ersten Differentialquotienten rechts um in

$$(6) \qquad \frac{d(x+\delta x)}{dt} \Big/ \frac{d(t+\delta t)}{dt} = \left(\frac{dx}{dt} + \frac{d}{dt}\delta x\right) \Big/ \left(1 + \frac{d}{dt}\delta t\right)$$
$$= \frac{dx}{dt} + \frac{d}{dt}(\delta x) - \dot{x}\frac{d}{dt}(\delta t) + \cdots,$$

wo die nicht hingeschriebenen Produktglieder von kleinerer Ordnung werden. Aus (5) folgt daher

$$\delta \dot{x} = \frac{d}{dt}(\delta x) - \dot{x}\frac{d}{dt}(\delta t),$$

also

$$(7) \qquad \frac{d}{dt}(\delta x) = \delta \dot{x} + \dot{x}\frac{d}{dt}(\delta t).$$

Setzen wir dies in (33.4) ein, so haben wir bei beliebigem Index k:

$$(8) \qquad \ddot{x}_k \, \delta x_k = \frac{d}{dt}(\dot{x}_k \, \delta x_k) - \dot{x}_k \, \delta \dot{x}_k - \dot{x}_k^2 \frac{d}{dt}(\delta t).$$

Aus (33.3) ergibt sich daher, da Gl. (8) für die Koordinaten y und z ebenso wie für x gilt, statt (33.8)

$$(9) \qquad \frac{d}{dt}\sum m_k (\dot{x}_k \, \delta x_k + \dot{y}_k \, \delta y_k + \dot{z}_k \, \delta z_k) = \delta T + 2\,T\frac{d}{dt}(\delta t) + \delta A.$$

Hier setzen wir mit Rücksicht auf (4)

$$(9a) \qquad \delta A = -\delta V = +\delta T,$$

§ 37. 14 Das Prinzip der kleinsten Wirkung (Aktion) von Maupertuis

wobei sich als rechte Seite von (9) ergibt:

(10) $$2\,\delta T + 2\,T\frac{\mathrm{d}\delta t}{\mathrm{d}t}.$$

Jetzt integrieren wir (9) von t_0 bis t_1. Dabei verschwindet die linke Seite wegen der Bedingung (33.2); man erhält daher wegen (10)

(11) $$2\int_{t_0}^{t_1}\delta T\,\mathrm{d}t + 2\int_{t_0}^{t_1} T\,\mathrm{d}\delta t = 0\,.$$

Dies ist aber nichts anderes als

(12) $$2\,\delta\int_{t_0}^{t_1} T\,\mathrm{d}t$$

oder auch wegen (1)

(12a) $$\delta S = 0\,.$$

Damit haben wir das Prinzip der kleinsten Wirkung, wie es MAUPERTUIS vorgeschwebt hat, ausführlich begründet.

Zu dem Übergange von (11) zu (12) möge noch ausdrücklich bemerkt werden: Beim HAMILTONschen Prinzip konnten wir wegen $\delta t = 0$ die beiden Symbole

$$\delta \int T\,\mathrm{d}t \quad \text{und} \quad \int \delta T\,\mathrm{d}t$$

miteinander vertauschen, wie es z. B. in den Gln. (33.10) und (33.11) geschah. Von unserem jetzigen Standpunkte aus unterscheiden sie sich aber in charakteristischer Weise, wie der Vergleich der vorstehenden Gln. (11) und (12) zeigt.

Betrachten wir speziell eine *kräftefreie* Bewegung, so folgt für diese aus dem Energiesatz $T = W$ und aus (12) mit Rücksicht auf (3):

(13) $$\delta \int_{t_0}^{t_1}\mathrm{d}t = \delta(t_1 - t_0) = 0\,.$$

Dies ist das *Prinzip der kürzesten Ankunft*, das FERMAT formuliert und auf die Brechung des Lichtes angewandt hat, nachdem schon im Altertum HERON in entsprechender Weise die Reflexion des Lichtes behandelt hatte.

Beim einzelnen kräftefreien Massenpunkt können wir statt $T = W$ auch $v = $ konst. sagen und statt (12) schreiben:

(14) $$\delta \int v\,\mathrm{d}t = \delta \int \mathrm{d}s = 0\,.$$

Dies ist das *Prinzip des kürzesten Weges*, welches die kräftefreie Bahn eines Massenpunktes z. B. auf einer krummen Fläche oder auch (allgemeine Relativitätstheorie) in einer beliebig gekrümmten Mannigfaltigkeit als *geodätische Linie* bestimmt. Wir kommen darauf in § 40 zurück.

JACOBI hat in seinen berühmten Königsberger „Vorlesungen über Dynamik" vom Jahre 1842 (herausgegeben von CLEBSCH) das Bedürfnis begründet, aus dem Wirkungsprinzip die Zeit t ganz zu eliminieren. Das ist möglich, weil

$$T = W - V = \frac{1}{2}\sum m_k\,v_k^2 = \frac{1}{2}\frac{\sum m_k\,\mathrm{d}s_k^2}{\mathrm{d}t^2}$$

und daher

$$dt = \sqrt{\frac{\sum m_k \, ds_k^2}{2(W-V)}}.$$

Man kann also statt (12) verlangen

(15) $$\delta \int \sqrt{2(W-V)} \sqrt{\sum m_k \, ds_k^2} = 0.$$

Die Variation erstreckt sich hier bei festem W nur auf die räumliche Beschaffenheit der Bahn des Systems, ohne daß man von ihrer zeitlichen Durchlaufung überhaupt zu sprechen braucht.

Wir kommen nochmals auf die teleologische Seite dieses und des HAMILTONschen Wirkungsprinzips zurück, indem wir bemerken, daß die „kleinste Wirkung" unter Umständen auch eine „größte Wirkung" sein kann, daß es sich nämlich bei der Forderung $\delta \ldots = 0$ nicht um ein *wirkliches Minimum*, sondern im allgemeinen nur um ein *Extremum* handelt. Wir sehen das am einfachsten am Beispiel der geodätischen Linien auf der Kugel, welche Großkreise sind. Liegen Anfangspunkt O und Endpunkt P der Bahn in derselben Halbkugel, so ist zwar der sie direkt verbindende Großkreisbogen *kürzer* als alle Kreisbögen, die durch Ebenen ausgeschnitten werden, welche durch O und P, aber nicht durch den Mittelpunkt der Kugel hindurchgehen. Aber auch der komplementäre Großkreisbogen, der bei umgekehrter Anfangsrichtung in O über die andere Halbkugel hinweg nach P führt, ist eine geodätische Linie und diese ist *länger* als alle anderen Kreisbögen, die von O nach P über die andere Halbkugel hin verlaufen. Wir schließen daraus, daß wir allgemein bei den Integralprinzipien nicht an eine Zielbewußtheit der Natur zu denken brauchen, sondern nur an eine mathematisch besonders eindrucksvoll formulierte Extremaleigenschaft der dynamischen Gesetze.

MAUPERTUIS nahm für sein Prinzip allgemeinste Gültigkeit unter allen Naturgesetzen in Anspruch. Heutzutage sind wir eher geneigt, diese Eigenschaft dem Wirkungsprinzip von HAMILTON zuzuerkennen. Wir erwähnten bereits S. 162, daß HELMHOLTZ seinen elektrodynamischen Studien dieses Prinzip zugrunde gelegt hatte. Seitdem hat man auf den verschiedensten Gebieten Integralprinzipien von HAMILTONscher Form verwendet.

Wir werden in Band II direkt dieses Prinzip heranziehen, um den Begriff des Flüssigkeitsdruckes zu vertiefen. Dabei wird sich als besonderer Vorzug ergeben, daß wir auf diesem Wege außer den *Differentialgleichungen* des Problems auch die *Randbedingungen* gewinnen, denen die Lösungen der in diesem Falle partiellen Differentialgleichungen zu genügen haben. Dasselbe zeigt sich bei anderen Aufgaben mit kontinuierlicher Massenverteilung (Kapillarität, schwingende Platte usw.). In vielen Fällen muß die LAGRANGEsche Funktion L, die in das Variationsprinzip eingeht, je nach der Natur des Problems erst gesucht werden. Das ist z. B. der Fall bei der Bewegung eines Elektrons in einem Magnetfelde, wo sich die wirkende Kraft nicht aus einem Potential V ableiten läßt; ferner in der Relativitätstheorie, wo L nicht mit dem von uns in (4.10) abgeleiteten Ausdruck der kinetischen Energie gebildet werden darf. Vielmehr tritt hier als kinetischer Anteil des Wirkungsprinzips der Ausdruck

$$(16) \qquad m_0 c \int \sqrt{1-\beta^2}\, dt$$

auf, dessen EULERsche Ableitung unmittelbar auf den relativistischen Impuls $\vec{G}$ in (2.19) und daher auch auf das Gesetz der geschwindigkeitsabhängigen Elektronenmasse führt. Im allgemeinen, insbesondere außerhalb der Mechanik, ist die Auffindung der LAGRANGEschen Funktion L, welche über das Variationsprinzip zu vorgegebenen Differentialgesetzen führt, eine schwierige Aufgabe, für deren Lösung es keine allgemeingültigen Regeln gibt. In dem vorgenannten Falle des Elektrons im Magnetfelde wurde diese Aufgabe von LARMOR und SCHWARZSCHILD in einfacher Weise gelöst. Eine Zerlegung von L in einen kinetischen und potentiellen Anteil nach dem Schema $L = T - V$ ist dann im allgemeinen nicht mehr möglich.

Es ist besonders hervorzuheben, daß die in (16) unter dem Integralzeichen stehende Größe nichts anderes ist als das Element der *Eigenzeit* (2.17), welches von MINKOWSKI als einfachste Invariante der speziellen Relativitätstheorie erkannt und von EINSTEIN als Weltlinienelement auf die allgemeine Relativitätstheorie verallgemeinert wurde. In der Fassung (16) genügt also das HAMILTONsche Prinzip von selbst der Invarianzforderung der Relativitätstheorie. Hierin sieht PLANCK[1]) den „glänzendsten Erfolg, den das Prinzip der kleinsten Wirkung errungen hat".

Siebentes Kapitel

Die Differentialprinzipien der Mechanik

§ 38. Das Gaußsche Prinzip des kleinsten Zwanges

GAUSS war nicht nur der princeps mathematicorum, sondern auch, als Astronom und Geodät, ein passionierter numerischer Rechner. Seine Methode der kleinsten Quadrate hat er in drei großen Abhandlungen immer tiefer begründet, und wenn er einmal (gegen seinen Willen) an der Göttinger Universität eine Vorlesung halten sollte, hat er am liebsten „Methode der kleinsten Quadrate" angekündigt.

Seine kurze Abhandlung von 1829 „*Über ein neues allgemeines Grundgesetz der Mechanik*"[2]) beschließt er mit dem charakteristischen Satz: „Es ist sehr merkwürdig, daß die freien Bewegungen, wenn sie mit den notwendigen Bedingungen nicht bestehen können, von der Natur gerade auf dieselbe Art modifiziert werden, wie der rechnende Mathematiker, nach der Methode der kleinsten Quadrate, Erfahrungen ausgleicht, die sich auf untereinander durch notwendige Abhängigkeiten verknüpfte Größen beziehen."

---
[1]) Vgl. den lehrreichen Artikel in „Die Kultur der Gegenwart", Teil III, Abteilung III, 1 (Leipzig 1915, B. G. Teubner, S. 701).
[2]) Crelles Journ. f. Math. 4, 1829; Werke 5, S. 23.

GAUSS nennt sein neues Grundgesetz: *Prinzip des kleinsten Zwanges.* Als Maß des Zwanges definiert er ,,die Summe der Produkte des Quadrates der Ablenkung jedes Punktes von seiner freien Bewegung in seine Masse". Wenn wir wieder, wie zuerst in § 12, die Massenpunkte und ihre rechtwinkligen Koordinaten durchnumerieren, ergibt sich hiernach als Maß des Zwanges bei im ganzen n Massenpunkten:

$$(1) \qquad Z = \sum_{k=1}^{3n} m_k \left(\ddot{x}_k - \frac{X_k}{m_k} \right)^2.$$

Es ist nämlich die ,,freie Bewegung", wie sie unter Nichtachtung der inneren Bindungen erfolgen würde, bestimmt durch:

$$\ddot{x}_k = \frac{X_k}{m_k}.$$

Die in der Klammer von (1) stehende Größe ist also in der Tat die beim k^{ten} Massenpunkte durch den Zwang hervorgerufene ,,Ablenkung von der freien Bewegung". Wir können diese Größe auch nennen: die durch die Masse dividierte ,,verlorene Kraft" (vgl. S. 53), so daß wir statt (1) auch schreiben können

$$(2) \qquad Z = \sum \frac{1}{m_k} (\text{Verl. Kraft})^2.$$

Die verlorenen Kräfte und die reziproken Massen spielen hier also dieselbe Rolle wie die Fehler und die Gewichte in der Fehlerrechnung.

Wir müssen nun aber weiter definieren, wie das Wort ,,kleinster Zwang" gemeint ist. Dazu müssen wir angeben, welche Größen *festgehalten*, welche bei der Berechnung von $\delta Z = 0$ *variiert* werden sollen.

Festgehalten sollen werden:

a) Der jeweilige Zustand des Systems, d. h. Lage und Geschwindigkeit aller Massenpunkte. Wir haben also zu setzen:

$$(3) \qquad \delta x_k = 0, \qquad \delta \dot{x}_k = 0.$$

b) Die Bedingungen, denen das System unterliegt. Nehmen wir diese in der holonomen Form $F(x_1, x_2, \ldots) = 0$ an, so haben wir bei der Variation die Nebenbedingungen zu beachten:

$$(4) \qquad \sum_{k=1}^{3n} \frac{\partial F_i}{\partial x_k} \delta x_k = 0, \qquad i = 1, 2 \ldots r,$$

wo r die Anzahl der Bedingungen, also $3n - r = f$ die Anzahl der Freiheitsgrade des Systems ist. Wir wollen aber sogleich die Gln. (4) zweimal nach t differenzieren, wobei Glieder mit δx, $\delta \dot{x}$ und $\delta \ddot{x}$ entstehen. Von diesen brauchen wir wegen (3) nur diejenigen mit $\delta \ddot{x}$ hinzuschreiben, also

$$(4\text{a}) \qquad \sum_{k=1}^{3n} \frac{\partial F_i}{\partial x_k} \delta \ddot{x}_k = 0.$$

§ 39.1   Das Hertzsche Prinzip der geradesten Bahn   187

c) Die auf das System wirkenden Kräfte und natürlich auch die Massen, so daß wir haben:

(5) $$\delta X_k = 0, \quad \delta m_k = 0.$$

Zu variieren sind dann nur die $\ddot{x}_k$.

Wir erhalten hiernach aus (1), wenn wir die Nebenbedingungen (4a) nach der Methode der LAGRANGEschen Multiplikatoren berücksichtigen:

(6) $$\delta Z = 2 \sum_{k=1}^{3n} \left\{ m_k \ddot{x}_k - X_k - \sum_{i=1}^{r} \lambda_i \frac{\partial F_i}{\partial x_k} \right\} \delta \ddot{x}_k = 0.$$

Allerdings sind von den $\delta \ddot{x}$ nur $f = 3n - r$ voneinander unabhängig. Aber wir können durch Wahl der λ_i wie S. 59 r von den $\{\ \}$ zum Verschwinden bringen, so daß nur noch f Glieder in (6) übrigbleiben, deren $\delta \ddot{x}_k$ nun als voneinander unabhängig behandelt werden können. Daher müssen auch die zugehörigen f übrigen $\{\ \}$ verschwinden. Man erhält so genau die *Lagrangeschen Gleichungen erster Art* in der Form (12.9).

Es ist klar, daß der Beweis ohne Änderung sich auch auf nichtholonome Bindungen überträgt. Wir haben also in der Tat, wie GAUSS in der Überschrift zu seiner Abhandlung sagt, „ein neues allgemeines Grundgesetz der Mechanik" vor uns. Dieses Grundgesetz stellt sich gleichwertig neben das D'ALEMBERTsche Prinzip und ist wie dieses ein *Differentialprinzip*, weil es nur von dem gegenwärtigen Verhalten des Systems handelt, nicht von dem künftigen oder früheren. Dementsprechend braucht man hier nicht die Rechenregeln des Variationskalküls, sondern kommt mit den Vorschriften der gewöhnlichen Differentialrechnung für die Bestimmung der Maxima und Minima aus.

§ 39. Das Hertzsche Prinzip der geradesten Bahn

Eigentlich handelt es sich hier nur um einen Spezialfall des GAUSSschen Prinzips. Daß aber HERTZ sein Prinzip, wenn auch nicht als neu, so doch als *allgemein* erklären konnte, gründet sich darauf, daß es ihm gelungen war, die Kräfte, wie wir schon S. 5 sagten, durch Koppelungen zwischen dem betrachteten System und anderen mit ihm in Wechselwirkung stehenden Systemen zu ersetzen. HERTZ konnte sich also auf *kräftefreie Systeme* beschränken. Weiter mußte er, um zu der von ihm ins Auge gefaßten geometrischen Deutung zu gelangen, alle Massen als Vielfache einer, sagen wir, atomaren *Einheitsmasse* auffassen. Der Faktor m_k in dem GAUSSschen Ausdruck (38.1) wird dadurch zu 1, während X_k zu Null wird. Der Ausdruck (38.1) geht dabei über in

(1) $$Z = \sum_{k=1}^{N} \ddot{x}_k^2.$$

Hier haben wir durch den oberen Summationszeiger N angedeutet, daß die Zahl der Einheitsmassen, über die nach der vorgesehenen Koppelung und Massenzählung zu summieren ist, in einer nicht näher angebbaren Weise gewachsen ist.

Wir wollen aber in (1) noch eine Änderung vornehmen, indem wir ersetzen

$$\ddot{x}_k \quad \text{durch} \quad \frac{d^2 x_k}{ds^2} \quad \text{mit} \quad (2)\ ds^2 = \sum_{k=1}^{N} dx_k^2 .$$

Dies ist deshalb erlaubt, weil der Energiesatz, der eine Folge der LAGRANGEschen Gleichungen erster Art, also auch eine Folge des GAUSSschen Prinzips ist, bei unseren jetzigen Spezialisierungen lautet:

$$\frac{1}{2} \sum \left(\frac{dx_k}{dt}\right)^2 = W$$

oder, kürzer geschrieben:

(2) $$\left(\frac{ds}{dt}\right)^2 = \text{konst.}$$

Indem wir (1) mit dem Quadrat dieser Konstanten dividieren, erhalten wir aus Z die Größe

(3) $$K = \sum_{k=1}^{N} \left(\frac{d^2 x_k}{ds^2}\right)^2 .$$

HERTZ nennt ds das *Linienelement*, $\sqrt{K}$ die *Krümmung* der von dem System beschriebenen Bahn und postuliert:

(4) $$\delta K = 0 .$$

„Jedes freie System beharrt in seinem Zustande der Ruhe oder der gleichförmigen Bewegung in einer *geradesten Bahn*."

Die Ausdrucksweise (vgl. art. 309 seines früher zitierten Buches) ist so gewählt, daß sie an die NEWTONsche Fassung der Lex prima erinnert.

Die mathematische Behandlung der Forderung (4) folgt derjenigen von GAUSS und führt auf Grund der S. 186 unter a) und b) genannten Variationsbedingungen jetzt offenbar auf die kräftefreien LAGRANGEschen Gleichungen erster Art (mit $m_k = 1$).

Wodurch rechtfertigen sich aber, so müssen wir fragen, die Bezeichnungen „Linienelement" für die Größe ds und „Krümmung" für die Größe $\sqrt{K}$? Offenbar sind sie polydimensional aufzufassen. Wir befinden uns nicht im dreidimensionalen, sondern im N-dimensionalen euklidischen Raum der Koordinaten $x_1, x_2 \ldots x_N$. In diesem ist das Linienelement in der Tat bekanntlich durch (2) gegeben; daß das Quadrat der Bahnkrümmung allgemein durch (3) dargestellt wird, erkennen wir, ausgehend von dem zwei- und dreidimensionalen Falle, folgendermaßen:

Nach Gl. (5.10) haben wir im Raum der Koordinaten x_1, x_2

(5) $$K = \frac{1}{\varrho^2} = \left(\frac{\Delta \varepsilon}{\Delta s}\right)^2 .$$

$\Delta \varepsilon$ ist nach Fig. 4b der Winkel zwischen zwei benachbarten Tangenten an die Bahn, deren Berührungspunkte den Abstand Δs haben. Diese Tangenten haben die Richtungskosinus

(6) $$\frac{dx_1}{ds},\ \frac{dx_2}{ds} \quad \text{bzw.} \quad \frac{dx_1}{ds} + \frac{d^2 x_1}{ds^2} \Delta s,\ \frac{dx_2}{ds} + \frac{d^2 x_2}{ds^2} \Delta s .$$

Nun sind aber diese Richtungskosinus zugleich die Koordinaten der beiden Punkte, welche die vom Mittelpunkt eines Einheitskreises parallel zu den beiden Tangenten gezogenen Radien aus dem Einheitskreise anschneiden; und das Bogenmaß des Winkels $\Delta\varepsilon$ ist der Abstand dieser beiden Schnittpunkte. Es wird also nach (6)

$$\Delta\varepsilon^2 = \left|\left(\frac{d^2x_1}{ds^2}\right)^2 + \left(\frac{d^2x_2}{ds^2}\right)^2\right|\Delta s^2$$

und nach (5)

(5) $$K = \left(\frac{d^2x_1}{ds^2}\right)^2 + \left(\frac{d^2x_2}{ds^2}\right)^2.$$

Im Raum der drei Koordinaten x_1, x_2, x_3 ist $\Delta\varepsilon$ wieder als Winkel benachbarter Tangenten an die dreidimensionale Bahn definiert. An Stelle des Einheitskreises tritt hier die Einheitskugel, durch deren Mittelpunkt Parallelen zu den beiden Tangenten zu legen sind. Der Abstand ihrer Schnittpunkte gibt das Bogenmaß des jetzigen $\Delta\varepsilon$, und es ist

$$\Delta\varepsilon^2 = \left|\left(\frac{d^2x_1}{ds^2}\right)^2 + \left(\frac{d^2x_2}{ds^2}\right)^2 + \left(\frac{d^2x_3}{ds^2}\right)^2\right|\Delta s^2.$$

Daraus folgt nach (5) der nunmehr dreigliedrige Ausdruck für K.

Die Verallgemeinerung auf den Raum von N Dimensionen und auf die zu beweisende N-gliedrige Gl. (3) ist evident.

Wir müssen hiermit unseren Bericht über die HERTZsche Mechanik beschließen. Wie schon S. 5 gesagt, ist sie äußerst anregend und konsequent durchgeführt, aber wegen des komplizierten Ersatzes der Kräfte durch Koppelungen wenig fruchtbar geworden.

§ 40. Exkurs über geodätische Linien

Die geodätischen Linien auf einer beliebigen krummen Fläche definieren wir hier als die *kräftefreien* (also auch reibungslosen) *Bahnen eines an die Fläche gebundenen Massenpunktes*. Die Masse des Punktes sei gleich 1 gesetzt, die Gleichung der Fläche sei $F(x, y, z) = 0$.

Das MAUPERTUISsche Prinzip sagt aus, daß diese geodätischen zugleich *kürzeste Linien* oder allgemeiner (vgl. S. 184) *Linien von extremaler Länge* sind. Die Geschwindigkeit auf der Bahn ist konstant wegen der Gültigkeit des Energiesatzes. Durch geeignete Wahl der Energiekonstanten können wir die Geschwindigkeit zu 1 machen und dementsprechend d/dt durch d/ds ersetzen.

Zu der elementaren Definition der geodätischen Linien kommen wir, wenn wir unsere Bahnen durch die LAGRANGEschen Gleichungen erster Art beschreiben. Sie lauten in unserem Falle in vektorieller Form abgekürzt:

(1) $$\dot{v} = \lambda \operatorname{grad} F.$$

$\dot{v}$ hat die Richtung der *Hauptnormale* unserer Bahnkurve, wenn, wie in unserem Falle, $v = \text{konst.}$, also $\dot{v} = 0$ ist, vgl. in § 5 den Anfang von Nr. 3; $\dot{v}$ liegt also in der *Schmiegungsebene*, vgl. ebenda. Andererseits hat grad F die Richtung der *Flächennormale*, da ja für alle Fortschreitungsrichtungen dx, dy, dz auf der Fläche gilt

$$\frac{\partial F}{\partial x} dx + \frac{\partial F}{\partial y} dy + \frac{\partial F}{\partial z} dz = 0,$$

so daß die Richtung

$$\frac{\partial F}{\partial x} : \frac{\partial F}{\partial y} : \frac{\partial F}{\partial z}$$

in der Tat *normal* zu diesen Fortschreitungsrichtungen steht. In (1) ist also die elementare Definition der geodätischen Linien enthalten: *Ihre Hauptnormale hat die Richtung der Flächennormale*, oder auch: *ihre Schmiegungsebene geht durch die Flächennormale*.

Jetzt ziehen wir das Prinzip der *geradesten Bahn* heran. Nach diesem hat die geodätische Linie eine kleinere Krümmung als ihre Nachbarbahnen; dabei sind nach der Bedingung (38. 3) die zum Vergleich heranzuziehenden Nachbarbahnen dadurch beschränkt, daß sie durch denselben Punkt mit derselben Tangente hindurchgehen sollen wie die geodätische Linie an der betrachteten Stelle. Wir erhalten die Gesamtheit dieser Nachbarbahnen, wenn wir durch die betreffende Tangente außer der Ebene durch die Flächennormale, welche die geodätische Linie ausschneidet, alle möglichen schiefen Ebenen legen und ihre Schnitte mit der Fläche bestimmen. Diese schiefen Schnitte haben nun nach dem HERTZschen Prinzip eine *größere Krümmung* als die Normalschnitte, also einen *kleineren Krümmungsradius*.

Dem entspricht der *Meusniersche Satz* der Flächentheorie, welcher besagt: Der Krümmungsradius eines schiefen Schnittes ist gleich der Projektion des Krümmungsradius des Normalschnittes auf die Ebene des schiefen Schnittes. Wir erkennen also in dem MEUSNIERschen Satz eine quantitative Spezifizierung der allgemeinen Aussage des Prinzips der geradesten Bahn.

Schließlich wollen wir auch die *Lagrangeschen Gleichungen zweiter Art* auf unsere geodätischen Bahnen anwenden. Wir treten dadurch in den Gedankenkreis der großen GAUSSschen Abhandlung von 1827 (Disquisitiones generales circa superficies curvas) ein, der zugleich, in vierdimensionaler Erweiterung, der Gedankenkreis der allgemeinen Relativitätstheorie ist.

So wie LAGRANGE beliebige krummlinige Koordinaten q einführt, so benutzt GAUSS als Koordinaten auf der Fläche zwei beliebige Kurvenscharen, die die Fläche zweifach überdecken. Wir nennen sie in üblicher Bezeichnung

(2) $$u = \text{konst.}, \quad v = \text{konst.}$$

In diesen Koordinaten schreibt GAUSS das Linienelement ds in der Form an:

(3) $$ds^2 = E \, du^2 + 2 F \, du \, dv + G \, dv^2.$$

Die als Funktionen von u und v zu denkenden „ersten Differentialparameter" E, F, G hängen mit den rechtwinkligen Koordinaten x, y, z der Flächenpunkte zusammen durch die Formeln

$$E = \left(\frac{\partial x}{\partial u}\right)^2 + \left(\frac{\partial y}{\partial u}\right)^2 + \left(\frac{\partial z}{\partial u}\right)^2, \quad G = \left(\frac{\partial x}{\partial v}\right)^2 + \left(\frac{\partial y}{\partial v}\right)^2 + \left(\frac{\partial z}{\partial v}\right)^2,$$

$$F = \frac{\partial x}{\partial u}\frac{\partial x}{\partial v} + \frac{\partial y}{\partial u}\frac{\partial y}{\partial v} + \frac{\partial z}{\partial u}\frac{\partial z}{\partial v}$$

Das Quadrat des Linienelements ist nun, mit $2\,dt^2$ dividiert, der Ausdruck der kinetischen Energie T unseres auf der Fläche laufenden Massenproduktes. Wir können also die LAGRANGEschen Gleichungen zweiter Art in die GAUSSschen Bezeichnungen übertragen, indem wir bilden:

$$p_u = \frac{\partial T}{\partial \dot{u}} = E\dot{u} + F\dot{v},$$

$$2\frac{\partial T}{\partial u} = \frac{\partial E}{\partial u}\dot{u}^2 + 2\frac{\partial F}{\partial u}\dot{u}\dot{v} + \frac{\partial G}{\partial u}\dot{v}^2.$$

Die Differentialgleichung der geodätischen Linien wird daher nach dem LAGRANGEschen Schema, wenn wir noch d/dt durch d/ds ersetzen, für die u-Koordinate:

(4) $$\frac{d}{ds}\left(E\frac{du}{ds} + F\frac{dv}{ds}\right) = \frac{1}{2}\left\{\frac{\partial E}{\partial u}\left(\frac{du}{ds}\right)^2 + 2\frac{\partial F}{\partial u}\frac{du}{ds}\frac{dv}{ds} + \frac{\partial G}{\partial u}\left(\frac{dv}{ds}\right)^2\right\}.$$

Die entsprechende Differentialgleichung für die v-Koordinate brauchen wir nicht hinzuschreiben, da sie mit (4) vermöge des Energiesatzes (in unserem Falle $ds/dt = 1$) identisch sein muß.

Gl. (4) wird von GAUSS in Art. 18 der genannten Abhandlung aus dem Prinzip der kürzesten Weglänge abgeleitet. Worauf wir hier hinweisen wollten, ist dieses, daß die GAUSSsche Methode der allgemeinen Flächenparameter (2) mit der LAGRANGEschen Methode der Systemmechanik zusammenfällt. Beide Methoden sind invariant gegenüber einer beliebigen Koordinatentransformation und hängen nur von den inneren Eigenschaften der Flächen bzw. der mechanischen Systeme ab.

Achtes Kapitel

Die Hamiltonsche Theorie

§ 41. Die Hamiltonschen kanonischen Differentialgleichungen

Während die unabhängigen Variablen in den LAGRANGEschen Gleichungen die q_k und $\dot{q}_k$ waren, *sind dieses in den Hamiltonschen Gleichungen*, die wir jetzt auf zwei verschiedenen Wegen ableiten wollen, *die q_k und p_k*, letztere nach (36.9a) definiert durch $p_k = \partial L/\partial \dot{q}_k = p_k(q_i, \dot{q}_i)$. Die Umkehrung dieser Beziehungen erlaubt gemäß $\dot{q}_i = \dot{q}_i(p_k, q_k)$, überall die „generalisierten Impulse" p_k an Stelle der Geschwindigkeiten $\dot{q}_k$ einzuführen. Während in den LAGRANGEschen Gleichungen die charakteristische Funktion die „freie Energie" $T - V$ war, aufgefaßt als Funktion der q_k und $\dot{q}_k$, *ist in den Hamiltonschen Gleichungen die charakteristische*

Funktion die „Gesamtenergie" $T + V$, aufgefaßt als Funktion der q_k und p_k. Wir nennen diese die *Hamiltonsche Funktion* und bezeichnen sie mit $H(q,p)$, so wie wir die freie Energie die LAGRANGEsche Funktion nannten und mit $L(q, \dot q)$ bezeichneten. H und L hängen mittels Gl. (34. 16) zusammen, die wir mit Rücksicht auf die Bedeutung der p_k schreiben wollen:

(1) $$H = \sum p_k \dot q_k - L\,.$$

Aber wir wollen sogleich die Basis der Theorie verbreitern, indem wir uns an das Ende von § 37 erinnern. Wir wollen nämlich die Zerlegung von L in einen kinetischen und einen potentiellen Bestandteil fallen lassen und auch eine explizite Abhängigkeit von t zulassen, die nach S. 168 etwa dadurch zustande kommen kann, daß die Bedingungsgleichungen des mechanischen Systems oder die Definitionsgleichungen der Koordinaten die Zeit enthalten. Wir schreiben also die LAGRANGEsche Funktion jetzt allgemeiner

(1a) $$L = L(t, q, \dot q)\,.$$

Die p seien wie bisher gegeben durch die Beziehung

(1b) $$p_k = \frac{\partial L}{\partial \dot q_k} = p_k(t, q_i, \dot q_i)\,,$$

aus deren Umkehrung

$$\dot q_i = \dot q_i(t, p_k, q_k)$$

hervorgeht und zur Einführung der p_k dient.

Die Gl. (1) sehen wir, ohne Rücksicht auf die bisherige energetische Bedeutung, als Definition der zugehörigen HAMILTONschen Funktion an:

(1c) $$H = H(t, q, p)\,.$$

Indem wir, im Anschluß an (33. 12), das HAMILTONsche Prinzip

(1d) $$\delta \int_{t_0}^{t} L\, \mathrm{d}t = 0$$

zugrunde legen, erhalten wir — auch bei der jetzigen erweiterten Bedeutung von L — genauso wie in § 34 die LAGRANGEschen Gleichungen, die wir für das Folgende in der Form schreiben wollen

(1e) $$\dot p_k = \frac{\partial L}{\partial q_k}\,.$$

a) Ableitung der Hamiltonschen aus den Lagrangeschen Gleichungen

Wir schreiben das vollständige Differential von H und L hin:

(2) $$\mathrm{d}H = \frac{\partial H}{\partial t}\,\mathrm{d}t + \sum \frac{\partial H}{\partial q_k}\,\mathrm{d}q_k + \sum \frac{\partial H}{\partial p_k}\,\mathrm{d}p_k\,,$$

(2a) $$\mathrm{d}L = \frac{\partial L}{\partial t}\,\mathrm{d}t + \sum \frac{\partial L}{\partial q_k}\,\mathrm{d}q_k + \sum \frac{\partial L}{\partial \dot q_k}\,\mathrm{d}\dot q_k$$

§ 41. 7   Die Hamiltonschen kanonischen Differentialgleichungen

und formen dL durch Benutzung der LAGRANGEschen Gleichungen (1e) und der Definition (1 b) der p_k um in:

(2 b) $$dL = \frac{\partial L}{\partial t} dt + \sum \dot{p}_k dq_k + \sum p_k d\dot{q}_k .$$

Andererseits bilden wir das Differential von (1) unter Benutzung von (2 b):

(3) $$dH = \sum \dot{q}_k dp_k + \sum p_k d\dot{q}_k - \frac{\partial L}{\partial t} dt - \sum \dot{p}_k dq_k - \sum p_k d\dot{q}_k .$$

Nach Fortheben des letzten Terms gegen den zweiten können wir hierfür auch schreiben:

(3a) $$dH = -\frac{\partial L}{\partial t} dt - \sum \dot{p}_k dq_k + \sum \dot{q}_k dp_k .$$

Dieser Ausdruck von dH muß identisch sein mit dem Ausdruck (2) für dH. Durch Gleichsetzen der Faktoren von dt erhält man:

(4a) $$\frac{\partial H}{\partial t} = -\frac{\partial L}{\partial t} .$$

Andrerseits liefert der Vergleich der Faktoren von dq_k und dp_k:

(4 b) $$\dot{p}_k = -\frac{\partial H}{\partial q_k} , \quad \dot{q}_k = \frac{\partial H}{\partial p_k} .$$

Diese wunderbar symmetrischen Beziehungen sind die Hamiltonschen kanonischen Differentialgleichungen.

Übrigens kann man bemerken, daß dieselben Gleichungen (4) schon viel früher bei LAGRANGE vorkommen, in der Mécanique analytique, 5. Section, § 14, daß sie hier aber nur für den speziellen Fall der kleinen Schwingungen abgeleitet und verwertet sind.

b) Ableitung der Hamiltonschen Gleichungen aus dem Hamiltonschen Prinzip

Schreibt man dieses Prinzip — (δt ist darin gleich 0) — mit Benutzung von (1):

(5) $$-\delta \int L \, dt = \delta \int [H(t, q, p) - \sum p_k \dot{q}_k] \, dt$$
$$= \sum_k \int \left(\frac{\partial H}{\partial q_k} \delta q_k + \frac{\partial H}{\partial p_k} \delta p_k - \dot{q}_k \delta p_k - p_k \delta\dot{q}_k \right) dt = 0 ,$$

so kann man das letzte Glied in der Klammer durch partielle Integration umformen:

(6) $$-\int_{t_0}^{t_1} p_k \delta\dot{q}_k \, dt = \int_{t_0}^{t_1} \dot{p}_k \delta q_k \, dt - p_k \delta q_k \Big|_{t_0}^{t_1} ,$$

wobei der vom Integral freie Zusatz nach der Art, wie im HAMILTONschen Prinzip variiert wird, verschwindet. Durch Einsetzen von (6) in (5) und Zusammenziehen der Summanden mit δq einerseits und δp andrerseits folgt:

(7) $$\sum_k \int \left(\left\{ \frac{\partial H}{\partial q_k} + \dot{p}_k \right\} \delta q_k + \left\{ \frac{\partial H}{\partial p_k} - \dot{q}_k \right\} \delta p_k \right) dt = 0 .$$

Würde man hier die δq_k und δp_k als unabhängige Variationen behandeln dürfen, so erhielte man direkt die HAMILTONschen Gleichungen (4), indem man die Faktoren von δq_k und δp_k einzeln Null setzte. Das ist aber zunächst nicht erlaubt: q_k und p_k treten zwar in H als unabhängige Variable auf, sind aber vorläufig noch zeitlich aneinander gebunden, wodurch möglicherweise die Forderung (7) identisch erfüllt werden könnte. Man überzeugt sich aber, daß die zweite { } in (7) identisch verschwindet, wenn man (1) unter Festhalten von q partiell nach p differenziert,

$$\frac{\partial H}{\partial p_k} = \dot{q}_k + \sum_l \left(p_l - \frac{\partial L}{\partial \dot{q}_l}\right) \frac{\partial \dot{q}_l}{\partial p_k} = \dot{q}_k,$$

und schließt dann aus (7) in Strenge auch auf das Verschwinden der ersten { }.

Nachdem das Verschwinden beider Klammern { } in (7) bei der wirklichen Bewegung festgestellt ist, läßt sich das in den Lagen q_k und Impulsen p_k ausgesprochene *Variationsprinzip* (7) bzw. (5) *auf eine neue Bedeutung erweitern:* Das Integral (5) als Funktionenfunktion der $q_k(t)$ und $p_k(t)$ ist *nicht bloß gegenüber der Konkurrenz variierter Lagenbahnen* $q_k(t) + \delta q_k(t)$ und davon [gemäß (1 b)] abhängiger $\delta p_k(t)$ ein Extremum, sondern *auch gegenüber einer Konkurrenz gedachter ,,Phasenbahnen" im Lagen- und Impuls- (Phasen-) Raum der q_k, p_k*, bei welcher also $\delta q_k(t)$ und $\delta p_k(t)$ *unabhängig* voneinander sind. Das Verschwinden der beiden Klammern in (7) ist dann die unmittelbare Folge dieser erweiterten Extremalaussage; (1 b) wird dann nur für die nicht variierte Bewegung beansprucht.

Wir haben diesen Beweis der HAMILTONschen Gleichungen hier insbesondere deshalb beigefügt, um eine wichtige Bemerkung daran zu knüpfen.

Wir wissen, daß die LAGRANGEschen Gleichungen bei beliebigen *,,Punkttransformationen"* invariant sind, daß sie also ihre Form beibehalten, wenn wir statt der q_k beliebige andere Koordinaten Q_k einführen, die mit den q_k zusammenhängen durch den Ansatz

(8) $$Q_k = f_k(q_1, q_2 \ldots q_l) \, .$$

Die zugehörigen P_k sind dann gegeben durch

(8a) $$P_k = \frac{\partial L}{\partial \dot{Q}_k} = \sum_i \frac{\partial L}{\partial \dot{q}_i} \frac{\partial \dot{q}_i}{\partial \dot{Q}_k} = \sum_i p_i \, a_{ik} \, ,$$

also durch lineare Funktionen der p_i, deren Koeffizienten a_{ik}, ebenso wie die a_{ik} in (36.3), Funktionen der q_k sind.

Demgegenüber wollen wir zeigen, daß die *Hamiltonschen Gleichungen* (4 b) bei den viel allgemeineren *kanonischen Transformationen* invariant sind

(9) $$\begin{aligned} Q_k &= f_k(q, p) \, , \\ P_k &= g_k(q, p) \, , \end{aligned}$$

bei denen also die f_k und g_k, bis auf eine sogleich zu nennende Einschränkung, beliebige Funktionen der beiden Variablenreihen q_k und p_k sind und insbesondere g_k nicht mehr linear in den p_k zu sein braucht.

§ 41. 14 Die Hamiltonschen kanonischen Differentialgleichungen

Zu dem Ende denken wir uns die q, p aus den Gln. (9) durch die Q, P ausgedrückt [die Gln. (9) sollen natürlich so beschaffen sein, daß dies möglich ist] und in den Ausdruck $H(q, p)$ eingesetzt. Die so transformierte HAMILTONsche Funktion nennen wir $\bar{H}$ und haben daher

(10) $$H(q, p) = \bar{H}(Q, P).$$

Ferner vergleichen wir die in (5) vorkommende Größe $\sum p_k \dot{q}_k$ mit $\sum P_k \dot{Q}_k$. Bei der Transformation (8), (8a) würden beide, wie man leicht sieht, einander gleich sein. Wir verlangen nun, daß auch bei der allgemeinen Transformation (9) diese Gleichheit erhalten bleibt bis auf einen Addenden, der ein vollständiger zeitlicher Differentialquotient einer Funktion F von q und p oder, wie wir auch sagen können, von q und Q ist[1]). Wir setzen also

(11) $$\sum p_k \dot{q}_k = \sum P_k \dot{Q}_k + \frac{\mathrm{d}}{\mathrm{d}t} F(q, Q),$$

bei beliebig verfügbarem F. Dies ist die schon oben genannte Einschränkung der Transformation (9).

Tragen wir nun die Gln. (10) und (11) in (5) ein, so fällt der Addend $\mathrm{d}F/\mathrm{d}t$ bei der Integration und nachherigen Variation fort, da an den Grenzen δq und δQ verschwinden; Gl. (5) behält also ihre frühere Form bei, indem sie sich jetzt schreiben läßt:

$$\delta \int \left(\bar{H}(Q, P) - \sum P_k \dot{Q}_k \right) \mathrm{d}t = 0.$$

Da nun auch an den früheren Umformungen (6) und (7) nichts geändert wird, können wir auch jetzt auf die Gültigkeit der HAMILTONschen Gleichungen schließen. Sie lauten, entsprechend den Gln. (4):

(12) $$\dot{P}_k = -\frac{\partial \bar{H}}{\partial Q_k}, \quad \dot{Q}_k = \frac{\partial \bar{H}}{\partial P_k}.$$

Die durch (11) spezialisierten Transformationen (9) heißen auch *Berührungstransformationen*. Der Grund ist ein geometrischer. Man betrachte eine Hyperfläche im f-dimensionalen Raum der $q_1, q_2 \ldots q_f$:

(13) $$t = z(q_1 \ldots q_f);$$

dann bestimmen die Größen

$$p_k = \frac{\partial z}{\partial q_k}$$

die Lage der Tangentialebene an die Hyperfläche, können als ,,Ebenenkoordinaten" gedeutet werden. Zwischen den Punkt- und Ebenenkoordinaten q_k und p_k besteht die ,,Bedingung der vereinigten Lage"

(14) $$\mathrm{d}z = \sum_{k=1}^{f} p_k \, \mathrm{d}q_k.$$

---
[1]) Wir können ja, wenn F ursprünglich als Funktion von q und p gegeben sein sollte, p aus der Gl. (9) ausrechnen und in F substituieren, wodurch eine neue Funktion F von q und Q entsteht.

Man führe neue Koordinaten Q_k, P_k durch die Gln. (9) ein und rechne (13) in diese um, wobei entstehen möge

$$z = Z(Q, P) \,.$$

Jetzt verlange man, daß auch dieses neue Gebilde eine Hyperfläche darstelle, die von den durch die P gegebenen Ebenen in den durch die Q bestimmten Punkten berührt werde. Es muß dann als Folge von (14) gelten

(15) $$dZ = \sum_{k=1}^{f} P_k \, dQ_k \,,$$

also, wenn ϱ ein Proportionalitätsfaktor ist:

(16) $$dZ - \sum P_k \, dQ_k = \varrho(dz - \sum p_k \, dq_k) \,.$$

Diese Bedingung vergleichen wir mit Gl. (11), die wir nach Multiplikation mit dt schreiben können:

(16a) $$\sum p_k \, dq_k = \sum P_k \, dQ_k + dF \,.$$

Setzen wir hier $dF = dz - dZ$ und in (16) $\varrho = 1$, so stimmen beide Bedingungen überein. Dies möge genügen, um den Namen „Berührungstransformation" zu rechtfertigen.

Da sich bei so allgemeinen Transformationen wie (9) die Bedeutung der P_k als Impulskoordinaten verwischt, bezeichnet man die P_k, Q_k besser einfach gemeinsam als *kanonisch konjugiertes Variabelnpaar*. Wegen der Invarianz der HAMILTONschen kanonischen Gleichungen (4b) und (12) heißen die Transformationen (9) *kanonische Transformationen*.

Ihre besondere Bedeutung für die Störungsrechnungen der Astronomie verdanken sie gerade dieser ihrer Invarianz gegen kanonische Transformationen. Auch in der allgemeinen Statistik von GIBBS spielen die HAMILTONschen Gleichungen eine bedeutsame Rolle, von der wir in Bd. V zu sprechen gedenken. Schließlich kehren die kanonischen Bewegungsgleichungen in der Quantenmechanik in neuer Bedeutung wieder.

Wir schließen unsere Behandlung der HAMILTONschen Gleichungen mit einer Bemerkung ab, die auf den Energiesatz hinzielt.

In Übereinstimmung mit Gl. (2) ist allgemein

$$\frac{dH}{dt} = \frac{\partial H}{\partial t} + \sum_k \left(\frac{\partial H}{\partial q_k} \dot{q}_k + \frac{\partial H}{\partial p_k} \dot{p}_k \right).$$

Hier verschwindet die Klammer nach (4) für jedes k. Es gilt also allgemein

(17) $$\frac{dH}{dt} = \frac{\partial H}{\partial t} \,.$$

Hängt im besonderen H nicht explizite von t ab, so entsteht daraus der *Erhaltungssatz*:

(18) $$\frac{dH}{dt} = 0, \quad H = \text{konst.}$$

§ 42. 2 Die Routhschen Gleichungen und die zyklischen Systeme   197

Dieser Satz ist allgemeiner als der Erhaltungssatz der Energie, weil er nach (1) und (1 c) bei *beliebigem*, aber nicht explixite von t abhängigem L besagt:

(18a) $$\sum \frac{\partial L}{\partial \dot q_k} \dot q_k - L = \text{konst.}$$

Wir haben auf diesen Erhaltungssatz bereits in der Anm. 1 zu S. 167 angespielt. Der spezielle *Erhaltungssatz der Energie* entsteht daraus, wenn wir L in einen kinetischen Bestandteil, der eine homogene Funktion zweiten Grades der $\dot q_k$ ist, und einen potentiellen, von den $\dot q_k$ unabhängigen Bestandteil spalten können.

§ 42. Die Routhschen Gleichungen und die zyklischen Systeme

So wie wir in den Gln. (10) und (11) von § 34 einen aus den LAGRANGEschen Gleichungen erster und zweiter Art „gemischten Typus" betrachtet haben, so wollen wir jetzt einen *aus der Lagrangeschen und Hamiltonschen Form gemischten Gleichungstypus* kennenlernen. Er trägt den Namen von E. J. ROUTH[1]), der das Studium der Mechanik in Cambridge als Lehrer („coach") und Examinator (im „tripos") jahrzehntelang beherrscht hat. Dieselbe Gleichungsform legte wenig später HELMHOLTZ[2]) seiner auf die Grundprobleme der Thermodynamik hinzielenden Theorie der mono- und polyzyklischen Systeme zugrunde.

Wir teilen die Freiheitsgrade des Systems auf in eine Gruppe von $f - r$ Freiheitsgraden, die wir durch die LAGRANGEschen Lagen- und Geschwindigkeitskoordinaten

$$q_1, q_2 \ldots q_{f-r}; \quad \dot q_1, \dot q_2 \ldots \dot q_{f-r}$$

beschreiben, und in eine zweite Gruppe, in der wir mit den HAMILTONschen Lagen- und Impulskoordinaten

$$q_{f-r+1}, q_{f-r+2} \ldots q_f; \quad p_{f-r+1}, p_{f-r+1} \ldots p_f$$

rechnen wollen. Statt der LAGRANGEschen Funktion L oder der HAMILTONschen Funktion H legen wir jetzt eine *Routhsche Funktion* R zugrunde, die eine Funktion der vorstehend aufgeführten $2f$-Koordinaten sowie (der Allgemeinheit wegen) der Zeit t ist:

(1) $$R(t, q_1, q_2 \ldots q_f; \quad \dot q_1, \dot q_2 \ldots \dot q_{f-r}, \quad p_{f-r+2} \ldots p_f)$$

und durch den Ansatz definiert werden soll:

(2) $$R = \sum_{k=f-r+1}^{f} p_k \dot q_k - L(t, q_1 \ldots q_f; \quad \dot q_1 \ldots \dot q_f).$$

Sie geht, wie man sieht, für $r = f$ in die *Hamiltonsche Funktion* (41.1), andererseits für $r = 0$, wo die Summe auf der rechten Seite von (2) verschwindet, bis auf

---

[1]) Wir verweisen besonders auf die beiden Bände des „Treatise on the dynamics of a system of rigid bodies; I elementary part, II advanced part", einer Aufgabensammlung von einzigartiger Reichhaltigkeit. In deutscher Übersetzung erschienen im Verlag B. G. Teubner (Leipzig 1898). ROUTH entwickelte seine Form der dynamischen Gleichungen erstmals in der Preisschrift von 1877: „A treatise of stability of a given state of motion."

[2]) Berliner Akademie 1884 und Crelles J., Bd. 97.

das Vorzeichen in die *Lagrangesche Funktion* über. Dazu bemerken wir, daß wir offenbar statt (2) auch hätten schreiben können:

(2a) $$R = H(t, q_1 \ldots q_f; \; p_1 \ldots p_f) - \sum_{k=1}^{f-r} p_k \dot{q}_k \, .$$

Wir gehen nun wie in den Gln. (41.2) bis (41.4) vor und bilden das vollständige Differential von R einerseits nach (1):

(3) $$dR = \frac{\partial R}{\partial t} dt + \sum_{k=1}^{f} \frac{\partial R}{\partial q_k} dq_k + \sum_{k=1}^{f-r} \frac{\partial R}{\partial \dot{q}_k} d\dot{q}_k + \sum_{k=f-r+1}^{f} \frac{\partial R}{\partial p_k} dp_k \, ,$$

andererseits nach (2):

(3a) $$dR = \sum_{k=f-r+1}^{f} \dot{q}_k \, dp_k + \sum_{f=f-r+1}^{f} p_k \, d\dot{q}_k - dL \, .$$

Hier können wir für dL direkt den Ausdruck (41.2b) benutzen, den wir jetzt der größeren Deutlichkeit wegen zerlegen in

(3b) $$dL = \frac{\partial L}{\partial t} dt + \sum_{k=1}^{f} \dot{p}_k \, dq_k + \sum_{k=1}^{f-r} p_k \, d\dot{q}_k + \sum_{k=f-r+1}^{f} p_k \, d\dot{q}_k \, .$$

Beim Einsetzen in (3a) hebt sich das letzte Glied von (3b) gegen das mittlere Glied von (3a) fort, und es bleibt

(4) $$dR = -\frac{\partial L}{\partial t} dt - \sum_{k=1}^{f} \dot{p}_k \, dq_k - \sum_{k=1}^{f-r} p_k \, d\dot{q}_k + \sum_{k=f-r+1}^{f} \dot{q}_k \, dp_k \, .$$

Jetzt liefert der gliedweise Vergleich mit (3) außer der Beziehung

$$\frac{\partial R}{\partial t} = -\frac{\partial L}{\partial t}$$

das folgende Schema von Gleichungen:

(5)

für $k = 1, 2 \ldots f-r$	für $k = f-r+1, \; f-r+2 \ldots f$
$\dot{p}_k = -\dfrac{\partial R}{\partial q_k}$	$\dot{p}_k = -\dfrac{\partial R}{\partial q_k}$
$p_k = -\dfrac{\partial R}{\partial \dot{q}_k}$	$\dot{q}_k = +\dfrac{\partial R}{\partial p_k}$

Die $f - r$ *Gleichungen links sind vom Lagrangeschen Typus* mit $L = -R$, die r *Gleichungen rechts vom Hamiltonschen Typus* mit $H = R$.

Die Anwendung dieser Gleichungen auf die *zyklischen Systeme*, die ROUTH bei ihrer Aufstellung im Auge hatte, gestaltet sich folgendermaßen: Wir nehmen an, daß die Koordinaten unserer zweiten Gruppe zyklisch seien, daß sie also nach S. 174 nicht in der LAGRANGEschen Funktion vorkommen; dann kommen sie auch nicht in der ROUTHschen Funktion vor. Daher werden die zugehörigen p_k konstant (nach der oberen Gleichung aus der rechten Gruppe der ROUTHschen oder auch, wie wir schon S. 174 bemerkten, nach den LAGRANGEschen Gleichungen).

§ 42. 6   Die Routhschen Gleichungen und die zyklischen Systeme

Indem man diese konstanten Werte der p_k und die dazugehörigen (im allgemeinen nicht konstanten) Werte der $\dot{q}_k$ in (2) einsetzt, erhält man eine ROUTHsche Funktion, die nur noch von den $f-r$ Koordinaten der ersten Gruppe q_k und $\dot{q}_k$ abhängt. Für diese Koordinaten gilt die linke Gruppe der obigen Gln. (5), womit das Problem auf $f-r$ Gleichungen vom LAGRANGEschen Typ reduziert ist.

Um das Verfahren an einem nicht zu komplizierten Beispiel zu erläutern (ROUTH wendet es vornehmlich auf die schwierigen Stabilitätsfragen von Bewegungszuständen an), betrachten wir noch einmal das Problem des symmetrischen Kreisels. Die zyklischen Koordinaten dieses „Bizykels" sind die EULERschen Winkel φ und ψ, und es gilt nach (35.15) bis (35.17):

$$p_\varphi \dot{\varphi} + p_\psi \dot{\psi} = N\left(\frac{N}{C} - \cos\vartheta\,\frac{n - N\cos\vartheta}{A\sin^2\vartheta}\right) + n\,\frac{n - N\cos\vartheta}{A\sin^2\vartheta}$$
$$= \frac{N^2}{C} + \frac{(n - N\cos\vartheta)^2}{A\sin^2\vartheta}\,;$$

mit Rücksicht auf (35.13) wird daher

$$R = \frac{N^2}{C} + \frac{(n - N\cos\vartheta)^2}{A\sin^2\vartheta} - \frac{A}{2}\dot{\vartheta}^2 - \frac{(n - N\cos\vartheta)^2}{2A\sin^2\vartheta} - \frac{N^2}{2C} + P\cos\vartheta$$
$$= -\frac{A}{2}\dot{\vartheta}^2 + \Theta(\vartheta)\,, \quad \Theta = \frac{N^2}{2C} + \frac{(n - N\cos\vartheta)^2}{2A\sin^2\vartheta} + P\cos\vartheta\,.$$

Aus der unteren Gleichung der linken Gruppe unserer jetzigen Gln. (5) folgt daher mit $q_k = \vartheta$

$$p_k = A\,\dot{\vartheta}$$

und aus der oberen Gleichung derselben Gruppe

(6) $$A\,\ddot{\vartheta} = -\frac{\partial\Theta}{\partial\vartheta}\,,$$

was natürlich mit der „verallgemeinerten Pendelgleichung" (35.19) übereinstimmt. Hiermit dürfte die Verwendbarkeit der ROUTHschen Methode auch bei schwierigeren Problemen als dem hier betrachteten dargetan sein.

BOLTZMANN behandelt am Anfang seiner an der Münchener Universität 1891 gehaltenen Vorlesungen über die MAXWELLsche Theorie ausführlich ein bizyklisches System, das die induzierende Wirkung zweier Stromkreise aufeinander veranschaulichen soll. Das sorgfältig ausgeführte Modell (in der Hauptsache zwei konische Zahnräderpaare mit Zentrifugalregulatoren) befindet sich in der Sammlung unseres Institutes. Es scheint uns heutzutage viel komplizierter als die MAXWELLsche Theorie selbst, wird uns also nicht zu deren Erläuterung, wohl aber bei einer Übungsaufgabe über das Differentialgetriebe des Automobils gute Dienste leisten, mit dem es in wesentlichen Zügen übereinstimmt.

Schließlich wollen wir noch den mathematischen Formalismus, der uns von den LAGRANGEschen zu den HAMILTONschen bzw. ROUTHschen Gleichungen geführt hat, allgemein darstellen: Es handle sich um eine Funktion Z zweier Variablen (oder Variablenreihen) x und y, und es sei

(7) $$dZ(x, y) = X\,dx + Y\,dy\,.$$

Wollen wir statt x, y als unabhängige Variable X, Y einführen, so empfiehlt es sich, statt Z die „modifizierte Funktion"

(8) $$U(X, Y) = x\,X + y\,Y - Z(x, y)$$

zu betrachten.

Durch Differentiation von (8) ergibt sich nämlich wegen (7) unmittelbar

(9) $$dU(X, Y) = x\,dX + y\,dY\,.$$

Die Gln. (7) und (9) sind identisch mit den folgenden „Reziprozitätsbeziehungen":

(10) $$\frac{\partial Z}{\partial x} = X,\quad \frac{\partial Z}{\partial y} = Y,$$
$$\frac{\partial U}{\partial X} = x,\quad \frac{\partial U}{\partial Y} = y\,.$$

Wollen wir andererseits nur eine der ursprünglichen Variablen, z. B. y, durch die ihr „kanonisch konjugierte" Y ersetzen, so werden wir (8) „modifizieren" in

(11) $$V(x, Y) = y\,Y - Z,$$

woraus sich ergibt

(12) $$dV(x, Y) = -X\,dx + y\,dY$$

mit den „Reziprozitätsbeziehungen"

(13) $$\frac{\partial V}{\partial x} = -X,\quad \frac{\partial V}{\partial Y} = y\,.$$

Den Übergang von Z gegen U können wir vergleichen mit dem Übergang von LAGRANGE zu HAMILTON, den Übergang Z gegen V mit dem von LAGRANGE zu ROUTH.

In der Analysis spielt ein solcher Wechsel der unabhängigen Variablen und die damit verknüpfte Modifikation der charakteristischen Funktion als *Legendresche Transformation* eine ausgedehnte Rolle. Wir haben sie hier hauptsächlich deshalb zur Sprache gebracht, um daran in der Thermodynamik (Bd. V) erinnern zu können.

§ 43. Die Differentialgleichungen für nichtholonome Geschwindigkeitsparameter

Während die bisher betrachteten Differentialgleichungen sämtlich dem allgemeinen LAGRANGEschen Typus nachgebildet waren, kennen wir von der Kreiseltheorie her die EULERschen Differentialgleichungen (26.4) für die Winkelgeschwindigkeiten p, q, r, welche eine ganz andere und viel einfachere Struktur haben. Wir wollen ihr Verhältnis zu den LAGRANGEschen Differentialgleichungen feststellen.

§ 48. 5 Die Routhschen Gleichungen und die zyklischen Systeme

Der Unterschied besteht darin, daß die p, q, r keine *holonomen* Koordinaten sind wie die $\dot\vartheta$, $\dot\psi$, $\dot\varphi$, sondern lineare Funktionen derselben, die nicht nach t integrabel sind. Der Zusammenhang zwischen beiden ist durch die Gln. (35.11) gegeben. Wir betrachten sogleich den *unsymmetrischen* Kreisel von der kinetischen Energie

(1) $$T = \frac{1}{2}(A\,p^2 + B\,q^2 + C\,r^2),$$

beschränken uns aber der Kürze halber auf den *kräftefreien* Fall.

Wir beginnen mit der LAGRANGEschen Gleichung für die φ-Koordinate:

(2) $$\frac{d}{dt}\frac{\partial T}{\partial \dot\varphi} - \frac{\partial T}{\partial \varphi} = 0.$$

Nach (35.11) ist

$$\frac{\partial p}{\partial \dot\varphi} = \frac{\partial q}{\partial \dot\varphi} = 0,\quad \frac{\partial r}{\partial \dot\varphi} = 1,\quad \frac{\partial p}{\partial \varphi} = q,\quad \frac{\partial q}{\partial \varphi} = -p,\quad \frac{\partial r}{\partial \varphi} = 0,$$

daher nach (1)

$$\frac{\partial T}{\partial \dot\varphi} = A\,p\,\frac{\partial p}{\partial \dot\varphi} + B\,q\,\frac{\partial q}{\partial \dot\varphi} + C\,r\,\frac{\partial r}{\partial \dot\varphi} = C\,r,$$

$$\frac{\partial T}{\partial \varphi} = A\,p\,\frac{\partial p}{\partial \varphi} + B\,q\,\frac{\partial q}{\partial \varphi} + C\,r\,\frac{\partial r}{\partial \varphi} = (A - B)\,q\,p.$$

Aus (2) entsteht also:

(3) $$C\,\frac{dr}{dt} = (A - B)\,q\,p.$$

Dies ist die dritte EULERsche Gleichung (26.4).

Dieselbe Rechnung für die ϑ-Koordinate ergibt

$$\frac{\partial p}{\partial \dot\vartheta} = \cos\varphi,\quad \frac{\partial q}{\partial \dot\vartheta} = -\sin\varphi,\quad \frac{\partial r}{\partial \dot\vartheta} = 0,$$

$$\frac{\partial p}{\partial \vartheta} = \cos\vartheta\,\sin\varphi\,\dot\psi,\quad \frac{\partial q}{\partial \vartheta} = \cos\vartheta\,\cos\varphi\,\dot\psi,\quad \frac{\partial r}{\partial \vartheta} = -\sin\vartheta\,\dot\psi.$$

Daher nach (1)

$$\frac{\partial T}{\partial \dot\vartheta} = A\,p\,\cos\varphi - B\,q\,\sin\varphi,$$

$$\frac{\partial T}{\partial \vartheta} = (A\,p\,\sin\varphi + B\,q\,\cos\varphi)\cos\vartheta\,\dot\psi - C\,r\,\sin\vartheta\,\dot\psi.$$

Die LAGRANGEsche Gleichung

(4) $$\frac{d}{dt}\frac{\partial T}{\partial \dot\vartheta} - \frac{\partial T}{\partial \vartheta} = 0$$

geht dadurch über in

(5) $$0 = A\,\frac{dp}{dt}\cos\varphi - B\,\frac{dq}{dt}\sin\varphi$$
$$- A\,p\,\sin\varphi\,(\dot\varphi + \cos\vartheta\,\dot\psi) - B\,q\,\cos\varphi\,(\dot\varphi + \cos\vartheta\,\dot\psi) + C\,r\,\sin\vartheta\,\dot\psi.$$

Nach (35.11) ist aber

$$\dot{\varphi} + \cos \vartheta \, \dot{\psi} = r, \quad \sin \vartheta \, \dot{\psi} = p \sin \varphi + q \cos \varphi.$$

Daher wird die zweite Zeile von (5)

$$(C - A)\, p\, r \sin \varphi - (B - C)\, q\, r \cos \varphi.$$

Zusammen mit der ersten Zeile erhält man

(6) $\quad 0 = \left\{ A\, \dfrac{\mathrm{d}p}{\mathrm{d}t} - (B - C)\, q\, r \right\} \cos \varphi - \left\{ B\, \dfrac{\mathrm{d}q}{\mathrm{d}t} - (C - A)\, r\, p \right\} \sin \varphi.$

Schließlich liefert die Lagrangesche Gleichung

$$\frac{\mathrm{d}}{\mathrm{d}t} \frac{\partial T}{\partial \dot{\psi}} - \frac{\partial T}{\partial \psi} = 0$$

nach entsprechenden Umformungen und Berücksichtigung von (3)

(7) $\quad 0 = \left\{ A\, \dfrac{\mathrm{d}p}{\mathrm{d}t} - (B - C)\, q\, r \right\} \sin \varphi + \left\{ B\, \dfrac{\mathrm{d}q}{\mathrm{d}t} - (C - A)\, r\, p \right\} \cos \varphi.$

Aus (6) und (7) schließt man mit Notwendigkeit auf das Verschwinden der beiden $\{\,\}$, also auf die erste und zweite Eulersche Gleichung (26.4).

Diese sehr spezielle Umrechnung läßt sich ganz allgemein[1]) durchführen bei einer beliebigen Zahl nichtholonomer Geschwindigkeitsparameter, die als lineare (oder auch allgemeinere) Funktionen wirklicher Geschwindigkeitskoordinaten definiert sind. Wenn wie beim starren Körper die kinetische Energie in solchen Parametern eine besonders einfache Form annimmt, können sie für die Integration der Bewegungsgleichungen wertvolle Dienste leisten; sie können auch zur Erfüllung nichtholonomer Bedingungen nützlich sein. In der kinetischen Gastheorie sah sich Boltzmann genötigt, die zu nichtholonomen Geschwindigkeiten gehörenden Impulskomponenten einzuführen, die er „Momentoide" nannte.

§ 44. Die Hamiltonsche partielle Differentialgleichung

Im Anfange des vorigen Jahrhunderts war die aktuellste Frage der theoretischen Physik: *Wellentheorie oder Korpuskulartheorie des Lichtes?* Die Wellentheorie war von Huygens begründet und wurde um die genannte Zeit durch die Entdeckung des Interferenzprinzips von Thomas Young bestätigt; die Korpuskulartheorie erschien demgegenüber durch die Autorität Newtons gestützt. W. R. Hamilton studierte als Astronom und tiefsinniger mathematischer Denker den Strahlengang in den optischen Instrumenten. Die Publikation seiner diesbezüglichen Arbeiten[2]) begann 1827, um dieselbe Zeit, da die beiden größten Wellenoptiker Fraunhofer

---

[1]) Vgl. insbesondere G. Hamel, Math. Ann., Bd. 59, 1904, und Sitzungsber. der Berliner Math. Ges., Jg. 1938. Ferner: Encykl. d. Math. Wiss. IV. 2, Artikel Prange, Nr. 3 u. ff.

[2]) Abhandlungen zur Strahlenoptik, Trans. Irish Academy 1827, mit Nachträgen vom Jahre 1830 und 1832. Deutsche Ausgabe von G. Prange. Leipzig, Akademische Verlagsges. 1933. Die Arbeiten über Dynamik erschienen in den Trans. Roy. Soc. London 1834 und 1835.

§ 44. 2   Die Hamiltonsche partielle Differentialgleichung   203

und FRESNEL fast im gleichen jugendlichen Alter starben. Seine Arbeiten über die allgemeine Dynamik, deren Ergebnisse wir hier kurz zusammenfassen werden, folgten erst später, hängen aber mit seinen strahlenoptischen Arbeiten eng zusammen[1]).

Es sei hinzugefügt, daß die heutige Physik nach der Entdeckung des PLANCKschen Elementarquantums die Fragestellung umstürzen mußte: Sie heißt nicht mehr: Wellentheorie *oder* Korpuskulartheorie? sondern: *sowohl Wellentheorie als Korpuskulartheorie*! Wie sind diese beiden scheinbar entgegengesetzten, in Wahrheit aber *komplementären* Auffassungen der Optik (und weiterhin der Dynamik!) miteinander widerspruchslos zu vereinen? Die Beantwortung auch dieser Frage ist, wie SCHRÖDINGER erkannt hat, in der konsequenten Weiterführung der HAMILTONschen Gedankengänge enthalten und führt zur *Wellen-* oder *Quantenmechanik*.

Die Strahlenoptik ist die Mechanik der Lichtpartikeln; ihre Bahnen (in optisch inhomogenen Medien sind sie keineswegs gerade Linien) werden durch die HAMILTONschen gewöhnlichen Differentialgleichungen oder das ihnen äquivalente Wirkungsprinzip bestimmt. Vom Standpunkt der Wellentheorie aus werden dagegen die Lichtstrahlen als orthogonale[2]) Trajektorien eines Systems von Wellenflächen erhalten. Diese sind nach dem HUYGENSschen Prinzip Flächen gleicher Phase, die einander nicht durchdringen. HAMILTON unternahm es, die Schar der Wellenflächen durch eine (notwendigerweise *partielle*) Differentialgleichung zu beschreiben und diese Methode in den polydimensionalen Raum der q_k eines beliebigen mechanischen Systems zu übertragen. Die Schar der Wellenflächen ist dann, wie wir sehen werden, gegeben durch $S =$ konst., unter S die Wirkungsfunktion aus (37.1) verstanden, und die dazu orthogonalen Bahnen werden bestimmt durch die Gleichung

(1) $$p_k = \frac{\partial S}{\partial q_k}.$$

a) Konservatives System

Wir sprechen zunächst von einem mechanischen System, in dem der Energieerhaltungssatz gilt und die Energie sich in einen kinetischen Teil T und einen potentiellen V zerlegen läßt. T, V und H hängen dann nicht explizite von t ab. Wir gehen aus von (37.9) und ersetzen dort auf der rechten Seite δA durch

$$-\delta V = \delta(T-W) = \delta T - \delta W.$$

Die rechte Seite von (37.9) wird dadurch

(2) $$2\,\delta T + 2\,T\,\frac{\mathrm{d}}{\mathrm{d}t}\delta t - \delta W.$$

---

[1]) In der Darstellung von JACOBI ging dieser Zusammenhang verloren. Er wurde erst 1891 durch F. KLEIN neu herausgearbeitet (Naturforscher-Gesellschaft in Halle; Ges. Abhandl., Bd. II, S. 601 und 603).
[2]) Dies gilt für optisch isotrope Medien. In anisotropen Medien (Kristallen) ist die Orthogonalität zwischen Strahl und Wellenfläche keine gewöhnliche euklidische, sondern eine tensoriell verallgemeinerte nichteuklidische.

Die linke Seite derselben Gleichung schreiben wir in die allgemeinen Koordinaten q, p um:

$$\text{(3)} \qquad \frac{d}{dt} \sum p_k \, \delta q_k$$

und erhalten durch Gleichsetzen mit (2)

$$\text{(4)} \qquad 2\,\delta T + 2\,T \frac{d}{dt} \delta t - \delta W = \frac{d}{dt} \sum p_k \, \delta q_k \, .$$

Hieraus entsteht durch Integration nach t zwischen den Grenzen 0 und t mit der Bezeichnung S aus (37.1)

$$\text{(5)} \qquad \delta S - t\,\delta W = \sum p \, \delta q - \sum p_0 \, \delta q_0 \, ;$$

p_0 und δq_0 beziehen sich auf den Anfangswert $t = 0$ der Integration, p und δq auf den Endwert t.

Gl. (5) deutet an, daß wir das Wirkungsintegral S auffassen werden als Funktion der Anfangslage q_0, der Endlage q und der Energie W, daß wir also statt der Zeit t die willkürlich vorzuschreibende Energie W als Variable benutzen wollen:

$$\text{(6)} \qquad S = S(q, q_0, W) \, .$$

Der Zeitablauf der Bewegung ergibt sich dann nach (5) bei festgehaltenem q_0 und aus der Gleichung

$$\text{(7)} \qquad t = \frac{\partial S}{\partial W} \, .$$

Zugleich liefert (5) bei festgehaltenem W und bei Variation nur einer der Koordinaten q bzw. q_0:

$$\text{(8)} \qquad p = \frac{\partial S}{\partial q}, \qquad p_0 = -\frac{\partial S}{\partial q_0} \, .$$

Die erste dieser Beziehungen stimmt mit unserer Behauptung (1) überein; die zweite werden wir bald in eine bequemere Form umsetzen.

Mit den bisherigen Beziehungen scheint zwar für die Kenntnis der Bewegung nicht viel gewonnen, solange S nicht in der Form (6) bekannt ist. Aber wir erinnern uns nun des Energiesatzes:

$$H(q, p) = W \, .$$

Ersetzen wir hier p nach Gl. (8), so erhalten wir

$$\text{(9)} \qquad H\!\left(q, \frac{\partial S}{\partial q}\right) = W \, .$$

Diese Gleichung fassen wir auf als Bestimmungsgleichung für S. Da T vom zweiten Grade in den p ist (V kann als von p unabhängig angenommen werden), ist die *Hamiltonsche partielle Differentialgleichung* (9) *vom zweiten Grade und von der ersten Ordnung*.

Wir nehmen an, daß wir ein *vollständiges Integral* dieser Gleichung gefunden haben, d. h. ein Integral, das so viel verfügbare Konstanten enthält, wie das

§ 44. 15 Die Hamiltonsche partielle Differentialgleichung 205

Problem Freiheitsgrade besitzt. Wir nennen sie

$$\alpha_1, \alpha_2 \ldots \alpha_f .$$

Da S selbst in (9) nicht vorkommt, ist S aus (9) nur bis auf eine additive Konstante bestimmt. Eine der vorstehenden Integrationskonstanten, sagen wir α_1, ist daher überzählig und wird durch eine unbestimmt bleibende additive Konstante vertreten. Indem wir statt α_1 unseren Energieparameter W zum Ausdruck bringen, schreiben wir unser vollständiges Integral in die Form:

(10) $$S = S(q, W, \alpha_2, \alpha_3 \ldots \alpha_f) + \text{konst}.$$

Die klassische, wenn auch nicht immer anwendbare Methode, zu einem solchen vollständigen Integral zu gelangen, ist die der *Separation der Variablen*. Davon werden wir in § 46 handeln. In § 45 wollen wir zeigen, wie man aus (10) die Bewegung des Systems ermitteln kann.

b) Nichtkonservatives System

Wir stellen uns jetzt auf den allgemeinen Standpunkt, daß die LAGRANGEsche Funktion L und daher auch die HAMILTONsche H von t abhängen. Eine Zerlegung von L und H in T und V ist dann im allgemeinen nicht möglich; wenn im besonderen eine potentielle Energie V existiert, würde sie zeitabhängig sein. Dieser Fall ist wichtig für die Störungsprobleme der Astronomie und der Quantentheorie. Dann gibt es keinen Erhaltungssatz der Energie, also auch keine Energiekonstante W. Infolgedessen können wir das Wirkungsprinzip nicht in der MAUPERTUISschen Form anwenden, sondern wir müssen auf die HAMILTONsche Form desselben zurückgehen. Wir definieren dann eine Wirkungsfunktion S^* durch das Integral des HAMILTONschen Prinzips

(11) $$S^* = \int_{t_0}^{t} L \, dt$$

und fassen S^* auf als Funktion der Anfangs- und Endlage *und der Laufzeit t*:

(12) $$S^* = S^*(q, q_0, t),$$

im Gegensatz zu Gl. (6), wo die jetzt nicht existierende Energiekonstante W an Stelle von t auftrat.

Wir bilden nun nach (11)

(13) $$\frac{dS^*}{dt} = L,$$

andererseits nach (12)

(14) $$\frac{dS^*}{dt} = \sum \frac{\partial S^*}{\partial q_k} \dot{q}_k + \frac{\partial S^*}{\partial t} = \sum p_k \dot{q}_k + \frac{\partial S^*}{\partial t}.$$

Daß die hier benutzte, zu (8) analoge Beziehung

(15) $$p_k = \frac{\partial S^*}{\partial q_k}$$

gültig ist, läßt sich aus (11) ablesen, wenn man (11) nach q_k differenziert und die Gl. (41.1e) benutzt.

Der Vergleich von (13) und (14) liefert nun vermöge der allgemeinen Definition von H in (41.1)

(16) $$\frac{\partial S^*}{\partial t} + H = 0 \; ;$$

unter Benutzung von (15) haben wir also

(17) $$\frac{\partial S^*}{\partial t} + H\left(q, \frac{\partial S^*}{\partial q}, t\right) = 0 \, .$$

Dies ist die *allgemeine Form der Hamiltonschen partiellen Differentialgleichung*. Sie begreift die frühere Gl. (9) in sich. Nimmt man nämlich wie unter a) an, daß H von t unabhängig sei, so liest man aus (17) ab, daß S^* in t linear ist. Wir setzen daher:

$$S^* = a\,t + b$$

und schließen aus (16), daß $-a = H$, also gleich der jetzt zu Recht bestehenden Energiekonstanten W ist. b erweist sich als identisch mit unserer früheren Wirkungsfunktion S. Gl. (17) geht daraufhin in der Tat über in die speziellere Gl. (9).

Das unter a) über die Integration von (9) Gesagte überträgt sich auf die allgemeinere Gl. (17). Das vollständige Integral von (17) enthält jetzt $f + 1$ Konstante, wovon wieder eine additiv ist. Wir werden nunmehr statt (10) schreiben:

(18) $$S^* = S^*(q, t, \alpha_1, \alpha_2 \ldots \alpha_f) + \text{konst.}$$

§ 45. Der Jacobische Satz über die Integration der Hamiltonschen partiellen Differentialgleichung

Wir bemerkten bei Gl. (44.8), daß die zweite der dortigen Gleichungen für die Integration unbequem sei. Das liegt daran, daß wir unsere partielle Differentialgleichung nicht in der Form (44.6), sondern in der Form (44.10) bzw. (44.18) integriert haben. Andererseits hatten wir in (44.7)

(1) $$t = \frac{\partial S}{\partial W}$$

eine Gleichung gewonnen, die in übersichtlichster Weise den *zeitlichen Ablauf der Bewegung* beschreibt. Wir wollen nun zeigen, daß, wenn wir S statt nach W nach den Integrationskonstanten $\alpha_2, \alpha_3 \ldots \alpha_f$ differenzieren, wir in

(2) $$\beta_k = \frac{\partial S}{\partial \alpha_k}, \quad k = 2, 3 \ldots f$$

Gleichungen erhalten, die die *geometrische Gestalt der Systembahn* beschreiben, *sofern wir die β_k als weitere Integrationskonstanten ansehen*. Dies ist der JACOBISCHE Satz im Falle a). Im Falle b) nimmt er die noch übersichtlichere Form an:

(3) $$\beta_k = \frac{\partial S^*}{\partial \alpha_k}, \quad k = 1, 2 \ldots f \, .$$

§ 45. 9 Der Jacobische Satz über die Integration

Wir haben dann f Gleichungen von einheitlicher Bauart, welche *sowohl den zeitlichen wie den räumlichen Verlauf der Systembahn* liefern.

Um dieselbe Übersichtlichkeit auch im Falle a) zu erzielen, empfiehlt es sich, statt (1) formal zu schreiben:

$$\text{(3a)} \qquad \beta_1 = \frac{\partial S}{\partial \alpha_1},$$

also $t = \beta_1$ und $W = \alpha_1$ zu setzen.

Beim Beweise legen wir Fall a) zugrunde und erinnern an die Definition der Berührungstransformation in Gl. (41.11), die wir für das Folgende schreiben wollen:

$$\text{(4)} \qquad dF(q, Q) = \sum p_k \, dq_k - \sum P_k \, dQ_k.$$

Wir vergleichen hiermit das Differential der Wirkungsfunktion (44.10):

$$dS(q, W, \alpha) = \sum_{k=1}^{f} \frac{\partial S}{\partial q_k} dq_k + \frac{\partial S}{\partial W} dW + \sum_{k=2}^{f} \frac{\partial S}{\partial \alpha_k} d\alpha_k$$

und schreiben hierfür mit Rücksicht auf (44.8) sowie auf (2) und (3a)

$$\text{(5)} \qquad dS(q, \alpha) = \sum_{k=1}^{f} p_k \, dq_k + \sum_{k=1}^{f} \beta_k \, d\alpha_k.$$

Diese Gleichung stimmt mit (4) überein, wenn wir identifizieren:

$$\text{(6)} \qquad F \text{ mit } S, \quad Q_k \text{ mit } \alpha_k, \quad P_k \text{ mit } -\beta_k.$$

Nun wissen wir, daß aus den HAMILTONschen gewöhnlichen Differentialgleichungen (41.4)

$$\dot{p}_k = -\frac{\partial H}{\partial q_k}, \quad \dot{q}_k = \frac{\partial H}{\partial p_k}$$

durch die Transformation $q_k, p_k \to Q_k, P_k$ unter der Bedingung (4) die Gln. (41.12) entstehen

$$\dot{P}_k = -\frac{\partial \overline{H}}{\partial Q_k}, \quad \dot{Q}_k = \frac{\partial \overline{H}}{\partial P_k}$$

In unserem Falle heißt das wegen (6):

$$\text{(7)} \qquad -\dot{\beta}_k = -\frac{\partial \overline{H}}{\partial \alpha_k}, \quad \dot{\alpha}_k = -\frac{\partial \overline{H}}{\partial \beta_k}.$$

Es ist aber nach (41.10):

$$\overline{H}(Q, P) = H(q, p),$$

das heißt nach (6):

$$\text{(8)} \qquad \overline{H}(\alpha, -\beta) = W = \alpha_1.$$

Daraus folgt

$$\text{(9)} \qquad \frac{\partial \overline{H}}{\partial \alpha_k} = \begin{cases} 1 \text{ für } k = 1, \\ 0 \text{ für } k > 1, \end{cases} \quad \frac{\partial \overline{H}}{\partial \beta_k} = \begin{cases} 0 \text{ für } k = 1, \\ 0 \text{ für } k > 1. \end{cases}$$

Die Gln. (7) gehen somit über in

(10) $$\dot{\beta}_k = \begin{cases} 1 \text{ für } k = 1, \\ 0 \text{ für } k > 1, \end{cases} \quad \dot{\alpha}_k = \begin{cases} 0 \text{ für } k = 1, \\ 0 \text{ für } k > 1. \end{cases}$$

Diese Gleichungen sagen für die α_k nichts Neues aus; sie bestätigen nur ihren Charakter als Integrationskonstanten. Auch die Gleichung für β_1 enthält nichts Neues; aus $\dot{\beta}_1 = 1$ folgt nämlich $\beta_1 = t$ (bis auf eine gleichgültige additive Konstante), wie wir schon im Anschluß an Gl. (3a) bemerkten. Dagegen enthalten die Gln. (10) für β_k mit $k > 1$ den Beweis des JACOBIschen Satzes; *sie besagen nämlich, daß die β_k, ebenso wie die α_k, Integrationskonstanten sind.*

Der Beweis läßt sich ohne wesentliche Änderung auf den Fall b) übertragen, wenn wir nur die Definition der Berührungstransformation noch etwas erweitern. Jedoch werden wir diese Erweiterung im folgenden nicht brauchen.

§ 46. Das Kepler-Problem in klassischer und quantentheoretischer Behandlung

Wir wollen in diesem Paragraphen zeigen, wie zwangsläufig und direkt die HAMILTON-JACOBIsche Integrationsmethode zur Lösung des *astronomischen Planetenproblems* führt. Andererseits werden wir mit Überraschung feststellen, daß dieselbe Methode den Erfordernissen der *Atomphysik* auf den Leib geschrieben ist und die naturgemäße Einführung in die (ältere) Quantentheorie liefert.

Wir gehen aus von der LAGRANGEschen Funktion des Zweikörperproblems bei feststehender Sonne M in Polarkoordinaten:

(1) $$L = \frac{m}{2}(\dot{r}^2 + r^2 \dot{\varphi}^2) + G \frac{mM}{r}$$

und berechnen daraus die Impulskoordinaten

(1a) $$p_r = m\dot{r}, \quad p_\varphi = m r^2 \dot{\varphi}.$$

Einführung derselben in (1) und Vorzeichenumkehr in der potentiellen Energie liefert die HAMILTONsche Funktion

(1b) $$H = \frac{1}{2m}\left(p_r^2 + \frac{1}{r^2} p_\varphi^2\right) - G\frac{mM}{r}$$

und als HAMILTONsche Differentialgleichung nach (44.9)

(2) $$\left(\frac{\partial S}{\partial r}\right)^2 + \frac{1}{r^2}\left(\frac{\partial S}{\partial \varphi}\right)^2 = 2m\left(W + G\frac{mM}{r}\right).$$

Wir wollen an diesem Beispiel zeigen, was man unter der schon S. 205 genannten Methode der „Separation der Variablen" versteht.

Wir versuchen eine Lösung der Differentialgleichung (2) von der Form

(3) $$S = R + \Phi$$

§ 46.9 Das Kepler-Problem in klassischer und quantentheoretischer Behandlung

zu erhalten, in der R nur von r und Φ nur von φ abhängen soll. Ersetzen wir die rechte Seite von (2) allgemeiner durch $f(r, \varphi)$, so müßte sein

(3a) $$\left(\frac{dR}{dr}\right)^2 + \frac{1}{r^2}\left(\frac{d\Phi}{d\varphi}\right)^2 = f(r, \varphi).$$

Eine solche Beziehung wird im allgemeinen nicht zutreffen. Wenn aber, wie in unserem Falle, f von φ unabhängig ist, so genügt es, $d\Phi/d\varphi$ konstant, sagen wir gleich C zu setzen. Zur Bestimmung von R hat man dann die Gleichung

(4) $$\left(\frac{dR}{dr}\right)^2 = f(r) - \frac{C^2}{r^2},$$

die sich durch bloße Quadratur lösen läßt. Die Annahme: f unabhängig von φ ist offenbar gleichbedeutend mit der Tatsache, daß in unserem Falle φ „zyklisch" ist, d. h. in der Differentialgleichung nicht explizite vorkommt. Man sieht an diesem Beispiel, daß die Separationsmethode an besondere Symmetrieeigenschaften der vorgelegten Differentialgleichung gebunden ist, die in vielen Fällen, aber durchaus nicht immer, verwirklicht sind.

Wir setzen im folgenden nach dem allgemeinen Schema von § 45 $C = \alpha_2$ und separieren (2) in

(5) $$\frac{\partial S}{\partial \varphi} = \alpha_2,$$

(6) $$\frac{\partial S}{\partial r} = \sqrt{2m\left(W + G\frac{mM}{r}\right) - \frac{\alpha_2^2}{r^2}}.$$

(5) ist der *Flächensatz*, also das zweite KEPLERsche Gesetz; die Integrationskonstante α_2 bedeutet das konstante Impulsmoment und ist im wesentlichen identisch mit der früher in (6.2) benutzten Flächenkonstanten. (6) liefert den veränderlichen radialen Impuls.

Die Wirkungsfunktion S berechnet sich nach (3), (5) und (6), wenn wir noch W durch α_1 ersetzen, zu

(7) $$S = \int_{r_0}^{r} \sqrt{2m\left(\alpha_1 + G\frac{mM}{r}\right) - \frac{\alpha_2^2}{r^2}}\, dr + \alpha_2 \varphi + \text{konst.};$$

die untere Grenze des Integrals kann beliebig gewählt werden, da sie nur die Größe der additiven Konstanten beeinflußt.

Wir interessieren uns zunächst für die Bahngleichung, d. h. für das erste KEPLERsche Gesetz. Zu dem Ende bilden wir nach (45.2)

(8) $$\beta_2 = \frac{\partial S}{\partial \alpha_2} = -\alpha_2 \int_{r_0}^{r} \left\{2m\left(\alpha_1 + G\frac{mM}{r}\right) - \frac{\alpha_2^2}{r^2}\right\}^{-1/2} \frac{dr}{r^2} + \varphi.$$

Es empfiehlt sich ersichtlich, statt r als Integrationsvariable $s = 1/r$ einzuführen und (8) umzuschreiben in

(9) $$\beta_2 - \varphi = \alpha_2 \int_{s_0}^{s} \left\{2m(\alpha_1 + GmMs) - \alpha_2^2 s^2\right\}^{-1/2} ds = \int_{s_0}^{s} \frac{ds}{\sqrt{(s - s_{\min})(s_{\max} - s)}}.$$

Hier bedeuten s_{min} und s_{max} die reziproken Werte des Aphel- und Perihelabstandes, und es gilt, wie der Vergleich der beiden Integralausdrücke in (9) zeigt:

$$
\begin{aligned}
s_{min}\, s_{max} &= -\frac{2\, m\, \alpha_1}{\alpha_2^2}\,, \\
s_{min} + s_{max} &= \frac{2\, G\, m^2\, M}{\alpha_2^2}\,.
\end{aligned}
\tag{10}
$$

Um (9) in bequemer trigonometrischer Form zu erhalten, macht man noch die naheliegende Substitution

$$
s = \frac{s_{min} + s_{max}}{2} + \frac{s_{max} - s_{min}}{2}\, u\,,
\tag{11}
$$

welche $s = s_{max}$ in $u = +1$, $s = s_{min}$ in $u = -1$ überführt. Dadurch ergibt sich aus (9)

$$
\beta_2 - \varphi = \int_{u_0}^{u} \frac{du}{\sqrt{1-u^2}}
\tag{12}
$$

und, wenn wir noch die verfügbare untere Grenze der Integration gleich 1 machen:

$$
\varphi - \beta_2 = \operatorname{arc\,cos} u\,, \qquad u = \cos(\varphi - \beta_2)\,.
\tag{13}
$$

Schließlich gehen wir mittels (11) von u zu s zurück und beachten, daß nach S. 38, Fig. 7, ist

$$
s_{min} = \frac{1}{a(1+\varepsilon)}\,, \qquad s_{max} = \frac{1}{a(1-\varepsilon)}\,,
$$

also

$$
s = \frac{1}{a(1-\varepsilon^2)} + \frac{\varepsilon}{a(1-\varepsilon^2)}\, u\,.
$$

Mit Rücksicht auf (13) folgt daraus die Ellipsengleichung in der wohlbekannten Form:

$$
s = \frac{1}{r} = \frac{1 + \varepsilon \cos(\varphi - \beta_2)}{a(1-\varepsilon^2)}\,,
\tag{14}
$$

wobei noch die Konstante β_2 in die Definition von φ aufgenommen werden kann.

Der Astronom interessiert sich aber aus Beobachtungsgründen nicht so sehr für die Gestalt der Bahn als für deren zeitliche Durchlaufung. Auch diese wird ihm durch die HAMILTON-JACOBIsche Methode in übersichtlichster Weise geliefert nämlich durch die Gl. (45. 1)

$$
t = \frac{\partial S}{\partial W} = \frac{\partial S}{\partial \alpha_1}\,,
$$

aus welcher sich nach Einführung der Variablen s ergibt

$$
t = -\frac{m}{\alpha_2} \int_{s_0}^{s} \frac{ds}{s^2 \sqrt{(s - s_{min})(s_{max} - s)}}\,.
\tag{15}
$$

§ 46. 19 Das Kepler-Problem in klassischer und quantentheoretischer Behandlung

Mit dieser Darstellung ergänzen wir zugleich unsere frühere Behandlung in § 6, bei der wir die Zeitabhängigkeit des Planetenortes außer acht gelassen haben. Führen wir weiter als neue Integrationsvariable die „exzentrische Anomalie" aus Übungsaufgabe I. 16 ein [ihr Zeichen u hat natürlich nichts mit der Hilfsgröße u in Gl. (11) zu tun], so kann man das Integral (15) elementar ausführen und wird direkt auf die in der genannten Übungsaufgabe erklärte KEPLERsche Gleichung

$$n\,t = u - \varepsilon \sin u$$

geführt.

Bekanntlich spielt das Zwei- und Mehrkörperproblem auch in der modernen *Atomphysik* eine zentrale Rolle. Im *Wasserstoffatom* bewegt sich das Elektron um dessen Kern, das Proton, wie der Planet um die Sonne. Auch hier hat sich die HAMILTON-JACOBIsche Methode in erstaunlicher Weise bewährt. Sie weist geradezu auf diejenige Stelle hin, an der die *Quantenzahlen* einzuführen sind.

Man bezeichnet in der (älteren) Quantentheorie als *Phasenintegral* des k^{ten} Freiheitsgrades, falls dieser von den übrigen Freiheitsgraden separierbar ist, die Größe

(16) $$J_k = \int p_k\, dq_k ,$$

erstreckt über den gesamten Wertebereich („Phasenbereich") der Variablen q_k, und verlangt, daß J_k ein ganzes Vielfaches des PLANCKschen Wirkungsquantums (vgl. S. 159) sei:

(16a) $$J_k = n_k h .$$

Indem man nun p_k in (16) durch die Wirkungsfunktion S ausdrückt, erhält man

(17) $$\int \frac{\partial S}{\partial q_k}\, dq_k = \Delta S_k = n_k h .$$

ΔS_k ist der k^{te} „Periodizitätsmodul" der Wirkungsfunktion, d. h. die Änderung, die S erleidet, wenn q_k seinen gesamten Phasenbereich durchläuft.

Das Elektron des Wasserstoffatoms hat die Koordinaten $q_1 = r$ und $q_2 = \varphi$. Die Differentialgleichung (2) für S und ihre Lösung (7) können wir direkt aus der Astronomie in die Atomphysik übernehmen, wenn wir darin die potentielle Energie der Gravitation ersetzen durch die COULOMBsche Energie $-e^2/r$.

Da sich der Phasenbereich der φ-Koordinate von 0 bis 2π erstreckt, erhalten wir aus (7) und (17)

(18) $$\Delta S_\varphi = 2\pi \alpha_2 = n_\varphi h .$$

n_φ ist die *azimutale Quantenzahl;* α_2 ist, wie wir wissen, identisch mit dem azimutalen Impulsmoment p_φ.

Der Phasenbereich der r-Koordinate erstreckt sich von $r_{\min}$ bis $r_{\max}$ und zurück. Die Gln. (7) und (17) liefern daraufhin

(19) $$\Delta S_r = 2 \int_{r_{\min}}^{r_{\max}} \sqrt{2m\left(W - \frac{e^2}{r}\right) - \frac{n_\varphi^2 h^2}{4\pi^2 r^2}}\, dr = n_r h .$$

n_r ist die *radiale* Quantenzahl. Das Integral läßt sich ausführen (am besten durch komplexe Integration in der r-Ebene); (19) geht dann über in

$$-n_\varphi h + 2\pi i \frac{m e^2}{\sqrt{2 m W}} = n_r h \,. \tag{20}$$

Daraus berechnet man für die Energie des Wasserstoffelektrons im Quantenzustande $n = n_r + n_\varphi$:

$$W = -\frac{2\pi^2 m e^4}{h^2 n^2} \,; \tag{21}$$

sie ist negativ, weil die Energie bei unendlicher Entfernung des Elektrons vom Proton (vgl. den obigen Ansatz für die potentielle Energie) auf Null normiert worden ist.

Gl. (21) hat, zusammen mit dem Bohrschen Postulat von der Ausstrahlung der Energie in Quantensprüngen, erstmalig zum Verständnis des Wasserstoffspektrums (der sog. *Balmerserie*) und von da aus zur modernen Theorie der Spektrallinien überhaupt geführt.

Wir haben schon im Eingange von § 44 angedeutet, daß die heutige Entwicklung der Atomtheorie nicht bei der hier gewählten Darstellung der Atombahnen stehengeblieben, sondern, den Spuren Hamiltons folgend, zu einer vertieften wellenmechanischen Auffassung der Atomvorgänge durchgedrungen ist.

Übungsaufgaben

Zu Kapitel I

I. 1. *Elastischer Stoß*[1]). n gleiche Massen M liegen nebeneinander in gerader Linie. Von links stoßen gleichzeitig zwei Massen M, jede mit der Geschwindigkeit v, gegen sie. Energie- und Impulssatz sind offenbar erfüllt, wenn die beiden Massen links ihre Geschwindigkeit auf die beiden letzten Massen rechts übertragen. Man zeige, daß diese Sätze nicht erfüllbar sind, wenn nur eine Masse rechts ausgestoßen würde oder wenn zwei Massen rechts mit verschiedenen Geschwindigkeiten v_1, v_2 in Bewegung gesetzt würden.

I. 2. *Elastischer Stoß bei ungleichen Massen.* Die letzte Masse m sei kleiner als die anderen Massen. Von links stoße eine Masse M mit der Geschwindigkeit v_0. Man zeige, daß es nach dem Energie- und Impulssatz *unmöglich* ist, daß m *allein* fortfliegt. Welches sind unter der Annahme, daß sich rechts nur *zwei* Massen in Bewegung setzen, ihre Geschwindigkeiten?

I. 3. *Elastischer Stoß bei ungleichen Massen.* Die letzte Masse M' rechts sei größer als die anderen. Man mache die gleichen Annahmen wie unter 2., beachte aber, daß das vorletzte Teilchen rechts seinen Impuls nach links weitergibt. Welches ist die Geschwindigkeit von M' und der ersten Masse M am linken Ende? Was geschieht, wenn M' sehr groß ist?

I. 4. *Unelastischer Stoß zwischen einem Elektron und einem Atom.* Ein Elektron m treffe mit der Geschwindigkeit v im zentralen Stoß auf ein ruhendes Atom M und rege es an, so daß es aus seinem Grundzustand in ein um W höheres Energieniveau gehoben wird. Welche Anfangsgeschwindigkeit v_0 muß das Elektron hierzu mindestens haben?

Man findet je eine quadratische Gleichung für die Endgeschwindigkeiten v des Elektrons und V des Atoms. Aus der Forderung, daß die in deren Lösung auftretende Quadratwurzel reell sein muß, folgt der Mindestwert v_0. Dieser ist etwas, wenn auch (bei dem Massenverhältnis $M/m > 2000$) unbeobachtbar wenig, größer, als man bei der alleiniger Berücksichtigung des Energiesatzes erwarten würde.

Ist aber das stoßende Teilchen von derselben oder annähernd derselben Masse wie das gestoßene, so ergibt sich für die erforderliche Mindestenergie annähernd das Doppelte der energetischen Erwartung.

---

[1]) Es ist unerläßlich, daß der Studierende die in I. 1 bis I. 3 genannten Versuche selbst ausführt mit Münzen auf glatter Unterlage oder elastischen Kugeln, die an Fäden so aufgehängt sind, daß sie sich in der Ruhelage berühren.

I. 5. *Rakete.* Eine Rakete mit kontinuierlichem Auspuff steigt senkrecht nach oben. Auspuffgeschwindigkeit a relativ zur Rakete und Auspuffmenge pro Sekunde $\mu = -m$ seien zeitlich konstant. Die Bewegung erfolge reibungslos bei konstanter Schwerebeschleunigung g. Stelle die Bewegungsgleichung auf und integriere sie unter der Annahme, daß die Anfangsgeschwindigkeit der Rakete am Erdboden Null sei. In welcher Höhe befindet sich die Rakete für $t = 10, 30, 50$ Sekunden, wenn $\mu = 1/100$ der Anfangsmasse m_0 und $a = 2000$ m/s ist?

I. 6. *Fallender Wassertropfen in gesättigter Atmosphäre.* Ein kugelförmiger Wassertropfen falle unter dem Einfluß der Schwere reibungslos in einer mit Wasserdampf gesättigten Atmosphäre. Zu Beginn der Bewegung ($t = 0$) sei sein Radius $= c$, seine Geschwindigkeit $= v_0$. Infolge der Kondensation erfährt er einen kontinuierlichen Zuwachs an Masse, der proportional der Oberfläche ist, und daher einen der Zeit proportionalen Zuwachs des Radius. Man integriere die Differentialgleichung der Bewegung, indem man r statt t als unabhängige Variable einführt, und zeige, daß für $c = 0$ die Geschwindigkeit gleichförmig mit der Zeit anwächst.

I. 7. *Fallende Kette.* Eine Kette liegt zusammengeschoben an der Kante eines Tisches, bis auf ein Stück derselben, welches anfangs bewegungslos nach unten hängt. Die Kettenglieder werden einzeln in die Bewegung hineingezogen; von Reibung soll abgesehen werden. Der in der gewöhnlichen Form geschriebene Satz von der lebendigen Kraft ist hier kein Integral der Bewegungsgleichung. Es muß vielmehr in der Energiebilanz der (CARNOTsche) Energieverlust beim Stoß mit in Rechnung gestellt werden.

I. 8. *Fallendes Seil.* Von einer festen Unterlage gleitet ein ausgestrecktes Seil von der Länge l ab, von welchem anfangs das Stück x_0 bewegungslos über die Kante hing; x sei die vertikal hängende Länge zur Zeit t. Das Seil soll Biegungen keinen Widerstand entgegensetzen. Es ist zu zeigen, daß der Energiesatz in der Form $T + V =$ konst. ein Integral der Bewegungsgleichung ist.

I. 9. *Beschleunigung des Mondes durch die Erdanziehung.* Die Entfernung des Mondes von der Erde beträgt etwa 60 Erdradien. Die Mondbahn werde als kreisförmig angenommen, die Umlaufszeit gleich 27 Tage, 7 Stunden, 43 Minuten gesetzt. Daraus kann die Beschleunigung des Mondes nach der Erde (Zentripetalbeschleunigung) entnommen werden. Der Vergleich derselben mit der aus dem NEWTONschen Gesetz der allgemeinen Gravitation berechneten Beschleunigung lieferte die erste Bestätigung dieses Gesetzes.

I. 10. *Das Kraftmoment als Vektorgröße.* In einem ersten rechtwinkligen Koordinatensystem (x, y, z) sei der Angriffspunkt einer Kraft $\mathfrak{F}$ durch den Koordinatenvektor $\mathfrak{r}$ gegeben. Man zeige, daß sich das Moment der Kraft $\mathfrak{F}$ um den Anfangspunkt des ersten Koordinatensystems beim Übergang zu einem zweiten Bezugssystem (x', y', z'), das gegen das erste gedreht ist, wie ein Vektor, d. h. ebenso wie $\mathfrak{r} = (x, y, z)$, transformiert. Dabei ist vorausgesetzt, daß beide Koordinatensysteme gleichsinnig sind (beide Rechts- oder beide Linkssysteme sind).

I. 11. *Der Hodograph der Planetenbewegung.* Der Hodograph der Planetenbewegung wird, wie sich aus Gl. (6.5) mit $A = 0$ ergibt, gegeben durch:

$$\xi = \dot{x} = -\frac{GM}{C}\sin\varphi, \quad \eta = \dot{y} = +\frac{GM}{C}\cos\varphi + B.$$

(M ist die Sonnenmasse, C die Konstante des Flächensatzes, φ die wahre Anomalie, vgl Fig. 6.) Man zeige, daß die Bahn eine Hyperbel oder Ellipse ist, je nachdem der „Pol" $\xi = \eta = 0$ des Hodographen von diesem aus- oder eingeschlossen wird, und charakterisiere die Grenzfälle der Parabel und des Kreises ebenfalls durch die Lage dieses Poles.

I. 12. *Parallel einfallende Elektronenbahnen im Felde eines Ions und ihre Enveloppe.* Auf ein ruhendes ionisiertes Atom A (Ladung E, Masse M) werden in zeitlicher Aufeinanderfolge aus dem Unendlichen, parallel zueinander Elektronen (Ladung e, Masse m) mit der Geschwindigkeit v_0 abgeschossen. Welche Umgebung des Atoms wird, wenn e das gleiche Vorzeichen wie E hat, niemals von den Elektronen bestrichen?

Als Richtung der einfallenden Teilchen nehme man die y-Achse und behandle die Aufgabe als ebenes Problem, am besten ausgehend von der Bahngleichung für ein Teilchen in Polarkoordinaten mit A als Pol des Koordinatensystems und als Brennpunkt der Bahnhyperbel. Die Grenze des Gebiets ergibt sich als Enveloppe der Bahnkurven. Wegen $M \gg m$ kann A als ruhend angesehen werden.

Man zeige, daß, wenn e und E entgegengesetztes Vorzeichen haben, die Enveloppenbedingung zwar scheinbar die gleiche Gebietsbegrenzung liefert, daß diese aber physikalisch bedeutungslos ist.

I. 13. *Ellipsenbahn unter dem Einfluß einer der Entfernung proportionalen Zentralkraft.* Eine Masse m stehe unter dem Einfluß einer nach einem festen Punkt O gerichteten Kraft (Zentralkraft)

$$\mathfrak{F} = -k\,\mathfrak{r}$$

($\mathfrak{r} = \overrightarrow{Om}$, k = konst.). Man zeige, daß für die Bewegung von m folgende drei Gesetze gelten:

1. m beschreibt eine Ellipse mit dem Mittelpunkt O.
2. Der Fahrstrahl $\mathfrak{r}$ überstreicht in gleichen Zeiten gleiche Flächen.
3. Die Umlaufszeit T ist unabhängig von der Gestalt der Bahnellipse, nur abhängig vom Kraftgesetz, d. h. also von k und der Masse m.

I. 14. *Atomzertrümmerung des Lithiums* (KIRCHNER, Bayer. Akad. 1933). Trifft ein Wasserstoffkern (Proton, Masse m_P) mit der Geschwindigkeit v_P auf einen Kern von Li^7 (Lithium vom Atomgewicht 7), so wird dieser in zwei α-Teilchen (Masse $m_\alpha = 4\,m_P$) zerlegt, die nahezu, aber nicht genau diametral zueinander weggeschleudert werden. Man berechne für den Fall, daß die α-Teilchen symmetrisch zur Stoßrichtung und mit gleicher Geschwindigkeit fortfliegen, den von ihnen gebildeten Winkel 2φ. Man beachte, daß außer der kinetischen Energie E_P des Protons noch eine infolge des Massendefektes freiwerdende, E_P weit überwiegende Energie W auftritt, die ebenfalls auf die α-Teilchen übertragen wird. In die Schlußformeln für $\cos\varphi$ geht außer m_P und m_α die kinetische Energie des Protons E_P und W ein.

In dem in der Atomphysik üblichen Energiemaß ist $W = 14 \cdot 10^6$ eV (lies Elektronen-Volt). Wie groß war bei einem Versuch, bei dem $E_P = 0{,}2 \cdot 10^6$ eV betrug, die Geschwindigkeit v_α und der Winkel 2φ?

I. 15. *Zentraler Stoß zwischen Neutronen und Atomkernen, Wirkung des Paraffinblockes.* Neutronen werden von einer 50 cm dicken Bleiplatte nur ganz schwach abgebremst, dagegen durch eine Paraffinschicht von etwa 20 cm völlig abgeschirmt. Man versteht dies daraus, daß sich die kinetische Energie des Neutrons (Masse $m=1$) im zentralen Stoß vollständig auf einen der Wasserstoffkerne des Paraffins (Masse des Protons $M_1 = 1$) überträgt, wohingegen auf einen Bleikern (Masse $M_2 = 206$) keine nennenswerte Energie übertragen wird. Man stelle die kinetische Energie, die der ursprünglich ruhende Atomkern (Masse M) beim zentralen Stoß von dem Neutron (Masse m) aufnimmt, als Funktion des Verhältnisses M/m durch eine Kurve dar.

I. 16. *Die Keplersche Gleichung.* Der zeitliche Ablauf der Bewegung des Planeten auf seiner Bahn wird in differentieller Form durch den Flächensatz geregelt. Um ihn in endlicher Gestalt zu erhalten, kann man nach KEPLER folgenden Weg einschlagen (Fig. 56).

Über der großen Achse der KEPLER-Ellipse als Durchmesser wird ein Kreis errichtet. Dem zur Zeit t im Punkte E sich befindenden Planeten wird auf dem

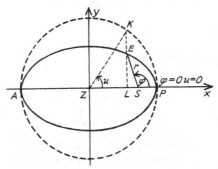

Fig. 56. KEPLERS Konstruktion der exzentrischen Anomalie u und ihr Verhältnis zur wahren Anomalie φ

Kreise ein Punkt K zugeordnet, der in bezug auf die Hauptachsen als Koordinatensystem dieselbe Abszisse hat wie E. Während E durch seine Polarkoordinaten r, φ (Pol die feste Sonne S) gegeben ist, wird K durch die Polarkoordinaten a, u (Pol Z) festgelegt. Zu der wahren Anomalie φ tritt so die exzentrische Anomalie u. (Wir rechnen beide in Bewegungsrichtung vom Perihel aus, übereinstimmend mit dem Gebrauch der Astronomen).

Man kann die Abszissen x und y des Planeten E das eine Mal durch r, φ, das andere Mal in bekannter Weise durch je eine der Halbachsen und durch die exzentrische Anomalie u ausdrücken, so daß, wenn K gegeben, auch E festgelegt ist. Der Ablauf der Bewegung des Punktes K auf dem Kreise regelt sich dann nach der berühmten KEPLERschen Gleichung:

$$n\, t = (u - \varepsilon \sin u) \, .$$

Hierin bedeutet ε die numerische Exzentrizität der Ellipsenbahn; und es ist $n = \sqrt{\dfrac{G\, M}{a^3}} = \dfrac{C}{a\, b} = \dfrac{2\, \pi}{T}$; a, b sind die Halbachsen, G die Gravitationskonstante, M die Sonnenmasse, C die Flächenkonstante.

Zur Herleitung der KEPLERschen Gleichung gehe man aus von der Polargleichung (6.8) der Ellipse, bezogen auf S als Pol und den Fahrstrahl SP (Sonne–Perihel) als Polarachse [„Parameter" $p = a\, (1 - \varepsilon^2)$]

$$r = p/(1 + \varepsilon \cos \varphi) \, .$$

Indem man durch die oben gekennzeichneten Transformationsformeln u an Stelle von φ einführt, erhält man die Gleichung:

$$r = a\, (1 - \varepsilon \cos u) \, .$$

Durch Differentiation der beiden vorstehenden Gleichungen, Elimination von r, dr, φ und mit Hilfe des Flächensatzes $d\varphi$, erhält man schließlich die Differentialbeziehung zwischen du und dt, aus der die KEPLERsche Gleichung durch Integration hervorgeht, wenn man noch vorschreibt, daß die Zeitzählung im Perihel beginnt.

Zu Kapitel II

II. 1. *Nichtholonome Bedingungen beim rollenden Rad.* Ein scharfkantiges Rad (Radius a) rolle ohne zu gleiten auf einer rauhen ebenen Unterlage (Beispiel: das Reifenschlagen auf glatter Straße). Seine jeweilige Lage ist durch folgende Angaben bestimmt:

1. Koordinaten x, y des Berührungspunktes des Rades mit der Unterlage in bezug auf ein rechtwinkliges Koordinatensystem x, y, z, dessen xy-Ebene die Unterlage ist.

2. Winkel ϑ zwischen Radachse und z-Achse.

3. Winkel ψ, den die Tangente (= Schnitt von Radebene und Unterlage) mit der x-Achse einschließt.

4. Winkel φ zwischen den zum jeweiligen Berührungspunkt gerichteten Radius des Rades mit einem beliebigen, aber festen Radius, etwa gezählt in der Drehrichtung.

Das rollende Rad hat also fünf Freiheitsgrade im Endlichen. Die Bedingung des reinen Rollens (ohne Gleiten), das durch die Haftreibung zwischen Rad und Unterlage bewirkt wird, schränkt jedoch diese Beweglichkeit ein, denn bei einer Fortbewegung in der jeweiligen Richtung muß der in Tangentenrichtung zurückgelegte Weg $\delta s = a\,\delta\varphi$ sein. Durch Projektion auf die Achsen gibt dies für die Verschiebungen δx, δy und $\delta\varphi$ die Bedingungsgleichungen

(1) $\qquad \delta x = a\cos\psi\,\delta\varphi\,, \quad \delta y = a\sin\psi\,\delta\varphi\,.$

Im Unendlichkleinen hat also das rollende Rad nur drei Freiheitsgrade.

Man zeige, daß die Bedingungen (1) nicht auf Gleichungen zwischen den Koordinaten zurückgeführt werden können. Zu diesem Zweck weise man nach, daß das Bestehen einer Gleichung $f(x, y, \varphi, \psi) = 0$ [ϑ kommt ja in (1) nicht vor] im Verein mit den Bedingungen (1) zu einem Widerspruch führt.

II. 2. *Angenäherte Schwungradberechnung einer doppeltwirkenden einzylindrigen Kolbendampfmaschine* (vgl. auch § 9 unter Nr. 4). (Doppeltwirkend heißt: Es wird abwechselnd auf beiden Seiten des Kolbens Dampf eingeleitet, so daß beim Hin- und Rückgang Arbeit geleistet wird.)

Nimmt man der Einfachheit halber an, daß der Dampfdruck während jedes Hubes unverändert bleibt (Volldruckmaschine), und setzt man ferner unendlich lange Schubstange voraus, so ändert sich während einer halben Umdrehung (von vorderer bis hinterer Totlage der Kurbel, d. i. Kolben jeweils an den Zylinderenden) das von dem Kolben auf die Welle übertragene Drehmoment M mit dem Kurbelwinkel φ gemäß

$$M = M_0 \sin\varphi\,,$$

vgl. Gl. (9. 5). M_0 ist dabei eine Konstante; φ wird von der hinteren Totlage aus im Drehsinn gezählt. In der zweiten Hälfte, von vorderer bis hinterer Totlage, ändert sich das Drehmoment unter den obigen Voraussetzungen (nämlich 1. doppeltwirkende Maschine, 2. Volldruckbetrieb, 3. unendlich lange Schubstange) nach demselben Gesetz, wenn jetzt der Winkel φ von der vorderen Totlage aus im Drehsinn gewählt wird.

Die Belastung der Maschine sei durch das konstante Moment W gegeben, das einer Leistung von N PS bei einer Drehzahl n U/min entspricht. Zufolge des veränderlichen Antriebsmomentes M bei unveränderlichem Belastungsmoment W schwankt die Winkelgeschwindigkeit zwischen einem größten Wert $\omega_{\max}$ und einem kleinsten $\omega_{\min}$ um den Mittelwert ω_m, der näherungsweise

$$\omega_m = \frac{\omega_{\max} + \omega_{\min}}{2}$$

gesetzt werde. Die Aufgabe des Schwungrades ist es, die relative Schwankung, den „Ungleichförmigkeitsgrad"

$$\delta = \frac{\omega_{\max} - \omega_{\min}}{\omega_m}\,,$$

nicht über eine gegebene Schranke hinauswachsen zu lassen. Wie groß ist das Trägheitsmoment des erforderlichen Schwungrades, wenn man die Trägheitswirkung der bewegten Massen (Kolben mit Kolbenstange und Kreuzkopf, Schubstange, Kurbel) vernachlässigt?

II. 3. *Zentrifugalkraft bei vergrößerter Erdrotation.* Wie schnell müßte die Erde rotieren, damit sich am Äquator Schwere und Zentrifugalkraft gerade aufheben? Wie lang wäre dann der Tag?

II. 4. *Poggendorffscher Versuch mit der Waage.* An einem Waagbalken ist auf der einen Seite eine (gewichtslose) Rolle (reibungsfrei) befestigt, über die ein Faden F läuft, der auf einer Seite das Gewicht P, auf der anderen, ähnlich wie bei der Atwoodschen Fallmaschine, das Gewicht $P + p$ ($p =$ kleines Übergewicht) trägt. p ist anfangs durch einen Faden f an der Achse der Rolle befestigt. Auf der anderen Seite der Waage werden die Gewichte ausbalanciert. Darauf wird der Faden f durchgebrannt.

a) Mit welcher Beschleunigung steigen bzw. fallen die Gewichte P und $P + p$?
b) Schlägt der Waagbalken dabei aus?
c) Welche Spannung wirkt im Faden F?

II. 5. *Beschleunigt bewegte schiefe Ebene.* Eine schiefe Ebene wird in vertikaler Richtung nach vorgegebener Abhängigkeit von der Zeit bewegt. Man untersuche die Bewegung eines auf ihr reibungslos herabgleitenden Körpers von der Masse m, insbesondere den Fall, daß die schiefe Ebene mit der konstanten Beschleunigung $\pm g$ bewegt wird.

II. 6. *Zentrifugalmomente bei der gleichförmigen Rotation eines unsymmetrischen Körpers um eine Achse.* Ein um eine Achse gleichförmig sich drehender unsymmetrischer Körper sei an den Achsenenden A und B gelagert. Welche Reaktionen $\mathfrak{A}$ und $\mathfrak{B}$ müssen die Lager ausüben? Man berechne diese nach dem d'Alembertschen Prinzip und zeige, daß sie aus der im Schwerpunkt vereinigten Zentrifugalkraft und aus dem resultierenden Moment der Zentrifugalkräfte der einzelnen Massenelemente entstehen.

Die durch das Gewicht des Körpers allein veranlaßten Reaktionen sind nach S. 48 bekannt und können daher hier unbeachtet bleiben.

II. 7. *Theorie des Jo-Jo-Spielzeugs.* Ein scheibenförmiger Körper (Masse M, Trägheitsmoment Θ) ist symmetrisch zu seiner zur Achse senkrechten Mittelebene tief eingekerbt. Auf dieser Einkerbung (Radius r) sei ein Faden aufgewickelt, das eine Ende desselben werde gehalten. Der Körper werde dann bei gespanntem Faden losgelassen. Er sinkt und erhält gleichzeitig eine beschleunigte Rotation, bis der Faden abgelaufen ist. Dann wandert er, in einem hier nicht näher zu betrachtenden Zwischenstadium, von der einen Seite des Fadens auf die andere. Indem sich hierauf der Faden im umgekehrten Sinne wieder aufwickelt, steigt der Körper mit verzögerter Rotation usf. Welches ist die Fadenspannung
a) beim Sinken?
b) beim Steigen?

r sei gegen den Abstand der Achse vom festgehaltenen Fadenende so klein, daß der Faden jederzeit als vertikal betrachtet werden kann.

II. 8. *Abspringen eines Massenpunktes bei der Bewegung auf der Kugeloberfläche.* Auf der oberen Hälfte einer Kugel bewegt sich ein Massenpunkt. Seine Anfangslage z_0 und Anfangsgeschwindigkeit v_0 seien beliebig, jedoch letztere tangential zur Kugeloberfläche. Die Bewegung erfolge reibungslos unter dem Einfluß der Schwere. In welcher Höhe springt der Massenpunkt von der Kugel ab?

Zu Kapitel III

III. 1. *Das sphärische Pendel bei kleinem Ausschlag.* Während beim sphärischen Pendel im allgemeinen die Scheitelpunkte der Bahn vorrücken, müssen sie für hinreichend kleine Ausschläge festliegen, entsprechend dem Umstande, daß es sich hier um eine harmonische Ellipsenbewegung handelt. Man schätze ab, in welcher Ordnung die Scheitelvorrückung $\Delta\varphi$ mit der Ellipsenfläche verschwindet!

III. 2. *Lage des Resonanzmaximums bei der erzwungenen gedämpften Schwingung.* Bei der erzwungenen Schwingung mit Dämpfung liegt das Maximum der Schwingungsamplitude nicht wie im dämpfungsfreien Fall bei $\omega = \omega_0$, sondern bei einem von der Stärke der Dämpfung abhängigen Wert unterhalb von ω_0 (vgl. Fig. 33, S. 92).

Man bestätige den hier angegebenen maximalen Wert von $|C|$.

Andererseits zeige man, daß das Maximum der Geschwindigkeitsamplitude $|C|\omega$ (bzw. des zeitlichen Mittelwertes der kinetischen Energie) genau an der Stelle $\omega = \omega_0$ liegt.

III. 3. *Einschaltvorgang beim Galvanometer.* Ein Galvanometer sei über einen Schalter mit einer Gleichstromquelle von konstanter elektromotorischer Kraft E verbunden. Zur Zeit $t = 0$ werde eingeschaltet; nach hinreichender Zeit stellt sich der Galvanometerausschlag α_∞ ein. Welches ist der Übergang von der ursprünglichen Ruhelage $\alpha = 0, \dot\alpha = 0$ zur Endlage $\alpha = \alpha_\infty$?

Man beachte, daß auf das Galvanometer vom Trägheitsmoment Θ außer dem äußeren Drehmoment, welches dem elektrischen Strom und damit auch der EMK proportional ist, als bewegungshemmend ein der Winkelgeschwindigkeit proportionales Dämpfungsmoment und das rückwirkende Moment der Aufhängung, das dem Ausschlag α proportional ist, einwirken; ϱ charakterisiert den Proportionalitätsfaktor des Dämpfungsmomentes, ω^2 den des rückwirkenden Momentes.

Hierbei sollen die einzelnen Fälle

a) schwache Dämpfung ($\varrho < \omega_0$),
b) aperiodischer Grenzfall ($\varrho = \omega_0$),
c) starke Dämpfung ($\varrho > \omega_0$)

unterschieden und graphisch erläutert werden.

III. 4. *Das Pendel bei zwangsweiser Bewegung seines Aufhängepunktes.* a) Ein Massenpunkt hängt an einem unelastischen Faden und pendelt dämpfungsfrei unter der Einwirkung der Schwere. Der Aufhängepunkt wird nach einem beliebigen Gesetz geradlinig horizontal bewegt [Verschiebung $\xi = f(t)$].

Wie lauten die Bewegungsgleichungen des Systems (Faden masselos)? Ableitung aus dem D'ALEMBERTschen Prinzip oder aus den LAGRANGEschen Gleichungen 1. Art.

Die Bewegungsgleichungen vereinfachen sich beträchtlich, wenn man zu kleinen Schwingungen übergeht, also nur die Glieder erster Ordnung beibehält.

Setzt man überdies voraus, daß die Verschiebungen des Aufhängepunktes harmonisch in der Zeit sind, so können die Bewegungsgleichungen einfach integriert werden. Man zeige, daß bei stationär gewordener Bewegung, d. h., nachdem durch die sonst nicht berücksichtigte Dämpfung die den Übergang von der Ruhe zur stationären Bewegung vermittelnden Eigenschwingungen des Pendels abgeklungen sind, unterhalb der Resonanz Aufhängepunkt und Masse m sich im gleichen Sinne bewegen, oberhalb der Resonanz im entgegengesetzten Sinne.

b) Entsprechend behandle man den Fall vertikaler, insbesondere gleichförmig beschleunigter Verschiebung η des Aufhängepunktes. Wie groß wird hier die Schwingungsdauer, wenn der Aufhängepunkt mit der Beschleunigung $\pm g$ verschoben wird?

III. 5. *Eine leicht herstellbare Realisierung von sympathischen Pendeln, in Fig. 57 skizziert.* Zwischen zwei festen Stützen A, B (Winkeleisen) ist ein masseloser, elastisch nachgiebiger Draht gespannt. Seine Spannung S wird durch ein

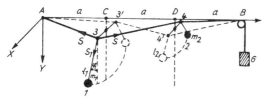

Fig. 57. Der Draht $ACDB$ ist durch das Gewicht G gespannt, wird aber nicht nur durch die Schwere, sondern auch durch die Trägheitswirkungen der Pendel deformiert in den Linienzug $A\,3\,4\,B$ bzw. bei der entgegengesetzten Ausschwingung in $A\,3'\,4'\,B$. Die Pendel 1 und 2, Länge l_1 und l_2, sind bifilar aufgehängt und schwingen daher transversal gegen die Zeichenebene (die bifilare Aufhängung ist in der Figur nicht dargestellt). Die jeweiligen Ausschwingungswinkel gegen die Vertikale sind φ_1 und φ_2

auswechselbares Gewicht G hervorgerufen, das an dem einen überhängenden Ende des Drahtes angebracht ist. An den Stellen C und D, die die Strecke AB in drei, sagen wir, gleiche Teile teilen, sind zwei Pendel *bifilar* aufgehängt, so daß sie ziemlich genau transversal, d. h. senkrecht gegen die Zeichenebene ausschwingen können. (Die bifilaren Aufhängungen sind in der Figur je durch einen Pendelarm schematisiert.) Durch Vergrößerung von G macht man die Kopplung zwischen den beiden Pendeln loser (nicht etwa fester!). Im folgenden wird die Kopplung als lose, S also als groß gegen das Gewicht der Pendelkörper, vorausgesetzt. Die Winkel der Pendelausschwingung gegen die Vertikale φ_1 und φ_2 seien klein, so daß (wegen der Beziehungen vgl. die Figur; 3' und 4' bedeuten die zu den Lagen 3 und 4 der Aufhängepunkte CD entgegengesetzten Ausschwingungen):

$$\sin \varphi_1 = \varphi_1 = \frac{x_1 - x_3}{l_1}, \quad \cos \varphi_1 = 1,$$

$$\sin \varphi_2 = \varphi_2 = \frac{x_2 - x_4}{l_2}, \quad \cos \varphi_2 = 1.$$

Unter Vernachlässigung der y-Komponente der kleinen Schwingungen haben wir für m_1 und entsprechend für m_2

(1) $\qquad m_1 g = S_1 \cos \varphi_1 = S_1, \qquad m_2 g = S_2 \cos \varphi_2 = S_2,$

(2) $\quad m_1 \ddot{x}_1 = - S_1 \sin \varphi_1 = \dfrac{m_1 g}{l_1}(x_3 - x_1), \quad m_2 \ddot{x}_2 = - S_2 \sin \varphi_2 = \dfrac{m_2 g}{l_2}(x_4 - x_2).$

An den Stellen C und D müssen S_1 bzw. S_2 mit der Spannung S im Gleichgewicht stehen, welche ihrerseits durch S_1 und S_2 nur um vernachlässigbar kleine Größen abgeändert wird. Dies gibt zwei weitere Bedingungen zwischen x_1, x_2, x_3, x_4. Indem man aus ihnen x_3 und x_4 ausrechnet und in (2) einsetzt, erhält man die simultanen Differentialgleichungen der sympathischen Pendel. Man überzeuge sich, daß sie mit den Gln. (20. 10) übereinstimmen.

III. 6. *Der Schwingungstilger.* An ein in der x-Richtung schwingungsfähiges System (Masse M, Konstante der rücktreibenden Kraft K) sei eine Masse m mit einer Feder (Konstante k) angekoppelt derart, daß auch m in der x-Richtung schwingen kann. Bei Einwirkung einer äußeren Kraft $P_x = c \cos \omega\, t$ auf die Masse M soll sich diese nicht bewegen. Welche Bedingungen muß hierbei das System (m, k) erfüllen?

Zu Kapitel IV

IV. 1. *Trägheitsmomente einer ebenen Massenverteilung.* Für jede Massenverteilung in der Ebene ist das Trägheitsmoment um die „polare" Achse (senkrecht zur Ebene) gleich der Summe der Trägheitsmomente um zwei zueinander senkrechte „äquatoriale" Achsen (in der Ebene der Scheibe). Spezialisierung auf die Kreisscheibe.

IV. 2. *Cartesische Komponenten der Winkelgeschwindigkeit aus der zeitlicher Änderung $\vartheta, \dot{\psi}, \dot{\varphi}$ der Eulerschen Winkel.* Man gebe den Zusammenhang der Komponenten P, Q, R der Winkelgeschwindigkeit $\vec{\omega} = (P, Q, R)$ im raumfesten X, Y, Z-System und ihrer Komponenten p, q, r im körperfesten x, y, z-System mit der zeitlichen Änderung der Eulerschen Winkel an. Vgl. Fig. 53, S. 173.

IV. 3. *Die Rotation des Kreisels um seine Hauptachsen.* Bei einem unsymmetrischen Kreisel ist nach Fig. 47a, b die Rotation um die Achse des größten oder kleinsten Trägheitsmomentes stabil, die um die Achse des mittleren Haupträgheitsmomentes instabil. Zum analytischen Beweis gehe man von den Eulerschen Gleichungen aus und setze die Winkelgeschwindigkeit um die Rotationsachse $p = \text{konst.} = p_0$. Die Winkelgeschwindigkeiten q und r um die beiden anderen Trägheitshauptachsen, die zu Anfang Null sind, erhalten durch eine äußere Störung von Null verschiedene Werte. Setzt man die Störung als klein voraus, so ergibt die erste Eulersche Gleichung, daß p in erster Näherung unverändert gleich p_0 bleibt. Für q und r erhält man aus den beiden anderen Gleichungen ein System von zwei linearen Differentialgleichungen 1. Ordnung. Indem $q = a\, e^{\lambda t}$ und $r = b\, e^{\lambda t}$ mit willkürlichen Konstanten a, b angesetzt wird, ergibt die Diskussion der quadratischen Gleichung für λ den eingangs ausgesprochenen Satz.

IV. 4. *Hohe und tiefe Stöße beim Billard. Nachläufer und Zurückzieher.* Ein Billardball werde mit horizontalem Queue in seiner Mittelebene, also ohne Effet, angestoßen. In welcher Höhe h über dem Mittelpunkt muß das Queue den Ball treffen, damit reines Rollen (kein Gleiten) eintritt? Man gebe eine Theorie der hoch und tief gestoßenen Bälle unter Berücksichtigung der gleitenden Reibung zwischen Ball und Tuch. Um wieviel wächst die Geschwindigkeit des Schwerpunktes während der Reibungsperiode bei Hochstoß, um wieviel nimmt sie ab bei Tiefstoß? Nach welcher Zeit ist nur noch reines Rollen da?

Mit denselben Methoden lassen sich die Verhältnisse beim Nachläufer und Zurückzieher erklären.

IV. 5. *Parabolische Bewegung des Billardballes.* Wie muß ein Ball angestoßen werden, damit die fortschreitende Bewegung des Schwerpunktes und die Rotationsachse nicht senkrecht aufeinander stehen? Man zeige, daß, solange der Ball gleitet, die Richtung der Reibungskraft stets dieselbe ist. Welches ist die Bahn des Mittelpunktes der Kugel? Wie lange dauert es, bis reines Rollen eintritt?

Zu Kapitel V

V. 1. *Relativbewegung in der Ebene.* Die Ebene rotiere um einen festen Punkt O mit der veränderlichen Winkelgeschwindigkeit ω (Drehachse = Normale in O).

Welche Zusatzkräfte, außer der Zentrifugalkraft, muß man an einem Massenpunkt anbringen, damit seine Bewegungsgleichungen in der rotierenden Ebene dieselbe Form annehmen wie in dem Inertialsystem der raumfesten Ebene? Man führt zweckmäßig die komplexen Variablen $x + iy$ in der raumfesten, $\xi + i\eta$ in der rotierenden Ebene ein.

V. 2. *Bewegung eines Massenpunktes auf einer rotierenden Geraden.* Ein Massenpunkt bewegt sich (ohne Reibung) in einer festen Vertikalebene auf einer Geraden, die sich ihrerseits mit konstanter Winkelgeschwindigkeit ω um einen festen Punkt in dieser Vertikalebene dreht. Man berechne die Bewegung auf der sich drehenden Geraden als Funktion der Zeit und zeige, daß die Zwangskraft (Führungsdruck) und die in ihrer Richtung genommene Komponente der Erdanziehung sich gerade gegen die CORIOLISkraft wegheben.

V. 3. *Der Schlitten als einfachstes Beispiel eines nichtholonomen Systems* [nach C. CARATHÉODORY, Z. angew. Math. Mech. **13** (1933) 71]. Der Schlitten wird als starres ebenes System aufgefaßt mit drei Freiheitsgraden im Endlichen, einem im Unendlich-Kleinen. (Man vergleiche das rollende Rad in Aufgabe II. 1, das fünf Freiheitsgrade im Endlichen, drei im Unendlich-Kleinen hatte.)

Von der gleitenden Reibung auf dem Schnee sehe man ab, bzw. man denke sie durch die Zugkraft des Pferdes dauernd aufgehoben. Aber man muß die Reibung R berücksichtigen, die von den Schneerinnen senkrecht gegen die Kufen ausgeübt wird und die jede seitliche Bewegung derselben verhindert. Diese Reibung sei auf einen Angriffspunkt konzentriert.

Mit dem Schlitten sei ein ξ, η-System fest verbunden. Die ξ-Achse verlaufe in der Mittellinie der Kufen und gehe durch den Schwerpunkt S (Koordinaten $\xi = a$, $\eta = 0$), die η-Achse lege man durch den Angriffspunkt von R. In der horizontalen Ebene des Schnees liege ein x, y-System. φ sei der Winkel zwischen der ξ- und x-Achse, $\omega = \dot{\varphi}$ die jeweilige Drehgeschwindigkeit des Schlittens um die Vertikale, M die Masse, Θ das Trägheitsmoment des Schlittens um die Vertikale durch den Schwerpunkt. u, v seien die Komponenten der Geschwindigkeit des Punktes O ($\xi = \eta = 0$) nach der ξ- und η-Achse.

a) Man leite die drei simultanen Differentialgleichungen für die Größen u, v, ω ab mit R als äußerer Kraft nach der Methode der komplexen Variablen aus Aufgabe V. 1.

b) Man vereinfache sie durch Einführung der nichtholonomen Bedingung $v = 0$ und bestimme daraus R.

c) Man integriere sie, indem man statt des Drehwinkels φ einen dazu proportionalen Hilfswinkel einführt.

d) Man überzeuge sich, daß die kinetische Energie des Schlittens konstant ist (Grund: R wirkt wattlos).

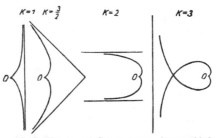

Fig. 58. Bahnkurve des Schlittens nach CARATHÉODORY für verschiedene Werte von k

e) Man zeige, daß die Bahnkurve des Punktes O in der xy-Ebene bei geeigneter Wahl der Zeitskala für $t = 0$ eine Spitze besitzt und für $t = \pm \infty$ in Asymptoten ausläuft, wie durch die von CARATHÉODORY übernommenen Fign. 58 gezeigt wird.

Zu Kapitel VI

VI. 1. *Beispiel zum Hamiltonschen Prinzip.* Man berechne den Wert des HAMILTONschen Integrals zwischen den Grenzen $t = 0$ und $t = t_1$: a) für die wirkliche Fallbewegung eines Massenpunktes: $z = 1/2\, g\, t^2$; b) für zwei fiktive Bewegungen $z = c\, t$ und $z = a\, t^3$, wo die Konstanten c und a, entsprechend der Vorschrift über die zugelassenen Bahnen, so zu bestimmen sind, daß Anfangs- bzw. Endlage jeweils mit der tatsächlichen übereinstimmt. Man zeige, daß das Integral für die wirkliche Bewegung einen kleineren Wert hat als für die fiktiven Bewegungen b).

VI. 2. *Nochmals die Relativbewegung in der Ebene und die rotierende Geradführung.* Man behandle die Aufgaben V. 1 und V. 2 nach der LAGRANGEschen Methode.

VI. 3. *Nochmals der freie Fall auf der rotierenden Erde und das Foucaultsche Pendel.* Man überzeuge sich, daß auch diese Probleme nach der LAGRANGEschen Methode ohne Kenntnis der Gesetze der Relativbewegung behandelt werden können. Dieses Verfahren ist interessant und gedanklich einfacher als das Verfahren in Kapitel V; aber es erfordert eine sorgfältige Berücksichtigung der zahlreich auftretenden kleinen Terme, wobei Vernachlässigungen wegen der Größe des Erdradius und der Kleinheit der Erddrehung erst nach Ausführung der Differentiationen $\frac{d}{dt}\frac{\partial}{\partial \dot{q}}$ und $\frac{\partial}{\partial q}$ vorgenommen werden dürfen.

Man geht aus von den gewöhnlichen raumfesten Polarkoordinaten r, ϑ, ψ, auf der näherungsweise kugelförmig gedachten Erde, von der wir auch das Geoid nicht unterscheiden. Mit diesen vergleiche man die in Fig. 50, S. 147, eingeführten Koordinaten ξ, η, ζ auf der rotierenden Erde. Sind R der Erdradius, ϑ_0, ψ_0 die Koordinaten des Fußpunktes, über dem der mitbewegte Anfangsort des freien Falles bzw. der Aufhängungspunkt des Pendels liegt, so bestehen zwischen den Koordinaten r, ϑ, ψ und ξ, η, ζ des fallenden oder pendelnden Massenpunktes m die Beziehungen

(1) $$\xi = R(\vartheta - \vartheta_0), \quad \eta = R \sin\vartheta\,(\psi - \psi_0), \quad \zeta = r - R,$$

mit

(2) $$\psi_0 = \omega t, \quad \vartheta_0 = \frac{\pi}{2} - \varphi = \text{Komplement der geogr. Breite.}$$

Daraus folgt
$$\dot{\xi} = R\dot{\vartheta}, \quad \dot{\eta} = R\sin\vartheta\,(\dot{\psi} - \omega) + \frac{\cos\vartheta}{\sin\vartheta}\eta\dot{\vartheta}, \quad \dot{\zeta} = \dot{r}$$

und umgekehrt

(3) $$r\dot{\vartheta} = \left(1 + \frac{\zeta}{R}\right)\dot{\xi},$$

$$r\sin\vartheta\,\dot{\psi} = \left(1 + \frac{\zeta}{R}\right)\dot{\eta} + \omega R\left(1 + \frac{\zeta}{R}\right)\sin\vartheta - \frac{\cos\vartheta}{\sin\vartheta}\left(1 + \frac{\zeta}{R}\right)\frac{\eta}{R}\dot{\xi}, \quad \dot{r} = \dot{\zeta}.$$

Den hier noch vorkommenden Winkel ϑ hat man nach (1) als Funktion von ξ aufzufassen.

Diese Werte sind in den Ausdruck der kinetischen Energie
$$T = \frac{m}{2}(\dot{r}^2 + r^2\dot{\vartheta}^2 + r^2\sin^2\vartheta\,\dot{\psi}^2)$$

einzusetzen, der dadurch zu einer Funktion von $\dot{\xi}, \dot{\eta}, \dot{\zeta}, \xi, \eta, \zeta$ wird. Man berechnet daraus z. B., wenn die später nicht in Betracht kommenden Glieder durch ... angedeutet werden:

(4) $$\frac{\partial T}{\partial \dot{\xi}} = m\left(1 + \frac{\zeta}{R}\right)^2 \dot{\xi} - m\frac{\cos\vartheta}{\sin\vartheta}\left(1 + \frac{\zeta}{R}\right)\frac{\eta}{R}\left\{\cdots + \omega R\left(1 + \frac{\zeta}{R}\right)\sin\vartheta + \cdots\right\}$$

(5) $$\frac{d}{dt}\frac{\partial T}{\partial \dot{\xi}} = m\ddot{\xi} - m\omega\cos\vartheta\,\dot{\eta} + \cdots,$$

(6) $$\frac{\partial T}{\partial \xi} = \frac{1}{R}\frac{\partial T}{\partial \vartheta} = +m\omega\cos\vartheta\,\dot{\eta} + \cdots. \;\; [1]$$

---

[1] Vgl. hierzu die Erläuterung S. 246 unten.

Als potentielle Energie kann man benutzen
$$\tag{7} V = mg(r - R) = mg\zeta.$$

Man überzeuge sich, daß auf diese Weise die Gln. (30. 5) beim freien Fall und die Gln. (31. 2) beim FOUCAULTschen Pendel entstehen, aus denen die früher entwickelten Resultate fließen.

VI. 4. *Rollpendelung eines Zylinders auf ebener Unterlage.* Ein Kreiszylinder vom Radius a sei inhomogen mit Masse erfüllt, so daß der Schwerpunkt S den Abstand s von der Achse des Zylinders habe. Der Zylinder rolle auf einer horizontalen Ebene unter dem Einfluß der Schwere. Die Masse des Zylinders sei m, Trägheitsmoment um die zur Zylinderachse parallele Schwerpunktachse Θ. Man untersuche die Bewegung nach der LAGRANGEschen Methode, indem man den Wälzwinkel φ als allgemeine Koordinate q einführt. Bei der Berechnung der kinetischen Energie lege man den Bezugspunkt

a) in den Schwerpunkt,
b) in den Mittelpunkt

des Zylinders und überzeuge sich, daß beidemal dieselbe Differentialgleichung für φ entsteht.

Nach der „Methode der kleinen Schwingungen" zeige man, daß in der tiefsten Lage von S stabiles, in der höchsten labiles Gleichgewicht herrscht.

VI. 5. *Ausgleichsgetriebe des Automobils.* Beim Automobil müssen sich in einer Kurve die angetriebenen Räder, wenn sie nicht gleiten sollen, verschieden rasch umdrehen. Dies wird durch das Ausgleichsgetriebe (Differentialgetriebe, Fig. 59)

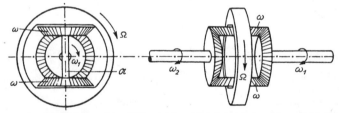

Fig. 59. Das Ausgleichsgetriebe (Differentialgetriebe) beim Automobil, zugleich Modell (nach BOLTZMANN) für die Induktionswirkung zweier Stromkreise. Links: Ansicht in Richtung der Hinterradachse des Automobils. Rechts: Aufsicht auf diese Achse

ermöglicht. Der Motor treibt das Triebrad (Ω) an, in welchem die Achse $\mathfrak{A}$ fest gelagert ist. Auf dieser ist das Kegelräderpaar ω drehbar befestigt. Es greift mit seinen Zähnen in das Kegelräderpaar (ω_1, ω_2) ein (Fig. 59 links), auf denen es sich bei der Umdrehung von $\mathfrak{A}$ abwälzt.

Die Achse der Hinterräder des Automobils ist in der Mitte durchbrochen (Fig. 59 rechts). Am linken Ende der rechten Hälfte derselben sitzt, fest mit ihr verbunden, das Kegelrad ω_1, am rechten Ende der linken Hälfte das Kegelrad ω_2. Die beiden Hälften der Hinterradachse können sich also mit verschiedener Winkelgeschwindigkeit drehen, wobei sie aber durch das Ausgleichsgetriebe gekoppelt sind.

Man stelle die kinematischen Beziehungen zwischen den Winkelgeschwindigkeiten Ω, ω, ω_1 und ω_2 auf. Dann leite man nach dem Prinzip der virtuellen Arbeit die Gleichgewichtsbedingung zwischen dem auf Ω wirkenden Moment M (antreibendes Moment) und den an ω_1, ω_2 angreifenden Momenten M_1, M_2 ab.

Wie lautet die Bewegungsgleichung des Systems? Die Trägheitsmomente von (ω_1), (ω_2) seien Θ_1, Θ_2, das Trägheitsmoment des Räderpaares (ω) um die eigene Achse sei Θ, das um die des Triebrades Θ'. Das Trägheitsmoment Θ' von Ω werde vernachlässigt.

Wird das eine Hinterrad beschleunigt, z. B. durch Verringerung der Reibung, so wird das andere verzögert, auch wenn dort Antriebs- und Reibungsmoment gleichbleiben.

Anleitung zur Lösung der Übungsaufgaben

Die in den Aufgaben vorkommenden Zahlenrechnungen lassen sich fast alle hinreichend genau mit dem Rechenschieber ausführen. Auf dieses sinnreiche Hilfsmittel für Überschlagsrechnungen sei ausdrücklich hingewiesen.

I. 1. Der Beweis, daß $v_1 = v_2 = v$ sein muß, kann algebraisch oder geometrisch erbracht werden. Im letzteren Fall benutze man v_1 und v_2 als rechtwinklige Koordinaten in einem ebenen Diagramm.

I. 2. Die Geschwindigkeit der fortfliegenden Massen m und M ist

$$\frac{2M}{M+m} v_0 \quad \text{bzw.} \quad \frac{M-m}{M+m} v_0.$$

I. 3. Die Formeln von I. 2 gelten mit Vorzeichenumkehr.

I. 4. Man überzeuge sich, daß die quadratische Gleichung für V auf denselben Mindestwert v_0 führt wie die für v.

I. 5. Die zu integrierende Differentialgleichung ist

$$m \dot{v} - \mu a = -mg.$$

Mit der unabhängigen Variablen $m = m_0 - \mu t$ statt t erhält man:

$$v = -a \log\left(1 - \frac{\mu}{m_0} t\right) - g t$$

und durch nochmalige Integration (z ist die Höhe über dem Erdboden):

(1) $$z = \frac{a m_0}{\mu} \left\{ \left(1 - \frac{\mu}{m_0} t\right) \log\left(1 - \frac{\mu}{m_0} t\right) + \frac{\mu}{m_0} t \right\} - \frac{1}{2} g t^2$$

Als Probe für kleine t folgt durch Vernachlässigung höherer Glieder in t

(2) $$z = \left(\frac{\mu a}{m_0} - g\right) \frac{t^2}{2}.$$

Die Zahlenrechnung mit Formel (1) liefert:

$t =$	10	30	50 s
$z =$	0,54	5,65	18,4 km

I. 6. Wegen der Dichte 1 ist die Masse des Wassertropfens $m = \frac{4\pi}{3} r^3$, also $dm = 4\pi r^2 dr$. Anderseits ist bei Kondensation (α = Proportionalitätsfaktor) $dm = 4\pi r^2 \alpha \, dt$; daher $dr = \alpha \, dt$. Die Differentialgleichung lautet in r geschrieben

$$\alpha \frac{d}{dr}(r^3 v) = r^3 g.$$

Anleitung zur Lösung der Übungsaufgaben

Sie wird mit Rücksicht auf die Anfangsbedingung $v = v_0$ für $r = c$ integriert durch

$$v = \frac{g}{\alpha} \frac{r}{4} + \frac{c^3}{r^3}\left(v_0 - \frac{g}{\alpha} \frac{c}{4}\right);$$

für $c = 0$ bzw. $v_0 = 0$ wird:

$$v = \frac{g}{\alpha} \frac{r}{4} \quad \text{bzw.} \quad v = \frac{g}{\alpha} \frac{r}{4}\left(1 - \frac{c^4}{r^4}\right).$$

I. 7. x sei das jeweils herunterhängende Stück der Kette. Die Bewegungsgleichung lautet, wenn man die Masse der Kette pro Längeneinheit gleich 1 setzt:

$$\frac{d}{dt}(x\dot{x}) = x\ddot{x} + \dot{x}^2 = gx.$$

Da ihre Integration etwas schwierig ist (sie führt nach der Substitution $x = \sqrt{u}$ auf ein elliptisches Integral), begnüge man sich, die Größen $\dot{T}$, $\dot{V}$ und $\dot{Q}$ (CARNOTscher Energieverlust pro Zeiteinheit) in x, $\dot{x}$, $\ddot{x}$ auszudrücken und zu zeigen, daß vermöge der Bewegungsgleichung gilt

$$\dot{T} + \dot{V} + \dot{Q} = 0 \quad \text{also} \quad \dot{T} + \dot{V} \neq 0.$$

I. 8. Die Bewegungsgleichung lautet $l\ddot{x} = gx$. Diese lineare Differentialgleichung mit konstanten Koeffizienten läßt sich nach (3. 24 b) integrieren. Die Gültigkeit des Energiesatzes kann man entweder in differentieller Form aus der Bewegungsgleichung oder in integrierter Form aus deren Lösung

$$x = a(e^{\alpha t} + e^{-\alpha t}), \quad \alpha^2 = \frac{g}{l}, \quad a = \frac{x_0}{2}$$

ablesen.

I. 9. Die Zahlenangaben der Aufgabe gestatten die Zentripetalbeschleunigung des Mondes in m/s zu bestimmen. Den dabei zu benutzenden Wert des Erdradius kann man nach der Definition des Meters $r = \frac{2}{\pi} \cdot 10^7$ m setzen. Das Gravitationsgesetz andererseits liefert als Wert für die Zentripetalbeschleunigung $g/60^2$, nachdem man die Gravitationskonstante G wie S. 18 mittels g eliminiert hat. Die beiden so erhaltenen Zahlenwerte stimmen hinreichend genau überein.

I. 10. Man setze die Transformationsformeln für die Koordinaten wie in (2.5), aber mit $a = b = c = 0$ an. Die Komponenten des transformierten Momentes $\mathfrak{M}'$ ergeben sich als lineare Ausdrücke der Komponenten von $\mathfrak{M}$ mit Koeffizienten gleich den Unterdeterminanten des Transformationsschemas. Für letztere gelten die aus den Orthogonalitätsbedingungen zu beweisenden Relationen

$$\varrho \gamma_1 = \begin{vmatrix} \alpha_2 & \alpha_3 \\ \beta_2 & \beta_3 \end{vmatrix}, \quad \varrho \gamma_2 = \begin{vmatrix} \alpha_3 & \alpha_1 \\ \beta_3 & \beta_1 \end{vmatrix}, \ldots$$

mit $\varrho = \pm 1$, je nachdem das transformierte mit dem ursprünglichen System gleichsinnig oder ungleichsinnig ist.

I. 11. Aus den Gln. (6. 8) folgt [B ist nach Fig. 7 und Gl. (6. 5) *negativ*]:

$$\varepsilon = \frac{-B}{GM/C} = \frac{|B|}{GM/C}.$$

Daher ist für die Ellipse ($\varepsilon < 1$) $\dfrac{GM}{C} > |B|$, für die Hyperbel ($\varepsilon > 1$) $\dfrac{GM}{C} < |B|$.

Es bedeutet aber $R = GM/C$ den Radius des Hodographenkreises, $|B|$ den Abstand des Mittelpunktes vom Pol. Daraus folgt unmittelbar die Behauptung der Aufgabe.

Wie die Grenzfälle Kreis und Parabel sich einordnen, zeigt die folgende Tabelle, in welcher

$$v_0 = \frac{GM}{C} + |B|$$

die Größe der Geschwindigkeit des Planeten im Perihel bedeutet.

Planetenbahn	ε	$|B|$	Hodograph	v_0
Kreis	$= 0$	$= 0$	Mittelpunkt im Pol	$= GM/C$
Ellipse	< 1	$< R$	Hodograph schließt Pol ein	$< 2\,GM/C$
Parabel	$= 1$	$= R$	Hodograph geht durch den Pol	$= 2\,GM/C$
Hyperbel	> 1	$> R$	Hodograph schließt Pol aus	$> 2\,GM/C$

I. 12. In den Differentialgleichungen (6.4) hat man zu ersetzen GM durch $\pm\, eE/m$, wobei das obere Vorzeichen (Anziehung) dem Fall des positiven Ions, das untere Vorzeichen (Abstoßung) dem Fall des negativen Ions entspricht. Die Gln. (6.5) liefern dann bei gleicher Bedeutung von φ wie in Fig. 6 für $\varphi = \pi/2$ wegen $\dot x = 0$, $\dot y = -v_0$

$$A = \pm\, eE/mC, \quad B = -v_0.$$

Dabei geht (6.6) über in

(1) $$\frac{1}{r} = \pm \frac{eE}{m_0 C^2}(1 - \sin\varphi) - \frac{v_0}{C}\cos\varphi.$$

Dies bedeutet, da C je nach dem Abstand der Einschußrichtung von der y-Achse, von Bahn zu Bahn wechselt, eine Kurven*schar*. Um die *Enveloppe* derselben zu bekommen, differenziert man Gl. (1) nach C. Indem man C aus der differenzierten Gl. (1) eliminiert, erhält man für die gesuchte Enveloppe

(2) $$x^2 = p^2 - 2py, \quad p = \pm \frac{4eE}{m_0 v_0^2}.$$

Man beachte, daß die Bahn des Elektrons jeweils nur aus einem Hyperbelast besteht, wohingegen (1) die beiden Äste darstellt, und überzeuge sich — am einfachsten durch Skizzieren der betreffenden Kurvenscharen —, daß nur im Falle der Abstoßung Gl. (2) Enveloppe der tatsächlichen Elektronenbahnen ist.

I. 13. Am einfachsten verfährt man nach der Methode der harmonischen Schwingungen in § 3 unter 4. Es ist aber lehrreich, sich zu überzeugen, daß auch die Methoden von § 6 zum Ziele führen.

I. 14. Der hier behandelte Kernprozeß ist kein elastischer Stoß, auch kein unelastischer, sondern ein „überelastischer" insofern, als zur primären Energie E die Kernenergie W hinzutritt. Die kinetische Energie der α-Teilchen kann man in der klassischen Form $E_\alpha = \frac{1}{2} m_\alpha v_\alpha^2$ berechnen.

Durch Elimination von v_α aus Energie- und Impulsgleichung findet man dann mit KIRCHNER für den symmetrischen Fall

$$\cos\varphi = \sqrt{\frac{m_p}{2\,m_\alpha}\frac{E_p}{W + E_p}}.$$

1 eV ist diejenige Energie, die das Spannungsgefälle von 1 Volt der Elektronenladung e ($=1{,}6 \cdot 10^{-19}$ Coulomb) erteilt, also 1 eV $= 1{,}6 \cdot 10^{-19}$ Joule.

Die Masse des Protons ist $m_p = 1{,}65 \cdot 10^{-27}$ kg, also die des α-Teilchens $m_\alpha = 6{,}6 \cdot 10^{-27}$ kg. Die letztere benötigt man, um von dem zunächst in Elektronenvolt ausgedrückten und auf Joule umgerechneten Werte von E_α zu der Geschwindigkeit v_α überzugehen. Der so gefundene Wert von v_α zeigt, daß der klassische Ansatz für E_α berechtigt war und die Relativitätskorrektion (Gl. 4. 11) unmerklich ist.

I. 15. Aus der zweiten Gl. (3. 27) mit $V_0 = 0$ und etwa $v_0 = 1$ berechnet man unmittelbar die kinetische Energie $\dfrac{M}{2} V^2$ des gestoßenen Teilchens nach dem Zusammenstoß als Funktion von $x = M/m$, insbesondere ihr Maximum für $x = 1$ und ihre kleine Ordinate für $x = 206$. Letztere beträgt nur 19 Promille der ersteren.

Von dieser Überlegung ausgehend, hat FERMI 1935 seine Methode ausgearbeitet, „thermische" Neutronen herzustellen, d. h. langsame Neutronen, die sich durch wiederholte Zusammenstöße mit den im Paraffin enthaltenen Protonen thermischer Energie ins Gleichgewicht gesetzt und selbst thermische Geschwindigkeitsverteilung angenommen haben.

I. 16. Die Koordinaten von E sind:

(1a) $$x = a \cos u = r \cos \varphi + \varepsilon a,$$

(1b) $$y = b \sin u = r \sin \varphi.$$

Die in r, φ geschriebene Ellipsengleichung (6.8′) wird umgesetzt in

(1) $$r = -\varepsilon r \cos \varphi - p, \quad p = a(1 - \varepsilon^2) = b^2/a.$$

Daraus entsteht mit dem Werte von $r \cos \varphi$ aus (1a)

(2) $$r = -\varepsilon(a \cos u - \varepsilon a) - a(1 - \varepsilon^2) = a(1 - \varepsilon \cos u).$$

(2) differenziert ergibt

(3) $$\mathrm{d}r = \varepsilon a \sin u \, \mathrm{d}u.$$

Durch Differentiation von (1) entsteht

$$p \, \mathrm{d}r/r^2 = \varepsilon \sin \varphi \, \mathrm{d}\varphi.$$

Hieraus

(4) $$\frac{p}{\varepsilon \sin \varphi} \mathrm{d}r = r^2 \, \mathrm{d}\varphi = C \, \mathrm{d}t \quad (C \text{ Flächenkonstante}).$$

Diese Gleichung wird durch (1b) und (3) umgeformt in:

$$(p\, a/b)\, r\, \mathrm{d}u = C\, \mathrm{d}t.$$

Ersetzt man hier noch r durch (2), so resultiert

(5) $$(1 - \varepsilon \cos u)\, \mathrm{d}u = n\, \mathrm{d}t \quad \text{mit}$$

(6) $$n = C\, b/p\, a^2 = C/a\, b.$$

Die Integration von (5) ergibt schließlich

$$u - \varepsilon \sin u = n\, t.$$

Die Integrationskonstante verschwindet, weil bei der angegebenen Zeitzählung $t = 0$ für $u = 0$ sein muß. nt heißt „mittlere Anomalie" (wie in der Astronomie ebenfalls vom Perihel aus gerechnet). Der Name rührt daher, daß die rechte Seite von (6) nach (6.8″) umgeformt werden kann in $2\pi/T$.

II. 1. Reduziert man

$$\delta f = \frac{\partial f}{\partial x}\,\delta x + \frac{\partial f}{\partial y}\,\delta y + \frac{\partial f}{\partial \varphi}\,\delta \varphi + \frac{\partial f}{\partial \psi}\,\delta \psi$$

vermittels der Bedingung (1) der Aufgabe, so entsteht

$$\left(\frac{\partial f}{\partial x} a \cos \psi + \frac{\partial f}{\partial y} a \sin \psi + \frac{\partial f}{\partial \varphi}\right)\delta \varphi + \frac{\partial f}{\partial \psi}\,\delta \psi\,;$$

daraus, weil $\delta\varphi$ und $\delta\psi$ einzeln gleich 0 gesetzt werden können,

(2) $$\frac{\partial f}{\partial \psi} = 0$$

und

(3) $$a\frac{\partial f}{\partial x}\cos\psi + a\frac{\partial f}{\partial y}\sin\psi + \frac{\partial f}{\partial \varphi} = 0\,.$$

Die letztere Gleichung gilt für jedes ψ und kann daher nach ψ differenziert werden. Wegen (2) erhält man

(4) $$-a\frac{\partial f}{\partial x}\sin\psi + a\frac{\partial f}{\partial y}\cos\psi = 0$$

und bei nochmaliger Differentiation nach ψ

(5) $$a\frac{\partial f}{\partial x}\cos\psi + a\frac{\partial f}{\partial y}\sin\psi = 0\,.$$

Aus (4) und (5) folgt

(6) $$\frac{\partial f}{\partial x} = \frac{\partial f}{\partial y} = 0\,.$$

Nach (3) ist dann auch

(7) $$\frac{\partial f}{\partial \varphi} = 0\,.$$

(2), (6) und (7) setzen in Evidenz, daß es keine von x, y, φ, ψ abhängige Bedingung $f = 0$ gibt, daß also unser System nicht holonom ist. Beweis von G. HAMEL, Elementare Mechanik, 2. Aufl. Leipzig 1922.

II. 2. Man zeichne das Arbeitsdiagramm der Maschine, d. h. die M-Linie und die W-Gerade zur Abszisse des Kurbelwinkels zwischen 0 und π und beachte, daß die von der M-Linie und der W-Geraden mit der Achse eingeschlossenen Flächen einander gleich sein müssen. Dadurch erhält man eine Beziehung zwischen M_0 und W. Die zu $\omega_{\max}$ und $\omega_{\min}$ gehörigen Winkel φ_2 und φ_1 ergeben sich in der Figur als Schnittpunkte der M- und W-Linien: $\sin\varphi_1 = \sin\varphi_2 = \dfrac{2}{\pi}$, $\varphi_2 = \pi - \varphi_1$, $\varphi_1 = 39°\,33' = 0{,}69$ im Bogenmaß. Man bestimme den Unterschied der kinetischen Energie des Schwungrades zwischen den Winkeln φ_2 und φ_1 und drücke ihn durch Θ, ω_m und δ aus. Der für das gleiche Intervall angeschriebene Energiesatz liefert dann die Größe des erforderlichen Θ in der Form:

$$\Theta = \frac{W}{\delta\omega_m^2}(\pi\cos\varphi_1 - \pi + 2\varphi_1) = \frac{0{,}66}{\delta\omega_m^2}\,W\,.$$

Mit

$$N = \frac{W\omega}{75}\,\text{PS} \quad \text{und} \quad n = \frac{60}{2\pi}\,\omega \,\text{U/min}$$

ergibt sich

$$\Theta \approx 43\,400\,\frac{N}{\delta n^3}\,\text{kp m s}^2$$

im technischen Maßsystem.

Anleitung zur Lösung der Übungsaufgaben

II. 3. Wegen der Größe des Erdradius siehe Aufgabe I. 9. Für die Ausrechnung der Tageslänge kann $\sqrt{8\pi} = 5$ gesetzt werden.

II. 4. Zu a). Denkt man sich den Waagebalken festgehalten, so hat man nur das Gleichgewicht von Schwere und Trägheitskräften an der Rolle bei einer virtuellen Drehung $\delta\varphi$ derselben (Momentengleichung) zu betrachten. Daraus ergibt sich die Beschleunigung $\ddot{x}$ der Gewichte als kleiner Bruchteil von g.

Zu b). Man füge eine virtuelle Drehung des Waagebalkens hinzu. Dabei kommt es auf die Momente der Trägheitskräfte um den Drehpunkt des Waagebalkens an. Es besteht kein Gleichgewicht. Der Waagebalken schlägt nach der Seite der Waagschale aus, solange das Gewicht p fällt. Bei Abschätzung des Übergewichtes darf man den Durchmesser der Rolle gegen den Arm des Waagebalkens vernachlässigen. Man kann unter dieser Vernachlässigung auch so vorgehen, daß man die Belastung der Waagschale mit der Belastung durch Gewicht und Trägheitskräfte der anderen Seite vergleicht.

II. 5. Die Gleichung der schiefen Ebene sei

(1) $$F(z, x, t) = z - a x - \varphi(t) = 0.$$

$a = \tan \alpha$ bestimmt die konstante Neigung α der schiefen Ebene gegen die Horizontale, $\varphi(t)$ ist ihr zeitlich variabler Abschnitt auf der z-Achse. Die LAGRANGEschen Gleichungen erster Art (12. 9a) liefern

(2) $$\ddot{x} = -\lambda a, \quad \ddot{z} = \lambda - g.$$

Um hierin λ zu bestimmen, differenziere man (1) zweimal nach t, wobei entsteht:

(3) $$\ddot{z} - a\ddot{x} = \ddot{\varphi}(t).$$

Einsetzen aus (2) in (3) gibt λ, worauf die Integration von (2) leicht auszuführen ist. Mit den Anfangsbedingungen $\dot{x} = \dot{z} = 0$, $x = x_0$, $z = z_0$ für $t = 0$ erhält man

$$x = x_0 - \frac{a}{1+a^2}\left(\varphi(t) - \varphi(0) - \dot{\varphi}(0)\, t + g\,\frac{t^2}{2}\right).$$

$$z = z_0 + \frac{1}{1+a^2}\left(\varphi(t) - \varphi(0) - \dot{\varphi}(0)\, t - g\, a\,\frac{t^2}{2}\right).$$

Daraus für $\ddot{\varphi} = +g$

$$x = x_0 - \sin 2\alpha\, g\,\frac{t^2}{2}, \quad z = z_0 + \cos 2\alpha\, g\,\frac{t^2}{2}$$

und für $\ddot{\varphi} = -g$

$$x = x_0, \quad z = z_0 - g\,\frac{t^2}{2},$$

wie beim freien Fall. Nur unter der letzteren Annahme ist $\lambda = 0$, sonst wirkt λ als Druck gegen den abgleitenden Körper und leistet Arbeit.

Die Aufgabe läßt sich ohne Einführung von λ nach dem D'ALEMBERTschen Prinzip lösen. Da die Zeit nicht zu variieren ist (S. 59), gilt für die virtuellen Verrückungen gemäß (1) $\delta z = a\, \delta x$. Nach dem D'ALEMBERTschen Prinzip folgt dann

$$\ddot{x} + (g + \ddot{z})\,a = 0,$$

welche Gleichung zusammen mit (3) direkt $\ddot{x}$ und $\ddot{z}$ zu berechnen gestattet. Man sieht an diesem Beispiele, daß die D'ALEMBERTsche Methode direkter und einfacher zum Ziel führt als die LAGRANGEschen Gleichungen, die ihrerseits den Vorteil haben, die auftretenden Druckwirkungen quantitativ zu bestimmen.

II. 6. In § 11 unter Nr. 1 wurde das D'ALEMBERTsche Prinzip angewendet, um die Beschleunigungsgleichung eines unter dem Einfluß eines äußeren Kraftmomentes sich drehenden Systems abzuleiten. Dabei wurde eine virtuelle Drehung $\delta\varphi$ um die Drehachse benutzt, die weiterhin als x-Achse gewählt werden möge. Es kam nur auf die tangentialen Trägheitswiderstände an, da die normalen Trägheitswiderstände = Zentrifugalkräfte bei der Drehung $\delta\varphi$ keine Arbeit leisten.

Jetzt handelt es sich um die Beanspruchung der Lager A, B bei der gleichförmigen Drehung bzw. um deren Reaktionen $\mathfrak{A}, \mathfrak{B}$. Dabei kommt es gerade auf die Zentrifugalkräfte an, während die tangentiellen Trägheitswiderstände bei gleichförmiger Drehung fortfallen. Führt man die virtuellen Parallelverschiebungen δy, δz aus, so werden die virtuellen Arbeiten gleich dem Produkt aus δy, δz in die Summe der y- und z-Komponenten der Zentrifugalkräfte der einzelnen Massenelemente

$$dm\, y\, \omega^2, \quad dm\, z\, \omega^2.$$

Daraus folgen durch Integration die Komponenten Y und Z der gewöhnlichen Schleuderbewegung der Gesamtmasse m, die man sich im Schwerpunkt konzentriert zu denken hat.

Führt man andererseits virtuelle Drehungen um die y- und z-Achse vom Betrage $\delta\varphi_y$ und $\delta\varphi_z$ aus, so entstehen die virtuellen Arbeiten

$$-\delta\varphi_y \int dm\, x\, z\, \omega^2 \quad \text{und} \quad \delta\varphi_z \int dm\, x\, y\, \omega^2.$$

Sie entsprechen den Momenten

$$\mathfrak{M}_y = -\Theta_{xz}\,\omega^2 \quad \text{und} \quad \mathfrak{M}_z = \Theta_{xy}\,\omega^2.$$

Zur Bestimmung der Lagerreaktionen $\mathfrak{A}$ und $\mathfrak{B}$ lege man das Koordinatensystem $x\,y\,z$ etwa in das Lager A, bezeichne den Abstand der beiden Lager mit l und die Schwerpunktskoordinaten in der y- und z-Richtung mit η und ζ. Man hat dann zur Bestimmung der vier Unbekannten $\mathfrak{A}_y$, $\mathfrak{A}_z$ und $\mathfrak{B}_y$, $\mathfrak{B}_z$ die zwei Komponentengleichungen

(1) $$\mathfrak{A}_y + \mathfrak{B}_y = -m\,\eta\,\omega^2,$$
$$\mathfrak{A}_z + \mathfrak{B}_z = -m\,\zeta\,\omega^2$$

und die zwei Momentengleichungen

(2) $$l\,\mathfrak{B}_z = -\Theta_{xz}\,\omega^2,$$
$$l\,\mathfrak{B}_y = -\Theta_{xy}\,\omega^2.$$

Es ist klar, daß diese periodisch veränderlichen Lagerreaktionen in der Technik unerwünscht sind; zu ihrer Vermeidung ist nicht nur erforderlich, daß der Schwerpunkt auf der Drehachse liege, $\eta = \zeta = 0$, Gl. (1), sondern auch, daß die Drehachse eine Hauptachse der Massenverteilung sei, $\Theta_{xz} = \Theta_{xy} = 0$, Gl. (2); vgl. hierzu Kapitel IV, § 22, bei Gl. (15a). Die Erfüllung dieser zweiten Forderung ist ebenso wichtig wie die der ersten. Man nennt die Erfüllung beider Forderungen das „Auswuchten des Drehkörpers".

II. 7. S sei die Spannung des Fadens, z seine jeweils abgewickelte Länge. Dann gilt:

Während a) $$\Theta\,\dot\omega = S\,r, \quad S = m\,(g - \ddot z).$$

$\dot z$ und $\ddot z$ sind positiv; wegen $\dot z = r\,\omega$ wird

(1) $$\ddot z = r\,\dot\omega = \frac{S\,r^2}{\Theta},$$

(2) $$S = \frac{m\,g}{1 + \dfrac{m^2 r}{\Theta}}.$$

Während b)

Die Drehung ω behält ihren Sinn bei. Das Drehmoment der Fadenspannung wirkt ω entgegen. $\dot z$ wird negativ, und man hat

(3) $$\dot z = -r\,\omega, \quad \ddot z = -r\,\dot\omega = +\frac{S\,r^2}{\Theta},$$

(4) $$S = \frac{m\,g}{1 + \dfrac{m\,r^2}{\Theta}}.$$

Anleitung zur Lösung der Übungsaufgaben

Die Fadenspannung ist in beiden Fällen a) und b) dieselbe und zeitlich konstant; sie ist kleiner als das Gewicht des Rotationskörpers.

In dem Zwischenstadium [zwischen a) und b)] spürt man einen merklichen Ruck in der Hand, der dem Übergang von der positiven Bewegungsgröße $m\,\dot z$ in die negative entspricht; in diesem Intervall wird S größer, als Gl. (2) angibt.

II. 8. Die Bedingung des Abspringens ist nach (18. 7)

$$\lambda = 0 \quad \text{oder} \quad \mathfrak{R}_n = 0,$$

also wird nach (18. 6)

(1) $$m\,g\,\frac{z}{l} = -\frac{m}{l}(x\,\ddot x + y\,\ddot y + z\,\ddot z).$$

Nun ist für jede Bahn auf der Kugel

$$x\,\dot x + y\,\dot y + z\,\dot z = 0, \quad \text{also} \quad x\,\ddot x + y\,\ddot y + z\,\ddot z = -(\dot x^2 + \dot y^2 + \dot z^2) = -v^2,$$

daher kann man statt (1) schreiben

(2) $$\frac{m\,g\,z}{l} = \frac{m\,v^2}{l}.$$

Die rechte Seite ist verschieden von der Zentrifugalkraft in der Bahn, weil letztere in unserem Fall keine geodätische Linie ist, entspricht aber nach dem MEUSNIERschen Satz in § 35 der Projektion dieser Zentrifugalkraft auf die Normale zur Kugelfläche.

Nach dem Energiesatz ist

(3) $$v^2 = v_0^2 - 2\,g\,(z - z_0).$$

Gl. (2) kann daher in die Anfangsdaten v_0, z_0 folgendermaßen umgeschrieben werden:

(4) $$3z = 2z_0 + \frac{v_0^2}{g} = 2(z_0 + h_0),$$

wo $h_0 = v_0^2/2\,g$ die v_0 entsprechende Geschwindigkeitshöhe ist.

III. 1. Bei nahezu senkrecht herabhängendem Pendel sind die Koordinaten x und y kleine Größen erster Ordnung. z ist gleich $-l$ bis auf kleine Größen zweiter Ordnung. Deshalb gibt die dritte Gl. (18. 2) bis auf Größen zweiter Ordnung

(1) $$\lambda = -\frac{m\,g}{l},$$

und die beiden ersten Gln. (18. 2) definieren wie in Aufgabe I. 13 eine harmonische Ellipsenbewegung von der Kreisfrequenz

(2) $$\omega = \frac{2\pi}{\tau} = \sqrt{\frac{g}{l}}.$$

Für die Flächenkonstante der Ellipsenbewegung gilt nach Gl. (18. 3)

(3) $$C = \frac{2\pi a b}{\tau} = \sqrt{\frac{g}{l}}\,a\,b \to 0.$$

Sie ist, wie die Ellipsenfläche, von zweiter Ordnung klein.

Nach Einführung der in Fig. 28 angedeuteten Polarkoordinaten ϑ, φ ist die Ruhelage des Pendels gekennzeichnet durch $\vartheta = \pi$. Gibt man der potentiellen Energie V in ihr den Wert Null, so schreibt sich der Energiesatz

(4) $$W = T + V = \frac{m}{2}\,l^2(\dot\vartheta^2 - \sin^2\vartheta\,\dot\varphi^2) + m\,g\,l\,(1 + \cos\vartheta) = m\,g\,l\,W'$$

und der Flächensatz
(5)
$$C = l^2 \sin^2 \vartheta \, \dot\varphi \, .$$

In der Lotabweichung $(\pi - \vartheta) \ll 1$ ist $\sin \vartheta$ von 1. Ordnung, $(1 + \cos \vartheta)$ von 2. Ordnung klein. Dementsprechend sind auch W' und $C/l^2 \omega$ von 2. Ordnung klein. Es ist für das Folgende zweckmäßig, an Stelle der Winkelabweichung von der Ruhelage die (in ihr von 2. Ordnung kleine) „Kosinusabweichung vom Wert (-1)" einzuführen und zu setzen

(6)
$$\eta = 1 + \cos \vartheta\,, \quad d\eta = -\sin\vartheta\,d\vartheta\,, \quad \sin^2\vartheta = 2\,\eta\,(1-\eta/2)\,.$$

In den Variablen η und φ folgen aus dem Energiesatz

$$\dot\eta^2 = \sin^2\vartheta\,\dot\vartheta^2 = 4\,g\,l^{-1}\,(W' - \eta)\,\eta\,(1-\eta/2) - C^2/l^4$$

$$= 4\,g\,l^{-1}\left[\left(W' - \frac{C^2}{8\,g\,l^3} - \eta\right)\eta - C^2/4\,g\,l^3\right](1-\eta/2) - C^2\eta^2/4\,l^4$$

(7)
$$\cong 4\,g\,l^{-1}\,[(W''-\eta)\,\eta - C^2/4\,g\,l^3]\,(1-\eta/2) = F(\eta)\,(1-\eta/2)\,,$$

wenn man $W'' = W' - C^2/(8\,g\,l^3)$ setzt und das letzte, von 4. Ordnung kleine Glied gegen die beibehaltenen Glieder von 2. und 3. Ordnung vernachlässigt.

Man schließt weiter auf
(8)
$$\dot\eta \cong \sqrt{F(\eta)}\,(1-\eta/2)^{1/2}\,.$$

Aus dem Flächensatz folgt aber
(9)
$$\dot\varphi = C\,[2\,l^2\,\eta\,(1-\eta/2)]^{-1}\,,$$

woraus die Beziehung folgt

$$\frac{d\eta}{d\varphi} = \frac{\dot\eta}{\dot\varphi} = \frac{2\,l^2}{C}\,\eta\,\sqrt{F(\eta)}\,(1-3\,\eta/4)$$

und durch Separation der Variabeln

(10)
$$d\varphi = \frac{C}{2\,l^2}\,\frac{d\eta}{\eta\,\sqrt{F(\eta)}\,(1-3\,\eta/4)} = \frac{C}{2\,l^2}\left[\frac{d\eta}{\eta\,\sqrt{F(\eta)}} + \frac{3}{4}\,\frac{d\eta}{\sqrt{F(\eta)}}\right].$$

Wir integrieren diese Beziehung über eine volle Pendelschwingung, die aber die Variable η *zweimal* von der Minimalabweichung η_1 zum Höchstwert η_2 hinauf- und wieder herunterführt. Dabei hat die Bahn einen vollen Umlauf der Koordinate φ vollführt, bei welchem

(11)
$$\oint d\varphi = 2\,\pi + \Delta\varphi$$

mit $\Delta\varphi$ als Vorrückung pro Periode.

Die in (7) definierte Funktion F ist gemäß

$$F = 4\,\frac{g}{l}\,[(\eta - \eta_1)\,(\eta_2 - \eta)]$$

nur so lange positiv, also die Wurzel nur so lange reell, wie $\eta_1 \leqq \eta \leqq \eta_2$. Durch Vergleich mit (7) findet man für die Wurzeln η_1, η_2 der Gl. $F(\eta) = 0$:

(12)
$$\eta_1 + \eta_2 = W''\,, \quad \eta_1\,\eta_2 = \frac{C^2}{4\,g\,l^3}\,.$$

Für die Integration von (10) ist es zweckmäßig, noch eine weitere Variablentransformation durchzuführen:

Es sei

(13)
$$\eta = \frac{1}{A + B\cos v}\,, \quad d\eta = \eta^2\,B\,\sin v\,dv\,.$$

Anleitung zur Lösung der Übungsaufgaben

Daraus folgen

$$\eta_1 = \frac{1}{A+B} \text{ für } v_1 = 0, \quad \eta_2 = \frac{1}{A-B} \text{ für } v_2 = \pi \text{ und } \eta_1 \eta_2 = \frac{1}{A^2 - B^2} = \frac{C^2}{4 g l^3}.$$

(14) $\quad F(\eta) = 4 \dfrac{g}{l} \left(\dfrac{1}{A + B \cos v} - \dfrac{1}{A+B} \right) \left(\dfrac{1}{A-B} - \dfrac{1}{A + B \cos v} \right) = \dfrac{4 g \eta^2 B^2 \sin^2 v}{l (A^2 - B^2)}.$

Damit wird aus (10), (11):

$$2\pi + \Delta\varphi = \frac{C}{2 l^2} \left[\oint \frac{d\eta}{\eta \sqrt{F(\eta)}} + \frac{3}{4} \oint \frac{d\eta}{\sqrt{F(\eta)}} \right]$$

$$= \frac{C}{4 l \sqrt{l g}} \left[4 \int_0^\pi dv \sqrt{A^2 - B^2} + 3 \int_0^\pi \frac{dv}{A + B \cos v} \sqrt{A^2 - B^2} \right] = 2\pi + \frac{3}{4} \pi C / \sqrt{l^3 g},$$

wenn man von der Formel

$$\int_0^\pi \frac{dv}{A + B \cos v} = \frac{\pi}{\sqrt{A^2 - B^2}}$$

Gebrauch macht.

Die Vorrückung $\Delta\varphi = \dfrac{3}{4} \pi C / \sqrt{l^3 g}$ ist also in erster Näherung klein von der Ordnung η und beträgt

(15) $\quad \Delta\varphi = \dfrac{3\pi}{4} \left(C \sqrt{\dfrac{l}{g}} \right) : l^2$, was nach (3) $= \dfrac{3}{4} \dfrac{\text{Ellipsenfläche}}{l^2}.$

III. 2. Man beweist die erste bzw. zweite Behauptung der Aufgabe unmittelbar durch Differentiation der Gl. (19. 10) für $|C|$ bzw. durch Differentiation von $|C| \omega$ nach ω.

III. 3. Wenn man die Proportionalitätsfaktoren des Dämpfungsmomentes und des rückwirkenden Momentes mit $2 \varrho \Theta$ bzw. mit $\omega_0^2 \Theta$ bezeichnet, so erhält man als Bewegungsgleichung des Galvanometers direkt Gl. (19.9), aber mit konstanter rechter Seite C und mit α statt x geschrieben. Man passe die Konstanten a, b der allgemeinen Lösung

$$\alpha = C + e^{-\varrho t} \left(a \cos \sqrt{\omega_0^2 - \varrho^2}\, t + b \sin \sqrt{\omega_0^2 - \varrho^2}\, t \right)$$

den Bedingungen $\alpha = \dot\alpha = 0$ für $t = 0$ und die Konstante C der Bedingung $\alpha = \alpha_\infty$ für $t = \infty$ an.

Im Falle a) erhält man einen Übergang mit abnehmenden Oszillationen, im Falle c) einen monotonen Übergang in die Endlage. Den Fall b) behandle man als Grenzfall von a) oder c), wobei ein säkulares Glied mit dem Faktor t auftritt.

III. 4. Das D'ALEMBERTsche Prinzip (x, y = Koordinaten des pendelnden Massenpunktes, y positiv nach oben gerechnet) verlangt bei Aufgabe a)

(1) $\quad \ddot x \, \delta x + (\ddot y + g)\, \delta y = 0.$

Die Bedingungsgleichung ist

(2) $\quad (x - \xi)^2 + y^2 = l^2.$

Ihre Variation liefert (t und daher auch ξ wird nicht variiert!)

(3) $\quad (x - \xi)\, \delta x + y\, \delta y = 0.$

Durch Kombination von (1) und (3) erhält man

(4) $\quad y \ddot x - (x - \xi)(\ddot y + g) = 0.$

Wenn man (2) zweimal nach t differenziert, ergibt sich eine zweite Gleichung für $\ddot{x}$ und $\ddot{y}$, welche zusammen mit (4) die exakte Differentialgleichung des Problems liefert.

Zu den kleinen Schwingungen übergehend, beachte man, daß $x - \xi$ eine kleine Größe erster Ordnung ist und daß nach (2) bis auf kleine Größen zweiter Ordnung gilt $y = -l$. Daher sind auch $\dot{y}$ und $\ddot{y}$ kleine Größen zweiter Ordnung. (4) geht daraufhin über in

(5) $$l\ddot{x} + (x - \xi)g = 0 ;$$

mit $x - \xi = u$ erhält man die inhomogene Pendelgleichung

(6) $$\ddot{u} + \frac{g}{l} u = -\ddot{\xi},$$

in der also $- m \ddot{\xi}$ als anregende Kraft wirkt. Die Integration erfolgt nach S. 89. Die in der Aufgabe hervorgehobene Phasenbeziehung zwischen der Bewegung des Aufhänge- und des Massenpunktes entspricht der Fig. 31. Man versäume nicht, den Versuch mit einer Schnur zu machen, deren unteres Ende ein Gewicht trägt und deren oberes Ende mit der Hand in horizontaler Richtung hin und her bewegt wird. Bei schneller Bewegung (oberhalb der Resonanz) ist die gegensinnige Bewegung beider Punkte eindrucksvoll.

Nach dem Verfahren der LAGRANGEschen Gleichungen erster Art schließt man aus der LAGRANGEschen Gleichung für y auf $\lambda = -\dfrac{g}{l}$ bis auf kleine Größen zweiter Ordnung und aus der x-Gleichung auf Gl. (5).

Bei Aufgabe b) bleibt (1) erhalten. Die Bedingung (2) heißt jetzt

(7) $$x^2 + (y - \eta)^2 = l^2 .$$

Ihre Variation liefert statt (4)

(8) $$(y - \eta)\ddot{x} - x(\ddot{y} + g) = 0 .$$

Behandelt man x als kleine Größe erster Ordnung, so ergibt (7) bis auf Größen zweiter Ordnung

(9) $$y - \eta = -l, \quad \ddot{y} = \ddot{\eta} .$$

Dadurch geht (8) über in

(10) $$\ddot{x} + \frac{\ddot{\eta} + g}{l} x = 0 .$$

Dasselbe folgt aus den LAGRANGEschen Gleichungen erster Art, da die y-Gleichung in der Näherung (9) den Wert

(11) $$\lambda = -\frac{\ddot{\eta} + g}{l}$$

liefert, wodurch die x-Gleichung mit (10) identisch wird.

Bei konstanter Aufwärtsbeschleunigung des Aufhängepunkts mit $+ g$ scheint somit die Schwerkraft verdoppelt, bei Abwärtsbeschleunigung mit $- g$ aufgehoben. Dies hat, zusammen mit der Gleichheit der schweren und trägen Masse (S. 17), jene Äquivalenz von Schwere und Beschleunigung zur Folge, welche die Grundlage der Einsteinschen Gravitationstheorie bildet. Für $\ddot{\eta} \to -g$ folgt aber aus (10) die Schwingungsfrequenz $\omega \to 0$. Im Grenzfall $\omega = 0$ setzt eine relativ zum Aufhängepunkt umlaufende ebene Kreisbewegung ein, die nur bei Anfangsruhe stillsteht.

III. 5. Das Gleichgewicht der Spannungen an der Stelle C und D verlangt

(3) $$S_1 \frac{x_1 - x_3}{l_1} = S \frac{x_3}{a} + S \frac{x_3 - x_4}{a} , \quad S_2 \frac{x_2 - x_4}{l_2} = S \frac{x_4}{a} + S \frac{x_4 - x_3}{a} ,$$

also wegen Gl. (1) der Aufgabe mit $\sigma_1 = \dfrac{m_1 g}{S} \dfrac{a}{l_1}, \quad \sigma_2 = \dfrac{m_2 g}{S} \dfrac{a}{l_2}$

(4) $$\sigma_1 x_1 = (2 + \sigma_1) x_3 - x_4 , \quad \sigma_2 x_2 = (2 + \sigma_2) x_4 - x_3 .$$

Wegen der vorausgesetzten losen Kopplung sind σ_1 und σ_2 kleine Zahlen, so daß man sie rechterhand in (4) streichen kann. Durch Auflösung nach x_3, x_4 ergibt sich dann

(5)
$$x_3 = \frac{2}{3}\sigma_1 x_1 + \frac{1}{3}\sigma_2 x_2,$$
$$x_4 = \frac{2}{3}\sigma_2 x_2 + \frac{1}{3}\sigma_1 x_1$$

und durch Einsetzen in (2)

(6)
$$\ddot{x}_1 + \frac{g}{l_1}(1-\sigma_1)x_1 = \frac{1}{3}\frac{g}{l_1}(\sigma_2 x_2 - \sigma_1 x_1),$$
$$\ddot{x}_2 + \frac{g}{l_2}(1-\sigma_2)x_2 = \frac{1}{3}\frac{g}{l_2}(\sigma_1 x_1 - \sigma_2 x_2).$$

Diese simultanen Differentialgleichungen sind ebenso zu behandeln wie (20. 10), dabei ergibt sich die Bedeutung der dort eingeführten Größen $\omega_1, \omega_2, k_1, k_2$ für die jetzt betrachtete Anordnung durch Vergleich mit den vorstehenden Gln. (6).

III. 6. Die Einwirkung von m auf M wird durch $k(X-x)$, diejenige von M auf m durch $k(x-X)$ dargestellt. In den so entstehenden zwei simultanen Differentialgleichungen für X und x setze man $X=0$. Es zeigt sich, daß die gesuchte Bedingung für das alleinige Mitschwingen von m gegeben ist durch die Resonanzforderung: Die Kreisfrequenz der Eigenschwingung des Systems (m, k) muß übereinstimmen mit der Periode ω der äußeren Kraft.

Man benutzt eine derartige Anordnung in der Technik als „Schwingungstilger", um z. B. bei einer Kurbelwelle mit Schwungrad, die mit konstanter Winkelgeschwindigkeit ω umläuft, die Schwingungen von der Welle auf den damit gekoppelten Schwingungstilger (in diesem Falle ein ebenfalls umlaufendes, drehschwingungsfähiges Organ) zu übertragen. Die Winkelkoordinate der Umdrehung tritt dabei an die Stelle der Koordinate x unserer Aufgabe.

IV. 1. Trägheitsmomente von ebenen Massenverteilungen spielen in der Elastizitätstheorie (Bd. II) bei der Torsion und Biegung von Balken eine Rolle. Wegen $r^2 = x^2 + y^2$ hat man

$$\Theta_p = \int r^2\, dm = \int x^2\, dm + \int y^2\, dm = \Theta_y + \Theta_z.$$

Bei den elastischen Anwendungen ist die Masse gleichmäßig mit der Dichte 1 über den Querschnitt des Balkens verteilt zu denken, so daß $dm = df =$ Flächenelement wird. Für die Kreisscheibe vom Radius a und die Fläche $F = \pi a^2$ erhält man daraufhin

$$\Theta_p = \int r^2\, df = 2\pi \int_0^a r^3\, dr = \frac{1}{2}F a^2 \quad\text{und daher}\quad \Theta_x = \Theta_y = \frac{1}{4}F a^2.$$

IV. 2. Man überzeuge sich an Hand der Figur 53, S. 173, wie die Drehgeschwindigkeitspfeile liegen, die durch $\dot{\vartheta}, \dot{\varphi}, \dot{\psi}$ bezeichnet werden, und projiziere diese Winkelgeschwindigkeiten dann auf die jeweiligen Koordinatenachsen.

IV. 3. Indem wir die Größenverhältnisse der drei Hauptträgheitsmomente bis zum Schluß offen lassen, umfassen wir mit ein und derselben Rechnung die drei Fälle: A größtes oder kleinstes bzw. mittleres Hauptträgheitsmoment.

IV. 4. Der Stoß S erteilt dem Ball (Radius a) einen Translations- und zugleich einen Rotationsimpuls

(1) $\quad M v = S \quad$ und $\quad$ (2) $\quad \Theta \omega = S h$.

h ist die Höhe des horizontal geführten Queues über dem Mittelpunkt des Balles.

Die Achse von ω steht zur Mittelebene senkrecht. Die Umfangsgeschwindigkeit im tiefsten Punkt u liegt in der Mittelebene und ist $= a\,\omega$. Dies gilt nicht nur für $t = 0$ (Zeitpunkt des Stoßes), sondern auch für $t > 0$.

Da nach (11.12a) $\Theta = \dfrac{2}{5} M a^2$ ist, so wird wegen (2) und (1) für $t = 0$

(3) $$\frac{2}{5} M a u = S h = M v h\,.$$

$v = u$ bedeutet reines Rollen und verlangt nach (3) $h = \dfrac{2}{5} a$. Man beachte, daß u dabei im entgegengesetzten Sinn zu v positiv gerechnet wird. Bei hohen Stößen $h > \dfrac{2}{5} a$ ist die Gleitgeschwindigkeit $u - v$ des Berührungspunktes zwischen Ball und Tuch > 0 und entgegengesetzt zu v, die Reibung also gleichgerichtet mit v von der Größe $f M g$. Ihr Moment um den Mittelpunkt $f M g a$ wirkt der Drehung ω entgegen.

Bei tiefen Stößen ist die Reibung umgekehrt gerichtet. Allgemein hat man für $t > 0$ (oberes Vorzeichen hoher Stoß, unteres Vorzeichen tiefer Stoß)

(4) $$\dot v = \pm f g\,,$$

(5) $$\dot u = \mp \frac{5}{2} f g\,.$$

Graphische Diskussion: Man zeichne v und u als Ordinaten zur Abszisse t; beide werden durch gerade Linien dargestellt, die sich sowohl bei hohen, als bei tiefen Stößen schneiden. Im Schnittpunkt tritt mit $u = v$ reines Rollen ein. Die u- und v-Linien laufen weiterhin als zusammenfallende horizontale Gerade. Der Abszisse des Schnittpunktes ist

(6) $$\tau = \pm\,\frac{5h - 2a}{7a}\,\frac{S}{f g M}\,.$$

[Bei tiefem Stoß ist das Vorzeichen des ersten Zählers negativ, da h dann zwischen $-a$ und $\dfrac{2}{5} a$ liegt; das negative Vorzeichen vor der rechten Seite von (6) ist daher nur scheinbar.] Die Geschwindigkeitszunahme bzw. -abnahme bei hohen bzw. tiefen Stößen ist $\varDelta v = \pm f g \tau$. Die Endgeschwindigkeit des reinen Rollens wird

$$v + \varDelta v = \frac{5}{7}\,\frac{h + a}{a}\,\frac{S}{M}\,,$$

also proportional zur Höhe $h + a$ des Treffpunktes über dem Tuch.

Theorie der Nachläufer. Der hochgestoßene Ball trifft einen zweiten Ball zentral während des Zeitintervalls $t < \tau$, wo $u > v$. Die Werte von u und v beim Zusammenstoß seien u_0 und v_0. v_0 wird auf den zweiten Ball übertragen. Der erste wird nach (4) von $v = 0$ an beschleunigt. Sein u nimmt nach (5) von u_0 aus ab. Eine neue Figur zeigt, daß es einen Schnittpunkt gibt, bei dem reines Rollen eintritt. Abszisse des Schnittpunktes bzw. Geschwindigkeit des reinen Rollens

(7) $$\tau_1 = \frac{2}{7}\,\frac{u_0}{f g}\,,\quad v_1 = f g \tau_1 = \frac{2}{7} u_0\,.$$

Theorie der Zurückzieher. Der gestoßene Ball trifft den zweiten Ball wieder im Intervall $t < \tau$, wobei aber jetzt $u < v$. Bei extrem tiefen Stößen, die wir voraussetzen wollen, ist u sogar negativ (hat dieselbe Richtung wie v). Die Werte von u und v beim Zusammenstoßen seien u_0 und v_0. Wieder wird v_0 auf den zweiten Ball übertragen. Der erste wird nach (4) von $u_0 = 0$ an im negativen Sinn beschleunigt. Er läuft zurück. u wächst nach (5) vom negativen Anfangswert u_0 in positivem Sinn an, d. h. verkleinert sich seinem Absolut-

Anleitung zur Lösung der Übungsaufgaben 241

wert nach. Die beiden Geraden für v und u schneiden sich (neue Figur). Als Abszisse des Schnittpunkts und als Endgeschwindigkeit des reinen Rollens berechnet man statt (7)

(8) $$\tau_2 = \frac{2}{7} \frac{|u_0|}{fg}, \quad |v_2| = \frac{2}{7} |u_0|.$$

IV. 5. Das Queue werde nicht wie in IV. 3 horizontal geführt, sondern bilde einen Winkel mit der Horizontalebene, wobei das Queue den Ball offenbar, wie bei den früheren „hohen Stößen", in einem Punkte der oberen Hälfte trifft. Legt man die x-Achse in die Horizontalkomponente des Stoßes und die z-Achse in die Vertikale, so werden die Komponenten des Stoßes S: $(S_x, 0, S_z)$ und die Komponenten des Stoßmomentes N in bezug auf den Mittelpunkt des Balles (zugleich Anfangspunkt des xyz-Systems)

$$N_x = y S_z, \quad N_y = z S_x - x S_z, \quad N_z = -y S_x.$$

Hier sind $x\,y\,z$ die Koordinaten des Treffpunktes von Queue und Ball. Den N_x, N_y entsprechen die Winkelgeschwindigkeiten

$$\omega_x = \frac{5}{2} \frac{N_x}{M a^2}, \quad \omega_y = \frac{5}{2} \frac{N_y}{M a^2}.$$

Die zugehörigen Umfangsgeschwindigkeiten am untersten Punkte P des Balles sind

(1) $$u_x = -a \omega_y, \quad u_y = +a \omega_x.$$

N_z und ω_z interessieren nicht, weil sie keine Gleitung von P hervorrufen; sie erzeugen nur eine zu vernachlässigende „bohrende" Reibung. Die Gleitung von P am Tuch habe die Komponenten

(2) $$v_x - u_x = -\varrho \cos \alpha, \quad v_y - u_y = -\varrho \sin \alpha.$$

Sie bewirkt eine Reibung R, die den Winkel $\pi + \alpha$ mit der x-Achse bildet und die Größe fgM hat. Ihr Einfluß auf Translation und Rotation wird für $t > 0$ bestimmt durch:

$$M \dot{v}_x = R_x, \quad M \dot{v}_y = R_y,$$
$$\Theta \dot{\omega}_x = a R_y, \quad \Theta \dot{\omega}_y = -a R_x.$$

Daher

(3) $$\dot{v}_x = -f g \cos \alpha, \quad \dot{v}_y = -f g \sin \alpha$$

und mit Rücksicht auf (1) und (2)

(4) $$\dot{u}_y = -\frac{5}{2} f g \sin \alpha, \quad \dot{u}_x = -\frac{5}{2} f g \cos \alpha,$$

(5) $$\dot{v}_x - \dot{u}_x = -\frac{d}{dt}(\varrho \cos \alpha) = -\frac{7}{2} f g \cos \alpha,$$
$$\dot{v}_y - \dot{u}_y = -\frac{d}{dt}(\varrho \sin \alpha) = -\frac{7}{2} f g \sin \alpha.$$

Aus den beiden letzten Gliedern der Gln. (5) folgt durch Auflösung nach $\dot\alpha$ und $\dot\varrho$:

1. $\dot\alpha = 0$. Die Reibung hat konstante Richtung; da sie auch konstante Größe hat, wird die Bahn des Punktes P in der Horizontalebene eine Wurfparabel. Die Achse der Parabel ist parallel zur Anfangsrichtung α der Gleitung, die aus den Komponenten von S und N zu entnehmen ist.

2. $\dot\varrho = -\dfrac{7}{2} f g$, $\quad \varrho = \varrho_0 - \dfrac{7}{2} f g t$, $\quad \varrho = 0$ für $t = \tau = \dfrac{2}{7} \dfrac{\varrho_0}{f g}$

ϱ_0 ist die Anfangsgröße der Gleitung, die ebenfalls aus S und N bestimmt werden kann. Für $t > \tau$ ist Gleitung und Reibung dauernd Null. Der Ball rollt geradlinig in der Tangente an die Parabel weiter.

Anleitung zur Lösung der Übungsaufgaben

V. 1. Sei φ die momentane Verdrehung der rotierenden gegen die feste Ebene. Wir setzen:

(1) $$x + i\,y = (\xi + i\,\eta)\,e^{i\varphi}.$$

Zweimalige Differentiation nach t liefert mit $\dot\varphi = \omega$:

(2) $$\ddot x + i\,\ddot y = \{\ddot\xi + i\,\ddot\eta + 2\,i\,\omega\,(\dot\xi + i\,\dot\eta) + i\,\dot\omega\,(\xi + i\,\eta) - \omega^2\,(\xi + i\,\eta)\}\,e^{i\varphi}.$$

$\xi + i\,\eta$ ist der von der rotierenden Ebene aus beurteilte Vektor $\mathfrak{r}$, $\dot\xi + i\,\dot\eta = \dot{\mathfrak{r}}$ seine ebenso beurteilte Geschwindigkeit usw., $i\,(\dot\xi + i\,\dot\eta) = (\dot\xi + i\,\dot\eta)\,e^{i\pi/2}$ ein dazu senkrechter Vektor, so daß wir schreiben können:

(3) $$2\,i\,\omega\,(\dot\xi + i\,\dot\eta) = 2\,[\vec\omega \times \dot{\mathfrak{r}}], \quad i\,\dot\omega\,(\xi + i\,\eta) = [\dot{\vec\omega} \times \mathfrak{r}],$$

wobei als Richtung des Vektors $\vec\omega$ sinngemäß die Normale zur komplexen Ebene zu denken ist. Die von der festen Ebene aus beurteilte Geschwindigkeit $\dot x + i\,\dot y$ nennen wir wie S. 145 $\mathfrak{w}$; für die auf die rotierende Ebene bezogenen Größen behalten wir die in (3) benutzte Bezeichnung durch Punktierung bei. (2) geht dann über in die folgende, zu (29. 4) analoge Gleichung:

(4) $$\dot{\mathfrak{w}} = \{\ddot{\mathfrak{r}} + 2\,[\vec\omega \times \dot{\mathfrak{r}}] + [\dot{\vec\omega} \times \mathfrak{r}] - \omega^2\,\mathfrak{r}\}\,e^{i\varphi}.$$

Ist $\mathfrak{F} = \mathfrak{F}_x + i\,\mathfrak{F}_y$ die auf die feste und $\Phi = \mathfrak{F}_\xi + i\,\mathfrak{F}_\eta$ die auf die rotierende Ebene bezogene Kraft, so gilt entsprechend

(5) $$\mathfrak{F} = \Phi\,e^{i\varphi}.$$

Aus $m\,\dot{\mathfrak{w}} = \mathfrak{F}$ folgt dann nach (4) und (5)

(6) $$m\,\{\ddot{\mathfrak{r}} + 2\,[\vec\omega \times \dot{\mathfrak{r}}] + [\dot{\vec\omega} \times \mathfrak{r}] - \omega^2\,\mathfrak{r}\} = \Phi.$$

Hiermit sind die in der Aufgabe verlangten Zusatzkräfte bestimmt. Insbesondere erkennt man in dem zweiten Term links wieder die CORIOLISkraft.

Wir haben diese Aufgabe absichtlich in komplexer Schreibweise behandelt, um zu betonen, daß zweidimensionale Vektoren am besten durch komplexe Variable dargestellt werden.

V. 2. Die Ebene, in der die Gerade rotiert, sei als x, y-Ebene gewählt; x-Achse horizontal, y-Achse senkrecht nach aufwärts. $\varphi = \omega\,t$ sei der Winkel der Geraden mit der x-Achse. Man kann diese Aufgabe auf die vorige zurückführen, wenn man mit der rotierenden Geraden eine vertikale ξ, η-Ebene fest verbunden denkt, die sich also gegen die x, y-Ebene mit der konstanten Winkelgeschwindigkeit ω dreht. Dabei ist es bequem, die ξ-Achse in die rotierende Gerade zu legen. Man muß dann aber, damit der Massenpunkt dauernd auf der ξ-Achse bleibt, eine Zwangskraft in Richtung der η-Achse ausüben. Als äußere Kraft Φ wirken also hier die Zwangskraft, die wir $m\,b$ nennen wollen, und die Schwere $m\,g$. Der Beitrag der letzteren zu Φ ist nach Gl. (5) der vorigen Aufgabe $-\,i\,m\,g\,e^{-i\varphi}$. Im ganzen hat man also

$$\Phi = \Phi_\xi + i\,\Phi_\eta = -\,m\,g\,\sin\omega\,t - i\,m\,g\,\cos\omega\,t + i\,m\,b.$$

In Gl. (6) der vorigen Aufgabe kann man $\mathfrak{r} = \xi$ und wegen (3) daselbst $2\,[\vec\omega \times \dot{\mathfrak{r}}] = 2\,i\,\omega\,\dot\xi$ schreiben; ferner ist $\dot\omega = 0$ zu setzen. Man hat also

(1) $$\ddot\xi + 2\,i\,\omega\,\dot\xi - \omega^2\,\xi = -\,g\,\sin\omega\,t + i\,(b - g\,\cos\omega\,t).$$

Der reelle Teil hiervon liefert

(2) $$\ddot\xi - \omega^2\,\xi = -\,g\,\sin\omega\,t,$$

eine Differentialgleichung, deren Lösung

(3) $$\mathfrak{r} = A\,\cosh\omega\,t + B\,\sinh\omega\,t + \frac{g}{2\,\omega^2}\,\sin\omega\,t$$

Anleitung zur Lösung der Übungsaufgaben

ist. Durch Nullsetzen des imaginären Teiles von (1) erhält man die in der Aufgabe angegebene Beziehung zwischen Zwangskraft, Schwere und CORIOLISkraft, nämlich:

(4) $$b = g \cos \omega t + 2 \omega \dot{\xi}.$$

V. 3. a) $x_0 + \mathrm{i}\, y_0$ bestimme die Lage von O in der x, y-Ebene. Dann ist

(1) $$\dot{x}_0 + \mathrm{i}\, \dot{y}_0 = (u + \mathrm{i}\, v)\, \mathrm{e}^{\mathrm{i}\varphi},$$
$$\ddot{x}_0 + \mathrm{i}\, \ddot{y}_0 = \{\dot{u} + \mathrm{i}\, \dot{v} + \mathrm{i}\, \omega\, (u + \mathrm{i}\, v)\}\, \mathrm{e}^{\mathrm{i}\varphi}.$$

$x + \mathrm{i}\, y$ bestimme die Lage von S in der x, y-Ebene. Man hat

(1′) $$x + \mathrm{i}\, y = x_0 + \mathrm{i}\, y_0 + a\, \mathrm{e}^{\mathrm{i}\varphi},$$
$$\dot{x} + \mathrm{i}\, \dot{y} = (u + \mathrm{i}\, v + \mathrm{i}\, \omega\, a)\, \mathrm{e}^{\mathrm{i}\varphi},$$

(2) $$\ddot{x} + \mathrm{i}\, \ddot{y} = (\dot{u} + \mathrm{i}\, \dot{v} + \mathrm{i}\, \dot{\omega}\, a + \mathrm{i}\, \omega\, (u + \mathrm{i}\, v) - \omega^2\, a)\, \mathrm{e}^{\mathrm{i}\varphi}.$$

Der äußeren Kraft R entspricht in der x, y-Ebene die komplexe Größe

(2′) $$\mathfrak{F} = R\, \mathrm{e}^{\mathrm{i}\varphi}.$$

Der Schwerpunktsatz $\ddot{x} + \mathrm{i}\, \ddot{y} = \mathfrak{F}/M$ liefert nach (2) und (2′)

$$\dot{u} + \mathrm{i}\, \dot{v} + \mathrm{i}\, \dot{\omega}\, a + \mathrm{i}\, \omega\, (u + \mathrm{i}\, v) - \omega^2\, a = \mathrm{i}\, \frac{R}{M}$$

oder, in Komponenten aufgelöst:

(3) $$\dot{u} - \omega\, v - \omega^2\, a = 0,$$

(4) $$\dot{v} + \dot{\omega}\, a + \omega\, u = \frac{R}{M}.$$

Dazu kommt wegen des Flächensatzes (Impulsmomentengleichung):

(5) $$\Theta\, \dot{\omega} = -R\, a.$$

b) Die Bedingungen $v = 0$, $\dot{v} = 0$ vereinfachen (3) und (4) zu

(3′) $$\dot{u} - \omega^2\, a = 0,$$

(4′) $$\dot{\omega}\, a + \omega\, u = \frac{R}{M}.$$

Die Elimination von R aus (4′) und (5) liefert

(6) $$\dot{\omega}\, a \left(1 + \frac{\Theta}{M\, a^2}\right) + \omega\, u = 0.$$

Man setze $\Theta = M\, b^2$ (b = Trägheitsarm) und

(7) $$k^2 = 1 + \frac{b^2}{a^2} > 1,$$

wodurch (6) übergeht in:

(6′) $$k^2\, \dot{\omega}\, a + \omega\, u = 0.$$

Nach Integration der simultanen Gln. (3′) und (6′) ist R bestimmt durch (4′) oder (5).

c) Elimination von u aus (3′) und (6′) gibt

(8) $$k^2\, \frac{\mathrm{d}}{\mathrm{d}t}\, \frac{\dot{\omega}}{\omega} = -\omega^2.$$

Diese Gleichung wird nach Multiplikation mit $\dot\omega/\omega$ integrabel und liefert (c ist die Integrationskonstante):

(9) $$k^2\left(\frac{\dot\omega}{\omega}\right)^2 = k^2 c^2 - \omega^2,$$

(9') $$k\dot\omega = \omega\sqrt{k^2 c^2 - \omega^2}.$$

Man schafft die Quadratwurzel fort, wenn man setzt:

(10) $$\omega = k c \cos\psi.$$

Dann wird aus (9') bei entsprechender Wahl des Vorzeichens der Quadratwurzel in (9'):

(10') $$\dot\psi = c\cos\psi$$

oder
$$c\,dt = \frac{d\psi}{\cos\psi},$$

(11) $$c\,t = \frac{1}{2}\log\frac{1+\sin\psi}{1-\sin\psi}.$$

Somit ist auch ψ als Funktion von t bestimmt. Durch ψ drückt sich ω nach (10), u und R nach (6') und (4') folgendermaßen aus:

(12) $$u = a k^2 c \sin\psi,$$

(12') $$R = \frac{M}{2} a k (k^2 - 1) c^2 \sin 2\psi.$$

Die Integration ist damit erledigt.

Der Vergleich von (10) und (10') liefert noch wegen $\omega = \dot\varphi$ die Beziehung: $\dot\psi = \dot\varphi/k$. Unser Hilfswinkel ψ ist also dem Drehungswinkel φ proportional

(13) $$\psi = \frac{\varphi}{k},$$

da die Integrationskonstante bei entsprechender Wahl der noch willkürlichen x-Achse zu Null gemacht werden kann.

d) Aus (1') folgt für $v = 0$
$$|\dot x + i\dot y|^2 = \dot x^2 + \dot y^2 = u^2 + \omega^2 a^2,$$

(14) $$T = \frac{M}{2}(\dot x^2 + \dot y^2) + \frac{\Theta}{2}\omega^2 = \frac{M}{2}(u^2 + \omega^2 a^2) + \frac{M}{2}(k^2-1)a^2\omega^2 = \frac{M}{2}(u^2 + k^2 a^2\omega^2).$$

Dies ist aber wegen (10) und (12)

(15) $$T = \frac{M}{2}a^2 k^4 c^2(\sin^2\psi + \cos^2\psi) = \text{konst}.$$

e) Nach (1) und (12) ist
$$\dot x_0 = a k^2 c \sin\psi \cos\varphi, \quad \dot y_0 = a k^2 c \sin\psi \sin\varphi,$$

daher auch wegen (10') und (13)

(16) $$\frac{dx_0}{d\varphi} = a k \tan\psi \cos\varphi, \quad \frac{dy_0}{d\varphi} = a k \tan\psi \sin\varphi.$$

Aus (11) liest man ab:
$$\text{für } \psi = 0 \quad \text{ist } t = 0,$$
$$\text{für } \psi = \pm\frac{\pi}{2} \quad \text{ist } t = \pm\infty.$$

Die ganze Bahn verläuft zwischen $-\pi/2 < \psi < +\dfrac{\pi}{2}$, $-k\dfrac{\pi}{2} < \varphi < +k\dfrac{\pi}{2}$.

Bei $t = 0$ tritt eine Spitze auf; es wird nämlich nach (16) wegen $\psi = 0$, $\varphi = 0$:

$$\frac{dx_0}{d\varphi} = \frac{dy_0}{d\varphi} = \frac{d^2y_0}{d\varphi^2} = 0 \; ; \quad \text{dagegen} \quad \frac{d^2x_0}{d\varphi^2} \quad \text{und} \quad \frac{d^3y_0}{d\varphi^3} \neq 0 \; ;$$

die Spitze hat eine zur x-Achse parallele Rückkehrtangente.

Bei $t = \pm \infty$ verläuft die Bahn asymptotisch; φ wird nämlich stationär, da nach (16), allgemein gesprochen, gilt:

$$\frac{dx_0}{d\varphi} = \frac{dy_0}{d\varphi} = \pm \infty \; ;$$

da gleichzeitig aus (14) folgt

$$\frac{dy_0}{dx_0} = \tan \varphi = \pm \tan k\frac{\pi}{2} \, ,$$

liegen die Asymptoten symmetrisch zur x-Achse unter den Winkeln $\pm k\dfrac{\pi}{2}$, wie Fig. 58 von S. 224 für $k = 1, \dfrac{3}{2}, 2, 3$ zeigt.

VI. 1. Wenn z im Sinne der Fallbewegung, also positiv nach unten gerechnet wird, ist $V = -mgz$. Die Anfangslage $z = 0$ für $t = 0$ liegt höher als die Endlage $z = z_1$ für $t = t_1$.

a) Man erhält mit $z = \dfrac{1}{2} g t^2$

$$\int L \, dt = \int_0^{t_1} \left[\frac{m}{2} (gt)^2 + mg \cdot \frac{g}{2} t^2 \right] dt = \frac{1}{3} m g^2 t_1^3 .$$

b) Bei $z = ct$ muß c so gewählt werden, daß für $t = t_1$

$$z = z_1 = g \frac{t_1^2}{2} \text{ ist; also wird} \quad c = \frac{g t_1}{2} .$$

Damit findet man

$$\int L \, dt = \int_0^{t_1} \left[\frac{m}{2} \left(\frac{g t_1}{2} \right)^2 + m g \frac{g t_1}{2} t \right] dt = \frac{3}{8} m g^2 t_1^3 .$$

Andererseits bei $z = a t^3$, $a = g/2 t_1$:

$$\int L \, dt = \int_0^{t_1} \left[\frac{m}{2} \left(\frac{3g}{2 t_1} \right)^2 t^4 + m g \frac{g}{2 t_1} t^3 \right] dt = \frac{7}{20} m g^2 t_1^3 .$$

Während wir im HAMILTONschen Prinzip nur unendlich wenig differierende Bahnen zum Vergleich heranziehen, weichen die Bahnen von b) im Phasenraum der q, $\dot{q}$ (hier z, $\dot{z}$) von der wirklichen Bewegung a) um endliche Differenzen ab. Dessenungeachtet zeigt sich auch jetzt, daß der Wert des HAMILTONschen Integrals bei a) kleiner ist als bei b):

$$\frac{1}{3} < \frac{3}{8} \quad \text{und} \quad \frac{1}{3} < \frac{7}{20} ,$$

und zwar für beliebige Längen der Bahnen, was im allgemeinen (vgl. S. 184) nicht der Fall zu sein braucht.

VI. 2. Seien ξ, η wie in *Aufgabe V.* 1 die in der rotierenden Ebene gemessenen Koordinaten; sei $\mathfrak{u} = (\dot\xi, \dot\eta)$ die Geschwindigkeit, relativ zu dieser Ebene gemessen. Dann ist die Geschwindigkeit gegen die feste Ebene

$$\mathfrak{w} = \mathfrak{u} + \mathfrak{v}, \quad \mathfrak{v} = [\vec\omega \times \mathfrak{r}],$$

vgl. z. B. S. 122, erste Zeile der dortigen Tabelle. Daher bei Zerlegung in Komponenten

$$w_\xi = \dot\xi - \omega\eta, \quad \omega_\eta = \dot\eta + \omega\xi,$$

$$|\mathfrak{w}|^2 = \dot\xi^2 + \dot\eta^2 + 2\omega(\xi\dot\eta - \eta\dot\xi) + \omega^2(\xi^2 + \eta^2).$$

Hieraus folgt mit $T = m\,|\mathfrak{w}|^2/2$

$$\frac{d}{dt}\frac{\partial T}{\partial \dot\xi} = m\frac{d}{dt}(\dot\xi - \omega\eta) = m(\ddot\xi - \omega\dot\eta - \dot\omega\eta),$$

$$\frac{d}{dt}\frac{\partial T}{\partial \dot\eta} = m\frac{d}{dt}(\dot\eta + \omega\xi) = m(\ddot\eta + \omega\dot\xi + \dot\omega\xi),$$

$$\frac{\partial T}{\partial \xi} = m(\omega\dot\eta + \omega^2\xi), \quad \frac{\partial T}{\partial \eta} = m(-\omega\dot\xi + \omega^2\eta).$$

Sind Φ_ξ, Φ_η die nach den beweglichen Achsen $\xi\eta$ genommenen Komponenten der äußeren Kraft $\mathfrak{F}$, so erhält man als LAGRANGEsche Gleichungen:

$$m(\ddot\xi - 2\omega\dot\eta - \dot\omega\eta - \omega^2\xi) = \Phi_\xi,$$
$$m(\ddot\eta + 2\omega\dot\xi + \dot\omega\xi - \omega^2\eta) = \Phi_\eta.$$

Dies stimmt mit Gl. (6) in V. 1, wenn man sie in Komponenten zerlegt, genau überein. Bei der in *Aufgabe V.* 2 behandelten rotierenden Geradführung ist

$$v^2 = \frac{dr^2 + r^2\,d\varphi^2}{dt^2} = \dot r^2 + r^2\omega^2, \quad L = \frac{m}{2}(\dot r^2 + r^2\omega^2) - mgr\sin\omega t, \quad \frac{d}{dt}\frac{\partial L}{\partial \dot r} = m\ddot r,$$

$$\frac{\partial L}{\partial r} = mr\omega^2 - mg\sin\omega t.$$

Die daraus entstehende LAGRANGEsche Gleichung ist mit der Gl. (2) in der Erläuterung zu V. 2 identisch; sie führt unmittelbar zur dortigen Lösung (3) der Aufgabe, ohne daß man von CORIOLISkräften u. dgl. zu sprechen braucht, allerdings auch ohne daß man etwas über den Führungsdruck erfährt.

VI. 3. Die in Gl. (4) der Aufgabe fortgelassenen und durch Punkte angedeuteten Glieder sind

$$\left(1 + \frac{\zeta}{R}\right)\dot\eta \quad \text{und} \quad -\frac{\eta}{R}\left(1 + \frac{\zeta}{R}\right)\frac{\cos\vartheta}{\sin\vartheta}\dot\xi\,;$$

sie würden nach Multiplikation mit dem vor der { } stehenden Faktor bei der Differentiation nach t Glieder zweiter oder höherer Ordnung in den $\xi\eta\zeta$ oder ihren Ableitungen ergeben. Zu den ausdifferenzierten Gln. (5) und (6) ist zu bemerken, daß hier Glieder zweiter Ordnung wie $\zeta\dot\xi, \zeta\ddot\xi$ usw. natürlich fortgelassen sind. Es ist bemerkenswert, daß dabei zugleich der Erdradius R aus den Resultaten herausfällt. In Gl. (6) würde zu dem hingeschriebenen Gliede ein Term in ω^2 hinzutreten, nämlich

$$R\sin\vartheta\cos\vartheta\,\omega^2,$$

welcher offenbar die ξ-Komponente der gewöhnlichen Zentrifugalkraft bedeutet; die entsprechende ζ-Komponente würde in $\partial T/\partial\zeta$ auftreten. Diese Terme sind aber fortzulassen, weil sie in der effektiven Fallbeschleunigung g, Gl. (30. 1), bereits berücksichtigt sind.

Im Falle des FOUCAULTschen Pendels muß man ersichtlich nicht die gewöhnliche Form (34. 6) der LAGRANGEschen Gleichungen benutzen, sondern den gemischten **Typus** (34. 11), mit Rücksicht auf die Bedingungsgleichung (31. 1).

Übrigens bemerke man, daß wegen der Definition von η und ψ_0 in (1) und (2) unser Problem bereits zu der S. 192 gekennzeichneten zeitabhängigen Klasse von Aufgaben gehört.

VI. 4. Der Schwerpunkt beschreibt eine „abgeflachte" Zykloide in einer zur Zylinderachse senkrechten Ebene. Ihre Parameterdarstellung in dem Wälzwinkel φ entsteht aus der Gl. (17. 1) für die „gemeine" Zykloide dadurch, daß man dort a teilweise durch s ersetzt:

$$\xi = a\varphi - s\sin\varphi, \qquad \dot{\xi} = (a - s\cos\varphi)\dot{\varphi},$$
$$\eta = a - s\cos\varphi, \qquad \dot{\eta} = s\sin\varphi\,\dot{\varphi}.$$

a) Wählt man als Bezugspunkt O den Schwerpunkt, so hat man

$$T_{\text{transl}} = \frac{m}{2}(\dot{\xi}^2 + \dot{\eta}^2) = \frac{m}{2}(a^2 + s^2 - 2as\cos\varphi)\dot{\varphi}^2,$$

$$T_{\text{rot}} = \frac{\Theta}{2}\dot{\varphi}^2, \quad T_w = 0, \quad V = mg\eta = mg(a - s\cos\varphi).$$

Dabei beachte man, daß $\omega = \dot{\varphi}$ zunächst die Winkelgeschwindigkeit des Zylinders um seine Mittelachse bedeutet, daß sie nach (23. 8) aber ebensogut für die Schwerpunktachse gilt. Setzt man noch $\Theta = m b^2$ (b = Trägheitsarm), $c^2 = a^2 + s^2 + b^2$, so wird

(1) $\qquad L = T_{\text{transl}} + T_{\text{rot}} - V = \frac{m}{2}(c^2 - 2as\cos\varphi)\dot{\varphi}^2 - mg(a - s\cos\varphi),$

$$\frac{1}{m}\frac{d}{dt}\frac{\partial L}{\partial \dot{\varphi}} = (c^2 - 2as\cos\varphi)\ddot{\varphi} + 2as\sin\varphi\,\dot{\varphi}^2,$$

$$\frac{1}{m}\frac{\partial L}{\partial \varphi} = as\sin\varphi\,\dot{\varphi}^2 - gs\sin\varphi.$$

Daher die Bewegungsgleichung

(2) $\qquad (c^2 - 2as\cos\varphi)\ddot{\varphi} + as\sin\varphi\,\dot{\varphi}^2 + gs\sin\varphi = 0.$

b) Wählt man als Bezugspunkt O den Mittelpunkt des durch den Schwerpunkt gelegten Querschnittes, so bewegt sich dieser horizontal mit der Geschwindigkeit $a\dot{\varphi}$, und man hat mit $\Theta' = \Theta + ms^2$, vgl. (16. 8):

$$T_{\text{transl}} = \frac{m}{2}a^2\dot{\varphi}^2, \quad T_{\text{rot}} = \frac{\Theta'}{2}\dot{\varphi}^2, \quad V \text{ wie vorher,}$$

aber es ist jetzt nicht $T_w = 0$, sondern nach (22. 11)

$$T_w = -ma\dot{\varphi}^2 s\cos\varphi.$$

Daher

(3) $\qquad L = T_{\text{transl}} + T_{\text{rot}} + T_w - V = \frac{m}{2}(c^2 - 2as\cos\varphi)\dot{\varphi}^2 - mg(a - s\cos\varphi),$

was mit (1) übereinstimmt. Somit folgt auch jetzt die Bewegungsgleichung (2). Sie liefert für kleine Schwingungen bei $\varphi = 0$:

$$\ddot{\varphi} + \frac{g}{l_1}\varphi = 0, \quad l_1 = \frac{c^2 - 2as}{s} = \frac{(a-s)^2 + b^2}{s} \cdots \text{Stabilität},$$

dagegen für kleine Schwingungen bei $\varphi = \pi$ mit $\psi = \pi + \varphi$

$$\ddot{\psi} - \frac{g}{l_2}\psi = 0, \quad l_2 = \frac{c^2 + 2as}{s} = \frac{(a+s)^2 + b^2}{s} \cdots \text{Instabilität.}$$

1. 5. 1. *Beziehungen zwischen den Winkelgeschwindigkeiten*: Die Herleitung dieser Beziehungen wird am einfachsten, wenn man beachtet, daß an den Eingriffsstellen der Kegelräder (ω) mit dem Kegelrad (ω_1) einerseits und dem Kegelrad (ω_2) andererseits jeweils die Umfangsgeschwindigkeit gleich sein muß. Die Räder (ω) drehen sich um die Achse $\mathfrak{A}$ mit der Winkelgeschwindigkeit ω und außerdem dreht sich diese Achse $\mathfrak{A}$ mit den Rädern (ω) um die gemeinsame geometrische Achse von (Ω), (ω_1), (ω_2) mit der Winkelgeschwindigkeit Ω. Sind r, r_1 und r_2 die mittleren Radien der Kegelräder (ω), (ω_1), (ω_2), so gilt für die Eingriffsstelle (ω, ω_1)

$$r\omega + r_1 \Omega = r_1 \omega_1$$

und an der Eingriffsstelle (ω, ω_2)

$$-r\omega + r_2 \Omega = r_2 \omega_2.$$

Hieraus ergeben sich mit $r_1 = r_2$ die Beziehungen

(1)
$$2\Omega = \omega_1 + \omega_2,$$
$$2\omega = \frac{r_1}{r}(\omega_1 - \omega_2).$$

Man kann diese Gleichungen natürlich auch durch die Einführung virtueller Drehungen herleiten.

2. *Beziehungen zwischen den Momenten*: Die virtuelle Arbeit von M muß immer gleich der Summe der virtuellen Arbeiten von M_1 und M_2 sein, also

$$M \Omega \delta t = M_1 \omega_1 \delta t + M_2 \omega_2 \delta t.$$

Ersetzt man Ω nach (1) durch ω_1 und ω_2, so erhält man:

$$\left(\frac{M}{2} - M_1\right)\omega_1 + \left(\frac{M}{2} - M_2\right)\omega_2 = 0.$$

Dies ist bei beliebigen ω_1, ω_2 nur möglich, wenn

(2)
$$\frac{M}{2} = M_1 = M_2.$$

Das vom Motor herrührende Drehmoment überträgt sich also auf beide Hinterräder stets zu gleichen Teilen, bei beliebigen Werten der Winkelgeschwindigkeiten ω_1 und ω_2.

3. *Bewegungsgleichung des Systems*: Hierzu werden am einfachsten die LAGRANGEschen Gleichungen zweiter Art benutzt. Es ist:

$$T = \frac{1}{2}(\Theta_1 \omega_1^2 + \Theta_2 \omega_2^2 + \Theta \omega^2 + \Theta' \Omega^2).$$

Setzt man hierin für ω und Ω die Werte in ω_1 und ω_2 und führt die Abkürzungen

$$L_{11} = \Theta_1 + \frac{\Theta'}{4} + \frac{\Theta}{4}\frac{r_1^2}{r^2},$$

$$L_{22} = \Theta_2 + \frac{\Theta'}{4} + \frac{\Theta}{4}\frac{r_1^2}{r^2},$$

$$L_{12} = L_{21} = \frac{\Theta'}{4} - \frac{\Theta}{4}\frac{r_1^2}{r^2}$$

ein, so erhält man nach LAGRANGE

(3)
$$\frac{d}{dt}(L_{11}\omega_1 + L_{12}\omega_2) = \frac{M}{2} - W_1,$$
$$\frac{d}{dt}(L_{21}\omega_1 + L_{22}\omega_2) = \frac{M}{2} - W_2.$$

W_1 und W_2 sind die an den beiden Hinterrädern angreifenden, von der Haftreibung am Boden herrührenden widerstehenden Momente, in die man die übrigen Widerstände (Luftreibung usw.) einbegreifen kann.

Sind M, W_1, W_2 als Funktionen der Zeit gegeben, so berechnet man die Klammern auf den linken Seiten von (3) als Zeitintegrale der rechten Seiten, womit auch ω_1 und ω_2 bekannt sind.

Im Mittel der Zeit sind die rechten Seiten von (3) gleich Null und daher ω_1 und ω_2 konstant. Wird aber an dem einen Rad der Widerstand verringert, springt es z. B. an einer Unebenheit des Bodens ab und dreht sich vorübergehend in Luft ($W = 0$), so wird dieses Rad beschleunigt, während das andere verzögert wird.

4. Elektrodynamische Analogie: Die Gln. (3) sind so geschrieben, daß sie an die Wirkungsweise zweier induktiv gekoppelter Ströme erinnern (vgl. das S. 199 über BOLTZMANN Gesagte). Identifiziert man nämlich die L mit den Induktionskoeffizienten dieser Stromkreise, die ω_1 und ω_2 mit den in den Kreisen fließenden Strömen, so sind die linken Seiten von (3) die elektrodynamischen Induktionswirkungen. $\dfrac{M}{2}$ entspricht den in den Stromkreisen wirkenden „eingeprägten" EMK,

$$T = \frac{1}{2} L_{11} \omega_1^2 + L_{12} \omega_1 \omega_2 + \frac{1}{2} L_{22} \omega_2^2$$

ist die gesamte magnetische Energie. Nach S. 174 nennt man Systeme, deren LAGRANGEsche Funktion nur die Ableitungen der Koordinaten nach der Zeit (hier $\omega_1 = \dot{\varphi}_1$, $\omega_2 = \dot{\varphi}_2$) enthält, zyklische Systeme. Sie bilden also das mechanische Analogon zu den stationären elektrischen Strömen. Das Ausgleichsgetriebe ist ebenso wie der symmetrische Kreisel ein „Bizykel".

Namen- und Sachregister

Abplattung der Erde 126
actio = reactio, Reaktionsprinzip 6
Adhäsionsbahnen 75, 76
Aktion, Prinzip der kleinsten 180
D'ALEMBERT 4, 46, 51
D'ALEMBERTsches Prinzip 51
Anomalie, exzentrische 211, 216
—, mittlere 231
—, zentrische 35
ANSCHÜTZ-KAEMPFE, Kreiselkompaß 137
Aphel 38
Äquivalenz der Kräfte in der Statik des starren Körpers 110
Arbeit 7
—, Einheit 8
—, Prinzip der virtuellen 44
— der Reaktionen 45, 46
— einer virtuellen Drehung, Zusammenhang mit Kraftmoment 51
ARCHIMEDES 32, 47
Atomzertrümmerung 215
ATWOODsche Fallmaschine 219

BAERsches Gesetz der Flußverschiebungen 145
Bahn, Prinzip der geradesten 187
—, Variation der 160, 182
—, vorgeschriebene 57
— -kurve, Krümmung 31, 189
Balmerserie 212
Bedingungsgleichungen der Bewegung, holonome und nichtholonome 43
—, feste (skleronome) 168
—, zeitabhängige (rheonome) 59 f.
Beharrungsvermögen 3
BERNOULLI, JAKOB 46
—, JOHANN 46
Berührungstransformationen 195
Beschleunigung, Moment 32
—, Normal- 30
—, Tangential- 30
—, Zerlegung nach „natürlichen" Koordinaten 30
BESSEL 17

BESSEMER 135
Bewegungs-gleichung, verschiedene Integrationsmethoden 15 f.
— -größe (Impuls) 3 f.
— —, Moment 32
— — in der Relativitätstheorie 13 f.
— — aus Stoß 4
— — beim Stoß zweier Massen 23
— -schraube 113
Bezugs-systeme 8
— -punkt in der Theorie des starren Körpers, Wechsel des —es 111
Billardspiel, Theorie 139
—, Nachläufer und Rückzieher 140
—, parabolische Bahn des Balls 142
—, Stöße mit Effet 141 f.
Bizykel 199
BOLTZMANN, L., „Momentoide" 202
Brachystochrone 84
Brücke, Auflagerkräfte 48
BUYS-BALLOTsches Gesetz der Windströmungen 145

CARATHÉODORY 153, 223
CARDANIsches Gehänge 132
CARNOTscher Energieverlust 27
CARTESIUS 181
CHANDLERsche Periode der Polschwankungen 127 ff.
CLEBSCH 183
CORIOLISsche oder zusammengesetzte Zentrifugalkraft 52, 142
COULOMB, Reibungsgesetze 71, 72, 76

Dämpfung, aperiodische 91
Dämpfungsfaktor 91
Definitionen physikalischer Begriffe 6
—, Wort- 6
—, Real- 6
Dekrement, logarithmisches 91
Deviationsmomente 107
Differential-getriebe 226
— -prinzipien der Mechanik 185
Dissipation der Energie 148

Namen- und Sachregister

Doppelpendel 98, 171
Drall (Impulsmoment) 64, 113
Dreh-bewegung, Grundgleichung beim starren Körper mit fester Achse 54
— —, Kinematik beim starren Körper 103
— -geschwindigkeit als Vektor 104
— -impuls eines Systems von Massenpunkten 62
— — -satz 62, 63
— -masse (Trägheitsmoment) 55
— -paar 112
— -schemel 66
Drehung, Grundgleichung 54
— eines starren Körpers 103
— — — — um eine feste Achse 54
—, virtuelle 68
—, Zusammensetzung 113
Dreikörperproblem 77
—, Spezialfall von LAGRANGE 153
Dynamik des freien Massenpunkts 34
— des starren Körpers 116

Ebene, invariable 64
—, schiefe 57
—, —, mit Reibung 73
—, —, vertikal bewegte 219
Effet, beim Billardspiel 141
Eigenschwingungen eines gekoppelten Systems 94
Eigenzeit 13, 185
Eimerversuch von NEWTON 9, 18
EINSTEIN, allgemeine Relativitätstheorie 14
—, Gravitationstheorie 15
—, spezielle Relativitätstheorie 14
Ekliptik 35
elastischer Stoß 23
Elektron, Massenveränderlichkeit 27 f.
Elektronen-Volt 216
— -bahn im Feld eines Ions 215
Ellipsenbahn bei harmonischer Bindung 215
— beim KEPLER-Problem 210
elliptische Integrale 78, 87, 88
Elliptizität 126
Energie 16
—, freie 162
—, kinetische, eines Massenpunkts 16
—, —, relativistische 29
—, —, beim starren Körper 55
—, potentielle 16, 40
—, —, der harmonischen Bindung 21
—, —, beim KEPLER-Problem 36 f.
— -satz 16, 167 f., 197
— — in der Relativitätstheorie 28 f.
—, Trägheit 29

Erhaltung des Drehimpulses 64
— der Energie 16, 29
— des Impulses 64
— des Schwerpunkts 64
EULER, J. A. 142
EULER, LEONHARD 118, 123 ff., 154, 164, 180, 200
EULERsche Gleichungen 122 f.
— Periode der Polschwankungen 137
— Theorie der Polschwankungen 126
— Winkel 124
EULERscher Kreis 126
Evolute der Zykloide 84
Exzentrizität, numerische 38

Fahrrad 48, 138
—, Kreiselwirkungen beim Radfahren 138 f.
Fahrstuhl 55
Fall, freier, in Erdnähe 17
—, —, aus großer Entfernung 18
—, —, mit Luftwiderstand 20
—, —, auf rotierender Erde 147 ff.
  (Südablenkung auf der nördlichen Halbkugel 149 f.
  Ostablenkung auf der nördlichen Halbkugel 149 f.)
FERMATsches Prinzip 183
fiktive Kraft 51
Flächen-geschwindigkeit 35
— -konstante 35
— -normale 190
— -satz beim Massenpunkt im Zentralfeld 35
— — — Punktsystem 63 f.
— — — starren Körper 65
Flaschenzug 49
Fliehkraft 52
FOUCAULT, Kreiselkompaß 136 f.
FOUCAULTsches Pendel 150
FRAHMscher Schlingertank 136
FRAUNHOFER 202
Freiheitsgrade 41 f.
—, ihre Beschränkung durch Führungen 41 f.
— bei nichtholonomen Systemen 44
— des starren Körpers 42, 106
Frequenz einer Schwingung 21, 77 ff.
FRESNEL 203
Führungen, glatte 46
— eines mechanischen Systems 41 ff., 57
—, Reaktionskräfte 44 ff.

GALILEI, Prinzip der virtuellen Arbeit 46
—, Trägheitsgesetz 3, 9

GALILEI-Transformation 10
Galvanometer, Einschaltvorgang 220
GAUSS 7, 185ff., 191
GAUSSsches Prinzip des kleinsten Zwangs 185
Geodätische Linien 189
Geometrie, euklidische 14
—, RIEMANNsche 14
Geschwindigkeit eines Massenpunktes 30f.
— eines Punkts am beliebig bewegten starren Körper 106
Geschwindigkeits-höhe 18
— -koordinaten, allgemeine 163
Gewichtseinheit 8
Gleichheit der trägen und schweren Masse 17
GLITSCHER 137
Gravitations-gesetz, NEWTONsches 35
— -konstante 35, 47
— -theorie EINSTEINS 15
Gyroskop 136
gyroskopische Terme 148

Haftreibung 71ff.
HAMEL, G. 202, 232
HAMILTON, Hodograph 31
—, Prinzip der kleinsten Wirkung für konservative und nicht konservative Systeme 159
—, —, Beispiel 224
—, Quaternionenrechnung 105
HAMILTONsche kanonische (gewöhnliche) Differentialgleichungen 191
— Funktion 167, 192
— partielle Differentialgleichung 202
— Theorie 191
Haupt-achsen des Trägheitsellipsoids 108
— — -Transformation des Trägheitsmoments 108
— -normale 189
— -schwingungen eines gekoppelten Systems 94
— -trägheitsmomente 108
Hebel 47
—, Umkehrung 48
HELMHOLTZ 16, 159, 162, 184
HERTZ, H., holonome und nichtholonome Bedingungen 43
—, Kraftbegriff 5
—, Zentrifugalkraft 52
HERTZsches Prinzip der geradesten Bahn 187
HESSEscher Fall der Kreiselbewegung 122
Hodograph 31
— der Planetenbewegung 36

HÖLDER, O. 162
HUYGENS, Schwingungsmittelpunkt des Pendels 80
—, Zykloidenpendel 82, 169
Hyperfläche 195f.

Impuls (Bewegungsgröße) eines Massenpunkts 4
— —, relativistisch 14
— -austausch beim Stoß zweier Massen 23ff.
— -satz 5
— — bei Punktsystemen 61
— des starren Körpers 113
—, verallgemeinerter, in beliebigen Koordinaten 169, 179
— -moment 32ff.
— — beim Punktsystem 62ff.
— — bei starrer Drehung um feste Achse 55
— — und Winkelgeschwindigkeit bei allgemeiner Drehung des starren Körpers 113
Inertialsystem 9
Integrale der Bewegung des n-Körper-Systems, die allgemein ausführbar sind 70f.
—, elliptische 78, 87f.
Integralprinzipien der Mechanik 159
Inversion des Koordinatensystems 105
Isochronie von Pendelschwingungen 84

JACOBIsche Integrationsmethode der kanonischen Gleichungen 206
Jo-Jo-Spielzeug 219
Joule, Einheit der Arbeit 8

Kanonische Gleichungen 196
— konjugierte Variable 196
— Transformationen 196
KANT 4
KELVIN, LORD 148
KEPLER-Ellipse 38
— -Problem 34, 208
KEPLERsche Gesetze 34ff.
— Gleichung 216
Kette, fallende 214
Kinematik des Punkts in der Ebene 30
— — — im Raum 33
— des starren Körpers 103
kinetische Energie eines Massenpunkts 16, 29
— — des starren Körpers 55
kinetisches Potential 162
KIRCHHOFF, Kraftbegriff 5
Knotenlinie 124

Knotenlinie, Vorrücken 128
kogrediente Transformation 178
kontragrediente Transformation 178
Koppelung schwingungsfähiger Systeme, z. B. von Pendeln 93 ff.
Koppelungskoeffizient 94
Körper, starrer 103
Korpuskulartheorie des Lichts 202 f.
KOWALEWSKIscher Fall der Bewegung des dreiachsigen Kreisels 121
Kraft 3, 5 f.
—, äußere 47, 61
—, eingeprägte 47
—, fiktive 51
—, innere 47, 61
—, verlorene 53
— -einheit 7
— -feld 16, 40 f.
— -moment 33, 51
— — um eine Achse 33
— — um einen Punkt 33
— — als Vektorgröße 32, 214
— -schraube 112
Kräfte, Überlagerung 6
—, verallgemeinerte, in beliebigen Koordinaten 165
— -paar 112
— -parallelogramm 6
— -polygon 110
Kreisel, dreiachsiger 121, 129
—, kräftefreier 117 ff.
—, Kugel- 118
—, schwerer symmetrischer 120, 172
—, symmetrischer 118, 125
— -kompaß 136
— -wirkung 176
— -wirkungen bei Eisenbahn und Fahrrad 138
Kreisfrequenz 21
Krümmung 188
— der Bahnkurve 31
Kugelkreisel 118
Kurbelmechanismus 43. 50

Lagenkoordinaten, allgemeine 163, 177
LAGRANGE, analytische Mechanik 1, 46
—, Spezialfall des Dreikörperproblems 153
LAGRANGEsche Funktion 162, 164
— —, Schwierigkeit ihrer Definition bei nicht mechanischen Systemen 185
— Gleichungen erster Art 58
— allgemeine Gleichungen (zweiter Art) 163
LANGRANGEsche Multiplikatoren 58
— Scheinkraft 169

LAPLACE 153
LEGENDREsche Normalformen der elliptischen Integrale 78
— Transformation 200
LEIBNIZ 16, 180, 181
Leistung 7
Lichtgeschwindigkeit, Unabhängigkeit vom Bezugssystem 11
Linien, geodätische 189
Linienelement 188
LIOUVILLEscher Satz 24
LORENTZ, deformierbares Elektron 14
— -Transformation 11
Luftwiderstand 20

MACH, E. 3, 6
Masse 4
—, longitudinale 28
—, reduzierte 25, 56
—, relativistisch veränderliche 27
— Ruh- 14
—, schwere 17
—, träge 17
—, transversale 28
—, veränderliche 26
Massen-ausgleich bei Schiffsmaschinen 67
— -einheit 4
— -mittelpunkt 64, 80
— -punkt 3
— -veränderlichkeit 26
Maßsystem, physikalisches, von GIORGI 8
—, technisches 8
mathematisches Pendel 76
MAUPERTUISsches Prinzip 159, 180
MAXWELL 4
mechanisches System mit Führungen 41
— — mit glatten Führungen 46
Metrik, euklidische 14
—, RIEMANNsche 14
MEUSNIERscher Satz der Flächentheorie 190
MICHELSON-Versuch 13
MINKOWSKI, Eigenzeit 13, 185
Moment der Beschleunigung 32
— der Bewegungsgröße (des Impulses) 32
— — —, Zusammenhang mit Winkelgeschwindigkeit 114
— der Geschwindigkeit (Flächensatz) 32
— der Kraft 33
— — — um eine Achse 34
— — — aus virtueller Arbeit 51
— einer Vektorgröße 32
Momentenpolygon 110
Momentoide 202

Mond, Beschleunigung durch Erdanziehung 214
— -knoten 129

NEWTON, absolute Ruhe 8
—, absolute Zeit 8
—, absoluter Raum 8
—, Lex prima 3
—, Lex quarta 6
—, Lex secunda 5
—, Lex tertia 6
—, Luftwiderstandsformel 20
—, Philosophiae Naturalis Principia Mathematica ,1
NEWTONsche Axiome 3
— Definitionen mechanischer Größen 4
NEWTONsches Beschleunigungsgesetz 5
— Gravitationsgesetz 35
nichtholonome Bedingungen 18
— Geschwindigkeiten 43, 200
Nordpol, geometrischer 126
—, kinematischer 126
Nutationen 129, 176

ORBYscher Geradlaufapparat 132

Parallelogramm der Kräfte 6
Pendel, mathematisches 76
—, physikalisches 80
—, Reversions- 81
—, Sekunden- 77
—, sphärisches 85, 170
—, —, bei kleinem Ausschlag 220
—, sympathisches 93, 221
—, Zykloiden- 82
Pendel, Doppel- 98
—, FOUCAULTsches — 150
—, Kopplung zweier — 93
—, zwangsweise Bewegung des Aufhängepunkts 220
— -länge, korrespondierende 80
— schwingungen, isochrone 77, 84
Perihel 38
Periodizitätsmodul der Wirkungsfunktion 211
Phasen-bereich 211
— -integral 211
— -unterschied bei erzwungenen Schwingungen 89, 92
PITOTrohr 18
PLANCKsches Wirkungsquantum 159, 211
Planetenbewegung 34, 208
POGGENDORFFscher Versuch mit der Waage 219

POINCARÉ 71
POINSOTsche Konstruktion des Zusammenhangs von Impulsmoment und Winkelgeschwindigkeit 116
Polarkoordinaten zum KEPLER-Problem 35
Polhodie 126, 130
Polschwankungen, EULERsche Theorie 125
—, CHANDLERsche Periode 127
Potential, kinetisches 162
— -felder 41
potentielle Energie 40
Präzession, astronomische 128
—, kräftefreie 118, 127
—, pseudoreguläre 121
—, reguläre 118, 121, 125
— beim sphärischen Pendel 87f., 220
PRANGE, G., 202
Prinzip von D'ALEMBERT 51
— der geradesten Bahn 187
— von HAMILTON 159
— der kleinsten Wirkung 159, 180
— des kleinsten Zwanges 185
— der kürzesten Ankunft 183
— des kürzesten Wegs 183
— von MAUPERTUIS 180, 189
— der virtuellen Arbeit 44
Punkttransformation 14, 177

Quantenzahlen 211
Quaternionenrechnung 105

Raum, dreidimensionaler, der GALILEI-Transformationen 10
—, vierdimensionaler, der LORENTZ-Transformationen 11
Rakete 27
Reaktionsprinzip 6
—, Anwendung auf Stoß von Massenpunkten 23
Reduktion des Kraftsystems 110
Reibung 47
— bei Adhäsionsbahnen 76
— der Bewegung (gleitende Reibung) 74
— der Ruhe (Haftreibung) 72
— auf schiefer Ebene 73
Reibungs-gesetz, COULOMBsches 71f.
— -kegel 72
— -koeffizient 72, 74
— -winkel 72
Relativ-bewegung, Differentialgleichungen 145
— — in der Ebene 223
— — zur Erdoberfläche 147ff.
— — gegenüber dem Schwerpunkt 117

Relativkoordinaten im Zweikörperproblem 39
Relativitäts-prinzip der Elektrodynamik und Relativitätstheorie (der LORENTZ-Gruppe) 12, 14
— — der klassischen Mechanik (der GALILEI-Gruppe) 10
— -theorie, allgemeine 14, 15
— —, Energiesatz in der — 29
— —, spezielle 14
Resonanz 76, 89, 92
— -maximum bei erzwungener gedämpfter Schwingung 220
— -nenner 90
Reversionspendel 81
rheonome Bedingungsgleichungen 59f.
RIEMANN 14
rollendes Rad 217
Rollpendelung eines Zylinders auf ebener Unterlage 226
Rotation des starren Körpers 103ff.
—, permanente, des dreiachsigen Kreisels 129
—, formale Ähnlichkeit bei fester Achse und Kopplung mit Translation 55ff.
rotierende Gerade als Führung 223
ROUTH, Treatise 132, 197
ROUTHsche Funktion 197
— Gleichungen 197
Ruhmasse 14

Säkulargleichung 96
Schiefe Ebene 57, 73, 219
Schiffskreisel 135
Schisprung 66
SCHLICKscher Massenausgleich 73
Schlitten als Beispiel eines nichtholonomen Systems 223
Schmiegungsebene 190
Schraubenfeder, schwingende 97
SCHRÖDINGER 203
SCHULERscher Satz 137
Schwebungen 94, 102
Schwebungsperiode 102
Schwere (Gewicht) 6
— -beschleunigung, Bestimmung mit Reversionspendel 81
Schwerpunkt, Definition 23, 62, 64, 80
Schwerpunktssatz, Erhaltung 64
— im Punktsystem 62
— beim Stoß 23
Schwingungen 21, 76ff.
—, anharmonische 22, 77ff.
—, aperiodische 91
— erzwungene, gedämpfte 92

Schwingungen, erzwungene, gedämpfte, Resonanzmaximum 93, 220
— erzwungene, ungedämpfte 88
—, freie, gedämpfte 90
—, —, ungedämpfte 21, 88
—, harmonische 21
—, isochrone 77, 82ff.
—, periodisch abklingende 91
— einer Unruhe 101
Schwingungs-dauer 21, 77
— -mittelpunkt 30
— -tilger 222
— -zahl 21
Schwungkraft 52
Schwungradberechnung 218
SEGNERsches Wasserrad 27
Seil, fallendes 214
Separation der Variablen 205, 208
sphärisches Pendel 85
skleronome Bedingungsgleichungen 168
Sprengwagen-Vortrieb 26
Stabilität der permanenten Kreiselrotation 131
starrer Körper, Mechanik 103
Statik des Massenpunkts 29ff.
— des starren Körpers 109
STAUDEscher Fall der Bewegung des dreiachsigen Kreisels 121
STEINERscher Satz 81
STEVIN 46
Stoß beim Billardspiel 139ff.
—, elastischer 23
—, unelastischer 25
— — zwischen Elektron und Atom (Stoß „zweiter Art") 25
System, abgeschlossenes 69
—, konservatives 148
—, nichtkonservatives (dissipatives) 148
—, zyklisches 198

Tautochrone 84
Tensor, Dehnungs- 107
—, Spannungs- 107
—, symmetrischer 107
— -fläche 108
Terme, gyroskopische 148
Trägheit der Energie 29
Trägheits-arm 80
— -ellipsoid 108f.
— -gesetz, GALILEIsches 3
— -mittelpunkt 64, 80
— -moment 54f.
— —, Tensorcharakter 107
— — einer ebenen Massenverteilung 222

Trägheits-moment des starren Körpers 114
— — der Kugel 56
— — des physikalischen Pendels 80
— —, STEINERscher Satz 81
— —, Haupt- 108
— -produkt 107
— -widerstand 51ff.
Transformation, flächentreue 24
—, LEGENDREsche 200
—, orthogonale 10
—, winkeltreue 24
Translation des starren Körpers 103
— und Rotation 103ff.
Turnen 55, 66f.

Variation der Bahn 160, 182
Vektor 4
—, axialer 105
—, dyadische oder tensorielle Multiplikation 107
—, polarer 105
—, skalare Multiplikation 7, 40
—, vektorielle Multiplikation 32
— -Moment 32
Verrückung, virtuelle 44
Vierervektor 13
— der Geschwindigkeit 13
— des Impulses und der Energie 14
virtuelle Arbeit 44
— Drehung 50, 51
— Verrückung 44

vollständiges Integral der HAMILTONschen partiellen Differentialgleichung 205

Wasserstoffatom der älteren BOHRschen Theorie 211
Wassertropfen in gesättigter Atmosphäre 214
Watt, Einheit 8
Wellentheorie des Lichts 202
Weltlinienelement 185
Winkel-beschleunigung 125
— -geschwindigkeit als Vektor 104
Wirkung 159
—, Prinzip der kleinsten — 159, 180
Wirkungs-funktion 181, 240ff., 211
— -integral 181, 204, 211
— -quantum 159

Zeit, „absolute" (NEWTON) 8
—, Eigen- 13, 185
Zentralkraft 35
Zentrifugal-kraft 52
— — bei vergrößerter Erdrotation 218
— —, zusammengesetzte (CORIOLISsche) — 52, 142
— -moment 107
Zwang 186
—, Prinzip des kleinsten —es 185
Zweikörperproblem der Astronomie 39
zyklische Koordinaten 174
Zykloide, Parameterdarstellung 82
Zykloidenpendel 82, 169

W. Greiner u. a.
Theoretische Physik
Ein Lehr- und Übungsbuch für Anfangssemester

Band 1: Mechanik I
> 1977. 2., verbesserte und erweiterte Auflage. 382 Seiten. Zahlreiche Abbildungen, Beispiele und Aufgaben mit ausführlichen Lösungen sowie einer Einführung in die Vektorrechnung. Kartoniert. ISBN 3-87144-298-4

Band 2: Mechanik II
> 1974. 267 Seiten. Zahlreiche Abbildungen, 48 Beispiele und Aufgaben mit Lösungen. Kartoniert. ISBN 3-87144-184-8

Band 3: Elektrodynamik
> 1977. 2., verbesserte und erweiterte Auflage. 360 Seiten. Zahlreiche Abbildungen, 38 Beispiele und Aufgaben mit Lösungen. Kartoniert. ISBN 3-87144-185-6

Band 4: Quantenmechanik
> 1975. 267 Seiten. Zahlreiche Abbildungen, Beispiele und Aufgaben mit Lösungen. Kartoniert. ISBN 3-87144-186-4

Band 5: Relativistische Quantenmechanik
> In Vorbereitung.

Band 6: Quantenelektrodynamik
> In Vorbereitung.

Dieser Kurs über Theoretische Physik wird einer Entwicklung gerecht, die bereits an mehreren Hochschulen eingeführt wurde: die Theoretische Physik bereits ab dem 1. Semester zu lehren. Diese Vorverlegung macht es notwendig, die erforderliche Mathematik im Zusammenhang mit den physikalischen Anwendungen zu behandeln. Die zahlreichen Übungsaufgaben, zumeist mit ausführlichen Lösungen, verstärken diesen Aspekt. Die Bände 1—4 wenden sich an Studenten der Anfangssemester, während die Bände 5 und 6 nach dem Vordiplom benötigt werden.

Verlag Harri Deutsch · Thun · Frankfurt/Main

H. Hänsel / W. Neumann

Physik — eine Darstellung der Grundlagen in 7 Teilen

Band 1: Massenpunkt, Systeme von Massenpunkten
224 Seiten. 150 Abbildungen. Kart.

Band 2: Thermodynamische Systeme, Schwingungen und Wellen
235 Seiten. 87 Abbildungen. Kart.

Band 3: Elektrische und magnetische Felder, Strahlenoptik
363 Seiten. 223 Abbildungen

Band 4: Grenzen des klassischen Begriffssystems
245 Seiten. 75 Abbildungen

Band 5: Elektronenhülle der Atome
273 Seiten. 72 Abbildungen

Band 6: Moleküle, Atomkern und Elementarteilchen
Ca. 300 Seiten. Ca. 80 Abbildungen

Band 7: Festkörper
Ca. 300 Seiten. Ca. 80 Abbildungen

In dieser siebenbändigen Einführung in die Physik ist das notwendige physikalische Grundwissen zusammengefaßt. Besonderer Wert wird auf die Einheitlichkeit der Darstellung und die Beschränkung auf das Wesentliche gelegt. Entsprechend der allgemeinen Tendenz werden in stärkerem Maße Elemente der theoretischen Physik berücksichtigt. Die zum Studium dieser Einführung benötigten mathematischen Hilfsmittel werden jeweils im Anhang behandelt. Durch die didaktisch sorgfältige Aufbereitung des Lehrstoffes sind die Bände sowohl als Ergänzung zur Vorlesung als auch zum Selbststudium geeignet. Sie wenden sich vorzugsweise an Studenten der Physik, Chemie, Mineralogie, Geophysik sowie aller technischen Fächer und der Mathematik in den Anfangssemestern sowie an Lehrerstudenten naturwissenschaftlicher Fachrichtungen.

Verlag Harri Deutsch · Thun · Frankfurt/Main

D. I. Blochinzew

Grundlagen der Quantenmechanik

Übersetzt aus dem Russischen. 1977. 7., durchgesehene und erweiterte Auflage, 624 Seiten. 89 Abbildungen. Kartoniert. ISBN 3-87144-113-9

Dieses in viele Sprachen übersetzte Lehrbuch ist eine leichtverständliche Einführung in die Quantenmechanik. Das Buch vermittelt dem Anfänger beim Studium der Quantenmechanik die physikalischen Grundlagen und das nötige mathematische Handwerkszeug. An einfachen Beispielen wird die Anwendung der Quantenmechanik auf verschiedene Gebiete der Physik (Festkörper-, Kern- und Molekülphysik, Optik, Theorie des Magnetismus usw.) geübt.

Inhalt: Einleitung — Die Grundlagen der Quantentheorie — Die Grundlagen der Quantenmechanik — Die Darstellung mechanischer Größen durch Operatoren — Über die zeitliche Änderung von Zuständen — Die zeitliche Änderung mechanischer Größen — Der Zusammenhang zwischen Quantenmechanik und klassischer Mechanik und Optik — Die Grundlagen der Darstellungstheorie — Die Theorie der Bewegung von Partikeln in einem konservativen Kraftfeld — Die Bewegung einer geladenen Partikel in einem elektromagnetischen Feld — Der Eigendrehimpuls und das magnetische Moment des Elektrons (der Spin) — Die Störungstheorie — Die einfachsten Anwendungen der Störungstheorie — Die Theorie der Stöße — Die Theorie der quantenmechanischen Übergänge — Die Emission, Absorption und Streuung von Licht an atomaren Systemen — Der Durchgang von Partikeln durch eine Potentialschwelle — Das Mehrkörperproblem — Die einfachsten Anwendungen des Mehrkörperproblems — Systeme aus gleichen Mikroteilchen — Die zweite Quantelung und die Quantenstatistik — Atome mit mehreren Elektronen — Molekülbildung — Die magnetischen Erscheinungen — Der Atomkern — Allgemeine Betrachtungen — Anhang.

P. Meinhold/G. Miltzlaff

Feld- und Potentialtheorie

1977. 200 Seiten. 33 Abbildungen. 16,5x23 cm. Leinen mit Schutzumschlag. ISBN 3-87144-304-2

Auf einleitenden Abschnitten über Vektoralgebra und Differentiation und Integration von Vektoren bauen die Feld- und Potentialtheorie im zwei- und dreidimensionalen Fall auf. Zahlreiche Beispiele dienen der Vertiefung des Stoffes und sind oft auf die Anwendungen gerichtet.

Verlag Harri Deutsch · Thun · Frankfurt/Main

Fachlexikon ABC Physik

Ein alphabetisches Nachschlagewerk

2 Bände. 1974. 1784 Seiten. Etwa 12 000 Stichwörter. 2000 Abbildungen im Text und auf 64, teilweise farbigen Tafeln. Zahlreiche Tabellen, Schemata, graphische Darstellungen und Literaturangaben. 18x24,5 cm. Kunstleder. ISBN 3-87144-003-5

Das zweibändige Werk gibt in alphabetisch geordneten Einzelartikeln einen Überblick über das Gesamtgebiet der gegenwärtigen Physik und ihrer Spezialdisziplinen in der vielfältigen Verflechtung und gegenseitigen Abgrenzung zu den Nachbargebieten. Zusammenhängende Großartikel und kürzere Einzeldarstellungen geben Einblick in moderne physikalische Forschungs- und Arbeitsrichtungen sowie in den weiten technischen Anwendungsbereich der Physik. Die physikalischen Zusammenhänge der den Menschen umgebenden Erscheinungen werden wissenschaftlich einwandfrei und weitgehend allgemeinverständlich erläutert, um einem möglichst großen Benutzerkreis die rasche Orientierung zu erleichtern. Da viele Ergebnisse und Gesetzmäßigkeiten der modernen Physik nur in der Ausdrucksweise der Mathematik präzise zu erklären sind, werden die verwendeten mathematischen Ausdrücke selbst in besonderen Artikeln erläutert.

Das „Fachlexikon ABC Physik" wendet sich an alle Leser, die in und neben dem Beruf an der Erläuterung physikalischer Begriffe interessiert sind, an Oberschüler, an Studierende naturwissenschaftlicher und technischer Fachrichtungen, an Lehrer und Dozenten sowie an wissenschaftlich oder praktisch tätige Fachleute, die sich schnell und zuverlässig informieren wollen.

Weitere Bände unserer Lexika-Reihe:

Fachlexikon ABC Technik und Naturwissenschaft. 2 Bände. 1970. 1213 Seiten. Etwa 16 000 Stichwörter. Kunstleder. ISBN 3-87144-004-3

Fachlexikon ABC Chemie. 2 Bände. 1976. 2., verbesserte Auflage. 1590 Seiten. Etwa 12 000 Stichwörter. Kunstleder. ISBN 3-87144-002-7

Fachlexikon ABC Biologie. 1976. 3., durchgesehene Auflage. 916 Seiten. Etwa 5000 Stichwörter. Kunstleder. ISBN 3-87144-001-9

Taschenlexikon Elektronik — Funktechnik. Ein alphabetisches Nachschlagewerk. 1974. 2., durchgesehene Auflage. 320 Seiten. Tafelteil als Anhang. Leinen. ISBN 3-87144-125-2

NEU: Fachlexikon ABC Mathematik

1977. Ca. 648 Seiten. Ca. 700 Abb. Ca. 6000 Stichwörter. Lexikon-Format. Kunstleder. ISBN 3-87144-336-0

Mathematische Methoden und Prinzipien dringen in immer stärkerem Maße nicht nur in die verschiedenen Disziplinen der Naturwissenschaften, sondern auch in die der Technik, der Ökonomie und der Gesellschaftswissenschaften ein. Damit wächst das Bedürfnis nach Information über mathematische Begriffe, ohne die Kenntnis der mathematischen Systematik vorauszusetzen. Dem Niveau nach sind die Grundlagenartikel bzw. die einführenden Teile größerer Artikel für Schüler des Gymnasiums verständlich, es gibt aber auch Artikel bzw. Abschnitte in anderen, die weiterführende Sätze und Formelzusammenstellungen enthalten. Das Lexikon richtet sich danach an Schüler aller Klassen, an Studenten von Fach- und Fachoberschulen sowie von Fachhochschulen, an Facharbeiter und Ingenieure. Auch Studenten mathematischer Disziplinen können einen Überblick über ein noch nicht beherrschtes Gebiet erhalten oder Lücken auf Nachbargebieten schnell schließen.

Verlag Harri Deutsch · Thun · Frankfurt am Main